WORLD HISTORY OF POISON

世界毒物全史

31—40卷

毒性灾害史

History of Toxic Disaster

主编 史志诚

"十三五"国家重点图书出版规划项目

西北大学出版社

图书在版编目（CIP）数据

毒性灾害史/史志诚主编.—西安：西北大学出版社，2016.8
（世界毒物全史：第四册）
ISBN 978-7-5604-3873-3

Ⅰ.①毒… Ⅱ.①史… Ⅲ.①有毒物质—环境污染—历史—世界 Ⅳ.①X5-091

中国版本图书馆CIP数据核字（2016）第110611号

世界毒物全史
毒性灾害史

主　　编	史志诚
出版发行	西北大学出版社
地　　址	西安市太白北路229号
邮　　编	710069
电　　话	029-88303059
经　　销	全国新华书店
印　　装	陕西博文印务有限责任公司
开　　本	787毫米×1092毫米　1/16
印　　张	25.75
字　　数	533千
版　　次	2016年8月第1版
印　　次	2016年8月第1次印刷
书　　号	ISBN 978-7-5604-3873-3
定　　价	168.00元

献给

DEDICATED

为人类健康做出贡献的伟大的毒物学家和从事相关职业的人们！

To the great toxicologists and people in related occupations who have contributed to human health

世界毒物
全史

WORLD
HISTORY
OF POISON

序
PREFACE

  长期以来,灾害学的研究对象多限于自然灾害,很少涉及人为的灾害。1989 年,钱学森给《灾害学》杂志编辑部的一封信中指出:"人为灾害发生非常频繁,损失很大,不容忽视。不考虑人为灾害的灾害学是不全面的","我想到的人为灾害有:各种爆炸事故;火灾;核工厂事故;化工厂泄放毒物事故等。"

  美国"9·11"事件之后,预防和应急处置突发毒性事件成为国际反恐斗争和维持各国社会稳定的重要组成部分。各国政府十分重视突发毒性事件的研究和防范,将突发毒性灾害列入灾害防御计划,积极组织制订突发毒性事件预案;全球已经建立了 229 个中毒控制中心,开展社会服务和援救工作;一些高等院校、科研单位开始组织灾害毒理学的研究,并将历史上那些突然发生、伤亡人数巨大、经济损失惨重、政治影响深远的重大中毒事件,称为毒性灾害。

  《世界毒物全史》第四册《毒性灾害史》将诸多毒性灾害分为 10 卷加以叙述,分别为地球化学灾害、矿难与煤气泄漏灾害、大气污染灾害、水污染灾害、化学毒物泄漏灾害、核事件与核事故、有毒生物灾害、药害与药物灾难、POPs 与有毒废物污染灾害,以及其他突发毒性灾祸。各卷分述了不同毒性灾害的发生经过、突发原因、处置经验与教训,更加清晰地反映了毒性灾害的恶性突发与群发性、毒性与次生性、社会性与世界性的特点,希望引起更多的人关注和研究毒性灾害发生规律,总结历史经验,进一步指导当前突发性重大毒性事件与毒性灾害的科学应急处置工作,减少毒性事件与毒性灾害的发生,减轻毒性事件与毒性灾害造成的经济损失。

  灾难孕育历史的进步。恩格斯说过:"没有哪一次巨大的历史灾难不是以历史的进步为补偿的。"当人们在电视、报刊目睹一连串的毒性灾害发生的画面之后,都会受到情感上的巨大冲击,继而又会有很多的思考,尤其是会思考生命的价值和意义。毒性灾害的补偿，给国家、民族赋予了前行的新的精神和力量。灾难之后的思考是非常难得的一笔财富，我们在看到生命的脆弱之后需要更好地思考生存的意义。铭记灾难，直面未来，凝聚正能量，重修社会共济和健康生活方式之门，这才是对死难者生命最高的尊重。

  尽管世界上将意大利塞韦索二噁英污染事故、美国三哩岛核电站核泄漏事故、墨西哥液化气爆炸事件、印度博帕尔毒气泄漏事故、前苏联切尔诺贝利核电站事故和德国莱茵河污染事故列为"六大毒性灾害"，但社会发展与经济增长将主要取决于环境，人类与灾害的斗争将更加多样和复杂。随着世界经济的全球化，工业化、城市化步伐加快，生物安全、生态安全、食品安全、环境安全方面存在的问题将更加突出和更加严峻，为此，研究世界突发毒性灾害的历史及其经验教训，对制订国家毒性灾害防治计划，进一步完善相关法律法规、灾害保险业务和应急预案，鼓励和扶持中毒控制中心与咨询服务等公益事业，开展灾害毒理学的国际学术交流，不断丰富和发展灾害毒理学和安全科学，具有重大的历史意义和现实意义。

史志诚
2015 年 6 月

目 录
CONTENTS

序

第 31 卷　地球化学灾害

卷首语

1　地球化学灾害史　　003
   1.1　地理环境引发的地方病　　003
   1.2　地球化学与医学地质地理学的贡献　　005

2　地方性砷灾害　　008
   2.1　全球性砷暴露　　008
   2.2　孟加拉国的砷灾难　　010
   2.3　中国地方性砷中毒　　013

3　地方性氟中毒　　016
   3.1　地方性氟中毒的发现　　016
   3.2　印度的地方性氟中毒　　019
   3.3　中国的地方性氟中毒　　021

4　火山喷泻毒性事件　　025
   4.1　火山喷泻与火山有毒气体　　025
   4.2　历史上的火山毒性事件　　026
   4.3　喀麦隆火山湖喷泻毒气事件　　030

5　极端地理环境引发的毒性事件　　034
   5.1　中国工农红军长征路上三百红军将士猝死事件　　034
   5.2　俄罗斯"魔鬼湖"和"死亡谷"之谜　　035

第 32 卷　矿难与煤气泄漏灾害

卷首语

1　矿难与煤气泄漏的历史　　039
   1.1　矿难及其成因　　039
   1.2　历史上的矿难与危害　　040
   1.3　油气田开发中的井喷事故　　041
   1.4　煤气泄漏灾难　　042
   1.5　人类与矿难的斗争史　　042

2　历史上重大煤矿瓦斯爆炸事故　　044
   2.1　美国与南美洲重大煤矿瓦斯爆炸事故　　044
   2.2　欧洲重大煤矿瓦斯爆炸事故　　049
   2.3　亚洲重大煤矿瓦斯爆炸事故　　052
   2.4　大洋洲与非洲重大煤矿瓦斯爆炸事故　　056

3　油气田发生的有毒气体井喷事故　　057
   3.1　1993 年河北赵 48 油井硫化氢井喷事故　　057
   3.2　1996 年美国帕克代尔气井硫化氢井喷事故　　057
   3.3　1998 年四川温泉气井天然气窜漏事故　　057
   3.4　2003 年重庆油井硫化氢井喷事故　　058

4　重大煤气（天然气）泄漏事件　　060
   4.1　1844 年美国东俄亥俄煤气公司煤气罐爆炸事件　　060
   4.2　1984 年墨西哥液化石油气站爆炸事件　　060
   4.3　1989 年法国天然气公司天然气库泄漏事件　　061
   4.4　1992 年墨西哥瓜达拉哈拉市煤气爆炸事件　　061

4.5　1995年韩国大邱地铁煤气管道爆炸事件　063
4.6　1998年中国西安液化石油气储罐爆炸事件　063
4.7　2002年俄罗斯莫斯科煤气泄漏爆炸事件　064
4.8　2003年印度瓦斯爆炸塌楼事件　065

第33卷　大气污染灾害

卷首语

1　大气污染的历史　069
1.1　工业革命前的大气污染　069
1.2　煤炭造成的大气污染　069
1.3　石油出现以后的大气污染　070
1.4　大气污染引发的灾害　070

2　20世纪著名的大气污染灾害　074
2.1　比利时马斯河谷烟雾事件　074
2.2　美国洛杉矶光化学烟雾事件　075
2.3　美国多诺拉烟雾事件　078
2.4　英国伦敦烟雾事件　080
2.5　日本四日市哮喘事件　084
2.6　雅典"紧急状态事件"　086

3　酸雨：空中的死神　087
3.1　酸雨的发现　087
3.2　酸雨的形成　089
3.3　酸雨的危害　090
3.4　酸雨危害的扩张与控制　091

4　雾霾灾害
4.1　雾霾及其危害与影响　093
4.2　2013年亚洲的雾霾　093

5　治理大气污染灾害的历史经验　096
5.1　洛杉矶：治理光化学烟雾50年　096
5.2　伦敦：治理雾都的历史　109
5.3　德国："空气清洁与行动计划"　101
5.4　芬兰：治理雾霾的两个典型　102

第34卷　水污染灾害

卷首语

1　水污染的历史　107
1.1　水中的毒物　107
1.2　地下水的污染　110
1.3　历史上重大水污染事件　112
1.4　水污染的防控　114

2　日本含镉废水污染事件：日本"痛痛病"　116
2.1　事件经过　116
2.2　事件原因　117
2.3　事件处置　119
2.4　社会影响与历史意义　122

3　日本含汞废水污染事件："水俣病"　124
3.1　熊本含汞废水污染事件经过　124
3.2　新潟含汞废水污染事件经过　126
3.3　事件原因　126
3.4　事件处置　127
3.5　社会影响与历史意义　129

4　瑞士巴塞尔化学品污染莱茵河事件　131
4.1　事件经过　131
4.2　事件处置　132
4.3　社会影响与历史意义　133

5　罗马尼亚金矿泄漏污染蒂萨河事件　134
5.1　事件经过　134
5.2　事件处置　135
5.3　社会影响　137

6　中国苯胺泄漏污染松花江事件　139
6.1　事件经过　139
6.2　事件原因　140
6.3　事件处置　141
6.4　社会影响与历史意义　142

7　中国台湾含镉废水污染事件：镉米事件　143
7.1　20世纪80年代桃园县镉米事件　143

  7.2　2001年彰化县镉米事件　143
  7.3　事件处置　144
  7.4　社会影响　145
8　美国落基山兵工厂地下水污染及其改造　146
  8.1　兵工厂污染地下水灾害的治理　146
  8.2　落基山兵工厂旧址的改造　147
9　加拿大詹姆斯湾水电站的汞污染　149
  9.1　詹姆斯湾水电站工程概况　149
  9.2　水库蓄水引发的汞污染事件　149
  9.3　水电站工程带来人文社会问题　151

第35卷　化学毒物泄漏灾害

卷首语

1　有毒危险化学品泄漏及其危害　155
  1.1　有毒危险化学品泄漏致灾　155
  1.2　危险化学品泄漏之成因　156
  1.3　有毒危险化学品泄漏的危害　157
  1.4　有毒危险化学品泄漏的处置　157
2　印度博帕尔毒剂泄漏灾难　159
  2.1　博帕尔农药厂　159
  2.2　事件经过　160
  2.3　事件原因　161
  2.4　事件处置　161
  2.5　诉求与诉讼　162
  2.6　社会影响与历史意义　164
3　氰化物泄漏事件　166
  3.1　中国台湾高雄工厂氰化氢泄漏事件　166
  3.2　日本东京氰化钠泄漏事件　166
  3.3　中国山东淄博氰化钠泄漏事件　166
  3.4　圭亚那阿迈金矿尾矿坝垮塌事件　167
  3.5　巴布亚新几内亚氰化钠污染事件　168
  3.6　中国陕西丹凤氰化钠泄漏事件　168
  3.7　中国河南洛河氰化钠泄漏事件　170
  3.8　荷兰氢氰酸和一氧化碳泄漏事件　172
4　甲醇泄漏事件　173
  4.1　中国兰州西固两车追尾甲醇泄漏事件　173
  4.2　中国濮阳车辆追尾致甲醇泄漏事件　174
  4.3　中国新疆巴州甲醇泄漏事件　175
  4.4　中国延安车祸致甲醇泄漏事件　175
  4.5　中国保定甲醇罐车泄漏事件　176
  4.6　美国4-甲基环己烷甲醇泄漏事件　177
5　工厂发生的化学泄漏事件　179
  5.1　美国农药厂有机毒物泄漏事件　179
  5.2　前苏联天然气炼厂毒气泄漏事件　179
  5.3　墨西哥国营杀虫剂厂发生爆炸中毒事件　179
  5.4　中国广东湛江毒气泄漏事件　179
  5.5　日本山口毒气泄漏事件　180
  5.6　中国南昌氯气泄漏事件　180
  5.7　中国兰州毒气泄漏事件　181
  5.8　墨西哥化学厂爆炸中毒事件　181
  5.9　泰国工厂氯气泄漏事件　181
  5.10　韩国龟尾市氢氟酸泄漏事件　182
  5.11　其他工厂化学品泄漏事件　183
6　非工厂发生的化学泄漏事件　185
  6.1　印度新德里市郊氯气泄漏事件　185
  6.2　荷兰货船环氧丙烷泄漏事件　185
  6.3　美国列车脱轨有毒蒸气泄漏事件　185
  6.4　中国陕西汉中氯气泄漏事件　186
  6.5　中国湖北省枣阳市氯气泄漏事件　186
  6.6　中国贵阳毒气泄漏事件　186
  6.7　中国四川遂宁液氯泄漏事件　187
  6.8　中国陕西杨凌氯气泄漏事件　187
  6.9　巴西火车出轨化学泄漏事件　188
  6.10　中国浙江平阳液氯钢瓶爆炸事件　188
  6.11　中国齐齐哈尔氯气槽罐泄漏事件　188
  6.12　伊朗装有燃料和化学品列车爆炸事件　189
  6.13　中国福建化学气体泄漏事件　190
  6.14　中国重庆市氯气泄漏事件　191
  6.15　中国上海发生液氨泄漏事件　191
  6.16　中国一列车排出废气造成乘客中毒事件　192
  6.17　乌克兰列车出轨中毒事件　192

6.18 保加利亚苯乙烯泄漏事件	193	6.5 事故影响	228
6.19 俄罗斯发生溴气泄漏中毒事件	193	6.6 历史的反思	230

第36卷 核事件与核事故

卷首语

1 核事件与核事故 197
- 1.1 世界上的核电站 197
- 1.2 核事件与核事故的分级 197
- 1.3 全球发生的核事件与核事故 199
- 1.4 世界三大核事故类型比较 201

2 历史上核反应堆核事件与核事故 204
- 2.1 核反应堆发生的核事件 204
- 2.2 核反应堆发生的核事故 205
- 2.3 1957年英国温斯克尔反应堆事故 206

3 历史上核电站泄漏事件与核事故 208
- 3.1 2008年法国核电站两起泄漏事件 208
- 3.2 2011年美国西布鲁克核电站事件 209
- 3.3 2011年美国佩里核电站事件 209
- 3.4 1957—2004年核电站泄漏事故 210

4 美国三哩岛核电站事故 212
- 4.1 三哩岛核电站概况 212
- 4.2 事故经过 212
- 4.3 事故原因 213
- 4.4 事故处置 214
- 4.5 事故影响 214

5 前苏联切尔诺贝利核电站事故 216
- 5.1 切尔诺贝利核电站概况 216
- 5.2 事故经过 217
- 5.3 事故原因 218
- 5.4 事故处置 219
- 5.5 事故影响 220
- 5.6 历史的反思 222
- 5.7 事故的历史记述 222

6 日本福岛核电站事故 224
- 6.1 福岛核电站概况 224
- 6.2 事故经过 225
- 6.3 事故原因 226
- 6.4 事故处置 227

7 核污染事件与核废料泄漏事件 231
- 7.1 1957—2008年核污染事件 231
- 7.2 1966年西班牙帕利玛雷斯村上空美机相撞核泄漏事件 231
- 7.3 巴西戈亚尼亚市核废料泄漏事件 232

8 核事件与核事故的历史思考 234
- 8.1 兴利避害：发展核能的争议焦点 234
- 8.2 关键在于消除发生核事故的因素 235
- 8.3 建立核事故的长期研究机制 236

第37卷 有毒生物灾害

卷首语

1 有毒生物灾害及其防治史 239
- 1.1 有毒生物引起的灾害 239
- 1.2 美国有毒植物研究历史 240
- 1.3 中国毒草灾害研究历程 241

2 有毒菌类灾害 244
- 2.1 中世纪欧洲的麦角中毒灾害 244
- 2.2 英国火鸡黄曲霉中毒事件 248
- 2.3 中国肉毒梭菌中毒事件 249
- 2.4 黑斑病甘薯中毒 251
- 2.5 镰刀菌毒素致脑白质软化症 252

3 有毒植物灾害 254
- 3.1 蕨属植物灾害 254
- 3.2 醉马芨芨草灾害 256
- 3.3 美国的疯草灾害 260
- 3.4 中国有毒棘豆与黄芪引发的灾害 262
- 3.5 山毛榉科栎属植物灾害 264
- 3.6 阿富汗天芥菜灾害 267

4 外来有毒生物入侵灾害 269
- 4.1 紫茎泽兰入侵灾害 269
- 4.2 大冢草入侵灾害 272
- 4.3 豚草入侵灾害 274
- 4.4 毒麦入侵灾害 275
- 4.5 杀人蜂入侵灾祸 277
- 4.6 海蟾蜍入侵灾害 279

4.7　火蚁入侵灾害　281
5　赤潮引发的灾害　283
　　5.1　赤潮：特殊的生物灾害　283
　　5.2　世界重大有毒赤潮事件　284
　　5.3　赤潮的成因　285
　　5.4　赤潮的危害　286
　　5.5　赤潮的治理　287
　　5.6　社会影响与历史意义　287

第38卷　药害与药物灾难

卷首语

1　药害与药物灾难　291
　　1.1　药害与药物不良反应　291
　　1.2　药害的类型及其成因　293
　　1.3　历史上的重大药物灾害　294
　　1.4　防范药害与药物灾难的对策　297
2　历史上最大的药害事件"反应停"灾难　299
　　2.1　事件经过　299
　　2.2　事件原因　301
　　2.3　事件处置　302
　　2.4　社会影响与历史意义　303
3　重大药害与药物不良反应事件　306
　　3.1　氨基比林与白细胞减少症　306
　　3.2　醋酸铊中毒引起脱发　307
　　3.3　减肥药二硝基酚引发白内障　307
　　3.4　非那西丁致严重肾损害　307
　　3.5　二碘二乙基锡与中毒性脑炎综合征　308
　　3.6　普拉洛尔的毒性反应　308
　　3.7　氯碘羟喹与亚急性脊髓视神经病　309
　　3.8　孕妇服用激素类药物引发的药害　309
　　3.9　替马沙星的不良反应事件　310
　　3.10　苯丙醇胺与脑中风　311
　　3.11　中国四咪唑药害事件　311
　　3.12　拜斯亭引起横纹肌溶解事件　311
　　3.13　巴基斯坦"免费药"不良反应事件　313
4　药理实验室的错误和事故　314
　　4.1　误用毒菌酿成"卡介苗"灾难　314
　　4.2　美国磺胺酏剂事件　317
　　4.3　隐瞒三苯乙醇的毒性引发白内障　319
5　含毒药的日用品引发的药物灾难　320
　　5.1　含硝酸银的抗菌消毒药导致"蓝色人"　320
　　5.2　含汞牙粉引发的"肢端疼痛症"灾难　320
　　5.3　含六氯酚爽身粉引发的药物灾难　323
6　农药引发的灾难　324
　　6.1　伊拉克西力生农药中毒事件　324
　　6.2　美国阿拉牌农药事件　326

第39卷　POPs与有毒废物污染灾害

卷首语

1　POPs污染引发的环境灾害　331
　　1.1　环境中存在的POPs　331
　　1.2　POPs的生态毒性与危害效应　332
　　1.3　历史上POPs污染引发的灾害　334
　　1.4　POPs污染的防控　335
2　日本米糠油多氯联苯污染事件　338
　　2.1　事件经过　338
　　2.2　事件原因　339
　　2.3　社会影响与历史意义　340
3　意大利塞韦索二噁英污染事件　341
　　3.1　事件经过　341
　　3.2　事件原因　342
　　3.3　事件处置　343
　　3.4　社会影响与历史意义　344
4　中国台湾米糠油多氯联苯污染事件　345
　　4.1　事件经过　345
　　4.2　事件原因　346
　　4.3　事件处置　346
　　4.4　社会影响　346
5　比利时鸡饲料二噁英污染事件　348
　　5.1　事件背景　348
　　5.2　事件经过　348
　　5.3　事件处置　349
　　5.4　社会影响　351

6 有毒废物污染的历史 352
- 6.1 有毒废物及其危害 352
- 6.2 有毒废物的污染转嫁 353
- 6.3 有毒废物引发的污染事件 354
- 6.4 处置有毒废物的新行业 357

7 美国拉夫运河填埋废物污染事件 358
- 7.1 事件经过 358
- 7.2 事件处置 359
- 7.3 社会影响与历史意义 360

8 西班牙有毒废料泄漏事件 362
- 8.1 事件经过 362
- 8.2 事件处置 362

9 科特迪瓦有毒垃圾污染事件 363
- 9.1 事件经过 363
- 9.2 事件原因 363
- 9.3 事件处置 364
- 9.4 社会影响 365

10 匈牙利有毒氧化铝废料污染事件 366
- 10.1 事件经过 366
- 10.2 事件原因 367
- 10.3 事件处置 367
- 10.4 社会影响与历史意义 368

第40卷 其他突发毒性灾祸

卷首语

1 战争毒剂灾难 371
- 1.1 意大利巴里港毒气爆炸灾难 371
- 1.2 越南战争中的"橙剂"灾难 374
- 1.3 日本冲绳美军毒气试验士兵健康受损事故 377
- 1.4 美国化学武器库发生芥子气泄漏事件 379

2 战争遗弃化学武器伤害事件 380
- 2.1 日本遗弃芥子气桶引发中毒事件 380
- 2.2 陕西榆林发现日军遗留毒气弹 382

3 次生毒性事件 384
- 3.1 火灾次生毒性事件 384
- 3.2 酒厂起火熏醉消防员事件 386
- 3.3 危险废物处置不当导致中毒事件 388
- 3.4 水灾和地震引发的次生毒性灾害 389
- 3.5 工业废气危害蚕桑生产事件 390
- 3.6 尼日利亚金矿粉尘引发的铅污染事件 390

4 沙尘暴引发的灾害与健康问题 392
- 4.1 沙尘暴的成因与发源地 392
- 4.2 历史上的沙尘暴事件 393
- 4.3 沙尘暴对健康的危害 396
- 4.4 历史经验与教训 396

5 世界重大石油污染事故 398
- 5.1 海域油船原油泄漏事故 398
- 5.2 漏油事故的毒性效应及其防范 399

第31卷

地球化学灾害

本卷主编
史志诚
白广禄

卷首语

人类居住于地球表面上，无时不受到大气层、地表以及地球内部变化的影响。有时这些变化的幅度很大，远远超过人类的应变能力，这时就会造成灾害而影响到人类的生存，这就是地球灾害。

地球灾害中较常发生而为人类所熟悉的有地震、火山、山崩、地陷、水灾、风灾等自然灾害，而人类对化学因素引发的地球化学灾害的认识则是到了19世纪后期才开始的。

地球表层各种环境要素都是由化学元素组成的。由于地质历史发展的原因或人为的原因，在地球的地壳表面的局部地区出现了各种化学元素分布不均匀的现象，某些化学元素相对过剩，某些化学元素相对不足，以致各种化学元素之间比例失调，使人体从环境摄入的元素量过多或过少，超出人体所能适应的变动范围，从而引发"地球化学性疾病"，即某种中毒性地方病。

一些地理学、地球化学、生态学、植物学、医学地理和环境地质学家注意到一些地区发生的长期困扰人类健康的地方性中毒性疾病与其地理环境和地球化学因素的关联，采取了相应的防治对策，解除了当地人民的病痛，为防控地球化学灾害做出了贡献。

本卷记述了人类历史上发生的地球化学灾害以及科学家对地球化学与医学地质地理学的贡献，分述了全球性地方性砷中毒、地方性氟中毒、历史上的火山喷泻毒性事件等。此外还特别记述了极端地理环境引发的毒性事件。

1 地球化学灾害史

1.1 地理环境引发的地方病

地理环境引发的地方病的发现

人类是自然的产物,是生命活动和地理环境相互作用并经过长期演化和选择的结果。人类从环境中获取维持生命和生活过程所必需的物质和能量,包括各种必需的化学元素,并通过新陈代谢与周围环境不断进行物质和能量的交换,从而与自然形成一个统一的整体。

早在 1884 年,贾斯特斯·利比赫在研究植物时发现,一般作物产量并非经常受到较容易被环境满足的物质的限制,而是受到那些看起来需要量少但环境中难以满足的物质,如硼等重要元素的限制。后来英国地球化学家汉密尔顿[1]在研究对比了人血化学元素和地壳的化学元素丰度后,发现两者的化学元素含量的丰度曲线形状有着惊人的相似之处。中国科学家谭见安[2]等对克山病病区和非病区的岩石、土壤、饮水、粮食、动物毛发等整个地理生态系统中的 21 种与生命有关的化学元素进行分析之后,其结果也表现为明显的正相关。这表明了地理环境和生物之间紧密的化学联系,以及环境同人体的化学元素与健康之间的内在联系。因此,环境中的生命元素在岩石、土壤、水、大气、动植物和人体这个自然体系中的含量分布与转换有一定的规律性。

人体的化学元素即生命元素,根据其在人体内含量的多少,可分为宏量元素和微量元素两类。宏量元素是人体的主要组成部分,是生命机体不可缺少的元素,包括氧(占 61%)、碳(占 23%)、氢(占 10%)、氮(占 2.69%)、钙(占 1.49%)、磷(占 1.0%)、硫、钾、钠、镁、氯等 11 种,占人体总量的 99.95%。从元素周期表中的排位来看,它们都是原子序数 20 号以前的轻元素。微量元素是人体中含量低于人体体重万分之一的化学元素,具有明显的营养作用和生理功能,是维持生物生长发育、生命活动及繁衍的不可缺少的成分,如铁、铜、锌、锰、铬、氟、碘、硒、硅、硒、钼等。另一些是没有明显的生理功能但可能对人体有毒害的元素,如铅、汞、镉、砷、锗、镓、铟、锡等。地方病的成因,很大程度上是因为地理环境中某种化学元素的含量超出人体适应范围,导致人体内环境稳定性调节紊乱,产

---

[1] 爱丽丝·汉密尔顿(Alice Hamilton,1869—1970),医师、病理学家,美国工业毒理学创始人。
[2] 谭见安(1931—),中国科学院地理科学与资源研究所研究员,曾担任中国地理学会医学地理专业委员会主任委员,著有《地球环境与健康》《中国的医学地理研究》等。

生严重的功能障碍，并使一定数量的人患上共同的病症，严重的甚至会造成机体死亡。根据几十年来的研究，人们已查明大约 27 种元素是生物正常活动必不可少的元素，其中能明确引起动物和人类产生疾病的有 10 余种，最主要的是碘、氟、硒、铜、钴、镍、铅、硼等。例如，氟元素分布过多可引起地方性氟中毒，水土中碘元素分布异常可引起甲状腺疾病或地方性克汀病，克山病与低硒因素有明显的正相关性。

生物在组成生物体时，会有选择地从地理环境中摄取化学元素，这一过程主要取决于化学元素的生物化学特征和化学元素在环境中的丰度。化学元素沿着各种途径通过岩石圈、水圈、大气圈和生物圈的相互运动，构成了生物地球化学循环。特别是人类的生产活动和消费活动也会导致环境污染物质的释放，如日本汞中毒引起的"水俣病"和镉中毒引起的"痛痛病"。又如古罗马帝国的灭亡，人们研究发现可能是因为当时的人们广泛使用铅制品饮水、煮饭、喝汤，加上葡萄酒以及化妆品等导致普遍的铅中毒的后果。

地理环境造成的地球化学灾害

地理环境造成的地球化学灾害主要有低硒环境下发生的克山病①和大骨节病②、缺碘环境下发生的碘缺乏病③，以及多氟环境下发生的地方性氟中毒和地方性癌症。按照毒性灾害的定义，各国研究的重点是地方性氟中毒、砷中毒和相关的地方性癌症以及极端地理环境条件下引起人和动物的死亡事件。

地方性氟中毒（Endemic Fluorosis），简称地氟病，是在特定的地理环境中发生的一种地球化学性疾病，它是在自然条件下，长期生活在高氟环境中的人们，通过饮水、空气或食物等介质，摄入过量的氟而导致的全身慢性蓄积性中毒。临床上主要表现为牙齿和骨骼的改变。牙齿的改变称氟斑牙（Dental Fluorosis），其表现为牙釉质出现白垩、着色或缺损改变，残留终身，轻则影响美观，重则影响咀嚼及消化功能，危害健康。骨骼的改变称为氟骨症（Skeletal Fluorosis），全身关节可出现麻木、疼痛症状，表现为弯腰驼背、功能障碍，甚至瘫痪。全世界有 50 多个国家都有该病的存在。其中亚洲的印度、中国、日本、朝鲜分布比较广。印度的地方性氟病病区的病情尤为严重。中国除上海市外各省区都有不同程度的发病区，比较集中的是北方，如松嫩平原有一半以上的县市有地方性氟中毒分布。

中国贵州省既是碘缺乏病的重病区，又是地方性中毒病的重灾区。地方性砷中毒主要在黔西南地区，地方性氟中毒是全省性的疾病。贵州省兴仁县砷中毒流行区

---

① 克山病（Keshan Disease, KD），是一种以心肌实质的变性、坏死和纤维化为特征的地方病，1935 年因中国黑龙江省克山县的病例首先被报道而命名。临床上根据心肌的状态和发病经过，将克山病分为急型、亚急型、慢型和潜在型四个临床类型。

② 大骨节病（Kaschin–Beck Disease, KBD），是一种地方性、多发性、变形性骨关节病。基本病变是发育中儿童的关节透明软骨的变性、坏死以及继发的骨关节炎。严重病例可致矮小畸形、终身残疾。

③ 碘缺乏病（Iodine Deficiency Disorders, IDD），是由于自然环境碘缺乏造成机体碘营养不良所表现的一组疾病的总称。它包括地方性甲状腺肿，地方性克汀病，地方性亚临床克汀病，胎儿流产、早产、死产、先天畸形等。地方性甲状腺肿是碘缺乏病最明显的表现形式，地方性克汀病是碘缺乏病最严重的表现形式。

居室内空气含砷浓度要比中国的空气质量标准高出 5~100 倍，空气中的砷在被烘干的食物表面形成覆盖层并渗入食物，使得辣椒和玉米中的砷浓度比普通食物要高出 30~70 倍。然而，氟中毒的严重性要远远高于砷中毒，贵州氟中毒最严重的地区位于黔西北的织金县。织金县是中国地方性燃煤污染型氟中毒的重病区，全县 92 万人，约 95% 的人是氟斑牙。织金县煤的含氟量高达 598 毫克/千克，当农民生火做饭烘烤粮食的时候，每燃烧 1 千克的煤，就会吸入 508.3 毫克的氟，而成人每天氟的需求量仅为 2 毫克，达到了正常人需求量的 254 倍。①

地理环境与地方性中毒病

地方性中毒病是发生在某一特定地区，同一定的自然环境有密切关系的疾病。地方性中毒病在一定地区内，往往流行年代比较久远，而且有一定数量的患者表现出共同的病症。地方性中毒病的共同特点是病区内有决定该疾病发生的因素，居住在受这种因素威胁范围内的居民都有可能发病，故危害性很大。当人们一旦除去导致地方性中毒病存在的决定性因素，则该地区的地方性中毒病就会逐渐消失。

综上所述，典型的地方性中毒病应具备以下条件：第一，地区性；第二，该地区有决定该病存在的自然或人为因素；第三，生活在病区的人群及进入病区的外来人员都有可能得病；第四，未发病的健康人离开病区后不会再发病；第五，一般情况下病区比较固定；第六，除去该病的决定性因素后，该病会逐渐消失。因此，防治地方性中毒病必须把重点放在寻找决定性因素上，并针对此决定性因素研究防治措施。

地球化学性疾病与环境污染疾病

值得指出的是，应当将地球化学性疾病与环境污染疾病加以区别。地球表层各种环境要素均是由化学元素组成的。由于地质历史发展的原因或人为的原因，在地壳表面的局部地区出现各种化学元素分布不均匀的现象，某些化学元素相对过剩，某些化学元素相对不足，以及各种化学元素之间比例失调等，使人体从环境摄入的元素过多或过少，超出人体所能适应的变动范围，从而引发"地球化学性疾病"，即某种地方病。而人类活动排放各种污染物，使环境质量下降或恶化，影响人类正常的生活和健康，引起各种疾病或死亡，称为公害病，也称"环境污染疾病"。

1.2 地球化学与医学地质地理学的贡献

地球化学

环境背景值是地球化学的重要研究领域，也是环境科学与地方病研究的基础。1970 年，世界卫生组织发表了系列报告第 59 号，题为《氟化物与人类健康》。这份

---

① 全县人 95% 是氟斑牙. 华商报，2003-07-27.

由93位科学家编写的报告，对于氟与人体有关的各方面问题进行了全面论述，给出了不同国家天然水中氟的含量范围[1]。《美国大陆某些岩石、土壤、植物及蔬菜的地球化学背景值》一书，详细介绍了美国的环境化学背景值。1974—1975年，曼莱（T. R. Manlay）等人对新西兰布卢夫（Bluff）地区一个开工前的铝厂进行了氟的环境背景值的调查。这是世界上少有的先调查后开工的典范。中国学者朱兆良于1957年报道了中国各类土壤88个剖面241个样品中氟和氯的含量[2]。从1979年开始，中国科学院地球化学研究所郑宝山等专家调查中国包头地区环境地球化学与地方病的关系，经过10多年的研究，确定包头地区牲畜的氟中毒是工业污染造成的，人的氟中毒是地方性氟中毒[3]。

医学地质学

医学地质学（Medical Geology）是研究人类健康与疾病和地质环境之间关系的科学，是介于医学与地质学之间的交叉学科。医学地质学重点研究地质地理流行病学调查；地方病分类、分区、分带；地质环境与人类健康的关系；地方病的病因及其综合防治措施；环境治理与临床治疗；改良水质和口服化学药物等。

医学地质学作为20世纪90年代高速发展的新兴学科，促进了疾病预防控制人员与地球科学工作者的合作，为阐明地方性中毒性疾病和地球化学灾害的产生、发展与控制做出了新的贡献。

国际医学地质学会组织专家对地质材料、地质过程对人类和动物健康及疾病的影响进行了回顾和评述，其成果集中体现在瑞典塞利纳斯著的《医学地质学》[4]一书中，主要论述了自然环境对公共健康的影响。包括环境生物学的基本原理；对人类和动物健康有重要影响的自然元素与物质的地质地球化学论述；病理学、毒理学和流行病学的观念与方法；环境研究和医学地质学调查的最新手段与方法。特别是对关于元素与生命、元素的自然分布与丰度、从化学角度看元素吸收、从生物学角度看元素吸收、火山喷发与健康、地下水与环境中的砷、天然水中的氟化物、医学地质学的技术与方法和无机与有机地球化学的分析技术有重要参考价值。

医学水文地球化学

医学水文地球化学作为环境地质学的一门崭新的分支学科，引起世界地理学家、地质学家、土壤学家与医学家的关注，许多科学家从不同的角度对其进行了探索，并相继创立了一些新学科，如医学地理学、医学土壤学、医学地质学和环境地质学等。它们的共同特点是，把水文地球化学作为学科的组成部分或重要内容。这是因为天然水与生物界有着最密切的关系。事实证明，许多地方性中毒病和公害病都与环境、饮水直接相关。

医学地理学

医学地理学（Medical Geography，简

---

[1] Fluorides and Human Health // WHO Monograph Series No. 59. Genera：WHO，1970，59.
[2] 朱兆良. 中国土壤中的氟和氯. 科学通报，1957（14）.
[3] 郑宝山，等. 地方性氟中毒及工业氟污染研究. 北京：中国环境科学出版社，1992.
[4] 塞利纳斯. 医学地质学. 郑宝山，译. 北京：科学出版社，2009.

称MG）是研究人群疾病和健康状况的地理分布规律及其与地理环境的关系，以及医疗保健机构与设施地域合理配置的科学；是由医学、地理学、电子工程学相互交叉、相互融合而形成的一门新兴学科；它是地理学的一个分支学科，又是医学学科的研究领域；同时，也是与毒物引发的地方性中毒病防治有关的一门学科，具有边缘学科的性质。

医学地理学的研究历史悠久。2000多年前，中国《黄帝内经》的《素问·异法方宜论》中提出不同环境产生不同疾病的论述。《吕氏春秋》中也明确记载了几种地方病，古希腊的希波克拉底在其著作《论空气、水和土壤》中阐述过环境对人体健康的重要影响。近代医学地理学出现在18世纪末和19世纪初。德国L. L. 芬克和C. F. 富克斯等人的著作对医学地理学的创建和发展起过重要的作用。直到20世纪前叶，这种传统的研究仍是医学地理学研究非常重要的组成部分。20世纪中期，城市化和工业化的急剧发展，以及科学技术的迅猛发展，给现代医学地理学的发展带来了新的活力。一是在继续研究疾病的地理分布空间模式和强调发展生态医学地理方向中，深化了疾病与环境关系的研究，着重探讨了疾病发生的环境原因；二是医学地理学概念有了新发展，研究内容更丰富，传统研究着重于疾病的地理学，而当代的研究则明确提出发展健康地理和保健地理的新概念，其目的不只是被动地研究疾病的地理问题，而是要研究保持人类健康、预防疾病的地理问题；三是研究的病种由以传染性疾病为主逐步转到非传染性疾病；四是加强了应用的研究；五是医学地理制图有了新发展，其中美国、德国、英国、日本和中国相继编制了许多有关图集，在制图的方法、技术、内容上都有长足进展；六是普遍采用了电子计算机和数理方法进行数据处理和模拟研究。

致病地理环境因素的研究方面分为直接因素和间接因素。直接因素即引起人体疾病的地理环境因素涉及以下几个方面。

第一，极端地理环境因素。

第二，化学元素的地理分布异常。化学元素呈淋失趋势，当地居民容易发生化学元素缺乏性地方病，如缺碘引起地方性甲状腺肿和地方性克汀病。干旱半干旱的平原地区有利于化学元素的浓缩富集，居民容易发生化学元素中毒性地方病，如地方性氟中毒。被工业"三废"所污染的地理环境会发生和流行污染病，如镉污染引起骨痛病，汞污染引起水俣病。

第三，病原生物群落。

第四，精神因素。

在人体疾病的发生和流行过程中起间接作用的地理环境因素，往往是疾病发生的条件或诱发因素，如地形、地貌、气候、生物、土壤、水等。

2 地方性砷灾害

2.1 全球性砷暴露

地方性砷中毒（Endemic Arsenism）是一种生物地球化学性疾病，是居住在特定地理环境下的居民长期通过饮水、空气、食物摄入过多的砷而引起的以皮肤色素脱失、着色、角化及癌变为主的全身性慢性中毒。

地方性砷中毒是全世界共同的难题，正威胁着至少22个国家和地区的5000多万人口。其中多数为亚洲国家，以孟加拉国、印度、中国最为严重。美国、墨西哥、匈牙利等国家和地区也不同程度地存在病区。地方性砷中毒最早出现在智利，20世纪50年代中国台湾地区也曾发现病区。之后，一些国家陆续发现含砷过高的饮用水及病区。目前亚洲有12个国家地下水的含砷量超过标准，全世界至少有20万人砷中毒。

砷中毒的危害

按照发生原因，地方性砷中毒分为饮水型和燃煤型两个类型。由于人类取水灌溉、采矿，特别是打井取水饮用等活动，以及受各地区的生态环境和气候影响，地球表层中的砷化合物以砷酸盐及亚砷酸盐等形式大量溶入地表水中，带来了严重的水砷污染问题。饮水中含的主要是无机砷，它比有机砷更容易引起急性毒性。砷暴露的其他主要来源是通过食物、土壤和空气。饮食中的砷主要是有机砷，相对毒性不大，对于暴露总危险的影响也比较小（表31-2-1）。

值得指出的是，人们接触砷的机会不仅是通过饮用水，间接地通过使用污染的地下水灌溉的作物，也能使人们暴露于砷

表31-2-1 地方性砷中毒的国家（地区）影响人口与饮水砷含量

国家/地区		受威胁人口	饮水砷含量
孟加拉国		2500万	—
印度西孟加拉邦		6000万	—
智利安托法加斯塔		13万	0.8毫克/升
墨西哥		20万	0.008~0.624毫克/升
阿根廷		约3万	>0.1毫克/升
匈牙利		几千人	0.06~4毫克/升
中国	大陆	200万	220~2000毫克/升
	台湾	14万	0.01~1.82毫克/升
美国			0.05~1.7毫克/升

的污染之中①。据调查,孟加拉国用含砷的地下水灌溉农田,致使各类稻谷谷粒中砷的含量最高可达到 1.8 毫克/千克,相比之下,其在欧洲多国和美国的含量仅为 0.05 毫克/千克。在叶类蔬菜中,污染的程度更高。其中苋菜和菠菜中,砷的含量可达水稻砷含量的两倍或三倍。这表明,粮食可能是部分人接触砷的重要途径。

联合国卫生组织的研究报告指出,长期饮用受砷污染的水,不仅会导致各种皮肤疾病甚至患皮肤癌,而且可导致人体肾、膀胱和肺器官的癌变。但在砷暴露的非癌症表现上,各国的发病情况和发生率差别很大。例如,在印度,经常饮用高砷水的患者,常见呼吸窘迫、多发性神经病和外周血管病。在孟加拉国,砷中毒的患者最初的症状是皮肤出现黑点,然后手掌和脚底皮肤出现硬化结节;中毒严重者将会出现皮肤溃烂,甚至死亡。婴儿和儿童要比成人更易受砷的有害影响,症状的出现早于成年人。营养不良的儿童,外表症状出现得更早。

在中国台湾地区,砷暴露的常见表现是皮肤色素沉着和过度角质化。中国内蒙古自治区的砷中毒患者,背部、腹部、手掌、脚掌的肤色逐渐变深或皮肤脱色而变得斑驳,皮肤角化、硬化,形成硬化的茧子,甚至发生癌变。砷中毒引发人的神经系统、消化系统和心血管系统的多种功能紊乱,继之功能障碍直至死亡。

灾难原因

按照发生原因,地方性砷中毒分为饮水型和燃煤型两个类型。

为了弄清砷中毒及其致癌机制,各国正在采取行动,一方面加大基础研究的力度,另一方面加紧对各种与砷中毒相关的疾病的治疗。要解决这一问题,需要进行基础毒理学、中毒机制和临床方面的国际合作。

灾难处置

地方性砷中毒尽管引起了世界各国广泛关注,但目前尚无根治方法,替代水源方法也受到了一定程度的质疑。特别是饮水中砷含量的国家标准是一个争论焦点:世界卫生组织的推荐值为 0.01 毫克/升;在美国,克林顿政府指派各机构专家论证后也支持 0.01 毫克/升的标准;然而,布什执政之后,迫于工业财团的压力及经济因素的限制,政府又重新把标准调回 0.05 毫克/升,以节省水处理的成本。世界卫生组织的专家认为,根据现有的科学技术能力,将水中砷的含量降低到 0.01 毫克/升以下是比较困难的,在对发展中国家特别是对于砷中毒患者尚没有特别有效的处理办法的情况下更是如此②。如果按照世界卫生组织的 0.01 毫克/升标准计算,全世界有 1.37 亿人的饮水超过这一标准,5700 万人的饮用水中砷含量超过 0.05 毫克/升。因此,解决地方性砷中毒问题,需要长期的、价格低廉的、可持续的方案。

许多地质学家、地球化学家、环境学家、医学家正在研究地下水中砷的来源和砷的活化机制,从氧化机制、还原机制和有机碳—细菌还原机制等三个方面,探讨

---

① 联合国粮食和农业组织研究表明:土壤或水的高含砷量与作物中的高含砷量是相互关联的。特别是土壤中的砷与水稻减产有关。当砷的浓度达到对作物有毒的程度,砷污染还会对粮食安全造成不利的影响。

② 中国目前的标准还是 0.05 毫克/升,有没有必要将其调整为 0.01 毫克/升无疑也是中国环境政策制定者所面临的一个难题。

地下水—土壤—农作物—人体系统中的迁移转化规律，从而为砷污染地区的修复和治理提供科学依据。

20世纪80年代以来，中国政府多次大规模发放过砷螯合剂二巯基琥珀酸（DMSA）和二巯基丙磺酸钠（DMPS）给当地居民。但是，驱砷治疗的疗效并不持久，对改善肝脏和皮肤损伤的效果并不明显。孟加拉国和印度的西孟加拉邦通过药物治疗慢性砷中毒取得了有限的效果。

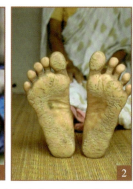

图1　地方性砷中毒（1.全身遍布着深浅不一色斑的砷中毒患者；2.孟加拉国的一名砷中毒妇女展示她的脚底的症状；3.中国内蒙古地区的一些患者，手掌、脚掌上长满了黑斑和硬化的茧子，身上的皮肤也因脱色而变得斑驳）

2.2　孟加拉国的砷灾难

灾难起因

孟加拉国位于南亚次大陆东北部由恒河和布拉马普特拉河每年沉积的淤泥所形成的三角洲上。北边和东边山丘的海拔高度为100米，大部分地区是平坦的且地势不高。首都达卡海拔高度还不足7米。孟加拉国大部分地区属亚热带季风气候，湿热多雨，是世界上雨水最多的国家之一。全国有大小河流700多条，主要分为恒河、布拉马普特拉河、梅格纳河三大水系。主要河流有恒河下游、布拉马普特拉河下游（贾木纳河）等。这里不仅河流纵横，密如蛛网，而且池塘众多，星罗棋布，全国有50万至60万个池塘，平均每平方千米约有四个池塘，被人称为"水泽之乡"和"河塘之国"。千百年来，孟加拉国居民饮水主要靠地表水，即河水或湖泊、池塘里的水。

20世纪70年代，世界银行发表报告[①]，指出孟加拉国居民饮用的地表水卫生条件较差，经常会受到粪便中病原体的污染，含有大量致病微生物，加之河水无法做到净化处理，导致痢疾、霍乱、伤寒和其他疾病频繁发生，因此建议人们饮用地下水。

1971年联合国儿童基金会（UNICEF）为了根治孟加拉国霍乱、痢疾和其他通过水传染的疾病的流行，倡议在孟加拉国恒河三角洲淤积层内打手压井取水，将饮用地面水改为饮用地下水，大力

---

① 当时担任世界银行总裁的是最具争议的越战时期美国国防部长麦克纳马拉。罗伯特·斯特兰奇·麦克纳马拉（Robert Strange McNamara，1916—2009），美国商人及政治家，美国共和党党员，曾任美国国防部部长（1961—1968，为美国史上任期最久的国防部部长）和世界银行行长（1968—1981）。担任世界银行总裁期间，致力解决贫困问题，把世界银行援助重点从发达国家向发展中国家转移。

推广"浅管井"[1]。国际援助机构在孟加拉国开凿了数千万口手压井,联合国儿童基金会更是资助了第一批90万口手压井的建设。

但是数百万口"浅管井"钻到了布拉马普特拉河流域的富砷基岩上,基岩中的砷通过数百万口管井被抽到地面上,使饮用水中的砷含量增高,导致数以百万计的人受到砷暴露。好心办了坏事。

灾难发生

早在1976年就有关于恒河流域砷中毒事件的报道,主要发生在恒河源头。1983年开始,恒河流域砷中毒涉及的村庄和人数逐年增加,空间上表现为从恒河流域的下游地区向中游地区直至全流域发展。在孟加拉国64个地区中,有59个地区的地下水砷含量超过正常饮用标准。其中半数地区被列为地下水砷污染危险地区。砷中毒的主要原因是当地居民饮用

图2 孟加拉国村民掘管井(David Kinnibur 摄)

了含砷量较高的地下水。而仅在恒河流域施工开挖的"浅管井"就有700万~1100万口。

1993年,人们发现"安全"的"浅管井"井水中砷的含量大大超过了0.01毫克/升(世界卫生组织建议的饮用水最高含砷量是0.01毫克/升),有的地区甚至高达0.05~0.1毫克/升。如此一来,孟加拉国的老百姓面临着世界上罕见的饮水问题:饮用河水容易患上痢疾;饮用地下水

表31-2-2 孟加拉国和印度西孟加拉邦砷中毒的地区和人数

国家和地区	孟加拉国	印度西孟加拉邦[2]
面积(平方千米)	148393	891924
人口(万人)	12000	6800
地区数	64	18
砷含量大于50毫克/升地区数	42	9
砷污染危险地区的人数	92106	38865
有砷中毒特征的人数(万人)	7990	4270
砷中毒的地区数	25	7

---

[1] 亦称为"管井",其步骤为先将管子插到地下,然后用水泵把水抽上来。

[2] 孟加拉地区曾数次建立过独立国家,版图一度包括现印度西孟加拉、比哈尔等邦。16世纪孟加拉已发展成次大陆上人口稠密、经济发达、文化昌盛的地区。18世纪中叶孟加拉成为英国对印度进行殖民统治的中心,19世纪后半叶成为英属印度的一个省(历史上,巴基斯坦和印度原是一个国家)。1947年6月,印巴根据《蒙巴顿方案》实行分治。孟加拉被分为东、西两部分,西部归印度,东部归巴基斯坦。1971年3月东巴宣布独立,1972年1月正式成立孟加拉人民共和国。西孟加拉邦是印度恒河平原东部的邦,东邻孟加拉国,海拔12~30米。首府加尔各答,为印度第三大城市。

则有砷中毒的危险。孟加拉国1.38亿人口中约有3000万人存在不同程度的砷中毒情况。

尽管人们已经发现孟加拉国地下水的砷污染问题,但直到1998年,国际社会才开始关注这一问题。世界银行所提出的解决方案是用15年时间检测孟加拉国的每一口水井,而按照之后的实际情况,这一时间可能是30年。同时相关国际组织还建议邀请科学家开发从井水里去除砷元素的技术。但上述两件事情均需要巨额资金的支持。

2009年11月15日,英国路透社援引世界卫生组织的说法称,饮用砷污染水直接影响了孟加拉国3500万居民的健康。美国媒体则称,孟加拉国多人因砷中毒丧命,堪称人类史上最大的中毒案。

2010年6月19日,英国媒体报道,孟加拉国7700万居民饮水受到砷污染,超过1/5的死亡与砷中毒有关。

2010年6月20日,法新社报道[①],研究人员对孟加拉国首都达卡 Araihazar 区近1.2万人的跟踪调查发现,20%以上的死亡是由被砷污染的井水引起的。随着更多的人接触到被砷污染的水,死亡率也跟着上升。

面对孟加拉国的地方性砷中毒事件的发生,世界卫生组织表示,孟加拉国的砷中毒事件,是人类有史以来最大的集体中毒事件,其影响远远超过切尔诺贝利核电站泄漏事件和印度的博帕尔事件。世界卫生组织用"历史上最大数量的人口中毒"来形容20世纪末在孟加拉国发生的"人类历史上危害最严重的、规模最大的砷中毒事件",引起了国际社会的广泛关注。

灾难治理

孟加拉国为了挽救开凿"浅管井"带来的砷污染,减少砷中毒现象,当地的官员、救援人员和志愿者首先测试了孟加拉国各地的水井管道,将砷污染严重的水井用油漆涂上危险的红色,标示该水井中的水只能用来洗涤,不能食用;可以食用的水井则涂上绿色。科学家提出,从长远考虑,需要开凿深水井来获得清洁饮用水,但这需要数百万美元的投资。即便如此,在孟加拉国的西部地区,一些深水井在开凿几个月或几年后仍旧会出现砷污染。因此,专家建议用池塘和蓄水池等"存积"雨水的传统方法解决饮用水困难的问题。1998年世界银行和孟加拉国政府曾启动了一项耗资3200万美元的计划,通过发放饮用水净化装置帮助人们远离砷中毒的困扰,但这项计划收效甚微,因此砷中毒问题一时还无法得到根本解决。

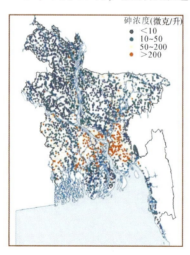

图3 孟加拉国地下水砷污染(不列颠地理调查,2001)

---

① 据《环球时报》2010年6月20日引自法新社6月20日消息,医学期刊《柳叶刀》报告称,孟加拉国7700万人因饮用水被砷污染而面临危险。

2.3 中国地方性砷中毒

中国地方性砷中毒是一种生物地球化学性病症，是在特定地理环境条件下生活的居民，由于长期从饮水、食物、空气中摄入过量的无机砷而引起的以皮肤色素脱失、色素沉着、掌跖角化及癌变为主的全身性慢性中毒。重症的患者出现内脏器官中毒的临床表现，包括肺部功能障碍、神经疾病、肝硬化、腹水及肝癌等。

中国1982年首先在新疆发现高砷病区，以后又在内蒙古、山西、贵州、宁夏、吉林、青海、安徽、陕西、湖北、甘肃等省份发现地方性砷中毒的病区，以村人口计有70余万人暴露于高砷环境，确诊患者已超万人。其中，贵州、陕西是世界上独一无二的燃煤型地方性砷中毒病区，其余各省均为饮水型地方性砷中毒病区[1]。

饮水型地方性砷中毒

20世纪80年代初，中国新疆发现部分地区井水砷污染对人群造成毒害，之后在内蒙古、山西、吉林等省（区）发现地方性砷中毒病区。山西省高砷区，52%的井水平均含砷浓度高于50微克/升。一些地方饮用水中砷含量超过国家标准80多倍。

1990年以来，内蒙古自治区先后在赤峰市克什克腾旗、呼和浩特市的土默特左旗、巴彦淖尔市临河区等47个自然村屯，发现了地方性饮水型砷中毒患者，饮水中最高砷含量超过正常卫生标准20~40倍，患病人口总数达到两万多人。在病区附近的大青山上，蕴藏着丰富的矿藏。每逢雨季来临，山上的含金属硫化物矿体中的砷元素被雨水慢慢地溶解，渗漏到地下水中。长期喝这种高砷水的人就会慢性砷中毒。草原深处受砷毒之害的民众早先曾饮用黄河水，但由于水中的氟含量过高，转而打井取水。谁知水土的流失，加速了有毒矿物质的入侵，导致了砷中毒。

据2003年报道，中国饮水型地方性砷中毒分布于内蒙古、山西、吉林、宁夏等八个省（区）和新疆40个县（旗、市），受影响人口234万人，其中饮水中砷含量大于0.05毫克/升的高砷暴露人口52万人，查出砷中毒者7821人[2]。

燃煤污染型地方性砷中毒

燃煤污染型地方性砷中毒是由于地质的原因燃烧富含砷的煤造成的一种独特的暴露类型。据2003年报道，中国燃煤污染型地方性砷中毒病区主要分布在贵州省黔西南州和毕节市的四个县，以及陕西省秦巴山区的五个县，这些地区室内生活用煤砷含量大于100毫克/千克，导致室内空气砷污染和粮食砷污染的受影响人口33万人，高砷暴露人口4.8万人，查出砷中毒者2402人[3]。

---

[1] 孙殿军. 地方病学. 北京：人民卫生出版社，2011.
[2][3] 金银龙，等. 中国地方性砷中毒分布调查（总报告）. 卫生研究，2003（6）.

通常煤炭砷的标准含量应该低于 50 毫克/千克，如美国或其他国家的煤中含砷水平约为 10 毫克/千克。而贵州的燃煤砷含量高达 1749.69~4917.8 毫克/千克，含砷煤矿在贵州省的分布与几种地方性慢性砷中毒疾病的发病率非常吻合。因此，贵州的地方性砷中毒实际上是"煤引起的灾难"。

贵州的居民通常用富含砷的煤烧饭、取暖和烤干作为粮食的玉米以及辣椒。煤在没有烟囱的敞开式炉子里燃烧，使室内空气和食物都受到砷污染。空气中的砷附着在干燥的食物表面，慢慢渗入食物内部，最终导致食物含砷量极高。砷不仅通过呼吸系统，而且通过消化系统进入人体。贵州西南部交乐乡本地的小煤窑产的煤含砷量极高，1976 年，中国确诊了第一例砷中毒病例，就在交乐乡。

陕西省燃煤污染型砷中毒病区煤砷含量在 0.8~535 毫克/千克，煤砷超标率高达 58.05%，平均砷含量（141.5±105.40）毫克/千克。居民室内空气砷浓度均值和最高值分别为 4.76 微克/立方米和 63.83 微克/立方米，玉米砷均值和最高值为 4.73 毫克/千克和 147.00 毫克/千克[①]。

灾难治理

1992 年，中国将地方性砷中毒纳入地方病防治管理，1993 年开展了全国地方性砷中毒调查。从 2001 年开始，中国与联合国儿童基金会合作开展了"减轻砷中毒危害项目"。到 2006 年，基本查明了全国饮水型地方性砷中毒病区范围和高砷水区。

中国预防饮水型砷中毒的主要措施是改饮低砷水。新疆的病区于 1984 年全部完成了改水，并实现了自来水化，该地区居民的病情已基本得到控制。改水两年后 60% 的患者痊愈，21.8% 的患者减轻；改水干预 15 年后 46.7% 的重患痊愈，26.7% 的重患好转。内蒙古已完成改水的病区有 48 个，受益人口 4.1 万；山西完成改水的病区四个，受益人口占病区人数的 5%[②]。

此外，中国政府投入 2.5 亿元用于病区改水的项目，已完成 357 个病区村的改水工程，改水率为 78.6%，正常使用率为 93.8%，受益人口约 30.8 万人。在高砷水区完成改水工程 358 个村，改水率为 23.5%，正常使用率为 71.8%，受益人口约 34.2 万人。

对燃煤污染型地方性砷中毒，中国政府从 2005 年开始，在中央补助地方公共卫生专项资金地方病防治项目支持下，贵州、陕西两省的燃煤污染型地方性砷中毒病区已全部实现了改炉改灶（第 15 页图 5）。此外，贵州省病区还对含有高砷的煤矿进行封闭。

图 4 地方性燃煤型砷中毒（1.中国贵州骑自行车上班的人穿过烧煤的做饭炉子冒出的含砷烟雾，据 Mark Henley/Panos；2.家庭里的粮食、玉米、辣椒暴露在含砷烟雾之中）

---

① 白广禄，等.陕西省燃煤污染型砷中毒流行病学调查.中国地方病学杂志，2006（1）.
② 孙殿军.中国地方病病情与防治进展.疾病控制杂志，2002，6（2）：98.

图 5　改炉改灶预防地砷病的宣传画

中国贵州省采取更换炉灶的办法防治燃煤污染型地方性砷中毒。当地卫生部门与联合国儿童基金会合作，为占砷中毒人口30%的贫困家庭免费提供新炉灶，对另外30%的中等水平家庭收取一半的费用，剩下的40%生活条件比较好的家庭则需自己购买。

对于检出的大部分砷中毒患者进行了驱砷治疗；对掌跖过度角化影响生活、生产劳动的患者进行了药物和手术治疗，使部分患者恢复了劳动能力；对患有皮肤癌和内脏肿瘤的患者进行了手术治疗，提高了患者的生活质量并延长了他们的生命。

3

地方性氟中毒

3.1 地方性氟中毒的发现

一种古老的中毒病

地方性氟中毒是地球上最古老的疾病之一，据考古学家资料证实，在人类祖先生活的远古时代它可能已经存在。

在中国，贵州省桐梓县于 1971 至 1972 年发现的古人类化石"桐梓人"六枚牙齿化石中，三枚有氟牙症的痕迹，一枚 6 岁儿童的左上第一臼齿和一枚属 10 岁左右个体的左上犬齿，釉质缺损尤为严重[①]。贵州省兴义县猫猫洞旧石器时代遗址中发现的两个完整下颌骨，距今 1.6 万~1.2 万年，一个右侧下颌骨体以及仅有前颏部位的四个下颌体中，共存留 25 颗牙齿，几乎全部有氟牙症的痕迹，其中缺损型为主的患齿 17 枚，白垩型的患齿 6 枚，着色型患齿 1 枚，仅有 1 枚正常。在一青年女性的下颌齿咬合面部位，左第一臼齿与右第一臼齿缺损形状相当一致，是一种罕见的对称性缺损氟牙症[②]。在发掘山西省阳高县许家窑村旧石器时代文化遗址时，发现在 10 万年前，由猿人向早期智人过渡的"许家窑人"已患有氟斑牙。在挖掘出来的牙齿化石上都有氟斑牙的斑点和明显的黄色小凹坑，是缺损型氟牙症的痕迹[③]。此外，山西省襄汾县曾出土 10 万年前"丁村人"的氟斑牙化石[④]；内蒙古自治区敖汉旗大甸子发现近 4000 年前夏代人的遗骸，经鉴定认为可能是氟骨症患者。

利特尔顿（Littleton）曾对阿拉伯湾巴林岛公元前 250 至公元 250 年间的尸骨与牙进行古生物病理学研究，发现一些标本有氟斑牙和氟骨症改变[⑤]。

现代医学认识地方性氟中毒大约始于 19 世纪末和 20 世纪初。当时发现意大利那不勒斯（Naples）附近火山周围居民的牙齿有黄褐色或黑色斑点，并出现牙釉质腐蚀、缺损现象，人们称之为"契雅牙"（Chiaie Teeth）。1910 年伊格（Eager）报道从意大利那不勒斯移民到美国的人患有"契雅牙"，是"釉质发育不全性"损害。这是氟斑牙在英文文献中的最早记载。1916 年前后，美国牙科医生麦基（McKay）和布莱克（Blake）在科罗拉多州等一些州均发现同样的牙病，称之为斑釉齿

---

① 吴茂霖，等.贵州桐梓发现的古人类化石及其文化遗物.古脊椎动物与古人类，1975（1）.
② 曹波.化石人类的口腔疾病.化石，1990（1）.
③ 贾兰坡，等.阳高许家窑旧石器时代文化遗址.考古学报，1976（2）.
④ 照片见《中华人民共和国地方病与环境图集》第 161 页.
⑤ LITTLETON J. Paleopathology of skeletal fluorosis. American Journal of Physical Anthropology, 1999, 109 (4): 465–483.

(Mottled Teeth)，通过光学显微镜观察斑釉齿磨片的病理变化，认为斑釉齿与当地饮用水中的某些元素有关。

1931年前后，乔奇尔（Chrchill）、史密斯（Smith）、维路（Velu）和迪恩（Dean）等不同国家的科学家通过实验证明，斑釉齿的严重程度与饮用水氟浓度有密切的相关性。他们把斑釉齿流行地区的饮水浓缩至原容积的1/8给大鼠饮用后，发现大鼠牙齿出现类似的斑釉；对有斑釉的患者饮用水进行化学分析，证明其含氟浓度明显增高；在饮用水或饲料中加入氟化物饲喂大鼠和羊，其牙齿出现与人类患者类似的斑釉。其后，迪恩等进行了广泛的流行病学调查，证明斑釉齿的严重程度与饮用水氟浓度密切相关。

1932年，丹麦学者莫莱尔（Müller）和盖德乔森（Gudjonsson）报道了冰晶石工人骨骼的X线片所见，以氟中毒（Fluorosis）一词描述氟所致的骨骼损害者。

1937年，丹麦学者罗尔姆[①]在哥本哈根出版了经典性专著《氟中毒》（*Fluorine Intoxication*），详尽描述了氟的毒性、氟中毒的临床与实验材料，以及对氟骨症深入研究的成果。1938年，牙科研究者迪恩[②]赞扬这是一部关于氟的具有"杰出贡献"的文献[③]。之后，维路（Velu）记载了北非的地方性氟骨症。肖特（Shortt）于1937年、潘迪特（Pandit）于1940年分别报道了发生在印度的地方性氟骨症的临床和X线片所见。1946年，英国一位传教士在国际著名医学杂志《柳叶刀》上发表了一篇题为《中国贵州的地方性氟中毒》的论文，报告了贵州省毕节市威宁县石门坎四例氟骨症患者尸骨的病理资料和134名儿童氟斑牙的资料。

世界地方性氟中毒地区

地方性氟中毒是同地理环境中氟的丰度有密切关系的一种世界性地方病（简称地氟病），遍及世界五大洲50多个国家和地区。据调查，主要发生在印度、俄罗斯、波兰、捷克、斯洛伐克、德国、意大利、英国、美国、阿根廷、墨西哥、摩洛哥、中国、日本、朝鲜、马来西亚等国。在亚洲，印度和中国受到的危害最重，北美洲的墨西哥和拉丁美洲的阿根廷以及南非和东非也有地方性分布。总的趋势是发达国家地氟病的危害很轻，或接近消除；目前流行比较严重的主要是亚非一些发展中国家的贫困地区。世界氟中毒地带（Fluoride Belts）见图6。

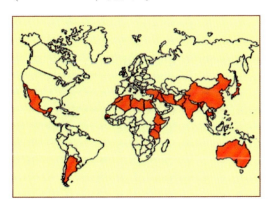

图6 世界氟中毒地带（图中红色区域）

---

① 罗尔姆（Kaj Roholm，1902—1948），助理医生，哥本哈根城市卫生和工厂的监督官员。曾在哥本哈根圣伊丽莎白医院医学部工作。他的著名论文《马斯河谷的大雾灾害：1930年的氟中毒》发表在《工业卫生与毒理学杂志》1937年第19期上。

② 迪恩（H. Trendley Dean，1893—1962），是美国国立口腔与颅面研究所首任主任。

③ DEAN H T. Fluorine intoxication. American Journal of Public Health Nations and the Health, 1938, 28: 1008-1009.

地方性氟中毒的危害

地方性氟中毒的基本病征是氟斑牙、氟骨症和不侵犯骨骼的氟中毒。

氟斑牙（亦称氟斑釉、氟牙症）呈现黄褐色，是氟中毒的典型症状之一。可分为白垩型（牙面无光泽，粗糙似粉笔）、着色型（牙面呈微黄、黄褐或黑褐色）和缺损型（牙釉质损坏脱落呈斑点状或呈黑褐色斑块并有花斑样缺损）。轻度患者需在良好光线下仔细辨认才能查出，重度患者则很容易判明。恒齿在生长发育中易得氟斑牙，钙化完全后即不再受损害。

生活在高氟地区的儿童牙齿必定会着色，这种着色甚至在恒牙也能看到。刚开始白亮的牙齿变暗，并在表面有黄白斑点，渐渐地，那些斑点会变成褐色，而且在牙齿顶端会出现褐色条纹，到了晚期，牙齿整个变黑，牙齿有凹陷或小孔，甚至有小的片状物脱落。

氟骨症使成人骨头酸痛，腰无法直立。患氟斑牙、有骨关节痛和功能障碍等表现的人，经 X 线检查显示骨头增厚，骨密度增加，有骨质硬化等症状，而且尿氟高于正常，即可诊断为地方性氟骨症。轻度氟骨症患者只有关节疼痛的症状，无明显体征；中度患者除关节疼痛外，还出现骨骼改变；重度患者出现关节畸形，剧痛、脊椎或（和）关节僵硬，髋骨硬化，直至残疾。

不侵犯骨骼的氟中毒是指当摄入过量氟时，可见骨骼肌、红细胞、韧带和精子的变化。受到氟影响的肌动蛋白、肌球蛋白丝遭到破坏，线粒体失去了结构的完整性，这些都损耗了肌肉的能量。红细胞膜由于高氟而降低了钙含量。水中和食物中的过量氟会引起没有溃疡的消化不良疾病。在高氟区可见由少精或精子活力不足引起的不育症。

在高氟地区，当普查的人群中有超过20%的人有上述试验的阳性结果[①]时，就提示有地方性氟中毒的发生。生活于高氟区（饮水中含氟量大于 1 毫克/升或食物中含氟量高的地区）的居民，牙齿出现斑釉即可诊断为氟斑牙。出生于高氟区的8—15 岁儿童，如氟斑牙患病率在 30%以上，则该区即可定为地方性氟中毒地区[②]。

灾难原因

氟是人体所必需的微量元素之一，但是，如果当地岩石、土壤中含氟量过高，造成饮水和食物中含氟量高时就会引起地方性氟中毒的发生。通常每人每日需氟量为 1.0~1.5 毫克，其中 65%来自饮用水，35%来自食物。饮用水中含氟量如低于 0.5 毫克/升，儿童中龋齿患病率增高；如为 0.5~1.0 毫克/升，龋齿和氟斑牙患病率都最低；如在 1.0 毫克/升以上，氟斑牙患病率随含氟量增加而上升；如在 4.0 毫克/升以上，则出现氟骨症。除去饮水中含氟量高引起的地方性氟中毒外，某些地区（如贵州省）还有因食物引起的地方性氟中毒。

氟中毒的发病机制在于摄入过量的氟，使人体内的钙、磷等代谢平衡受到破坏。过量的氟在体内与钙结合形成氟化钙，沉积于骨骼和软组织中，血钙因而降

---

① 阳性结果的试验方法是：Ⅰ.硬币试验。患者不弯曲膝盖捡起地板上的一枚硬币。氟中毒患者不弯曲远端大关节是捡不起硬币的。Ⅱ.下颏试验。患者用下颏去碰触前胸。如果颈部疼痛或僵硬提示有氟中毒的发生。Ⅲ.伸展试验。舒展两侧胳膊，弯曲肘部然后碰触头后面。当有僵硬和疼痛而不能触到枕骨的，提示有氟中毒。
② 根据中国 1981 年《地方性氟中毒防治工作标准》（试行）。

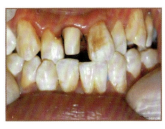
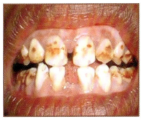
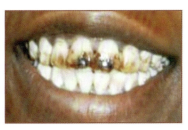

图 7　氟斑牙

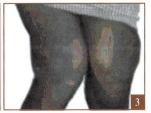

图 8　氟骨症病变的三个阶段（1.第一阶段，关节肿胀、疼痛和僵硬；2.第二阶段，关节变形，但可以活动；3.第三阶段，跛行，活动困难和疼痛）

低，导致甲状旁腺功能增强，溶骨细胞活性增高，促进溶骨作用和骨的吸收作用。氟化钙的形成会影响牙齿的钙化，使牙冠钙化不全，牙釉质受损。另外，氟离子与钙、镁等离子结合，使钙、镁离子数量减少，一些需要钙、镁离子的酶，如烯醇化酶、胆碱酯酶、骨磷化酶等的活性便受到抑制，从而促使氟中毒的发生。

图 9　氟骨症的患者

3.2　印度的地方性氟中毒

世界上含氟矿石总量估计为 8500 万吨，而印度就占到近 1200 万吨。在印度已经鉴定出来的含氟矿物质有：第一，氟化物类，如萤石（CaF_2）和冰晶石（Na_3AlF_6）；第二，磷酸盐类，如氟磷灰石（$Ca_5[PO_4]_3F$）和磷镁石（$Mg_2[PO_4]F$）；第三，硅酸盐类，如黄玉（$Al[FOH]_2SiO_4$）；第四，云母类的镁云母和锂云母。来源于火成岩的氟化物大量地进入水、灰尘和土壤，通过饮水和植物进入人或家畜体内，也影响粮食和植物的生长。

在印度，饮水氟浓度为 0.5~50 毫克/升，至少有 50%的村庄饮水氟含量超过 1.0 毫克/升，100 多万印度人已患有氟骨症。长期摄入过多的氟（六个月至数年）会引起慢性牙齿氟中毒和氟骨症，氟的毒性也影响软组织和酶系统[1]。

在印度，肖特（Shortt）等人首次报

---

[1] 樊继援. 印度地方性氟中毒：一个威胁国民健康的问题. 地方病译丛，1985（2）：53-57.

告了居民中氟斑牙和氟骨症的情况，认为这是由于从饮水中摄入了过量的氟所引起的。关于氟骨症发生的时间，肖特等人认为发生氟骨症必须在氟病区居住30~40年；潘地特（Pandit）等人认为有10~15年就足够了；赛德渠（Siddiqui）注意到在迁入氟病区村庄1~4年的移民中就有氟中毒的情况。

影响氟中毒严重程度的各种因素包括：摄入氟的量和溶解度、摄入持续时间、开始摄入的年龄、营养状态、个体的生物反应、种族、应激因素、与水中其他矿物质和微量元素的络合状态、气候、饮水的酸碱度和硬度、胃肠道的pH值及肾功能的情况等。

印度各地地方性氟中毒的发生与饮用水中的氟化物浓度有关，在安得拉邦、拉贾斯坦邦和古吉拉特邦氟中毒呈重度发生；奥里萨邦、西孟加拉邦、查谟和克什米尔和喀拉拉邦较轻度发生；其他地区呈中度发生。

水型的，印度北部的拉贾斯坦邦和古吉拉特邦以及南部的安得拉邦危害严重。

据印度非政府组织——氟中毒研究暨乡村发展基金会主席苏希拉（A. K. Susheela）说，在印度北部的拉贾斯坦邦和古吉拉特邦以及南部的安得拉邦，由于水中含氟量超过48毫克/升（一般容许的氟含量是1毫克/升），因此，平均每年有6600万人由于饮水摄取过多的氟化物而处于危险之中。从事乡村地区永续发展工作的非政府组织专员帕里哈（Gayatri Parihar）说，印度目前有近600万名儿童罹患牙病、氟中毒、氟骨症等疾病。

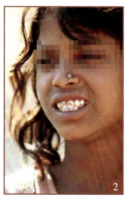

图10 印度地方性氟中毒（1.印度贾布瓦一名10岁儿童的腿因为氟中毒而变弯；2.印度女孩展示她因氟摄入过量而受影响的牙齿。据Ruhani Kaur/UNICEF India）

在整个印度，除了古吉拉特邦可见到工业性氟中毒之外，地方性氟中毒都是饮

图11 印度地方性氟中毒（1.比哈尔邦氟中毒的村民；2.比哈尔邦氟中毒的儿童；3.印度安得拉邦氟病区的氟骨症患者）

3.3 中国的地方性氟中毒

危害与类型

中国地方性氟中毒的病区分布面广，除上海市和海南省外，其他各省（区）均有分布。据 2000 年统计，中国有病区县 1306 个，占全国总县数的 46.54%，病区村 150445 个，病区村人口 11240.52 万人，全国有氟斑牙患者 4066.32 万人，氟骨症患者 260.32 万人，其中残疾性氟骨症有十几万人。中国地方性氟中毒的类型比较复杂，分为饮水型、燃煤污染型和饮茶型氟中毒三种类型。其中西部地区饮水型和燃煤污染型氟中毒危害严重。据统计，西部地区病区县占全国病区县的 45.40%，氟骨症患者占全国氟骨症患者的 65.1%，其中燃煤污染型氟骨症患者 133.5 万人，饮水型氟骨症患者 36.3 万人[①]。

饮水型氟中毒

饮水型氟中毒主要分布在贵州、陕西、甘肃、山西、山东、河北、辽宁、吉林、黑龙江等省。人体摄取氟主要通过饮用水获得，还从食品、空气等获得，在干旱缺水地区，饮用水中氟被浓缩，含量都偏高。

陕西省地方性氟中毒 1980 年的普查结果表明，陕西省有 66 个县（区）为高氟水区，病区公社 551 个，患病大队 5505 个。查出氟斑牙患者约 193.5 万人，氟骨症患者约 10.8 万人。受高氟水源危害的人口有 299.9 万。水氟含量化验 46169 份，超过国家规定标准 1 毫克/升的有 21748 份，占 47.11%[②]。

燃煤污染型氟中毒

燃煤污染型氟中毒主要分布在贵州省、湖北省和重庆市，是由于煤烟污染所致的食物及空气混合型氟中毒。1979 年，曾一度认为贵州省织金县的氟中毒是由燃煤造成的。后来，经中国科学院地球化学研究所研究，认为中国西南温暖潮湿的气候条件下，土壤表层下形成了富含铁铝氧化物和黏土矿物的土壤黏化层，岩石风化过程中释放出来的氟保存并富集在这一土层内形成富氟黏化层。

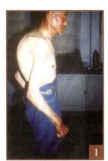  

图 12　中国地方性饮水型氟中毒（1-3. 陕西省定边县的氟骨症患者与典型症状）

[①] 孙殿军. 中国地方病病情与防治进展. 疾病控制杂志, 2002, 6 (2): 97.
[②] 朱济普, 霍玉福, 白广禄, 等. 陕西省地方性氟中毒普查结果报告. 陕西地方性通讯, 1990 (2): 1-4.

图 13 中国地方性燃煤污染型氟中毒（1.屋内烤火、屋上烤玉米，是贵州农村常见的生活场景，正是这种没有烟囱的敞炉，使得燃煤中的氟和砷悄悄侵入人体；2.黄褐色的氟斑牙，是氟中毒的典型症状之一；3.贵州氟骨病患者，氟骨病使成人骨头酸痛，腰无法直立）

贵州织金县煤炭平均含氟量低于全国平均水平，因而中国西南地区燃煤型氟中毒不是煤炭造成的，而是源自与煤炭搅拌在一起燃烧的氟含量高的黏土①。研究发现，西南地区的煤多为粉煤，燃烧时必须用黏土做黏合剂，而黏土的氟含量大大高于煤炭，一般在 10 倍以上。在西南地区温暖潮湿的气候条件下，黏土的氟含量远远高于国内其他地区。即使煤泥中只含 20% 的黏土，在燃烧时黏土释放的氟，也是同量煤粉释放的氟的两倍以上。因此，黏土的氟含量比煤粉的氟含量对氟中毒的流行起着更为重要的作用。

同时，保存在室内的玉米和辣椒可以强烈地吸收富集于空气中的氟，玉米和辣椒的含水量越高吸收得越快。湖北省煤炭资源丰富，煤泥中黏土的氟含量极高。玉米和辣椒是湖北部分地区的主要农作物和副食品，保存在室内的玉米和辣椒强烈吸收煤泥燃烧过程中释放的氟，食用这些玉米和辣椒的人便会因此摄入过量的氟而引发氟中毒。据报道，湖北省 16 县（市）约有 130 万人为燃煤污染型氟中毒②。贵州省和重庆市是燃煤污染型氟中毒的重灾区。

饮茶型氟中毒

饮茶型氟中毒也称为高含氟砖茶型氟中毒，是中国特有的一种氟中毒类型，主要分布在西藏、四川阿坝州和甘孜州、内蒙古大部分地区、青海、宁夏、甘肃以及新疆的部分地区，流行于长期饮用砖茶的少数民族人群中，它不但会导致儿童牙齿受损，更严重的会影响到成人的身体健康。发病程度以藏族、蒙古族人群病情较重，汉族和回族人群次之，维吾尔族和哈萨克族人群病情不严重。由于受制作原料和工艺所限，过去市场流通的砖茶类产品氟含量高达 500~900 毫克/千克，高于人体摄入安全值的三倍。据中国疾控中心公布的数据，中国饮茶型氟中毒受威胁人口总数达 3100 万。

灾难处置

中国地方性氟中毒的防治按照不同的中毒类型采取有效控制措施。饮水型主要预防措施是通过打深井、引河水等改换水源；燃煤污染型主要是通过推广改良炉灶技术，减少氟的摄入；饮茶型则是通过研制生产低氟砖茶的工艺，降低氟的摄入。

---

① 石云华. 贵州氟中毒：黏土氟是真凶. 国土资源网，2005-07-25.
② 湖北省 16 县市有氟中毒覆盖近 130 万人. 环球时报（北京），2009-04-12.

改革开放以来，中国政府加强了地方性氟中毒的防治工作。1979年，北方防治地方病领导小组制定了《北方地方性氟中毒工作标准试行草案》。1981年颁发了《关于地方性氟饮用水标准》，严格控制地氟病的发生。1983年5月，国务院批准由卫生部、水利部、地质矿产部、财政部联合发布《改水防治地方性氟中毒暂行办法》。1996年国家颁布《地方性氟骨症临床分度诊断》（GB 16396—1996），1997年颁布《地方性氟中毒病区控制标准》（GB 17017—1997），规范控制标准为：当地出生并在当地生长的8—12周岁儿童氟斑牙患病率小于30%；氟骨症患者的症状明显减轻，骨关节功能得到改善，X线征象有逆转；没有新发氟骨症患者。与此同时，积极开展病区的健康普查，及早发现氟中毒。在高氟地区，当普查的人群中有超过20%的人有试验阳性结果时，就提示有地方性氟中毒的发生。生活于高氟区（饮水中含氟量大于1毫克/升或食物中含氟量高的地区）的居民，牙齿出现斑釉即诊断为氟斑牙。出生于高氟区的8—15岁儿童，如氟斑牙患病率在30%以上，该地即可定为地方性氟中毒地区[1]。

中国的改水降氟工作大体分为三个阶段。第一阶段，从1964年开始在吉林省乾安县打成第一眼降氟改水井到1977年，为试点阶段。第二阶段，从1978年年底开始，以"改水降氟"为重点，按照"先重后轻、民办公助"的原则，采取国家、集体、个人共同筹集资金的办法在全国逐渐铺开。据2000年统计全国有43062个病区村进行了改水降氟，病区改水率为37.5%，其中，中、重病区有24038个村进行了改水降氟，完成了51.39%的改水任务，受益人口3940.59万人，占病区人口的50.19%。全国尚有近一半中、重病区未进行改水[2]。第三阶段，即2001年以来，国家投入数十亿元，在中西部氟病区开展氟、砷防病改水工程建设，取得显著效果。截至2006年，全国累计完成62395个病区村的改水工程，改水率为58%，正常使用率为73%，实际受益人口4950万人。有18个省（自治区、直辖市）和新疆生产建设兵团的改水率已达到70%以上。青海省有19个县108个乡415个村有地方性氟中毒流行。2003年政府投资3386万元，用于11个县33个乡143个村的13个改水项目，使8万人摆脱高氟危害[3]。辽宁省是饮用水源高含氟地区。据统计，全省共有沈阳、抚顺、本溪、丹东、锦州、阜新、朝阳、铁岭等14个市、49个县（市、区）水源含氟超标，涉及病区自然屯4321个，人口221.68万。其中，中度、重度氟病区自然屯2975个，人口141.35万，而且这些病区多数处在东部山区、辽西北地区等贫困地区，解决起来困难重重。2005年政府投资7.7亿新建和改造2714座供水工程，使60多万病区群众受益[4]。

燃煤污染型氟中毒防氟治理工作也取得进展。贵州省重病区织金县，于1984年成立全国第一家地方病防治所，并从

---

[1] 根据中国1981年《地方性氟中毒防治工作标准》（试行）。
[2] 孙殿军. 中国地方病病情与防治进展. 疾病控制杂志，2002，6（2）：97-98.
[3] 张永义. 青海投巨资进行氟中毒改水. 中国环境报，2002-10-10.
[4] 曾宪刚，胡士俊. 60万人告别氟水的由来. 中国人大，2005（16）：35.

1984年开始每年投入17万元进行土炉灶改造，避免氟污染空气和粮食，兴修蓄水池，保证水的质量[①]。1987—1989年，在长江三峡地区开展改炉改灶试点，共完成15万户的改炉改灶任务；研制出30多种优秀降氟炉型和灶型，获国家专利两项。2000年全国完成了173.92万户的改灶任务，占病区户数的24.57%，受益人口688.85万，占病区人口的20.32%[②]。2004—2007年，中央补助地方公共卫生专项资金3.6亿元，完成了182万户的改炉改灶任务。

饮茶型氟中毒的防治方面，1999年卫生部疾病控制司组织有关专家对四川阿坝和内蒙古呼伦贝尔市饮茶型病区进行了流行病学调查。在此基础上制定了《砖茶含氟量卫生标准（报批稿）》。2005年，国家颁布了《砖茶含氟量国家标准》，进一步研制生产低氟砖茶的工艺。2006年，中央补助地方公共卫生专项资金1060万元，开展了饮茶型氟中毒流行病学调查，基本查清了流行范围，阐明了病情特点和流行规律。

此外，在中毒患者的治疗方面，使用钙制剂加快体内氟的排出；使用铝盐可减少机体对氟化物的吸收，控制胃肠道的紊乱；应用硼盐能与氟形成氟硼络合物由尿排出体外，都有一定的解毒作用。20世纪70年代，中国和印度学者提出用蛇纹石（镁硅酸盐）治疗氟中毒，这种药物能使尿排氟量增加2~3倍，并能解除某些氟中毒患者的疼痛，改善关节功能。此外，饮食干预，摄入大量维生素C和钙，在减少氟中毒的发生方面也可以起到一定效果。

---

① 全县人95%是氟斑牙. 华商报, 2003-07-27.
② 孙殿军. 中国地方病病情与防治进展. 疾病控制杂志, 2002, 6 (2): 97-98.

4

火山①喷泻毒性事件

4.1 火山喷泻与火山有毒气体

火山喷发

全世界的火山很多，大多分布在板块交界处，其中活火山就有516座。活火山主要分布在环太平洋火山带、地中海—喜马拉雅—印度尼西亚火山带、大洋中脊火山带和红海—东非大陆裂谷带。

火山喷发（Volcano Eruption）是地球内部物质快速猛烈地以岩浆形式喷出地表的现象，是地壳运动的一种表现形式，是地球内部热能在地表的一种最强烈的显示，也是岩浆等喷出物在短时间内从火山口向地表的释放。由于岩浆中含有大量挥发成分，加之上覆岩层的围压，使这些挥发成分溶解在岩浆中无法溢出，当岩浆上升靠近地表时，压力减小，挥发成分被急剧释放出来。

历史上最剧烈的十次火山喷发分别是：喀拉喀托火山（印度尼西亚，喷发时间：1883）、培雷火山（马提尼克，喷发时间：1902）、圣海伦火山（美国，喷发时间：1980）、莫纳罗亚火山（夏威夷岛，喷发时间：1984）、塔乌鲁火山（巴布亚新几内亚，喷发时间：2006）、默拉皮火山（印度尼西亚，喷发时间：2006）、通古拉瓦火山（厄瓜多尔，喷发时间：2006）、克利夫兰火山（美国，喷发时间：2006）、熔炉峰（留尼汪岛，喷发时间：2007）和柴滕火山（智利，喷发时间：2008）。

火山爆发与火山气体②的危害

火山爆发影响全球气候，破坏环境。火山气体主要成分有水蒸气、含硫化合物和二氧化碳，其中硫化氢和二氧化硫气体进入大气后往往转化成气溶胶。当火山气体高于当地水的沸点时，气体中的水蒸气含量最多，低于当地水的沸点时气体中以二氧化碳为主。火山气体中还有一部分是固体矿物的蒸气，它们到达地面后常在喷口附近凝结，形成硫黄、砂等矿物。火山气体里含有剧毒物质。人只要嗅入微量的有毒气体，就会造成呼吸肌麻痹，全身乏力，最终窒息而死。由此可见，火山气体可使人毙命。

然而，火山喷发气体中大约0.1%的物质是羰基硫化物，羰基硫化物可以通过反应生成链状肽，进而产生蛋白质。专家据此认为，羰基硫化物可能是地球上生命的起源。

---

① 火山（Volcano），岩浆活动穿过地壳，到达地面或伴随有水汽和灰渣喷出地表，形成特殊结构和锥状形态的山体。

② 火山气体，是由于火山作用而从岩浆中分离出来的挥发性物质的总称。

4.2 历史上的火山毒性事件

维苏威火山喷发事件

自罗马时代以来,意大利的维苏威火山已经爆发过 50 多次①,摧毁了周围所有的城镇。

维苏威火山最著名的一次猛烈喷发发生在公元 79 年 8 月 24 日,摧毁了当时拥有 2 万多人的庞贝(Pompeii)城。其他几个有名的海滨城镇如赫库兰尼姆(Herculaneum)、斯塔比亚(Stabiae)等也遭到严重破坏。火山喷出黑色的烟云,炽热的火山灰石雨点般落下,有毒气体混入空气中。庞贝城只有四分之一的居民幸免于难,其余的不是被火山灰掩埋,就是因浓烟窒息,或者被倒塌的建筑物压死。直到 18 世纪中叶,考古学家才将庞贝古城从数米厚的火山灰中发掘出来,古老建筑和姿态各异的尸体都保存完好,这一史实已为世人熟知,庞贝古城也成为意大利著名的旅游胜地。

就在这次火山喷发时,以卡佩尼亚的米塞姆港为基地的海军舰队的司令(即意大利西海岸舰队司令)大普林尼②,为了观测火山爆发的情况并救援这一地区的灾民,亲率一支罗马舰队赶往火山活动地区,救出了不少居民,自己却因吸入火山毒气不幸中毒死亡。作家小普林尼③当时停留在那不勒斯以西的一处地方,与母亲幸免于难。他在致历史学家塔西佗的两封信中对这场大灾难描述说:我的舅父当时驻守在米塞姆,他是一位很有主见的舰队指挥官。8 月 24 日午后不久,我的母亲将远处一片巨大的、外表异乎寻常的云朵指给他看。那时他刚洗过冷水澡并吃了午餐,正继续他的写作。他让人取来鞋子,然后登上高处,以便于观察那片奇异的云。由于距离太远,无法看清那片云下面究竟是什么山(后来我们才知道那座山叫维苏威)。那奇异的云朵像一棵伞状的松树,它升得很高,下半部像树干,顶部像巨大的树冠,然后慢慢地向四周散布开去。它有些部分是白色的,而另一些部分则是暗灰色的。我的舅父出于学者的天性立即想到应该去更近些的地方观测,所以

---

① 已证实的喷发发生在两个喷发期,一个是 79—1631 年间,喷发发生在 79、203、472、512、787、968、991、999、1007、1036 和 1631 年。另一个是 1660—1944 年间,喷发发生在 1660、1682、1694、1698、1707、1737、1760、1767、1779、1794、1822、1834、1839、1850、1855、1861、1868、1872、1906 和 1944 年。每一喷发期长度从 6 个月至 30.75 年不等,静止期从 18 个月至 7.5 年不等。

② 大普林尼(Gaius Plinius Secundus, 23〔或 24〕—79),又称老普林尼,古罗马作家。著有《博物志》,发表于公元 77 年。历任高级军职,后被韦斯巴芗帝任命为舰队提督。火山喷发时从事观测和救援工作,因吸入火山喷出的含硫气体中毒窒息死亡。大普林尼终生未娶。按照他的遗嘱,他把自己的外甥收为养子。后来人们称他的外甥为小普林尼。

③ 小普林尼(约 62—约 113),古罗马散文作家,大普林尼的外甥。大普林尼去世时,他 18 岁。他继承了舅父的全部手稿和摘录材料的笔记,笔记总数达 160 卷之多。他给历史学家塔西佗(Tacitus)的两封信是宝贵的亲历史料,被收入《小普林尼书信集》中,保存至今。

他命人赶快去准备一条小舟,他还对我说,假如我想去的话可以跟他一起上船。我回答说我想继续做功课,因为那天他正好给了一些笔头作业要我完成。正当他准备出发的时候,有人替丽克蒂娜捎来了一个口信。丽克蒂娜是塔斯克斯的妻子,他们家恰恰是在山脚下,除了坐船从海上逃生,他们已无路可走。他们请求我的舅父派船去救人。……他回忆当时逃难的情景:"天上降下灰烬……我回头望去,身后雾气滚滚,席卷而来,追袭着我们。""黑暗立即降临了……只听得妇女在号哭、孩童在尖叫、男人在呼号。""一些人在悲叹自己的厄运,另一些人悲叹亲人们的不幸,还有些人因惧怕死亡而祈求死亡。许多人举起双手求神保佑,而更多的人则认为哪儿也没有神了,世界最后的、永远的黑暗降临了……"舅父从那不勒斯湾出发赶去拯救灾民,他的尸体于8月26日被发现,身体上没有任何伤痕,估计是窒息或中毒而死[①]。

维苏威火山喷发的结果,是在庞贝城堆积了大量的火山灰和火山砾,而毒性很强的火山气体弥漫城内,死亡人数估计达2000人左右;火山灰和火山砾堆积了3~4米,掩埋了整座庞贝城。

512年,由于维苏威火山喷发严重,国王狄奥多里克[②]免除了维苏威火山山麓居民的赋税。

1631年12月16日维苏威火山的大喷发,使山坡上很多村庄被毁,约3000人死亡,熔岩流抵海边,天空昏暗达数日之久。据记载,1631年大爆发前火山活动处于漫长的不活跃期,火山口内长着树林,还有三个湖泊,放牧的家畜在此饮水。喷发后,火山的有毒气体使山坡上的植物纷纷枯死。

1906年4月7日,一直沉睡的意大利维苏威火山又突然爆发,流出的岩浆包围了奥塔维亚诺镇,造成几百名意大利人伤亡。那不勒斯市被厚重火山灰烬所覆盖,一些屋顶因不堪承受重力而坍塌,又压死了许多人。1906年喷发后人们在山坡上植树造林,以保护居住地区,使其不受强烈喷发后的泥流的袭击。

第二次世界大战期间的1944年,维苏威火山再次喷发,从火山顶部的中心部位流出熔岩,喷出的火山砾和火山渣高出山顶200~500米。火山爆发的奇妙景观使得正在山下激战的同盟国军队与纳粹士兵停止了战斗,成千上万的士兵都丢下武器跑去观看这一大自然的奇观。

总之,在过去的500年里,维苏威火山多次爆发,熔岩、火山灰、碎屑流、泥石流和有毒的致命气体夺去的生命不计其数。1845年,意大利在海拔678米处建立观测站,开始对该火山进行科学研究。20世纪90年代又在不同高度设立众多观测站,并建立了一个大型实验室和一个深隧

图14 维苏威火山喷发与庞贝城遗址

---

① 小普林尼. 维苏威火山的喷发(79年8月24日). 文史月刊, 2008 (6): 62-64.
② 狄奥多里克 (Theodoric the Goth, 约455—526), 东哥特国王 (493—526), 亦称狄奥多里克大王。

道从事地震重力测量和火山观测。

进入21世纪，维苏威火山周边、庞贝城遗址附近散布着18个大小城镇，100多万居民。由于担心此处地壳活动会加剧维苏威火山再次爆发，当地政府以每户2.5万欧元的资助费动员当地居民迁离火山附近，10年来已陆续迁走了约60万人。但仍有人，尤其是老年人舍不得离开这里。

拉基火山喷发毒气事件

拉基火山（Laki）位于冰岛南部，紧靠冰岛最大的冰原——瓦特纳冰原（Vatnajokull）西南端，又称拉基环形山（Lakagigar）。拉基火山海拔818米，高出附近地带200米。

1783年6月8日，拉基火山开始喷发，喷发一直持续至1784年2月初，被认为是有史以来地球上最大的熔岩喷发。由于拉基火山位于远离居民点的山区偏僻地方，所以没有直接造成人员伤亡。但在数小时的喷发中，冰岛人意识到一场大灾难正在悄悄逼近。火山灰开始雨点般地降落在整个冰岛上，覆盖了地面，火山喷发释放出的大量硫黄气体妨碍了冰岛的作物和草木生长，牧场被破坏，1.15万头牛、2.8万匹马和19.05万只羊饿死。接着来临的冬季对冰岛人来说是严酷难挨的。他们吃完了储备食品，发生了饥馑。全岛五分之一的人口——约9500人被活活饿死。

同时，拉基火山喷发产生了大量的二氧化硫等毒气，毒气云团飘浮在北大西洋的喷射气流之上，进而改变了气候模式，造成大不列颠群岛很多人被毒死，欧洲西部农业减产，饥荒蔓延。1784年冬天，北美洲及新英格兰东北部创下空前低温纪录，新泽西州降雪量破纪录，密西西比河纽奥良河段结冰，这一切都是肇因于拉基火山的爆发。可怕的饥荒在所有地区肆虐。全世界由于拉基火山的喷发而导致的死亡人数超过200万。这成为人类历史上最大规模的自然灾难。

喀拉喀托火山喷发事件

喀拉喀托火山位于印度尼西亚爪哇岛和苏门答腊岛之间，1883年8月26日和27日连续两天喷发，据统计有3.6万人在这次灾难中丧生。火山喷发的声音响彻天空，甚至在3000多千米以外的澳大利亚珀斯都能听得见。自此，喀

图15 冰岛的拉基火山喷发毒气事件（1.冰岛的拉基火山；2.1783年冰岛拉基火山喷发时的情景）

图16 喀拉喀托火山喷发

拉喀托火山一直处于活跃期，最近的一次喷发是在 2008 年。

培雷火山喷发事件

培雷火山（Mount Pelée）位于马提尼克岛北部。1902 年的猛烈喷发被认为是 20 世纪最致命的火山灾难，夺去了 3 万人的生命。炽热的有毒气云和火山熔岩将圣皮埃尔整座城市淹没，全市

图 17 培雷火山喷发后岛民惊恐地远望灾后一片烟雾的可怕景象

2.8 万居民中只有两个人躲过了这场浩劫。培雷火山喷发的烟柱持续了 11 天之久。

尼克卢德火山喷发事件

尼克卢德火山位于印度尼西亚爪哇岛，海拔 1731 米。1919 年第一次爆发，摧毁了数以百计的村落，造成 5000 多人死亡。1990 年的喷发，造成数十人死亡。2007 年 11 月 5 日，喀拉喀托火山喷发出高 800 米的含有毒气的烟雾，尼克卢德火山内的震动也有所加剧，火山口的温度升到 77.2℃。当局担心火山喷发出的有毒烟雾飘散到较远的居民区，将对更广泛地区的人们的健康造成危害，动员约 10 万名住在山坡上的居民撤离。在火山小规模喷发中尚无人员伤亡。①

圣海伦火山喷发事件

圣海伦火山位于美国华盛顿州，1980

年的喷发持续了 9 个小时，产生了有记录以来历史上最大规模的火山残骸。57 人在这场浩劫中遇难，成为美国历史上最致命的火山喷发事件。

图 18 圣海伦火山喷发

通古拉瓦火山喷发事件

通古拉瓦火山位于厄瓜多尔的安第斯山脉。1999 年开始进入活跃期，持续至今。2006 年的一次喷发造成 5 人丧生，13 人受伤，5 个村落被火山灰和炽热熔岩所淹没，灾难使大批牲畜死亡。

图 19 通古拉瓦火山喷发（图中的这具肿胀的牛尸被火山灰盖得严严实实）

希韦卢奇火山喷发事件

希韦卢奇火山是一座活火山，位于俄罗斯堪察加半岛的最北部，海拔 3283 米。距其 45 千米处有一个约 5000 名居民的村庄。希韦卢奇火山 2011 年 1 月 20 日喷发出高于海平面约 6500 米的火山灰。据俄罗斯科学院远东火山与地震研究所报道，在火山喷发的同时，也观察到有局部地震与火山运动。虽然希韦卢奇火山喷发的火山灰尚未对附近居民生命安全构成威胁，

---

① 尼克卢德火山发生震动 喷发出有毒烟雾. 中国新闻网，2007-11-07.

但火山灰中的岩浆成分有可能引起附近居民与牲畜中毒，并对航空安全构成威胁。

中国云南毒气泉动物死亡之谜

中国云南省腾冲县的毒气泉是晚期火山活动的产物，是中国十大趣泉之一，在华夏八大趣泉中排名第五。

腾冲县有两处毒气泉。一处在距云南腾冲县城45千米处，泉井无水，却可见到硫黄结晶等物质，并经常散发出二氧化硫等的气味。据专家调查，腾冲县境内保留着最年轻的火山群——第四纪火山，县内发现60多个火山口，因此，形成许多气泉、温泉和地热泉。人们利用这些气泉和温泉治疗某些疾病。另一处是在腾冲县县城东北曲石附近被人们称为"扯雀塘"的毒气泉。毒气泉是晚期火山活动的产物。泉内喷出一氧化碳和硫化氢，喷气孔附近常见被毒死的老鼠和雀鸟。1976年，科学工作者曾把一只鹅放在扯雀塘毒气孔上，五分钟内鹅便窒息而死。据测试，这两处毒气泉所逸出的气体中的主要成分是硫化氢、二氧化碳、一氧化碳，此外还有少量的二氧化硫、烃和汞蒸气等。

图20 毒气泉

4.3 喀麦隆火山湖喷泻毒气事件

喀麦隆的火山湖

素有"中部非洲粮仓"之称的喀麦隆共和国有一条火山带与尼日利亚相连，国内有两个能杀死人的火山湖，一个叫尼奥斯湖，另一个叫莫努恩湖。尼奥斯湖地处喀麦隆西北省，距离尼日利亚首都拉各斯约320千米，是一个休眠火山形成的"碗形湖泊"，海拔1091米，长2500米，宽1500米，平均水深200米。在尼奥斯湖南面100千米处是莫努恩湖，位于喀麦隆的西部省。两个美丽的湖泊，阳光灿烂，百

图21 喀麦隆的火山湖（1.尼奥斯湖；2.莫努恩湖）

鸟歌唱,周围是典型的山区地形,人烟稀少,村里简陋的茅草屋都是就地取材搭建的,整个小镇与世隔绝,远离现代文明。当地农民被分割成一个个小群体,各自说着迥然不同的语言。他们之中还有一些以放牧为生的游牧民族。

事件经过

1984年8月和1986年的8月,喀麦隆的这两个火山湖分别发生了两次喷泻毒气事件。

1984年8月15日,莫努恩湖突然喷发毒气,附近的37名村民和数千头牲畜因之丧生。

那天早晨,在莫努恩湖畔,横七竖八地躺着许多死尸,而且身上并没有明显的外伤。接着,就在短短几小时之内,总共有37人莫名其妙地死去。

两年后的1986年8月21日夜间,尼奥斯湖发生了类似的事件,超量的二氧化碳气体突然从湖中喷出,掀起了80多米高的巨大水浪。伴随着闷雷般的响声,这股强烈的毒气迅速向湖区四周扩散,笼罩了方圆10千米的地区,导致沿湖三个村庄的1746名村民在睡梦中窒息死亡,6000多头牲畜被毒死。灾情最严重的尼奥斯村,650名村民中仅有6人死里逃生。两场灾难同样发生在雨季的高峰期。

尼奥斯湖毒气杀人事件发生后外界的人们并不知道。有一位叫福勃赫·吉恩的年轻牧师和其他几个人正驾驶着一辆卡车经过这里。他们看见路边有个人正坐在摩托车上,仿佛睡着了一样。当吉恩走近摩托车时,发现那个人已经死了。而在牧师转身朝汽车走去时,便觉得自己的身子发软了。他和他的同伴闻到了一种像汽车电池液一样的怪气味。吉恩的同伴很快倒下了,而吉恩则设法逃到了附近的村子里。

到早上10时30分,当地政府得知已有37人在这条路上丧生,很明显这些人都是那股神秘的化学气体的牺牲者。这股云状物体包围了200米长的一段路面。医生对尸体进行检查后认为他们都是死于窒息,死者的皮肤都有化学灼伤。

两天后,当第一批救援人员来到尼奥斯湖的时候,给人的第一印象就是出奇得寂静,而眼前的一幕令人不寒而栗:方圆数千米范围内,不管是人还是动物都已死去多时,却不见任何惊慌的迹象。人们要么是在睡梦中死去,要么是在做饭时倒

图22 尼奥斯湖灾难(1.路边死去的村民和逃离灾区的村民们;2-3.反映尼奥斯湖喷发毒气灾难中村民和动物窒息死亡的照片,1987年第30届世界新闻摄影比赛中获得自然新闻类系列二等奖,〔法〕埃里克·博韦特摄;4.尼奥斯湖灾难中大批牲畜中毒死亡。采自《世界知识画报》,1987)

地。尸体分散在茅草屋里，以及道路的两旁。死牛、死鸟、死鸡，各种家禽、家畜的尸体遍地都是。

事件原因

灾难发生后，喀麦隆政府组织由国内外科学家组成的考察团，经过几番深入实地的调查研究，终于揭开了这两个"杀人湖"的神秘面纱。尼奥斯湖和莫努恩湖均为火山湖，地层深处的二氧化碳缓慢向湖底渗进，并逐渐溶解于湖水中，密度不断增大；湖表层的冷水就像一个大盖子一样平静地盖在上面，使二氧化碳及其他有害气体难以散发。如遇地震或地层变化，湖表层的"盖子"就会发生震荡，失去平衡，毒气随时有可能喷发出来。尼奥斯湖至少积存了3亿立方米的二氧化碳和二氧化硫等有害气体，而且这些有害气体还在与日俱增。祸首找到了，湖底的有毒气体就是无形"杀手"。这些有毒气体是湖泊下面的火山活动产生的，气体慢慢聚集到危险水平，然后突然释放出来。

但压力瞬间释放的原因是什么？目前专家们还没有一个定论，地壳运动、二氧化碳水平饱和等都有可能是成因。另一个因素是两起火山湖喷泻毒气事件都发生在8月，正是喀麦隆的雨季，滑坡是最主要的原因。因为尼奥斯湖惨剧发生前，湖边曾出现滑坡现象。科学家在现场观察和测试，认为此地发生过剧烈的运动，湖水已经溢出湖面，漫上了堤岸，甚至冲过峭壁，越过了50多米高的树木。科学家测量气温，提取湖水的样品，气体分析的结果发现：99.4%是二氧化碳。

此外，专家们认为，死者皮肤上出现灼伤的原因与湖面上浮出的云雾中可能含有硝酸有关。[①]

事件处置

尼奥斯火山湖灾难发生后，喀麦隆政府派部队前去埋葬尸体，战士们戴着临时准备的防毒面罩，以免受到残存毒烟的侵害。由于匆忙埋葬了尸体以防止疾病的传播，军队没能做出确切的死亡人数统计。救援人员奉命将幸存的村民撤离危险地带。同时，使用大量的生石灰，用来就地掩埋尸体。

随后，食物、药品，还有毛毯等各类援助源源不断地从世界各地运来。接着，地质学家、火山学家、医学专家随之而来。

1986年8月29日，喀麦隆总统签署一项法令，宣布8月30日为"全国哀悼日"，以悼念在尼奥斯火山湖喷发毒气灾害中的遇难者。

经过科学论证，科学家建议采取"疏导"和"预防"相结合的方法对火山湖进

图23 尼奥斯湖灾难发生以后，喀麦隆政府派军队前去埋葬尸体，他们戴着面罩，以免受到残存毒烟的侵害

---

① 专家揭开非洲"杀人湖"秘密.参考消息，2011-11-19//"杀人湖"的秘密.万象月刊，2011（11）.

图 24 尼奥斯湖排气工程（1.尼奥斯湖的排气装置；2.尼奥斯湖排气试验）

行治理，以达到"排气防喷"的效果。具体方法是，分别在尼奥斯湖和莫努恩湖设立五个和三个虹吸装置，日夜不停地抽取湖底的各种毒气，防止"杀人湖"因积累超量气体引起再次喷发，危及附近居民的生命。同时，在湖边安装预警系统，日夜监视湖边的空气情况。如果含气量超过警戒线，有突然喷发趋势，预警系统就会发出警报，附近居民可立即撤离。

自 2001 年 1 月以来，由法国、美国、日本和喀麦隆四国专家组成的科学考察团首次成功地利用虹吸装置，安全抽取和释放了尼奥斯湖水中大量二氧化碳及其他有害气体，遏制了毒气的增加。这个向湖底 200 米处插入导管，日夜不停地抽取二氧化碳的"排气防喷"治理项目的国际合作计划已见成效。从尼奥斯湖排气现场拍摄到的录像中可见到一束 50 多米高的白色"水柱"从湖面升腾而起，时高时低。"水柱"是"水气合一"的，其中 90% 是有害气体，10% 为湖水，喷发的时速约为 100 千米/小时。这种自然虹吸装置每年可排出湖中 2000 万立方米的二氧化碳气体。2003 年在莫努恩湖里也安装了一根排气管来排放气体。

历史资料表明，世界其他地区也有继续散发气体的死火山，尼奥斯湖喷泻毒气事件震惊了整个世界，也为那些处于火山地带的人们敲响了警钟。那些从湖底深处或从地表释放出来的二氧化碳气体已被全世界视为最重要的火山危机。

5

极端地理环境引发的毒性事件

5.1 中国工农红军长征路上三百红军将士猝死事件

1935年，中国工农红军长征快要胜利结束时，驻扎在甘肃省六盘山下的红军将士一夜之间竟无声无息地突然死亡300多人。这一事件在50多年后才得到破解，科学家认为这与当地泉水和沟水中含有高浓度的钾离子与同时冒出来的氰气结合生成氰化钾剧毒化合物有关。

事件经过

1935年10月7日，中央红军越过六盘山主峰，在青石嘴与国民党骑兵军第七师十九团展开了一场激战。战斗不到两个小时即告大捷，毙敌200余人，俘敌近百人，缴获战马150多匹。

10月15日黄昏，夕阳西坠，残阳似血。三个营的红军将士决定夜宿六盘山下环县的耿湾镇，将士们准备好好睡上一觉，然后再向这次长征的目的地——陕北根据地进发。然而，随着第二天清晨嘹亮的军号声响过之后，一个令人震惊的惨痛消息不胫而走，夜宿耿湾镇的红军有300多名将士在夜里突然死去。他们身上既没有受伤的痕迹，脸上也不带任何痛苦的表情。经过了千万里转战和无数次枪林弹雨的300多名红军将士，就在即将到达根据地的前夕，不明不白地在耿湾镇魂归天国。

中共中央和毛泽东同志闻讯大惊，中央红军离开苏区时有9万人，现在仅余7000多人，这些九死一生的红军将士是革命的种子、革命的脊梁啊！悲愤之余，毛泽东严令中央保卫局对此事展开详细调查。然而，经过数日艰苦细致的调查、分析，没有发现一点线索。此事成了毛泽东同志心中一块永远也抹不掉的巨大阴影。每每提到六盘山，他就会想起这300多名猝死的红军将士。老人家扼腕长叹：烈士死因不明，在九泉之下也难以瞑目啊！

揭开谜底

54年之后的1990年初秋，宁夏军区给水团的科技人员奉命对耿湾镇一带进行水质调查。两位水文地质工程师王学印、王森林在与当地百姓的交谈中，得知了这一重大谜案。

他们翻山越岭，踏遍了六盘山麓的千沟万壑，在走访当地老百姓时听一些老人回忆说："红军从六盘山下来打了一仗后，一部分人马沿罗家川、马坊川等沟谷川道来到了耿湾镇。当时天色已晚，队伍里很多人饥渴难忍，就到沟谷里找泉水喝。可是万万没想到，第二天这地上就躺倒了一片一片的人，再也没有醒来。"

职业的敏感使他们意识到，这起离奇的命案应该与当地的水质有关系。两位工程师迅速查阅当地的水文资料，并采水样做分析化验。通过分析发现，这里的泉水和沟水咸而苦涩，水中钾离子含量高得惊人，每吨水中钾含量高达1500~3000克。而正常情况下，每吨水中钾含量只有300~500克。同时他们又发现这里的水中钠离子含量更高，并且这里有些地方的泉水和沟水溢出外流时，有不少气泡呈间歇状冒出来，且散发着一股难闻的气味。这表明该地为石油分布区，断层构造发育活跃，这些气泡从油层冒出，就很可能带有大量氰气。而氰气与钾结合就生成氰化钾，与钠结合便生成氰化钠，这是两种剧毒性化合物，人若摄入50微克，即可导致死亡，使人在无任何痛苦和知觉中无声无息地死去。他们推断当年300多名红军的猝死与饮用了含有这两种剧毒化合物的水有关。

整整三年间，王学印、王森林两位工程师，登六盘，下银川，往返数十次。通过科学的检测和细致的调查、推断，证明他们的分析推断完全正确。当年因饥渴难忍，在沟底喝了这种水的红军将士在夜里窒息而死，而没来得及下沟喝水或到了宿营地吃饭喝其他水的红军将士则幸免于难。扑朔迷离长达半个多世纪的红军将士猝死的悬案终于破解。

5.2 俄罗斯"魔鬼湖"和"死亡谷"之谜

俄罗斯雅库特共和国的卡克伊奈达卡赫湖被当地人称为"魔鬼湖"，这里的水是黑色的，岸边全是烧焦的树，地上有许多煤渣和烧焦的泥土。人们常在湖的附近发现动物和人的尸体，却没有人能够解释其死亡原因。

事件始于20世纪初。当地一个渔民有一天在卡克伊奈达卡赫湖中撒网，突然看到湖水在他眼前沸腾起来。紧接着，他听到爆炸声，于是摔倒在船上，他用帐篷布把自己藏起来，一动不动，直到周围安静下来。这位男子站起来，发现后背的衣服被火烧坏了，网里的鱼也被煮熟。他将渔网从滚热的湖水中拖出来，就赶紧离开了。后来，这个湖就有了"魔鬼湖"的称号。

图25 俄罗斯卡克伊奈达卡赫湖和被烧焦的树

从那以后，再也没有人敢接近这个"受到诅咒"的地方。但地质学家猜想，传说中描述的爆炸可能是由湖底燃烧的煤炭沉积物造成的，而最大的一种可能是那位渔民看到的不过是湖底发生的沼气爆炸。

另一个异常地带位于俄罗斯堪察加半岛，这里距间歇温泉溪谷不远。在这个被称为"死亡谷"的地方，到处都是动物尸体，几乎没有植物，斜坡岩石上覆盖着硫黄沉积物。有人在空气中闻到硫化氢的气味。来到这个地方的人不久就感到口干舌燥，接着出现头痛和血压上升等症状，然后开始恶心和头昏眼花。人们离开这里约30分钟后才能恢复正常。

科学家解释说，当地人之所以有那些症状，是因为二氧化碳和硫化氢中毒。火山活动使这些气体从地底深处喷发出来。1982年，科学家最终解开其中的奥秘，他们发现火山喷发出的气体中含有大量有毒的氰化物。

第32卷

矿难与煤气泄漏灾害

本卷主编 史志诚

卷首语

随着现代工业的发展和蒸汽机的广泛使用,煤炭开采供不应求,曾经呈现出一派繁荣景象。然而,产生在矿井之中的瓦斯,如遇明火,即可燃烧,发生瓦斯爆炸。瓦斯爆炸产生后生成的大量的有害气体,造成人员中毒死亡,直接威胁着矿工的生命安全。历史上,瓦斯的危害位列五大矿难之首,被称为"煤矿第一杀手"。因此,矿难的历史是现代煤矿工业和煤矿工人的一部血泪史。

石油能源开发的过程中,当勘测时对地下压力测试不准或注入的泥浆密度太低或出现地层压力突然变大等情况时,会导致井喷事故的发生。1983—2002年美国的墨西哥湾共发生井喷17次。英国1980—2001年共发生井喷14次。中国历史上发生过3次气矿井喷事故。

本卷重点介绍了美国与南美洲、欧洲、亚洲和大洋洲与非洲历史上发生的重大煤矿瓦斯爆炸事故及人类与矿难的斗争史。同时,也介绍了油气田发生的毒气井喷事故以及重大煤气(天然气)泄漏事件。

在回顾历史上发生的重大煤矿瓦斯爆炸事故时,最值得称颂的是1815年英国科学家戴维发明了一种安全灯。这种灯在矿井里点燃不会引起瓦斯爆炸,给矿工提供了最基本的保障。广大矿工为了纪念戴维的这一发明,也把这种安全灯称为"戴维灯"。这种安全矿灯使用了100多年,拯救了全世界千千万万矿工的生命,是科学战胜灾难的一个典型范例。人们期待科学家在防控矿难与煤气(天然气)泄漏灾害方面有更多的科学发明创造,在确保安全生产、矿业安全管理和人民生命财产方面做出更大的贡献。

1

矿难与煤气泄漏的历史

1.1 矿难及其成因

矿难是在采矿过程中发生的事故,通常造成伤亡的危险性极大,世界上每年至少有几千人死于矿难。常见的矿难有:瓦斯爆炸、煤尘爆炸、瓦斯突出、透水事故、矿井火灾、顶板事故[①]等。

瓦斯爆炸

瓦斯爆炸是瓦斯与空气混合,在高温下急剧氧化,并产生冲击波的现象,是矿难的主要类型,在煤矿五大灾害中,瓦斯的危害程度位列第一,被称为"煤矿第一杀手"。瓦斯爆炸会产生冲击波,具有强大的机械破坏作用,同时爆炸会产生有毒气体和爆炸火焰,导致重大灾害。

瓦斯[②]也叫煤层气,是一种有毒的混合气体,主要含有甲烷(CH_4)和一氧化碳(CO)两种气体,产生于矿井之中,如遇明火,即可燃烧,发生瓦斯爆炸。瓦斯爆炸产生高温高压,并会产生大量的有害气体,直接威胁着矿工的生命安全。

瓦斯爆炸的原理,根据链反应理论,甲烷与空气的混合物吸收一定热量后,分解为化学活性较大的游离基(如甲基、氢基、羟基等),这类游离基很容易与其余的氧气、甲烷结合,产生更多的游离基,使反应速度迅速上升,最后燃烧或爆炸。

其最终反应式为:$CH_4+2O_2\rightarrow CO_2+2H_2O$。

煤尘爆炸

煤尘爆炸同瓦斯爆炸一样都属于矿井中的重大灾害事故。1942年4月26日,日本侵占下的中国本溪煤矿发生瓦斯与煤尘爆炸,死亡1549人,重伤246人,是世界矿难死亡人数最多的一次。死亡的人员中大多为一氧化碳中毒。事故发生前,巷道内沉积了大量煤尘,这次爆炸是由于电火花点燃局部聚积的瓦斯而引起的重大煤尘爆炸事故。

瓦斯突出

瓦斯突出是煤与瓦斯突出的简称,也是矿难的主要类型之一。有的学者认为,瓦斯突出是一种地质灾害,但发生瓦斯突出不一定会发生爆炸事故。如果同时具备瓦斯爆炸的条件(即空气中氧气含量达到12%以上;瓦斯浓度达到5%~16%;遇到明火,点火温度达到650℃以上),则会发生瓦斯爆炸事故。

瓦斯突出是一个棘手的世界难题。在

---

① 顶板事故,是指在井下采煤过程中,顶板意外冒落造成的人员伤亡、设备损坏、生产中止等事故。
② 瓦斯(Gas),一般泛指气体,例如称毒气为毒瓦斯,防暴警察使用的催泪瓦斯等,但有时瓦斯则专指煤气。在煤矿产业所称的瓦斯指的是煤层气(煤层瓦斯),即贮存在地下煤层中的天然气。瓦斯用作燃料时被称为液化气,或液化石油气、煤气。

煤矿采掘过程中，由于地质条件等原因，煤及其所含的瓦斯气体在瞬间涌出，有时甚至可以在一分钟内涌出上万吨煤和岩石、上百万立方米瓦斯，高浓度的瓦斯气体遇上高温热源时，就会发生瓦斯爆炸。正如没有哪位科学家能够十分准确地预测地震一样，也没有哪位科学家能够十分准确地预测瓦斯突出。

矿井火灾

矿井火灾按引起的热源不同分内因火灾和外因火灾两类。内因火灾分煤自燃、硫化矿石自燃两种。外因火灾指一切产生高温或明火的器材设备，如果使用管理不当，可点燃易燃物，造成火灾。在中、小型煤矿中，各种明火和爆破工作是外因火灾的起因。

矿井发生的火灾（包括危及井下的地面火灾），常导致人员伤亡、设备损失、矿井停产、资源破坏，甚至引起瓦斯、煤尘或硫化矿尘爆炸。

瓦斯爆炸、煤尘爆炸和瓦斯突出等矿难发生的主要原因是盗采煤矿、生产失误、器械老化及故障等人为原因。各次矿难事故说明，解决这些问题需要不断加强矿山开采的管理力度，这样才能有效地减少矿难事故的发生。

1.2 历史上的矿难与危害

瓦斯爆炸是矿难的一大祸首。1942年4月26日，日本侵占下的中国本溪煤矿发生瓦斯与煤尘爆炸，死亡1549人，为世界上最严重的煤矿爆炸事故。历史上遇难人数最多的矿难见第41页表32-1-1。

许多发达国家为了减少事故的发生，一般不开采高瓦斯[①]灾害隐患严重的矿井。瓦斯爆炸所需浓度范围为5%~16%。因此，采掘空间内瓦斯浓度不允许超限（很多煤矿规定不超过1%）。

中国是能源需求大国，不论是低瓦斯还是高瓦斯，都在积极创造条件进行开采。据不完全统计，中国的高瓦斯矿井，在20世纪80年代以前所发生的灾害中，有一半以上与瓦斯有关[②]。由于中国高瓦斯和瓦斯突出矿井占全部矿井的一半左右，每年瓦斯事故造成的死亡人数占煤矿事故总死亡人数的三分之一。1949—2006年，煤矿发生一次死亡百人以上的瓦斯事故20起，死亡3335人。[③]

矿难的危害极其严重，不仅对矿山造成毁灭性的破坏，而且严重威胁矿工的生命安全。煤矿瓦斯爆炸产生的瞬间温度可达1850℃~2650℃，压力可达初压的9倍，爆源附近气体以每秒几百米以上的速度向外冲击，造成人员伤亡，巷道和器材设施

---

① 矿井瓦斯等级，根据矿井相对瓦斯涌出量、矿井绝对瓦斯涌出量和瓦斯涌出形式划分为：低瓦斯矿井：矿井相对瓦斯涌出量小于或等于10立方米/吨，矿井绝对瓦斯涌出量小于或等于40立方米/分钟；高瓦斯矿井：矿井相对瓦斯涌出量大于10立方米/吨，且矿井绝对瓦斯涌出量大于40立方米/分钟；煤（岩）与瓦斯（二氧化碳）突出矿井。

② 丁梓候. 瓦斯开发利用大有可为. 中国环境报，1996-03-14.

③ 华建敏. 全面推进煤矿瓦斯治理与开发利用. 经济日报，2006-07-19.

表 32-1-1 历史上遇难人数最多的矿难

名次	矿难名称	日期	位置	国家	遇难人数
1	本溪煤矿爆炸	1942 年 4 月 26 日	辽宁省本溪市	中国	1549
2	库里埃尔灾难	1906 年 3 月 10 日	库里埃尔煤矿	法国	1140
3	方城炭矿	1914 年 12 月 15 日	福冈县,九州	日本	687
4	煤矿事故	1972 年 6 月 6 日	万基	津巴布韦	472
5	三池煤矿瓦斯爆炸	1963 年 11 月 9 日	福冈县,九州	日本	458
6	Senghenydd 矿难	1913 年 10 月 14 日	Senghenydd,威尔士	英国	439
7	煤矿事故	1960 年 1 月 21 日	Coalbrook	南非	437
8	新夕张炭矿	1914 年 11 月 28 日	北海道	日本	422
9	Grimberg 矿难	1946 年 2 月 20 日	Bergkamen	原西德(今德国)	405
10	大之浦矿难	1917 年 12 月 21 日	福冈县,九州	日本	376
11	煤矿事故	1965 年 5 月 28 日	比哈尔邦	印度	375
12	煤矿事故	1975 年 12 月 27 日	Dhanbad	印度	372
13	煤矿事故	1907 年 7 月 20 日	福冈县,九州	日本	365
14	Monongah Mining 灾难	1907 年 12 月 6 日	Monongah,西弗吉尼亚州	美国	362
15	橡树矿难	1866 年 12 月 12 日	Barnsley,英格兰	英国	361
16	Pretoria Pit 灾难	1910 年 12 月 21 日	Westhoughton,英格兰	英国	344

毁坏。爆炸后氧气浓度降低,生成大量二氧化碳和一氧化碳,有窒息和中毒的危险。

进入 21 世纪,随着煤矿生产技术的发展和防治瓦斯措施的改进,瓦斯爆炸事故已逐渐减少。主要是用矿井通风和控制瓦斯涌出方法,有效地防止瓦斯浓度超过规定;严格控制火源,杜绝非生产需要的火源,如吸烟、火柴、明火照明等。对生产中不可避免的高温热源,采用专门措施严加控制,只准使用特制的矿用安全炸药和电气设备,加强井下火区的管理,禁止井下拆开矿灯等;定期或自动连续检查工作地点的甲烷浓度和通风状况。

1.3 油气田开发中的井喷事故

钻井是油气田开发的关键环节,是一项多学科、多工种、技术复杂、造价昂贵的地下基建工程。钻井时要把泥浆注入井管来平衡地下地层对油气的压力,但是当勘测时对地下压力测试不准或注入的泥浆密度太低或出现地层压力突然变大等情况时，油或气就会喷出地面或流入井内的其他地层导致井喷事故的发生。

井喷，是一种地层中流体喷出地面或流入井内其他地层的现象，大多发生在开采石油和天然气的现场。引起井喷的原因主要是，地层压力掌握不准、泥浆密度偏低、井内泥浆液柱高度降低；起钻抽吸，以及其他不当措施。

井喷有的是正常现象，但出现井喷事故，天然气喷出后如遇火星，会发生燃烧，因此非常危险。特别是，井喷事故往往伴随着有毒气体（硫化氢等）的释放或燃烧，会对环境和人身安全造成极大的危害。抢险的方法是将密度大的重晶石泥浆灌到井里，以增加压力，止住井喷继续发生。

用作燃料的液化石油气（液化气）称为煤气（亦称为天然气）。煤气是一种热值高、无污染的清洁新能源，是常规燃气中最现实、最可靠的替代能源。

1.4 煤气泄漏灾难

煤气是 21 世纪的清洁能源，但使用不当也会给人们带来灾害。通常情况下，天然气少量泄漏不会引起着火、爆燃等事故，但如果处理不及时，室内泄漏的燃气就会慢慢积聚，达到一定浓度，遇明火可能引发局部爆燃着火，造成一定的损失。当燃气泄漏量较大时，泄漏的煤气与空气混合达到爆炸极限，遇明火就会发生爆炸，造成人身伤亡和财产损失，严重的还会殃及左邻右舍，造成人员伤亡和严重的经济损失。

为提高广大煤气用户的安全用气意识，许多煤气集团开展安全用气宣传活动，帮助广大煤气用户树立安全用气意识、增强安全防范能力，有效提高了民众的安全用气意识，改善了户内安全用气状况。

1.5 人类与矿难的斗争史

戴维安全灯的发明与贡献

当蒸汽机广泛使用后，煤炭开采供不应求，矿井的瓦斯爆炸事件频繁发生，大批矿工不幸丧生。此时，英国化学家戴维[①]响应英国"预防煤矿灾祸协会"的号召，于 1815 年研制安全矿灯。在法拉第的协助下，戴维在矿灯的外面加了一个

---

① 汉弗莱·戴维（Humphry Davy，1778—1829），英国化学家和发明家。他发现碱金属和碱土金属，发现氯和碘元素的性质，发明了防止瓦斯爆炸的安全矿灯——戴维安全灯。1820 年，戴维当选为英国皇家学会主席。1826 年 12 月 20 日，戴维当选为彼得堡科学院名誉院士。

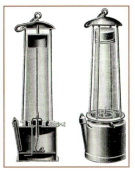

图26 汉弗莱·戴维与戴维安全灯

金属丝网做的外罩，金属丝网导走了矿灯火焰的热量，使矿井内的可燃气体达不到燃点，瓦斯就不会爆炸了。这种安全矿灯使用了100多年，为矿工提供了最基本的保障，拯救了全世界千千万万矿工的生命。戴维安全灯（Davy's Safety Lamp）一直沿用到20世纪30年代，才被电池灯逐渐取代。

美国百年矿难与立法治理

美国的煤矿开采史是一部"血泪史"。20世纪前30年，美国煤矿平均每年因事故死亡曾有过2000多人的惊人数字，1907年美国矿难死亡人数更是高达创纪录的3242人，其中西弗吉尼亚州一个煤矿发生的瓦斯爆炸事故就造成了362人死亡。[1]

然而，正是这次事故，直接促使美国国会下决心立法干预。1910年，国会通过立法，设立了内务部矿山局，专门负责减少煤矿业的事故。自20世纪40年代以来，围绕煤矿安全生产，美国先后制定了10多部法律，安全标准越来越高。

1968年，又是美国西弗吉尼亚州一个煤矿发生爆炸，造成78人死亡。这一事件震惊全美，美国政府迅速制定了新的《矿业安全和卫生法》。这也是美国历史上最严格、最全面的煤矿安全法规。这个法案后来被继续完善，于1977年定型。据此，美国建立了矿山安全健康局，作为独立的安全监察部门。

这一法律的主要内容包括：每个煤矿一年必须有四次监察员检查；除了常规检查，任何矿工都可以随时主动申请联邦监察员下来检查，并且不能因此受到雇主威胁；违规煤矿必须接受高额罚款甚至刑事诉讼；所有煤矿都必须成立救援队；每个新矿工都必须接受40个小时的安全教育。

这项法律实施之后，美国煤矿业进入事故低发的阶段：到20世纪70年代，死亡人数下降到千人以下；1993年到2000年的八年间，整个煤炭行业没有发生过一起死亡三人以上的事故。

美国可供借鉴的经验是：完善的安全立法、独立的安全监督机制、严厉的处罚机制、政府资金的大量投入、重视安全培训以及先进的开采技术和矿山救护体系。

每一次矿难的教训，都会成为各国政府改进相关制度，催生相关法律的机会。勇于直面问题，善于改进缺陷，才是实现矿难低死亡率的真正秘诀所在。

---

[1] 吴庆才. 美国西弗吉尼亚矿难的启示. 中国新闻网，2010-04-07.

2

历史上重大煤矿瓦斯爆炸事故[①]

2.1 美国与南美洲重大煤矿瓦斯爆炸事故

1839年弗吉尼亚州里士满煤矿事故

1839年8月18日,发生于弗吉尼亚州里士满城外布莱克黑斯煤矿的爆炸事故是美国有记载的最早的煤矿事故。在此之前虽发生过几次爆炸,但均未被记录下来。

爆炸发生时矿井内有54人,另有三人正乘吊篮下井。爆炸起因不详,爆炸引起的大火冲出了矿井口。只有两人藏身裂缝内避开了灼人的火舌而幸免于难。三名矿工乘坐的吊篮被抛到30米左右的空中。两人被甩出后当场摔死。第三人与吊篮一起被抛到距井口两米多处,手臂及腿部被摔断。

1884年弗吉尼亚州波卡洪塔斯煤矿事故

弗吉尼亚州波卡洪塔斯的劳雷尔煤矿为西部铁路公司所有。1884年3月13日凌晨1时,矿井发生了爆炸,原因是明火灯引爆了有毒气体。乔治·多兹上校及其他人下令封井,以防火灾蔓延。官方公布的死亡人数是112人,但大多数报道认为,矿井内通常情况下有500~600人。这是美国历史上破坏性最大的一次煤矿爆炸事故,也是最有争议的一次爆炸。矿主没有采取任何安全措施;坑道里非常干燥,粉尘也特别多。矿井深部的矿穴里充斥着煤气,通风又很差,而人们常常会使用大量的黑色炸药,危险每时每刻都可能发生。

1884年克雷斯特德比特煤矿瓦斯爆炸事故

美国克雷斯特德比特煤矿是由科罗拉多煤炭及钢铁公司在1884年建成的。有经验的矿工认为,这座煤矿是全国最危险的矿井之一。一项报告指出:矿井里经常有大量的致命气体存在。

为了抽出有害气体并把干净的空气灌入矿井,公司安装了一台巨大而笨重的风扇,但是这种设备并没有奏效。1884年2月24日早晨,当59位矿工在主要巷道内工作的时候,矿井发生瓦斯大爆炸,把停在巷道进口处等待装煤的车辆和铁轨炸成了碎片,风扇也被炸飞了,7.62米深的巷道从进口处开始全部倒塌。有20人后来在别人帮助下爬上矿山的斜坡,摸索着进了矿井。他们身后,一架新安置的风扇把空气送进矿井。碎石被清除干净以后,人们发现被埋在井里的59名矿工已全部停止了呼吸。

[①] 纳什. 19至20世纪各国发生的矿难事故主要参考//最黑暗的时刻——世界灾难大全. 北京:商务印书馆,1998.

1892年俄克拉何马州克雷布斯矿井事故

位于俄克拉何马州克雷布斯的欧塞奇公司的第11号矿井经常渗漏瓦斯和煤尘。管理人员认为,应当先让井下工作的400至500名矿工全部离开工作面后,再进行爆破。这样可以消除可能导致事故的隐患,也就是说通常一个由六名爆破手组成的小组要在下午17时30分以后才可下井开始爆破工作。

可是在1892年1月7日,这个小组提前下了井,这是致命的行动。井下全体矿工已在主矿井底层集合完毕,正要乘升降罐上井。到下午17时,已经有五个罐升上来,约有30人已走出井口。正在此时,不知是由于匆忙还是愚蠢,一个爆破手擅自引燃了炸药,引起了一次巨大的爆炸。

大约有400人设法脱离了当时充满致命瓦斯的矿井,另外100人还留在井下某些地方。在方圆8千米为其他矿井干活的数以千计的工人停止了工作,赶到出事地点帮助援救遇难的矿工。事件死亡人数达100人。

1892年华盛顿州罗斯林煤矿事故

1892年5月10日下午,华盛顿州罗斯林城的罗斯林煤矿因矿工所携明火式矿灯点燃密集的瓦斯和煤屑引起大爆炸而被毁,45名矿工当场死亡。

罗斯林矿瓦斯和煤尘密集,自通风道通往斜井的横巷,在开凿中很快积满瓦斯。但消防员很少进行检测。

1896年科罗拉多州纽卡斯尔煤矿事故

1896年2月18日凌晨,一场震撼大地的爆炸发生于科罗拉多州纽卡斯尔的瓦尔肯煤矿,致使正在井下采煤的49名煤矿工人当即丧生。

据州矿务督察的一份报告,尽管预先采取了适当的安全措施,但粗心大意的爆破还是造成了大爆炸。

当地官方就此灾难的报道称:"炸药放在一堆阻挡了管道的煤堆表面,上面落了少量的尘埃和煤屑,释放出气体,引起了一场爆炸。气体的主要成分是尘埃和瓦斯。"

1900年西弗吉尼亚州雷德阿什煤矿事故

雷德阿什煤矿因积聚大量瓦斯而被列为危险矿井,每天在矿工下井前,必须由消防员进行检测。

1900年3月6日早晨,消防员迟到了。7时15分后,矿工不愿再等消防员,便自行下井作业。这一行为严重违反了《采矿法》,该法规定任何有毒气的矿井或矿井的部分区域,必须由消防员检测并证明其安全后,矿工才可进入或被允许进入。早班工人下井仅一分钟后,因所携明火灯点燃瓦斯引起爆炸,造成46人死亡。

1902年宾夕法尼亚州约翰斯敦矿井事故

1902年7月10日,由于宾夕法尼亚州约翰斯敦的罗灵米尔矿工人的粗心大意,导致了一起爆炸事故,死亡112人。事故起因是有几个矿工提着闪烁着火苗的敞口矿灯走进了二号坑道,这些火苗迅速点燃了那里的瓦斯。紧跟着发生了爆炸,7人或被烧死,或被倒塌的致命的坑木砸死,其余105名矿工因瓦斯爆炸后所产生的有毒气体窒息而死。因爆炸的范围不大,救援人员可以进入事故现场,他们拖出了 71 个尚能救活的人。

1903 年怀俄明州汉纳煤矿事故

1903 年 6 月 30 日上午 10 时 30 分，美国怀俄明州汉纳的煤矿被炸塌，215 名矿工陷在约 2.4 千米长的地下巷道里，169 人丧生，46 人得救。爆炸共发生了两次，中间间隔了两秒钟，第一次是爆破操作点燃了瓦斯，第二次是由于点燃的煤粉和沼气引起了爆炸。

事故发生之后，《独立报》在一篇社论中指责道："假使我们在汉纳的地下劳动的话，我们就会要求生命的保障，所以我们必须……为这些矿工要求同样的生命保障。"

1907 年西弗吉尼亚州斯图尔特煤矿事故

1907 年 1 月 29 日，西弗吉尼亚州斯图尔特煤矿因矿工进入矿区时所携明火式矿灯点燃瓦斯煤尘引起爆炸而被毁。爆炸时两罐笼矿工刚刚到达地面。84 名仍在井内作业的矿工全部死亡。后来斯图尔特公司相关人员受到指控，理由是其不应该让超过法律规定人数的矿工在小矿井内工作。

1907 年西弗吉尼亚州费尔蒙煤矿事故

1907 年 12 月 6 日，西弗吉尼亚费尔蒙①煤矿 6 号矿和 8 号矿发生爆炸，敞口灯引燃了沼气，致使 362 名矿工遇难。

1907 年宾夕法尼亚州雅各布斯克里克矿井事故

1907 年 12 月 19 日上午 11 时 30 分，在美国宾夕法尼亚州雅各布斯克里克，匹兹堡煤矿公司的达尔矿发生了一次毁灭全矿的爆炸。当时矿上全部 240 名矿工正在井下纵深约 3.2 千米的工作面上作业，他们当中的大多数矿工是意大利和希腊移民。这次事故死亡 239 人，仅有 1 人逃生。死者大部分是因窒息而死，也有被倒塌的坑木砸死的。

死里逃生的矿工叫约瑟夫·梅普尔顿，他从一个侧井爬出来时，浑身布满了伤痕。他回忆当时的情况说："当听到一种可怕的隆隆声时，我正在 21 号井口附近。我刚朝井口奔去，眼前就一片漆黑，有一阵子还失去了知觉，后来我到了那个侧井口，好不容易摸索着爬了出来。"

尽管这次事故的起因一直未彻底查明，但人们普遍认为是由于明火或爆破时的火星飞入充满瓦斯和煤尘的空气中所致。

1910 年亚拉巴马州帕洛斯煤矿爆炸事件

1910 年 5 月 5 日，亚拉巴马州帕洛斯郊外的帕洛斯三号矿井因发生爆炸而报废。这次事故是在所难免的，因为矿主制定的安全措施形同虚设。煤是用镐开采，但也使用"安全"炸药爆破。矿井内非常明显地布满大量细微而干燥的煤尘和甲烷，很不安全。

矿工使用的是明火照明灯，灯火就暴露在煤尘和瓦斯之中。5 月 5 日，一大群工人进入三号井的一个坑道，其中有一人走在前头，他使用的明火灯与一处甲烷气密布区相遇，引起爆炸。83 名矿工被炸得粉身碎骨。坑道口站着的一名矿工，被从坑道里冲出的冲击波抛到空中，落下后摔死。

---

① 也译为莫农格煤矿，见，纳什. 最黑暗的时刻——世界灾难大全. 北京：商务印书馆，1998：582.

1914年伊利诺伊州罗亚尔顿煤矿事故

1914年10月17日上午7时25分，伊利诺伊州罗亚尔顿煤矿一号矿井发生爆炸。这是由于在极其危险的矿井内使用明火式矿灯而引起的又一起事故。矿主又一次忽略制定安全标准，未采取任何措施减少矿井内飘浮的煤粉。矿井内瓦斯密集，而通风设备极为不足。

爆炸当天井下有357名矿工。该矿经理正要跨入地面上的罐笼下井，此时矿井内传来隆隆爆炸声。他立即倒转排风扇，吹入空气以驱散矿井的瓦斯，并输入充足的氧气使等待上井的90名矿工能够爬上地面。

在矿井其他部分作业的20名矿工在第一次爆炸中无人受伤。第一次爆炸中有20人死亡，另有32人死于毒气。

1917年科罗拉多州黑斯廷斯煤矿事故

以"瓦斯"矿闻名的科罗拉多州黑斯廷斯煤矿，是维克多-亚美利加公司所有和经营的煤矿。该矿曾雇了几个消防人员负责在矿井里检查瓦斯气味的浓度，但他们只是做做样子，敷衍了事。

1917年4月27日，两名消防人员检查了煤矿，很快便出了矿，并送上"矿内没有瓦斯"的书面报告。接着，一长串车子把121人送下主矿井去干白班活。正当这串车进矿时，有个煤矿检查员忽然发现自己站在了黑暗中，便划了一根火柴准备点灯，这时，积存在矿里的瓦斯便爆出了火苗，于是大爆炸发生了。但这时车载着矿工已经下到地下约400米的地方，矿工全被火焰封在下面并全部遇难，只有一个人因为是开车的，在进口之后的约36米处跳下了车。他见滚滚的浓烟扑过来，赶紧跑出矿井，发出了警报。

此次事故共死亡121人。黑斯廷斯煤矿大部分都坍塌了。

1917年蒙大拿州比尤特矿区惨案

1917年6月8日，蒙大拿州比尤特市附近的斯佩丘莱特、戴蒙德和海奥尔三个矿区，由于通向井下水泵的电缆线断裂，迸出的火花引燃坑木后，发生大火。当时矿区内有415名工人在上夜班。这三个相通的矿区内地处下层的巷道中突然间充满了黑烟和有毒气体。矿工们为了逃命，慌乱地奔向各个通往地面的竖井。

这些竖井是营救措施的一部分，在这里，地面上的人员向被困矿工投下了输送空气的软管，使他们能够坚持到被营救人员发现的那一刻。

最终共有213名工人获救，163人丧生。

1928年宾夕法尼亚州马瑟煤矿灾难

1928年5月19日下午16时，宾夕法尼亚州马瑟煤矿大约400人正在换班时，一辆蓄电池机车的电弧引燃了越积越多的煤矿瓦斯。当时矿井下有209人，爆炸产生的震荡及爆炸后出现的毒气使193人当场丧生，后来又有两位被救出的人死去，使死亡总人数达到了195人。

救援人员在矿场的许多矿井中找了近三天，希望能够找到幸存者。他们用了100多只金丝雀，把它们放入矿井，以此来检测空气是否有毒。最后共有14人得救，最后一位被救出来的人是弗兰克·布克沙，他被困在井下整整三天。

1940年俄亥俄州内弗斯煤矿灾难

1940年3月16日，俄亥俄州内弗斯的威洛格罗夫煤矿第10号矿井发生大爆炸。上午 11 时许，矿井使用了过量的炸药，炸药引燃了煤屑，致使整个矿井冒出熊熊燃烧的火焰。几十人当即被烧死或因窒息而死。矿工向地面人员发出求救，救援队队员戴着防毒面具，在几个小时后救出了 104 名幸存者。事故发生的主要原因是威洛格罗夫煤矿没有雇用瓦斯检查员。

1943 年亚拉巴马州萨里敦矿井爆炸事故

1943 年 8 月 28 日，晚 22 时 10 分，萨里敦煤矿矿井发生爆炸，释放出大量煤尘和甲烷。当时有 107 名矿工在矿井工作。爆炸是在升降机附近的拱洞发生的，炸死了附近的 14 名工人。午夜后，当一个 17 人的救援队探进矿井的第九层时，另一次爆炸发生。又有两人被炸死，15 人炸伤。受伤者中有 12 人死亡。这次爆炸事故共死亡 28 人。

1962 年宾夕法尼亚州卡迈克尔斯煤矿瓦斯爆炸事故

1962 年 12 月 6 日下午 13 时 15 分，美国宾夕法尼亚州卡迈克尔斯附近的美国钢铁公司的罗伯纳三号矿井发生瓦斯爆炸。当时，在井下约 198 米处深层工作的矿工有 80 名。听到爆炸声后，由亚历克·霍罗维奇带领的 43 名工人蹒跚地走出矿井。下午 14 时，又发生了一次爆炸，37 人被埋在井下。

事故发生后，宾夕法尼亚州煤矿秘书路易斯·伊文斯指挥并带领一支救援队伍赶往罗伯纳三号矿井现场进行救援。救援工作艰难地进行着，每前进一步都要停留片刻以待空气的充分进入，在约 1.2 千米深处他们停住了，发现了第一具尸体，之后又发现了其余的尸体，矿工全部遇难了。

1968 年西弗吉尼亚州法明顿煤矿爆炸事故

1968 年 11 月 20 日，美国西弗吉尼亚州法明顿煤矿爆炸事故共造成 78 名矿工遇难。

这次事故发生之后，美国政府迅速制定了新的《矿业安全和卫生法》，于 1968 年 12 月 31 日由总统签署并颁布实施。

图 27　美国西弗吉尼亚州法明顿煤矿爆炸事故现场

2010 年西弗吉尼亚州上大枝煤矿瓦斯爆炸事故

2010 年 4 月 5 日，美国西弗吉尼亚州首府查尔斯顿附近的上大枝煤矿发生一起爆炸事故，导致 29 名矿工遇难。这次事故是自 1970 年以来的 40 年中发生在美国境内伤亡情况最严重的矿难。上大枝煤矿爆炸事故发生在交接班时间，事故原因是由于瓦斯聚集、空气混入煤尘燃烧所致。

在事故发生之前，美国矿山安全健康局曾花费一年多时间，强制上大枝煤矿遵章守法。2009 年，美国矿山安全健康局向

图 28　美国西弗吉尼亚州矿难示意图（2010 年 4 月 5 日）

该矿发出了515份执法文书，在2010年事故发生前又发出了124份执法文书。针对该矿的各种违章行为，美国矿山安全健康局开出了总计110万美元的罚款通知。尽管如此，上大枝煤矿还是发生了矿难。主要原因是该矿负责人以投机的心理来对待矿工的安全与健康问题。因此，美国矿山安全健康局需要更多的手段来调查和处罚不法行为，增强威慑作用。①

事故发生后，美国总统奥巴马在4月15日发表讲话指出：这次矿难的主要原因是矿山经营者管理不当、矿山安全监管部门监管不力以及相关法律存在漏洞。他强调，要在全国范围内展开矿山安全生产调查，防止类似事件再次发生。4月25日，奥巴马来到西弗吉尼亚州，参加为在矿难中死亡的煤矿矿工举行的纪念仪式。他从29名遇难矿工的遗像旁走过时承诺，政府将采取措施，尽力确保矿山安全。

2010年哥伦比亚圣费尔南多煤矿爆炸事故

2010年6月17日，哥伦比亚当地时间午夜，哥伦比亚西北部的圣费尔南多煤矿在工人交接班的时候，井下一条近2千米的大巷发生爆炸，导致73名矿工死亡。煤矿事故是由于电机火花或短路引起的。遇难矿工是因爆炸产生的有害气体窒息而死亡。由于井下瓦斯、一氧化碳浓度和温度都很高，致使救援工作难以开展。

哥伦比亚地质与采矿研究院对圣费尔南多煤矿事故的初步调查结果显示，该矿没有配备瓦斯检测仪，也没有安装抽风机。这起矿难凸显了哥伦比亚煤矿的诸多安全问题。

图29 美国总统奥巴马出席遇难矿工的纪念仪式
（据新华网）

2.2 欧洲重大煤矿瓦斯爆炸事故

1880年英国桑德兰煤矿事故

英格兰桑德兰附近的锡厄姆煤矿规模巨大，1840年开工，共有矿工1600人。40年中基本上未出大事故。但人们后来得知其两个矿井内，积有大量煤尘和致命的瓦斯。

1880年8月17日凌晨2时30分，该矿两个主矿井之一发生爆炸。当时246名矿工正在作业。援救人员经16个小时挖掘，共救出85名矿工，后来找到161具尸体。

爆炸的原因是矿工的工帽上的明火灯引起了瓦斯爆炸。爆炸最先发生于最底层矿井，震碎了顶棚和护壁。许多未被炸死的矿工因塌方堵塞了矿穴和煤室而被困。

---

① 吴庆才. 美国西弗吉尼亚矿难的启示. 中国新闻网，2010-04-07.

矿主斯特拉顿先生亲自带着十名救援人员先后营救出多名受困的矿工。之后又花费了几天时间才拉出死于爆炸和瓦斯的其他161人的遗体。

1894年捷克俄斯特拉发·卡尔维纳地区拉瑞什煤矿瓦斯爆炸事故

1894年捷克俄斯特拉发·卡尔维纳地区（Ostrav Karvina）拉瑞什（Larisch）煤矿因火灾引起瓦斯爆炸，当场死亡235人，处理事故时又发生第二次瓦斯爆炸，矿山救护队员大部分牺牲。

1906年法国库里埃尔煤矿爆炸事故

1906年3月10日，法国北方省朗斯附近的库里埃尔（Courrières）煤矿的1800名矿工在井下工作。早上7时许，突然发生大爆炸，1140名矿工当场死亡。647名幸存者中午逃到安全的地方。但是，地下的大火破坏了110米的巷道。被困在矿井内的矿工靠吃马肉和喝渗有煤的水维持着生命。这次事故是法国历史上最惨重的一次灾难。

爆炸的幸存者那时被认为已无生还的希望。煤矿当局并不准备进行抢救，因而受到谴责，有人指出他们关心设备重于关心矿工的生命。当时，出现了令人感动的事。1906年3月11日，德国报纸报道了库里埃尔煤矿事故。尽管当时法德两国关系不好，但是，德国埃森煤矿工会伸出了援助之手。从3月12日起，30名德国救援人员带着最先进的氧气呼吸器，来到库里埃尔。新型呼吸器可使救护员穿过烟雾直接来到伤病者身旁。4月10日，他们从井下又救出10名矿工。救援人员回国后受到德国政府的祝贺与嘉奖。

1965年前南斯拉夫卡卡尼矿井沼气爆炸事故

1965年6月7日，位于前南斯拉夫萨拉热窝城外的卡卡尼矿井因沼气泄漏而引起大爆炸，当时有200多名矿工正在卡卡尼煤矿井下各个工作面工作。救援队在爆炸发生后的几小时仅救出21人，死亡128人。6个月后，贝尔格莱德的一个法庭以对安全制度忽视和执行不力的罪名判处这个矿的4名官员90个月的苦役徒刑。

1997年俄罗斯煤矿甲烷爆炸事故

1997年12月2日，俄罗斯西伯利亚新库兹涅克市的济良诺夫卡亚煤矿发生甲烷爆炸，死亡44人，23人下落不明。

2000年乌克兰巴拉科夫煤矿瓦斯爆炸事故

2000年3月11日13时35分，位于乌克兰东部卢甘斯克州的巴拉科夫煤矿的矿井内发生瓦斯爆炸事故，当时有277名矿工正在井下紧张作业。事故造成80名

图30 库里埃尔煤矿事故（1.1906年3月11日，德国报纸报道了库里埃尔煤矿事故；2.焦虑的矿工家属与其他群众聚集在库里埃尔煤矿的大门口，要求老板采取救援行动，遭到拒绝；3.使用新型氧气呼吸器使伤病者苏醒）

矿工死亡，另有7人受伤。爆炸点距地面664米。爆炸的原因是瓦斯和煤灰等易燃易爆品大量混合。爆炸导致矿井坍塌，这次瓦斯爆炸事故是乌克兰国内10年来最严重的一次，造成了80名矿工死亡。

巴拉科夫煤矿属于克拉斯诺顿煤矿国家控股公司。事故发生后，乌克兰政府和领导人非常重视，要求相关部门组织人员调查事故发生的原因，同时，有33支矿山抢险队和11支医疗急救队参与了紧张的抢救工作。

2007年俄罗斯乌里扬诺夫斯克煤矿瓦斯爆炸事故

俄罗斯克麦罗沃州乌里扬诺夫斯克煤矿距莫斯科东部约3500千米，地处俄罗斯西伯利亚库兹涅茨克盆地中心，这里有一些世界上储量最丰富的煤矿。

2007年3月19日，乌里扬诺夫斯克煤矿发生瓦斯爆炸，93人获救，97人死亡。矿井位于地下约300米深处，爆炸产生的浓烟、塌方以及残留的瓦斯气体等导致营救工作进展艰难。事故发生时，矿井管理人员正在井下检测一套由英国公司安装的新型安全设备。

2007年乌克兰扎夏德科煤矿瓦斯爆炸事故

2007年11月18日凌晨，乌克兰东部顿涅茨克州的扎夏德科煤矿地下1000多米处发生瓦斯爆炸。安装在矿井中的仪器显示，爆炸发生前矿井空气中的甲烷含量不超过1.3%，一切状况正常。此后，大量瓦斯瞬间释放引发爆炸。矿难死亡89人，34名受伤矿工在医院接受治疗。另有11名矿工下落不明。

乌克兰总统于19日亲赴事发地，宣布自19日起为死难矿工默哀三天，同时举国降半旗。

2010年俄罗斯拉斯帕德斯卡亚煤矿瓦斯爆炸事故

2010年5月8日晚和9日俄罗斯当地时间凌晨，俄罗斯西伯利亚西部地区克麦罗沃州的拉斯帕德斯卡亚煤矿井下起火，引发两次瓦斯爆炸，导致90人死亡，其中有71名矿工和19名矿山救护队员。

拉斯帕德斯卡亚煤矿始建于1973年，是俄罗斯最大的矿井，其技术水平位居世界先进行列。调查证实，爆炸是由瓦斯引发的。第一次爆炸发生后，有295人从井下撤离到了地面。第二次爆炸破坏了该矿的主风井和通风设备，使井下供风量骤降，井内充满煤尘和瓦斯，造成19名救护队员失踪。但这次矿难更多是源于人为因素，凸显了矿山安全监管工作存在的缺陷。主要是：俄罗斯采矿业普遍实行定额制度，鼓励矿工更快、更多采煤，却忽视安全作业规范，甚至用浸过水的碎布将瓦斯检测器盖住；为降低成本，在安全保障措施上不够落实；采矿业现行的安全生产标准不够严格。

事故发生后，俄罗斯总理普京指出，必须赋予国家技术监督局以相应权力，对涉嫌违反安全法规的煤矿予以关闭，并对煤矿负责人给予停职。同时，在该局内建立一个专职的矿业监督机构。[1]

---

[1] 宁远. 2010年国际职业安全健康重大事件回顾. 劳动保护，2011（1）．

2.3 亚洲重大煤矿瓦斯爆炸事故

1920年中国唐山煤矿瓦斯爆炸惨案

1920年10月初，唐山煤矿工人发现工作场地瓦斯气含量过高，要求停工。比利时籍矿师却说："只知道要煤，不知道什么气不气。"强迫工人继续采煤。

1920年10月14日，唐山煤矿发生巨大的瓦斯爆炸事件，工人当场死亡450人，伤百余人。

惨案发生后，煤矿工人与各界人士十分愤慨，《劳动界》《晨报》等纷纷予以报道，揭露资本家图财害命的行径。北京政府农商部调查后，亦承认是矿局责任，应该增加安全设备与措施；但又以该矿为中英合办

图31　1920年10月14日，唐山煤矿瓦斯爆炸惨案

企业为由，推托与外交部门协同办理。最后，外国资本家仅仅给每名死难矿工家属60元的抚恤金，将这一惨案草草了结。

1942年中国本溪煤矿瓦斯爆炸惨案

1942年4月26日，中国本溪煤矿发生世界历史上最严重的瓦斯煤尘大爆炸事故，死亡1549人，重伤246人。

1942年4月26日下午14时10分，本溪煤矿区突然传来一声巨响，接着滚滚黑烟从茨沟、仕人沟和柳塘等五个通地面的斜井口喷出。事故发生一个小时之后，管事的日本人陆续来到矿上，他们看中央大斜井还在冒烟，认为井下可能发生了火灾。日本矿主为了保存井下设备和矿产资源，竟不顾井下中国矿工的死活，悍然命令地面扇风机停止送风，使大批尚有生存希望的矿工全部闷死在井下。第二天，井下的火灭了，日本矿主命令矿工下井清理，将矿工的尸体用车往外拉，一些矿工尸体被烧焦，一些已爬到井口附近的矿工因井口被封住而活活憋死。运上来的矿工尸体堆在井口。矿上在仕人沟坑口的山坡上挖了一个长宽各80米的占地面积6400平方米的大坑，大坑四周用石头砌了个大圈，把完整的尸体装进薄皮棺材，垛在坑的四周，共垛了五层，将那些被爆炸烧焦的碎尸填到中间，填满后，用土埋了起来。其后在其矿址上建立了肉丘坟[①]。

前苏联学者雅·希菲茨在其编著的《煤矿安全技术》一书中写道："1942年在中国东北本溪煤矿发生的瓦斯煤尘爆炸中，大多数矿工死于一氧化碳中毒。"

据2004年《兰台世界》杂志文章指出，共有1662名矿工在这次惨案中丧生。日本侵略者为掩盖罪行，逃脱世界舆论的谴责，在墓前立了一块墓碑，仅在碑上记下死难矿工人数。

---

① 本溪仕人沟万人坑又称"本溪肉丘坟"，是1942年4月本溪煤矿瓦斯大爆炸中死难矿工的集体墓地，该墓地是用黄沙土堆积而成的高大墓丘，俗称"肉丘坟"。

图 32 1942 年埋葬 1500 多名死难矿工的地点——肉丘坟

本溪煤矿区本溪煤矿瓦斯大爆炸是在日本侵略者统治下发生的一起震惊世界的历史惨案，是世界采煤史上最大的一次瓦斯爆炸案。本溪肉丘坟是日本侵华犯下滔天罪行的又一历史铁证[1]。

1960 年中国大同煤矿瓦斯爆炸事故

1960 年 5 月 9 日 13 时 45 分，山西省大同市大同矿务局老白洞煤矿发生瓦斯爆炸。14 号和 15 号井口突然喷出强烈的火焰和浓烟，随着爆炸声，井口房屋及附近建筑瞬间被摧毁，井架上的打钟房同时起火。紧接着，16 号井口也喷出浓烟。由于电力设施、通信设施全部中断，其惨烈程度为世界矿难史上所罕见。事故造成 684 人死亡。

事故发生后，在时任中国国务院副总理罗瑞卿的指挥下，迅速组织起抢险救援，国内京西、开滦、包头、淮南等 15 个矿务局的 414 名救护队员，以及附近驻军的 10 支部队先后派出 1096 人赶赴事故现场参加抢救；铁路开通专线运送急救器材、药品和人员；邮电部开出一条大同至北京的电话专线；卫生部号召全国各医疗单位用最好的药品支援灾区；商业部将大批日用品、食品运往灾区；太原机电配套公司送来了仅存的 12 台电动机。经过几天几夜的抢救，最终井下 223 人脱险，遇难矿工 684 人。

大同矿务局老白洞矿在改扩建后，于 1954 年正式恢复生产，设计能力年产 90 万吨，属于一级瓦斯矿井。受"大跃进"思想影响，盲目追求高产，忽视安全生产，产量猛增到 152 万吨，超出 90 万吨设计能力的 69%，远超正常生产水平。资料显示，井下明火作业现象多达 20 多起，连通风区也在出煤。

1965 年日本福冈煤矿瓦斯外溢惨案

日本福冈郊外的山野煤矿共有 552 名矿工。1965 年 6 月 1 日，正当矿工们在井下干活时，突然一声巨响震动了这一地区。引起爆炸的原因是瓦斯外溢。大量的碎石块冲到煤矿的升降口，几百名矿工竭力寻找能把他们带回地面和安全地方的升降机。只有 279 人到达升降机处，被拉回了地面，其中 37 人受伤。被困在井下的矿工有 236 名。2000 多名家属汇集在矿井的外边，守候了两天，直到找到封闭的矿车和所有遇难者的遗体。

1997 年中国安徽淮南矿区瓦斯爆炸事故

1997 年 11 月 13 日及 27 日，安徽淮南矿区连续发生两起特大瓦斯爆炸事故，导致 133 名矿工遇难。

2000 年中国贵州木冲沟煤矿瓦斯煤尘爆炸事故

2000 年 9 月 27 日 20 时 30 分，贵州省水城矿务局地处乌蒙山脉深处的木冲沟

---

[1] 王佩荣（本溪市溪湖区档案局），李英俏（本溪市城市建设档案馆）. 日本侵略者的罪证：肉丘坟. 兰台世界，2004（10）.

煤矿主风井发生瓦斯煤尘爆炸事故。事故波及整个四采区，造成162人死亡，37人受伤，其中重伤14人，直接经济损失1227.22万元。这起事故是1949年以来中国第四次煤矿重大事故。①

木冲沟煤矿1974年投入生产，设计年生产能力90万吨，整个矿井长8千米，倾斜宽为0.9~1.9千米，面积约12.65平方千米，矿井可采储量9946万吨。1974年投入生产，设计年生产能力90万吨。1999年，该矿井被鉴定为高瓦斯矿井，要求按煤与瓦斯突出矿井管理。

事故当天井下共出勤244人，主要是41112综采面和41114高档面的生产、41114综采准备工作面的安装和六个掘进工作面的掘进及维修。20点41116轨巷开始排放瓦斯，20时38分，井下汇报1740车场有一股黑烟冲出来，烟雾很大。调度室接到报告后，立即通知井下作业人员撤出，通知救护队并组织人员下井探险和抢救幸存者，同时向矿领导、矿务局调度汇报。21时15分大湾矿救护队到达某煤矿，下井抢险。由于事故波及范围广，破坏严重，为加强抢救工作，抢险指挥部先后调来六个救护中队160名队员，大湾矿、王家寨矿480名职工和某矿578名职工参加抢险和抢救工作。

据现场勘察和分析，这起瓦斯煤尘爆炸事故的直接原因是：41116轨巷掘进工作面因停电造成瓦斯积聚，在排放瓦斯过程中，41114机巷的四台局部通风机同时运行，且41116轨巷因积水回风不畅，造成41114机巷局部通风机以里部分巷道内风流不稳定，产生循环风，致使在41114机巷中第4联络巷附近巷道内的瓦斯浓度达到爆炸界限。现场人员违章拆卸矿灯引起火花，造成瓦斯爆炸，煤尘参与爆炸。

根据国家煤矿安全监察局在发给贵州省政府的《关于贵州省水城矿务局"9·27"特大瓦斯煤尘爆炸事故的处理决定》，对21名事故责任人进行了处理。其中水城矿务局局长给予行政撤职处分，其他相关的事故责任人分别给予了相应的处罚。

2004年中国陕西陈家山煤矿瓦斯爆炸事故

陈家山煤矿位于陕西省铜川市耀州区北部。矿井分别于1979年6月和1982年12月分两期建成投产，原生产能力为150万吨，经技改扩产后，现年产能力为230万吨。该矿属高瓦斯矿井，井田内煤、油、气共生，水、火、瓦斯等自然灾害严重，被鉴定为瓦斯突出矿井，2001年春曾经发生过一起瓦斯爆炸事故，死亡38人。

2004年11月28日，陈家山煤矿发生了特大瓦斯爆炸，有关方面派出五个救护队70多名救护队员进入出事巷道，全力营救。井下

图33 陕西陈家山11·28矿难立的警示碑

被困人员有293人，后经抢救，127名矿工脱险，但仍有166名矿工在井下遇难。

2005年4月3日，陕西省煤业集团在铜川矿务局陈家山煤矿遇难矿工墓地召开安全警示会，同时，为警示后人，重视安全，特为"11·28"特大矿难立安全警示碑。

---

① 赵永金. 惊天"9·27"——贵州省水城矿务局木冲沟煤矿"9·27"特大瓦斯爆炸事故抢险纪实. 当代矿工，2001（1）.

2005 年中国辽宁阜新孙家湾煤矿瓦斯事故

2005 年 2 月 14 日 15 时,辽宁省阜新矿业(集团)有限责任公司孙家湾煤矿海州立井发生一起特别重大瓦斯爆炸事故,共造成 214 人死亡,30 人受伤,直接经济损失 4968.9 万元。

事故发生的直接原因是:冲击地压造成 3316 风道外段大量瓦斯异常涌出,3316 风道里段掘进工作面局部停风造成瓦斯积聚、瓦斯浓度达到爆炸界限;工人违章带电检修临时配电点的照明信号综合保护装置,产生电火花引起瓦斯爆炸。①

这次事故造成的伤亡惨重,损失巨大,教训沉痛。政府组成的调查小组经调查发现,该煤矿安全生产工作中存在改扩建工程及矿井生产技术管理混乱,煤矿"一通三防"、机电管理混乱,劳动组织管理混乱,缺乏统一、有效的安全管理制度,煤矿安全管理混乱,有章不循;重生产、轻安全,片面追求经济效益,忽视安全生产管理;政府有关部门未能严格履行职责,监管监察不到位等问题。针对上述问题国务院第 81 次常务会议要求各煤矿企业:坚持"先抽后采、监测监控、以风定产",杜绝超能力开采;强化煤矿企业安全主体责任,落实煤矿安全责任制;加强煤矿生产技术管理,落实管理责任制。对下井作业人员和特殊工种要进行强制性培训,做到持证上岗,做到"三个不准入井"(未经安全培训的人员不准入井;特殊工种没有上岗资格证不准入井;不佩戴自救器不准入井);坚决关停整顿不符合安全标准的小煤矿,做好安全生产许可证的审核发放工作。

2006 年印度巴拉特焦炭煤炭公司瓦斯爆炸事故

2006 年 9 月 6 日晚上 21 时左右,在印度中东部恰尔肯德邦丹巴德区,巴拉特焦炭煤炭公司的一座煤矿发生瓦斯泄漏和爆炸,54 名矿工被困井下,未能生还。

当时矿工正在坑道里进行爆破作业,矿井发生瓦斯泄漏和爆炸,导致了坑道顶部坍塌。

2009 年中国黑龙江新兴煤矿瓦斯爆炸事故

黑龙江龙煤控股集团鹤岗分公司新兴煤矿已有 90 多年的开采历史。矿区位于黑龙江省东北部、小兴安岭南麓的鹤岗市。该矿为原国有重点煤矿,高瓦斯矿井,年生产能力为 145 万吨。

2009 年 11 月 21 日凌晨 2 时 30 分,黑龙江省龙煤集团鹤岗分公司新兴煤矿发生瓦斯爆炸事故。事故发生的原因主要是由于 113 队施工作业面距离地面约 500 米深的探煤道发生煤与瓦斯突出,引起瓦斯爆炸。波及井下作业采掘工作面 28 个,当时井下共有作业人员 528 名。经全力救援,有 420 人升井,104 名矿工遇难。井下还有 4 名矿工被困。事故中被抢救出来的 63 名受伤人员,立即被送往鹤岗矿业集团总医院和鹤岗市兴山人民医院救治。②

此外,有关方面组成 108 个工作组,分赴新兴煤矿瓦斯爆炸事故中遇难和下落不明的 108 个矿工家中,对遇难和下落不明的矿工家属进行慰问安抚。新兴煤矿善

---

① 国家安监局通报辽宁孙家湾矿难处理情况. 中新网,2005-05-17.
② 黑龙江鹤岗矿难致 104 人遇难. 中国新闻网,2009-11-23.

后处理组开始商议赔偿金额、家属安排及子女入学等问题。

2010年土耳其卡拉丹煤矿特大瓦斯爆炸事故

2010年5月17日，土耳其当地时间下午，土耳其北部黑海地区宗古尔达克省卡拉丹（Karadon）煤矿发生一起特大瓦斯爆炸事故，导致30人死亡，11人受伤。事故发生时，共有41名矿工在540米深的井下作业。事故发生后，有11名矿工立即获救，其余30名矿工被困井下。救护队员在井筒附近找到19具遗体，在爆炸点附近找到9具遗体，2名矿工失踪。

爆炸事故是由于煤矿电力系统发生故障导致的。在爆炸事故发生后，矿工因一氧化碳中毒而死亡。据调查，由于煤矿私有化和工程分包，私营煤矿雇主无视矿工的安全和健康权益，同时缺少培训和玩忽职守，最终导致了事故的发生。

2011年中国云南师宗县私庄煤矿瓦斯突出事故

2011年11月10日，中国云南省曲靖市师宗县私庄煤矿发生特大瓦斯突出事故，造成43人死亡，直接经济损失3970万元。

2.4 大洋洲与非洲重大煤矿瓦斯爆炸事故

1972年津巴布韦万基煤矿爆炸事故

1972年6月6日，津巴布韦（原罗德西亚）西部北马塔贝莱兰省的煤矿城市万基（Wankie）发生煤矿爆炸事故，472名矿工死亡。

2010年新西兰派克河煤矿爆炸事故

2010年11月19日，新西兰派克河煤矿发生瓦斯爆炸事故，井下作业的矿工中仅有2人逃生，29人被困。11月24日下午，派克河煤矿发生第二次爆炸，爆炸威力超过前一次。警方随即宣布，该矿井19日因爆炸而受困井下的29名矿工，已无生还可能。11月26日，该煤矿发生第三次爆炸，持续大约20个小时，爆炸规模比前两次小。第三次爆炸发生时，救援人员正在煤矿聚集，他们离矿井入口数千米，没有遭受危险。

事故中井下的29名受困矿工全部遇难。派克河煤矿曾于1896年发生瓦斯爆炸，导致65人死亡。

2012年赞比亚铜矿瓦斯泄漏事件

2012年3月17日，赞比亚铜带省的莫帕尼铜矿发生火灾并引发瓦斯泄漏，矿井内172名矿工均获救。但当地医院接收的大部分瓦斯中毒矿工经紧急抢救仍昏迷不醒，其中30人因瓦斯中毒生命垂危。[1]

事故发生后，赞比亚矿工协会派出工作组赶赴莫帕尼铜矿对事故原因展开调查。事故起因是矿井内的燃料间由于操作不当而起火，随即造成瓦斯泄漏并发生爆炸，所幸爆炸未造成矿工伤亡，但井下矿工均不同程度地瓦斯中毒。

---

[1] 赞比亚一铜矿发生瓦斯泄漏30人生命垂危. 新华网, 2012-03-20.

3

油气田发生的有毒气体井喷事故

3.1 1993年河北赵48油井硫化氢井喷事故

1993年9月28日,华北石油管理局井下作业公司20队,在位于河北省赵县各子乡宋城北700米处的赵48井(油井)进行试油时发生井喷事故。地层中大量含有硫化氢的气体喷出井口,造成周围居民死亡6人,中毒24人。[1]

3.2 1996年美国帕克代尔气井硫化氢井喷事故

1996年8月,美国密歇根州帕克代尔的一口天然气井释放出有毒的硫化氢气体,周围的商业和居住区内有11人中毒被送往医院,至少有1人肺部受到严重损害。事故发生时工人们正在进行封堵作业。[2]

3.3 1998年四川温泉气井天然气窜漏事故

1998年3月22日17时,四川省开江县温泉4井(气井)钻井至1869米左右时,发生溢流显示,关井后在准备压井泥浆及堵漏过程中,天然气通过煤矿采动裂隙于3月23日凌晨5时40分左右,自然窜入井场附近的四川省开江翰田坝煤矿和乡镇小煤矿,导致在乡镇小煤矿内作业的矿工死亡11人,中毒13人,烧伤1人。[3]

---

[1] 齐中熙,常志鹏. 我国历史上发生过的气矿井喷事故. 新华网,2003-12-26.
[2] 谢传欣,叶从胜,黄飞. 国内外井喷事故回顾. 安全、健康和环境,2004,4(2):9-19.
[3] 齐中熙,常志鹏. 我国历史上发生过的气矿井喷事故. 新华网,2003-12-26.

3.4 2003年重庆油井硫化氢井喷事故

事故经过

2003年12月23日晚21时15分，地处重庆市开县高桥镇小阳村境内的中石油西南油气田分公司川东北气矿罗家16H井起钻时，突然发生井喷，富含硫化氢的气体从钻具水眼喷涌而出，达30米高，硫化氢浓度达到152毫克/立方米以上，失控的有毒气体随空气迅速传播，导致在短时间内发生大面积灾害。

事故造成243人因硫化氢中毒死亡，2142人因硫化氢中毒住院治疗，撤离人员6.5万人，造成的直接经济损失达6432.31万元。[①] 中国国务院事故调查组确定重庆开县发生的"12·23"天然气井喷事故是一起特大责任事故。

图34 中石油川东气矿天然气井喷事故发生位置示意图（张越编制，新华社2003年12月25日）

事故原因

事故的主要原因是，有关人员对罗家16H井的特高出气量估计不足；高含硫高产天然气水平井的钻井工艺不成熟，在起钻前，钻井液循环时间严重不够，在起钻过程中，违章操作；钻井液灌注不符合规定，未能及时发现溢流征兆，这些都是导致井喷的重要因素。其次，有关人员违章卸掉钻柱上的回压阀，是导致井喷失控的直接原因；没有及时采取放喷管线点火措施，大量含有高浓度硫化氢的天然气喷出扩散，周围群众疏散不及时，导致大量人员中毒伤亡。

专家认为，川东北气矿16H井属于含硫天然气井，气体中的硫化氢是一种无色、剧毒、强酸性气体。硫化氢在空间易聚集，不易飘散，常聚集在钻台底部和井场低处。这次发生事故的地方，周围群众居住比较分散，不易通知撤离；事故发生在晚上，大气压力低，加之川东北属于山区，硫化氢不易扩散。事故伤亡之惨重，尤其是硫化氢含量之高在历史上非常少见。

事故处置

紧急疏散周围人群

当失控的硫化氢有毒气体随空气迅速传播时，井喷事故已经波及28个村庄，最为严重的是高桥的小阳村、高旺村两个村。当晚24时，接到通知的近百名公安民警、抽调的200多名医务人员赶赴第一

[①] 井喷事故缘何酿成灾难. 重庆晨报，2004-07-18.

图35 清理事故现场（1.消防官兵在为遇难者整理服装；2.清理死亡家畜）

线，对事故发生现场附近的高桥、齐力、敦好、正坝几个乡镇的近10万名群众进行连夜紧急大撤离，将人员疏散到方圆5千米以外的安全地带，同时设置了安全警戒区。

迅速组织搜寻和搜救

事故发生后，开县县委、县政府迅速会同川东北气矿组成了临时指挥部，全力寻找生还者。25日早8时，来自重庆、万州和开县的500多名公安干警、武警和消防官兵，组成20支搜寻搜救队再次对天然气侵害区域进行拉网式搜寻、搜救。消防官兵迅速清理事故现场，安葬中毒死亡人员，清理死亡家畜。

追究事故责任

根据法庭调查、举证表明，事故的每个环节都存在疏忽和违章，一连串关键时刻的迟疑与失误，使事故演变为一场难以逆转的灾难。按照责任划分，多人受到了各自应有的处罚。

4

重大煤气①（天然气）泄漏事件

4.1 1844年美国东俄亥俄煤气公司煤气罐爆炸事件

建造于克利夫兰境内的东俄亥俄煤气公司的三个壶状供热煤气罐，于1944年10月21日在一声巨响中发生了爆炸。泄漏出的煤气在该城上空形成约853米的浓厚的黑云。三个罐中盛有蒸发时易燃的约68万立方米的气体，以前也时常泄漏，但马上就修好了。10月21日下午早些时候，整个院子完全被火焰吞没，在罐子附近工作的工人被立即炸死。

事件发生后，几千名居民迅速撤离。当时，克利夫兰整夜烧得通红，白色的炽热火舌急卷东克利夫兰几条街上的居民，大火烧红了居民房屋的墙壁，几条街道被毁。消防人员小心地奔向煤气工厂。直到第二天拂晓，才堵住漏气，大火也终于被扑灭。此刻，已有112人被活活烧死，近千人无家可归，104人失踪。

4.2 1984年墨西哥液化石油气站爆炸事件

事件经过

1984年11月9日凌晨5时40分，许多人还在熟睡的时候，墨西哥城首都近郊圣胡安德伊斯华德佩克工业区的一座石油公司液化气站发生爆炸，第一次爆炸引起了12~20次连锁爆炸。造成54座储气罐爆炸起火。死亡1000多人，伤4000多人，摧毁房屋1400余幢，导致3万多人无家可归，50万居民紧急疏散，墨西哥城的社会经济及人民生命财产蒙受了巨大的损失。

历史教训

这次事件是世界历史上最大的一次液化气爆炸事件，给当今社会许多启示。

一是在人口稠密的大城市不宜集中配置过多的工业设施，特别是不应设立具有爆炸性和危害性的厂矿企业。墨西哥城拥有13万家工厂，占全国的50%以上。发生爆炸的石油公司液化气站所在的墨西哥谷地一带，共有75家石油和石油气仓库，出事地点附近还设有六七家煤气厂，共储存了10多万桶液化石油气。当一辆运送煤气的汽车在这里发生爆炸时，一下子引爆了20多处储油库和储气库，发生了剧烈的连锁爆炸，高达200多米的火焰冲天而起，浓烟蔽日，酿成惨祸。最终，墨西哥石油公司不得不下令关闭阀门，切断从

---

① 煤气的主要成分是氢、甲烷、乙烯、一氧化碳，以及少量的氮、二氧化碳等。

全国各地向首都运送石油和煤气的所有管道，才控制了灾情的扩展。

二是从救灾过程中发现，尽管有关当局向出事地点派出了大批消防车和救护车。但由于灾情严重，当地原有的安全设施和救护系统远远不能适应救灾的需要，不仅火势在较长时间内难以控制，而且医院满员，以致大批伤病员不得不被安置在露天处，得不到及时的治疗。

三是像墨西哥城这样的现代化城市，尤其是作为首都，居住人口过于稠密。本来，墨西哥城以其古朴美丽和发展迅速而成为举世瞩目的超级大城市。后来因推行工业化计划之后促进了经济繁荣，集中了全国人口的 22% 以上，达到 1700 多万。人口大大超越东京、圣保罗和纽约，成为世界人口第一大都市。人口膨胀一方面是由于 3.1% 的人口年自然增长率，另一方面是由于农村人口盲目流入城市。人口臃肿造成就业困难，交通拥挤，供应紧张和环境污染等问题，而一旦发生天灾人祸，就会因回旋余地太小而造成惨重损失。这次爆炸事件发生之后，当局费了很大精力，才疏散了 120 万人。

4.3 1989年法国天然气公司天然气库泄漏事件

法国天然气公司在卢瓦尔山谷有一座天然气库，贮量为 50 亿立方米，贮压约 140 个大气压。

1989 年 9 月 25 日，该天然气库发生泄漏。泄漏是在更换 1100 米长的地下管线的过滤器时发生的。用来堵塞管线的堵漏胶团因不明的原因突然被冲开，甲烷气喷出，并发出尖锐的啸叫声。至 9 月 26 日，甲烷气仍以 10 万~15 万立方米/小时的速度喷出。

事故发生后，当局没有撤离周围居民，但发给每人一副耳塞，因为甲烷气体在上层空间有发生爆炸的可能。同时，紧急通知飞过事故地点上空的飞机转飞其他航线。一位专门处理石油、天然气灾害的专家也赶到现场。至 9 月 26 日下午，相关抢救人员最终采用机械手段将喷气管口压扁，从而堵住了喷气。

4.4 1992年墨西哥瓜达拉哈拉市煤气爆炸事件

事件经过

1992 年 4 月 22 日，墨西哥中部重镇、全国第二大城市瓜达拉哈拉发生瓦斯爆炸事故，大火连续燃烧了 72 个小时。这一恶性事故震动了整个墨西哥。墨西哥总统当天即赶到事故现场对事件进行调查处理。瓜达拉哈拉市市长引咎辞职，并与 3 名市政官员和 9 名企业的责任者一起被捕。

事件造成瓜达拉哈拉市下水道因一系列煤气爆炸被毁坏，228 人死亡，1470 人受伤，许多人失踪。1124 座住宅、450 多

图 36 墨西哥瓜达拉哈拉市煤气爆炸的一处现场

家商店、600 多辆汽车、8000 米长的街道以及通信和输电线路被毁坏，物质损失 2 万亿比索①。

发生原因

据墨西哥总检察院调查，一些企业随意将易燃易爆物排放到城市下水道系统是引发此次瓦斯爆炸的直接原因。瓜达拉哈拉一些企业长期以来不愿投资修建专门的废气、废油、废水排放系统，而是简单地利用城市下水道系统排放易燃易爆物。事发后，有关部门对该市地下管道的污水进行了抽样检测，经对 60 个地段下水道的污水样品检测，57 个地段发现了汽油成分。另一个原因是，当地石油公司的油气输送管道长期得不到维修，部分管道开裂，导致油、气外溢流失。因输油管开裂外溢流失的燃料油达千余桶，仅回收了其中的一部分。由于排放和外溢的易燃易爆物流失范围甚广，因此，爆炸引起连锁反应后难以控制。

事件处置

4 月 29 日，墨西哥总统主持召开全国预防恶性事故会议，要求全国各市政当局切实重视市政建设，加强对废气、废油、废水等有害物质排放的监督管理，杜绝滥排滥放，对饮水、排水、消防与燃料管道进行全面安全检查。他指示城市发展和生态部、石油公司、交通和邮电部、联邦区等部门在规定的期限内拿出具体有效措施，并要求内政部会同各州制定一项全国恶性事故预警计划。

城市发展和生态部长科罗西奥决定在全国实行九项预防恶性事故措施，包括对全国 50 座主要城市的环境危险点进行全面调查与评价，对企业进行生态安全检查，监督企业立即制定防灾措施。

社会影响

社会舆论认为，城市在工业化、现代化过程中，必须加强市政管理，加强对工业企业的监督。特别要重视对工业企业生产过程中产生的有毒有害物质的管理，杜绝滥排滥放。不能只顾利润，忽视设备维修与环境保护，否则将贻害无穷。拉美的一些生态学家认为，墨西哥存在的问题不仅仅是一个国家的问题，拉美地区其他一些国家的城市也同样存在。

---

① 100 墨西哥比索（Peso）约合 7.72 美元。

4.5 1995年韩国大邱地铁煤气管道爆炸事件

大邱市位于韩国首都首尔东南242千米处,是韩国的第三大城市。1995年4月28日上午7时50分,韩国大邱市达西区上仁路地铁工程1-2工区发生了一起特大地下煤气爆炸事故。地铁、空板被掀翻7000多平方米,房屋全部或部分损坏119栋,车辆损坏103辆,人员死伤208人(其中死亡101人),损失共计600亿韩币(约合人民币6亿元)。

图37 韩国大邱市地铁煤气管道爆炸事故中损坏的机车

事故发生后,韩国总统命令政府各机构全力以赴救助伤者并要注意防止发生类似的灾难。许多伤情严重者被送往医院接受急救。

警方调查认为这起事故是地下管道煤气泄漏引发的爆炸。大邱市标准开发公司(大邱百货公司工程招标的施工企业)在大邱百货公司上仁友店的施工过程中,挖土作业钻穿了大邱煤气公司的中压管(此处距爆炸现场70米),致使煤气从孔洞里大量漏出,漏出的煤气渗入附近破裂的下水管道内,又从地铁工区半敞开式的下水管槽里溢出,流到地铁基坑(其顶部正好为上仁十字路口)①。4月28日7时50分爆炸发生时,正好是在交通繁忙的十字路口。当时,班车正忙着送孩子们上学,所以,受害者中有许多学生。

4.6 1998年中国西安液化石油气储罐爆炸事件

1998年3月5日18时40分,西安煤气公司液化石油气管理所煤气储罐发生泄漏爆炸,十几分钟后发生第二次爆炸,19时12分和20时01分又先后发生两次猛烈爆炸,经过几个小时的抢救,于3月7日下午大火被完全扑灭。在整个救援行动中,12人死亡(其中消防人员7人,液化气站工作人员5人),32人受伤。直接经济损失达480万元。

爆炸发生后,附近10万居民开始恐慌。从爆炸发生到次日上午,西安市西郊一带几千辆车大堵塞,警方设置了疏散戒严区。赶来现场参与救火与抢救的车辆达400多辆,西安市调动了所有的消防力量,

---

① 杨清蓉,陈子满,李平.韩国大邱市管道煤气爆炸事故的启示.煤气与热力,1996(1).

图 38 中国西安市煤气公司煤气储罐爆炸现场

以及邻近地区支援的 40 辆消防车 300 余名干警投入灭火战斗。

爆炸中心周围是密集的工厂及生活区，与液化气管理所大门相对的是 3057 厂，爆炸发生时一团大火球从天而降，该厂棉花车间被整个焚毁，所幸由于当时是周末休息时间，无人伤亡。

根据事故发生后调查组的调查，事故发生的原因是装储液化气的 11 号大球形罐底部排污阀上法兰①密封垫片由于长时间运行导致受力不均匀，从而引发液化石油气泄漏。

该事故自救不力，缺乏相应的堵漏工具，未能在第一时间采取有效的措施实施堵漏。加之现场指挥不当，延误了救援时机，而在危险尚未消除的情况下接通电源，又导致多次爆炸。特别是因缺乏专业队伍、必要的监测仪器和科学的天然气事故应急预案，致使事故发生后未能得到及时的控制。

事件启示

中国西安液化石油气储罐爆炸事故是一起由化学物品泄漏而造成火灾的典型案件。化学事故救援不同于一般事故，必须由经过专业训练的队伍实施救援，并要有必要的救援器材和装备。

对于突发事故的处置必须要有事故应急预案，科学的、可操作性强的事故应急救援预案是将事故消灭在萌芽状态，及时有效地处置事故并将事故造成的损失减至最少的可靠保证。

4.7 2002年俄罗斯莫斯科煤气泄漏爆炸事件

2002 年 8 月 20 日晚 23 时，莫斯科北部科罗廖夫大大街一栋五层居民楼发生强烈爆炸，导致上面四层因爆炸而发生楼体坍塌，大楼被撕开了一个 10 多米长的大口子。8 人被从废墟中救出，其中 4 人伤势严重，一名妇女全身 80% 的面积烧伤。另有 12 人被埋在废墟之下。②

图 39 工作人员在现场展开救援

---

① 法兰（Flange），又叫法兰盘或突缘。是使管子与管子或和阀门相互连接的零件，连接于管端。法兰上有孔眼，螺栓使两法兰紧连。法兰间用衬垫密封。法兰分螺纹连接（丝接）法兰和焊接法兰及卡套法兰。

② 东东. 莫斯科煤气爆炸掀翻四层楼. 南方都市报，2002-08-22.

事件发生后,俄罗斯总统命令民防、紧急情况和消除自然灾害后果部部长负责领导救援工作。俄民防、紧急情况和消除自然灾害后果部的工作人员、急救车和消防车以及附近的居民纷纷赶到现场,参加抢救工作。调查表明,这次爆炸是由煤气泄漏引起的。爆炸是在二楼第28号房间发生的。爆炸的原因是管道煤气泄漏,不是家庭用的煤气罐。

4.8 2003年印度瓦斯爆炸塌楼事件

2003年8月4日清晨,印度西部古茶拉底省苏拉特市一栋三层楼建筑物被巨大的瓦斯爆炸震得楼倒房塌,由于爆炸威力过大,两栋相邻的楼房也被波及,造成43人死亡,35人受伤。事故发生后,当地警方一边调查事故原因,一边组织搜救人员在现场清理瓦砾。

警方调查表明,瓦斯筒爆炸来自该栋三层楼房中的一家小工厂。工厂里的瓦斯筒用于制造切割、打磨钻石用的托架。爆炸发生时,工厂内的工人都在睡梦之中。

图40 印度瓦斯爆炸塌楼事件(2003,据美联社)

第33卷

大气污染灾害

本卷主编 史志诚

卷首语

　　人类在发现煤炭以前主要是用木柴作为家庭的燃料，或作为工业动力的燃料。14 世纪初到 20 世纪初，随着工业的发展和人口的增多，煤炭的消费量急剧增加，煤炭烟气对大气的污染也达到了严重的地步。

　　20 世纪 50 年代以来，随着世界人口的不断增长，现代工业和现代生活对能源的需求增加，使煤炭、石油、天然气的应用更加广泛。当石油改变了工业和家庭的燃烧方式，在运输形式上发生了很大变化的同时，当煤炭改换成石油，煤烟问题逐渐减少的同时，石油的污染又成为一个新的突出问题。于是大气污染形成的机制变得更加复杂，大气污染事件的发生有增无减。石油制品的燃烧造成的大气污染成为社会问题。

　　本卷介绍了大气污染的历史，包括工业革命前的大气污染、煤炭造成的大气污染、石油出现以后的大气污染引发的灾害。重点记述了 20 世纪著名的大气污染灾害，诸如：比利时马斯河谷烟雾事件、美国洛杉矶光化学烟雾事件、美国多诺拉烟雾事件、英国伦敦烟雾事件、日本四日市哮喘事件，以及酸雨的发现、形成、危害，酸雨危害的典型事件和酸雨危害的扩张与控制。

　　历史的经验值得注意，治理雾霾，减少空气污染需要经过长达数十年的经济转型过程。本卷最后尽管介绍了美国、英国、德国和芬兰治理大气污染的经验，但对于发展中国家来说，不仅仅是在发生类似事件之后如何借鉴发达国家的经验，更为重要的是如何吸取历史经验，在发展现代工业的同时科学规划，依法防控，不再重演历史的悲剧。

1
大气污染的历史

1.1 工业革命前的大气污染

几千年前,人类的祖先没有采暖和厨灶设施,洞穴内充满烟气,呛得人几近窒息而逃出洞外,甚至迁往外地而不返。这些情况虽无记载,但历史学家用熏黑了的建筑物,来证明古代也有烟的公害。

人类在发现煤炭以前主要是用木柴作为家庭的燃料,或作为工业动力的燃料。14世纪初到20世纪初,随着工业的发展和人口的增多,煤炭的消费量急剧增加,煤炭烟气对大气的污染也达到了高峰。

1.2 煤炭造成的大气污染

在煤炭文明开始最早的英国,人们在很早以来就为煤炭烟气所苦恼。在爱德华一世和爱德华二世时期,有对煤炭的"有害的气味"进行抗议的记载。在理查二世及其以后的亨利五世时期,鉴于煤炭燃烧产生煤烟和气味,英国开始对煤炭的使用进行限制。1661年,根据查理二世的命令,英国作家约翰·伊凡林(John Evelyn)曾写了一本关于伦敦烟气的著作——《驱逐烟气》(Fumifugium),书中描述道,"地狱般阴森的煤烟,从家庭的烟囱和啤酒厂以及石灰窑等地冒出来,伦敦有如西西里岛的埃特纳火山,好像是火与冶炼之神(罗神)的法庭,恰似在地狱的旁边一样","……探访伦敦的疲惫客人,还未见伦敦街道,就首先从数英里之外闻到了臭味,这正是玷污该城荣誉的有害烟煤","伦敦居民不断吸入不洁净的空气,使肺脏受到损害。在伦敦,患有黏膜炎、肺结核和感冒的人很多"。

从19世纪开始,以伦敦为代表的英国各城市中的煤烟问题越来越严重,并为民众所关注。1819年为了撰写防止烟煤的研究报告,英国议会成立了特别委员会。其后,煤烟问题仍在不断扩大,终于在1952年12月,伦敦在几天内发生了死亡约4000人的"英国伦敦烟雾事件"。经过对以往资料的分析,才清楚地了解到在1873年伦敦已经发生过与1952年相类似的烟害事件。

1.3 石油出现以后的大气污染

石油制品造成的大气污染

1859年美国宾夕法尼亚石油钻探取得成功不久，几年后就发生了第二次工业革命。石油不仅改变了工业和家庭的燃烧方式，而且在运输形式上也发生了很大变化。由煤炭改换成石油，虽然煤烟问题在逐渐减少，但石油的污染又成为一个新的突出问题。

石油制品的燃烧尾气造成的大气污染成为社会问题。以燃烧石油的洛杉矶型（氧化型）的大气污染与以燃烧煤炭的伦敦型（还原型）相比，两者有着显著的差别。洛杉矶型和伦敦型的不同之处，在于它含有气体和感性气溶胶[①]，是完全新型的大气污染，具有刺激眼睛和危害植物的特征。这是因汽车的排气中含有烃类化合物和氧化氮的混合物，在阳光作用下进行光化学反应，生成产物（氧化剂等）所引起的，因而有洛杉矶"烟雾"之称。"烟雾"（Smog）这一名词，是由"烟"（Smoke）和"雾"（Fog）合成的，虽很不确切，但已被通用。所以就习惯性地沿用了这一名称。此外，与石油工业相关的联合企业的发展，也产生了完全独特的大气污染。在石油制品的加工和使用中产生的污染物，即使浓度很低，也有很强的毒性和刺激性。这种光化学反应的产物，在浓度极低的情况下，也能给生物造成重大的影响。

能源的性质与大气污染的关系

大气污染的性质，与人类使用的能源物质的性质有关。某一地区使用的燃料，决定了它的废弃物的种类、数量和性质。石油出现以后，又出现了原子能和太阳能，并得到实际的应用，新能源的使用将会导致新的不同类型的大气污染。特别是利用原子能时，核燃料产生的放射性附加产物也会带来新的麻烦。由此可见，未来能源由煤和石油向核能转变时，必须严加注意。

1.4 大气污染引发的灾害

大气污染物及其来源

大气中污染物或由它转化成的二次污染物的浓度达到有害程度的现象，称为大气污染。

大气污染物分为有害气体（二氧化硫、氮氧化物、一氧化碳、碳氢化合物、光化学烟雾和卤族元素等）及颗粒物（粉尘和

[①] 气溶胶，是固体或液体小质点分散并悬浮在气体介质中形成的胶体分散体系。

酸雾、气溶胶等）。大气中的污染物主要来自煤、石油等燃料的燃烧，以及汽车等交通工具在行驶中排放的有害物质。全世界每年排入大气的有害气体总量为5.6亿吨，其中一氧化碳（CO）2.7亿吨，二氧化碳（CO_2）1.46亿吨，碳氢化合物（C_xH_y）0.88亿吨，二氧化氮（NO_2）0.53亿吨。

锅炉、汽车与工业设备排放到大气中的污染物状况，见表33-1-1。

表33-1-1 锅炉、汽车与工业设备排放大气污染物比重表

污染源	污染物	一吨燃料或原料产生污染物重量（千克）
锅炉（燃料）	粉尘、二氧化硫、一氧化碳、氮氧化物	5～15
汽车（燃料）	二氧化氮、一氧化碳、二氧化硫	40～70
炼油（燃料）	二氧化硫、硫化氢、氨、一氧化碳、碳化氢、硫醇	25～150
化工（燃料）	二氧化硫、氨、一氧化碳、酸、溶媒、有机物、硫化物	50～200
冶金（燃料）	二氧化硫、一氧化碳、氟化物、有机物	50～200
采矿（矿石处理加工）（原料）	二氧化硫、一氧化碳、氟化物、有机物	100～300

大气污染的危害

大气污染对人体的危害主要表现为呼吸道疾病；对于植物会使其生理机制受抑制，生长不良，抗病抗虫能力减弱，甚至死亡；大气污染还能对气候产生不良影响，如降低能见度，减少阳光的辐照[①]，从而导致城市佝偻病发病率的增加；大气污染物会腐蚀物品，影响产品质量；一些国家发现酸雨，雨雪的酸度增高，使河湖、土壤酸化，鱼类减少甚至灭绝，森林发育受影响，这与大气污染是有密切关系的。

各种大气污染物对人体的影响分别是：

煤烟可引起支气管炎。如果煤烟中附有各种工业粉尘（如金属颗粒），则可引起相应的尘肺等疾病。

硫酸烟雾对皮肤、眼结膜、鼻黏膜、咽喉等均有强烈的刺激和损害。严重患者如并发胃穿孔、声带水肿、声门狭窄、心力衰竭或胃脏刺激症状，则有生命危险。

铅略超大气污染允许浓度时，可引起红细胞损害等慢性中毒症状，高浓度则可引起强烈的急性中毒症状。

二氧化硫的浓度为2.86~14.3毫克/立方米时可闻到臭味，长期吸入14.3毫克/立方米可引起心悸、呼吸困难等心肺疾病。重者可引起反射性声带痉挛、喉头水肿以致窒息。

氮氧化物（主要指一氧化氮和二氧化氮）中毒的特征是对深部呼吸道产生作用，重者可致肺坏疽；对黏膜、神经系统以及造血系统均有损害，吸入高浓度氧化氮时可出现窒息现象。

一氧化碳对血液中的血色素亲和能力

---

① 据资料表明，城市阳光的辐照强度和紫外线强度要分别比农村减少10%~30%和10%~25%。

比氧大210倍，能引起严重缺氧症状，即煤气中毒。约125毫克/立方米时就可使人感到头痛和疲劳。

臭氧的影响较为复杂，轻者表现为肺活量少，重者为支气管炎。

硫化氢浓度为152毫克/立方米时，吸入2~15分钟就可使人嗅觉疲劳，高浓度可引起全身伤害而死亡。

氰化物轻度中毒有黏膜刺激症状，重者可使人意识逐渐昏迷，产生强直性痉挛，血压下降，迅速发生呼吸障碍而死亡。氰化物中毒后遗症为头痛、失语症和癫痫发作。氰化物蒸气可引起急性结膜充血、气喘。

氟化物可由呼吸道、胃肠道或皮肤侵入人体，主要使骨骼、造血系统、神经系统、牙齿以及皮肤黏膜等受到侵害。重者可因呼吸麻痹、虚脱等死亡。

氯主要通过呼吸道和皮肤黏膜对人体产生毒性作用。当空气中氯的浓度达0.04~0.06毫克/升时，30~60分钟即可致严重中毒，如空气中氯的浓度达到3毫克/升时，则可引起人体的肺内化学性烧伤而迅速死亡。

20世纪的大气污染灾害

20世纪以来，世界上曾经发生过多次重大的大气污染引发的灾害。特别是光化学烟雾是工业发达、汽车拥挤的大城市中的一个隐患。世界上很多城市都曾经发生过光化学烟雾事件。因此，人们在改善城市交通结构、改进汽车燃料、安装汽车排气系统催化装置等方面做着积极的努力，以防患于未然。

20世纪30年代，比利时发生重大烟雾事件。1930年12月，比利时的重要工业区马斯河谷上空发生气温逆转，造成大气污染现象。河谷上千人发生呼吸道疾病，一个星期内就有60多人死亡，是同期正常死亡人数的十多倍。

20世纪40年代，美国洛杉矶和宾夕法尼亚州曾发生重大烟雾事件。1943年5—12月，美国洛杉矶市，汽车尾气和工业废气中的化合物在太阳紫外线的照射下产生光化学烟雾，使大多数市民患了眼红、头痛的疾病。1955年和1970年洛杉矶又两度发生光化学烟雾事件，前者在短短两天内造成400多人死亡，多人出现眼痛、头痛、呼吸困难等症状；后者使全市四分之三的人患病。1948年10月，美国宾夕法尼亚州多诺拉镇由于受反气旋和逆温控制，该镇工厂排出的有害气体烟尘和二氧化硫扩散不出去，全城14000人中有6000人眼痛喉痛、头痛胸闷、呕吐腹泻，20多人死亡。

20世纪50年代，英国伦敦发生重大烟雾事件。1952年12月由于逆温层作用及连续数日无风的原因，煤炭燃烧产生的多种气体与污染物在伦敦上空蓄积，城市连续四天被浓雾笼罩。四天的浓雾共造成1.2万人死亡，这是和平时期伦敦遭受的最大灾难。

20世纪50年代中期，日本四日市发生重大烟雾事件。1955年以来，日本四日市石油冶炼和工业燃油产生的废气，严重污染了城市的空气。由于重金属微粒与二氧化硫形成硫酸烟雾，使得多名市民哮喘病发作。据1972年统计，全市共确认哮喘病患者817人，死亡10多人。由于日本各大城市普遍使用高硫重油，致使哮喘病在千叶、川崎、横滨、名古屋、水岛、岩国、大分等大城市蔓延。据日本环境厅统计，1972年全国哮喘病患者多达6376人。

20世纪60年代，英国伦敦再次发生重大烟雾事件。1962年12月英国伦敦因二氧化硫和烟雾污染，造成700人死亡。1963年美国纽约也因二氧化硫和烟雾污染，造成200~400人死亡。[1]

20世纪70年代，日本东京公共卫生研究实验室监测报道，东京曾发生光化学和硫酸混合烟雾。1970年7月18日发生的就是混合烟雾事件，眼睛受刺激、喉痛的人数超过6000人。1970—1971年，在对美国加利福尼亚七所大学进行学生健康调查时发现，由于大气污染加重，二氧化硫和氮氧化物的共同作用使得患有咽炎、支气管炎、胃痛和喉痛的人数增多。

20世纪80年代，美国金属冶炼厂发生有毒烟气中毒事件。1987年3月24日，美国纽约以西177千米的一家金属冶炼厂喷出大量有毒烟气，迫使该地区的1.8万居民撤离家乡。从这块25平方千米地区撤出的居民中，有200人因中毒严重而住院。[2]

21世纪大气污染对健康的影响

进入21世纪，全球大气污染的严重程度有增无减。世界卫生组织2008年公布的空气污染有关数字表明，空气污染在全球范围内导致死亡的人数为320万，其中，与室外空气污染有关的死亡人数为130万，与室内空气污染有关的死亡人数为190万。

世界卫生组织2013年公布的空气污染有关数字显示，2012年，从炊烟到汽车尾气等多种原因造成毒空气污染导致全世界约有700万人死亡。空气污染已成为威胁全球健康的最主要的"杀手"。污染最为严重的地区是东南亚和南亚，包括印度和印度尼西亚，以及从中国、韩国到日本和菲律宾的西太平洋地区。这些地区占到约590万个死亡病例。[3]

世界卫生组织呼吁，各国政府和卫生组织应立即行动起来，采取措施减少空气污染。在减少室内空气污染方面，使用清洁型炉灶并加强通风是最简单有效的办法。在减少室外空气污染方面，应提倡使用清洁能源、高效利用能源和改进汽车技术。

---

[1] 陈荣悌，赵广华. 化学污染——破坏环境的元凶. 北京：清华大学出版社，2002：19.
[2] 子月. 1985—1989年世界严重污染事件. 科技日报，1989-06-11.
[3] 世界卫生组织最新数据显示2012年空气污染致700万人死亡. 参考消息，2014-03-26.

2

20世纪著名的大气污染灾害

2.1 比利时马斯河谷烟雾事件

1930年12月1日至5日，比利时的马斯河谷（Meuse Valley）工业区内13个工厂排放的大量有害废气（主要是二氧化硫）和粉尘在河谷中数日不散，对当地居民的健康造成了多种影响，一周内有几千人中毒发病，60多人丧生，市民中心脏病患者、肺病患者的死亡率增高，大批畜禽死亡。这是20世纪最早记录的大气污染灾害。

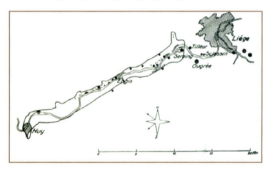

图41 比利时马斯河谷工业区平面图 (图中显示列日镇和沪伊镇之间中部的低洼地区；连续的线表示发生灾害的地区；黑点表示工业企业的位置)

事件经过

比利时境内沿马斯河有一段24千米长的河谷地带，在马斯峡谷的列日镇（Liege）和沪伊镇（Huy）之间，中部低洼，宽60~80米，两侧山高约90米，整个河谷地带形成了狭长的盆地。许多重型工厂分布在这狭窄的河谷地带，形成一个工业区，包括三个炼油厂、三个金属冶炼厂、四个玻璃厂和三个炼锌厂，还有电力、硫酸、化肥厂和石灰窑炉，这些工业企业全部处于狭窄的盆地之中。

1930年12月1日开始，整个比利时被大雾笼罩，气候反常。由于其特殊的地理位置，马斯河谷上空出现了很强的逆温层。通常，气流上升越高，气温越低。但当气候反常时，低层空气温度就会比高层空气温度还低，以致发生"气温的逆转"现象，这种逆转的大气层称为"逆转层"。逆转层会抑制烟雾的升腾，使大气中烟尘积存不散，在逆转层下积蓄起来，无法对流交换，造成大气污染现象。

在这种逆温层和大雾的作用下，马斯河谷工业区内13个工厂排放的大量烟雾弥漫在河谷上空无法扩散，有害气体在大气层中越积越厚，其积存量超出了危害健康的极限，对人体造成了严重伤害。第三

图42 比利时马斯河谷工作区

天开始，在二氧化硫（SO_2）和其他几种有害气体以及粉尘污染的综合作用下，河谷工业区有几千人发生呼吸道疾病，一个星期内有 63 人死亡，为同期正常死亡人数的 10.5 倍。发病者包括不同年龄的男女，症状是流泪、喉痛、声嘶、咳嗽、呼吸短促、胸口窒闷、恶心、呕吐。尤其是咳嗽与呼吸短促最为明显。死者大多是年老和有慢性心脏病与肺病的患者。尸体解剖结果表明，刺激性化学物质损害呼吸道内壁是致死的原因。其他组织与器官没有毒物效应。这次事件中，许多患病的牛表现出呼吸急促、不安、黏膜发绀等急性肺气肿的症状，直至死亡。鸟类和老鼠也出现死亡的情况。

事件处置

事件发生以后，虽然有关部门立即进行了调查，但一时不能确证致毒物质。有人认为是氟化物，有人认为是硫的氧化物，说法不一。以后又对当地排入大气的各种气体和烟雾进行了研究分析，排除了氟化物的可能性，认为二氧化硫气体和三氧化硫烟雾的混合物是主要致毒的物质。事件发生与工厂排出有害气体在近地表层积累有关。据费克特（Firket）博士在 1931 年对这一事件所写的报告推测大气中二氧化硫的浓度为 25~100 毫克/立方米。空气中存在的氧化氮和金属氧化物微粒等污染物会加速二氧化硫向三氧化硫转化，加剧对人体的刺激作用。

但是，1937 年罗尔姆（Kaj Roholm）在《工业卫生与毒理学》杂志上发表文章，认为病因是该区域的某些工厂排出的气态氟引起了急性中毒。

在马斯河谷烟雾事件中，地形和气候是两个重要因素。从地形上看，该地区是一狭窄的盆地；气候反常出现的持续逆温和大雾，使得工业排放的污染物在河谷地区的大气中积累到具有毒性的浓度。该地区过去有过类似的气候反常变化，但为时都很短，后果不严重。据记载，1911 年的发病情况与这次相似，但没有造成死亡。

历史意义

马斯河谷事件曾轰动一时，虽然日后类似的烟雾污染事件在世界很多地方都发生过，但马斯河谷烟雾事件却是 20 世纪最早记录的大气污染惨案，也是著名的八大公害事件之一。

马斯河谷事件发生后的第二年就有人预言："如果这一现象在伦敦发生，伦敦公务局可能要对 3200 人的突然死亡负责。" 22 年后，伦敦果然发生了 4000 人死亡的严重烟雾事件。这说明造成以后各次烟雾事件的某些因素具有共同性。

2.2 美国洛杉矶光化学烟雾事件

20 世纪 40 年代初到 20 世纪 70 年代初的 30 年内，美国的第三大城市洛杉矶先后三度发生光化学烟雾污染事件，这是世界上最早出现的以汽车尾气排放污染为特征的新型大气污染灾害。

1943 年，美国加利福尼亚州洛杉矶市

市内的大量汽车废气产生的光化学烟雾①，造成大多数居民患了眼睛红肿、喉炎、呼吸道疾患恶化等疾病。1955年发生的光化学烟雾事件，400多人因呼吸衰竭而死。1970年发生的光化学烟雾事件，不仅使全市四分之三的人患病，而且造成严重的经济损失。当时，洛杉矶失去了它美丽舒适的环境，人们称它为"美国的烟雾城"。

事件经过

洛杉矶是美国西部太平洋沿岸的一个阳光明媚、气候温暖、风景宜人的海滨城市。早期金矿、石油和运河的开发，加之得天独厚的地理位置，使它很快成为一个商业、旅游业都很发达的港口城市。自从1936年在洛杉矶开发石油以来，特别是第二次世界大战后，洛杉矶的飞机制造和军事工业迅速发展，洛杉矶已成为美国西部地区的重要海港，工商业的发达程度仅次于纽约和芝加哥，是美国第三大城市。

20世纪40年代，随着工业的发展，洛杉矶的人口猛增到800万，市内高速公路纵横交错，占全市面积的30%，行驶的汽车达400多万辆，每天大约消耗2500万升汽油②，排出1000多吨碳氢化合物，300多吨氮氧化物，700多吨一氧化碳。另外，还有炼油厂、供油站等其他部门燃烧石油排放的废气，这些排放物聚集在大气中，加之洛杉矶地形不利于污染物扩散，从而造成大气污染。

在这种特殊的环境条件下，洛杉矶的光化学烟雾毒化污染空气极易形成。在一天里，由上午9时到10时开始形成烟雾，一氧化氮浓度增加，其浓度在13.4毫克/立方米以下就可以积蓄臭氧。到下午14时左右，臭氧浓度达到高峰，一氧化氮浓度减少。然后随太阳西下，烟雾也逐渐消失，这正是形成光化学烟雾的典型特征。

从20世纪40年代初开始，人们发现每年从夏季至早秋，只要是晴朗的日子，城市上空就会出现一种浅蓝色烟雾，使整座城市上空变得浑浊不清。这种烟雾使人眼睛发红，咽喉疼痛，呼吸憋闷，头昏、头痛。

1943年9月8日，洛杉矶市被一种奇怪的浅蓝色烟雾整整笼罩了一天，大气能见度降低，空气具有浓烈的特殊气味，刺激着人的眼睛和咽喉，使很多人感到呼吸困难，最终导致400多人死亡。街道上的树木和郊外的蔬菜纷纷枯黄落叶，犹如深秋景色。这就是震惊世界的"洛杉矶光化学烟雾事件"。此后的十几年里，几乎每年都会发生类似现象。

图43 洛杉矶出现的光化学烟雾（1943年夏季）

---

① 汽车排放的废气和其他污染物，如氮氧化物、一氧化碳、不稳定有机化合物，在阳光中的紫外线作用下发生复杂的光化学反应，产生以臭氧为主的多种二次污染物，称为"光化学烟雾"。一般发生在湿度低、气温在24℃~32℃的夏季晴天的日子里。

② 有的资料记载，当时洛杉矶行驶的汽车达250万辆，每天消耗1200吨汽油。

1950—1951年，因大气污染造成的损失达15亿美元。1955年9月，由于大气污染和高温，烟雾的浓度居高不下，在两天里，65岁以上的老人死亡400余人，为平时的三倍多。许多人眼睛痛、头痛、呼吸困难。1970年，发生光化学烟雾污染事件，约有75%以上的市民患上了红眼病。

烟雾成因

对于20世纪40年代洛杉矶烟雾产生的原因，开始认为是空气中二氧化硫导致洛杉矶的居民患病。但在减少各工业部门（包括石油精炼）的二氧化硫排放量后，并未收到预期的效果。后来发现，石油挥发物（碳氢化合物）同氮氧化物或空气中的其他成分一起，在阳光（紫外线）作用下，会产生一种有刺激性的有机化合物，这就是洛杉矶烟雾。但是，由于没有弄清大气中碳氢化合物究竟从何而来，尽管当地烟雾控制部门立即采取措施，防止石油提炼厂储油罐石油挥发物的挥发，仍未获得预期效果。

直到20世纪50年代，人们才发现洛杉矶烟雾是由汽车排放物造成的。加利福尼亚工业大学的哈根·斯密特博士，经过长期的调查研究和科学实验，于1953年揭开了洛杉矶烟雾的形成机制，原来罪魁祸首是汽车的有害排放物——"尾气"①。这些汽车排放的废气和氮氧化物、一氧化碳等不稳定有机污染物，在阳光中的紫外线作用下发生复杂的光化学反应，产生以臭氧为主的多种二次污染物，形成一种新型的刺激性很强的含剧毒光化学烟雾。

从地形看，洛杉矶地处太平洋沿岸的一个口袋形地带之中，只有西面临海，其他三面环山，形成一个直径约50千米的盆地，空气在水平方向上流动缓慢。虽然在海上有相当强劲的通常从西北方吹来的地面风，但海岸线上吹的基本是西风或西南风，而且风力弱小。这些风将城市上空的空气推向山岳封锁线。另一个促使逆温层形成的原因是，沿着加利福尼亚州海岸向南方和东方流动的是一股大洋流——加利福尼亚寒流。在春季和初夏，这时海水较冷。来自太平洋上空的比较温暖的空气，越过海岸向洛杉矶地区移动，经过这一寒冷水面上空后变冷。这就出现了接近地面的空气变冷，同时高空的空气由于下沉运动而变暖的态势，于是便形成了洛杉矶上空强大的持久的逆温层。每年约有

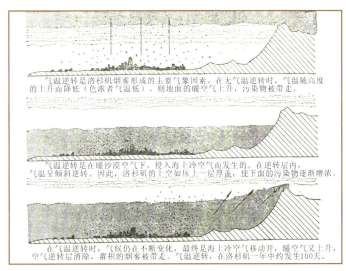

图44 洛杉矶地理特点与烟雾的形成（采自：外山敏夫，香川顺著，《在烟雾中生活》，1973）

---

① 汽车发动机（内燃机）的燃烧生成物，都是通过排气管、消声器等排入大气的，专业术语称作"排气排放物"，俗称"尾气"。

300 天,从西海岸到夏威夷群岛的北太平洋上空会出现逆温层,它犹如帽子一样封盖了地面的空气,并使大气污染物不能上升到越过山脉的高度。

洛杉矶烟雾主要是刺激眼、喉、鼻,引起眼病、喉炎及不同程度的头痛。在严重情况下,也会引起死亡。烟雾还能造成家畜患病,妨碍农作物及植物的生长,使橡胶制品老化,材料和建筑物受腐蚀而损坏。光化学烟雾还使大气混浊,降低大气能见度,影响汽车、飞机安全运行,造成车祸、飞机坠落等事件。

事件处置

洛杉矶的光化学烟雾在特殊的气象条件下,扩散不开,停留在市内,毒化空气,形成污染。洛杉矶一度失去了它美丽、舒适的环境,饱受光化学烟雾折磨的洛杉矶市民于 1947 年划定了一个空气污染控制区,专门研究污染物的性质和它们的来源,探讨如何才能改变现状。

从 20 世纪 50 年代开始,洛杉矶当地政府每天向居民发出光化学烟雾预报和警报。光化学烟雾中的氧化剂以臭氧为主,所以常以臭氧浓度的高低作为警报的依据。1955—1970 年,洛杉矶曾发出臭氧浓度的一级警报 80 次,每年平均 5 次,其中1970 年高达 9 次。

1979 年 9 月 17 日,洛杉矶大气保护局发出了"烟雾紧急通告第二号",当时空气中臭氧含量已经超过了 0.75 毫克/立方米,几乎达到了"危险点"。

历史意义

光化学烟雾是工业发达、汽车拥挤的大城市的一个隐患。20 世纪 50 年代以来,世界上很多城市都曾发生过光化学烟雾事件。后来人们主要在改善城市交通结构、改进汽车燃料、安装汽车排气系统催化装置等方面做着积极的努力,以防患于未然。

继洛杉矶之后,光化学污染相继在世界各地出现,如日本的东京、大阪,英国的伦敦,澳大利亚的悉尼,原西德、墨西哥、印度的一些大城市。

随着环境保护要求的日益严格,1990 年美国《清洁空气法(修正案)》规定,逐步推广使用新配方汽油,减少由汽车尾气中的一氧化碳以及烃类引发的臭氧和光化学烟雾等对空气的污染。新配方汽油要求限制汽油的蒸气压、苯含量,还逐步限制芳烃和烯烃含量。还要求在汽油中加入含氧化合物,比如甲基叔丁基醚、甲基叔戊基醚。这种新配方汽油的质量要求还进一步推动了汽油的有关炼油技术的发展。

2.3 美国多诺拉烟雾事件

1948 年 10 月 26 日至 30 日,美国宾夕法尼亚州多诺拉镇(Donora)大气中的二氧化硫以及其他氧化物与大气烟尘共同作用,生成硫酸烟雾,使大气严重污染,四天内 42% 的居民患病,17 人死亡,其中毒症状为咳嗽、呕吐、腹泻、喉痛。

事件经过

多诺拉是美国宾夕法尼亚州匹兹堡市南边 30 千米处的一个工业小城镇。多诺拉镇位于孟农加希拉河的一个马蹄形河湾内侧。沿河是狭长平原地，两边是高约120米的山丘，坡度为10%的山岳把小镇夹在山谷中。多诺拉镇与韦布斯特镇隔河相望，形成一个河谷工业地带。在多诺拉的狭长平原上有很多工厂，其中有三个大厂，即大型炼铁厂、炼锌厂和硫酸厂集中在河谷。多年来，这些工厂的废气通过烟囱不断排放到空气中，使多诺拉镇的空气中总有一些怪味。

1948年10月26日，多诺拉镇气候潮湿寒冷，天空阴云密布，持续的大雾使多诺拉镇看上去格外昏暗。受反气旋和逆温控制，空气失去了上下的垂直移动，出现逆温现象，工厂排出的有害气体扩散不出去。在这种状态下，工厂的烟囱却没有停止排放，不停地喷吐着烟雾。

两天过去了，天气没有变化，只是大气中的烟雾越来越厚重，工厂排出的大量烟雾被封闭在山谷中。空气中散发着刺鼻的二氧化硫气味，空气能见度极低。随之而来的是小镇中的居民突然发病，中毒症状为咳嗽、呕吐、腹泻、喉痛，有的患眼病、流鼻涕、头痛、四肢乏倦、胸闷。截至10月30日，全镇1.4万人中有近6000人中毒，17人死亡。

事件原因

事件发生后，美国联邦公共卫生局会同州卫生局进行了为期两个月的调查，结果显示，这次烟雾事件发生的主要原因，是由于小镇上的工厂排放的含有二氧化硫等有毒有害物质的气体及金属微粒在气候反常的情况下聚集在山谷中积存不散，这些毒害物质附着在悬浮颗粒物上，严重污染了大气。人们在短时间内大量吸入这些有毒害的气体，引起各种症状，以致暴病成灾。

在事件发生当时虽然来不及做环境监测，但可推断二氧化硫浓度大概在0.5~2.0微升/升，并存在明显尘粒。所以，有人认为二氧化硫同金属元素和某些化合物反应生成的"金属"硫酸铵是主要致害物。二氧化硫及其氧化作用的产物同大气中尘粒的结合是致害的关键因素。

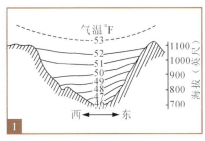

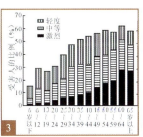

图45 多诺拉烟雾事件（1.多诺拉河谷的气温逆转；2.河谷工厂排放有毒废气；3.多诺拉事件中不同年龄的患病率，采自外山敏夫和香川顺著，《在烟雾中生活》，1973）

注：图45-1中气温°F为华氏度，华氏温标的定义是：标准大气压下，冰的熔点为32°F，水的沸点为212°F，中间有180等分，每等分为华氏1度。海拔1英尺=0.3048米。

2.4 英国伦敦烟雾事件

1952年12月5日至8日,地处泰晤士河河谷地带的伦敦城市上空处于高压中心,一连几日无风,大雾笼罩着伦敦城。其时正是伦敦城市冬季大量燃煤之际,排放的煤烟粉尘在无风状态下蓄积不散,烟和湿气积聚在大气层中,连续四五天烟雾弥漫,致使许多人感到呼吸困难,眼睛刺痛,流泪不止。伦敦城内到处可以听到咳嗽声。仅仅四天时间,死亡人数达4000多人。两个月后,又有8000多人陆续丧生①。这就是骇人听闻的"伦敦烟雾事件"。这次历史上罕见的大气污染事件推动了英国环境保护的立法进程。

事件经过

1952年12月3日,对进入冬天的伦敦来说是一个比较好的天气。一个冷锋已在夜间通过,到中午,气温达到5.6℃,相对湿度大约70%。天空中点缀着绒毛状积云,这是英格兰有名的在天气晴朗的片刻才有的云彩。老年人与生病的人难得有一个坐着晒太阳的机会,迎着从北海吹来的风喝茶。然而,人们并不知道,伦敦正处于一个巨大的反气旋,也就是高气压地区的东南边缘中。风围绕这一高压中心以顺时针方向不停地吹着。

12月4日,这个反气旋沿着平常的路径移向东南方,其中心在伦敦以西几百千米风向已稍转,从西北偏北的方向吹来,风速比原来慢了。几层阴云几乎遮蔽了天空,透过较低层广阔均匀的暗灰色层云裂缝,可以看到约3000米高空处还有较高的云层,它们把太阳和天空统统遮住。空气中充满了烟味,成千上万个烟筒排出的煤烟和灰粒悄悄飘进大气中。大的颗粒落在屋顶、街道上,落在帽子和衣服上,较小的烟尘随着空气而飘动。玩耍的孩子们跑进跑出房子时,一阵阵的风就把这些烟尘与煤气带进室内,而烟雾也会离奇地钻进那些门窗关闭着的房子。与前一天相比,伦敦人知道天气已经坏到何等可怕的程度。

12月5日,逆温层笼罩伦敦,城市处于高气压中心位置,垂直和水平的空气流动停止,空气寂静无风。当时伦敦冬季多使用燃煤采暖,市区内还分布有许多以煤为主要能源的火力发电站。由于逆温层的作用,煤炭燃烧产生的二氧化碳、一氧化碳、二氧化硫、粉尘等污染物在城市上空蓄积,引发了连续数日的大雾降临伦敦。伦敦市中心空气中的烟雾量几乎增加了10倍,前所未见的浓雾弥漫全城,能见度逐日下降。烟雾还钻进了建筑物,萨德乐维尔剧院(Sadler's Wells Theatre)正在上演的歌剧《茶花女》由于观众看不见舞台而被迫中止。电影院里的观众也看不到银幕。由于毒雾的影响,街上行人的衣服和皮肤上沾满了肮脏的微尘,公共汽车的挡

---

① 事后,据英国环境污染负责人厄尔斯特·威廉金斯博士统计,在灾难发生的前一周,伦敦地区死亡人数为945人;而在大雾期间,伦敦地区死亡人数激增到2480人,而大雾所造成的慢性死亡人数达8000人。

风玻璃蒙上烟灰,只能开着雾灯艰难地爬行。公路和泰晤士河水路交通都几近瘫痪,警察不得不手持火把在街上执勤,以便能在烟雾中看清别人,并能被人看到。患呼吸道疾病的人激增,而浓雾使救护车根本动弹不得。在此后几天里,市内某些地区的能见度曾经降到零,走在路上的人连自己的脚都看不到。伦敦的交通几乎瘫痪。

当时有一场牛畜展览会正在伦敦举办,一群获奖牛首先对烟雾产生了反应,表现为呼吸困难,张口伸舌,350头牛中有52头严重中毒,14头奄奄一息,其中1头当场死亡,另有12头病重牛被送往屠宰场。不久,伦敦市民也对毒雾产生了反应,许多人感到呼吸困难、眼睛刺痛,发生哮喘、咳嗽等呼吸道症状的患者急剧增加,进而死亡率陡增。烟的气味渐渐变得很强烈,而风力又太弱,不能刮走烟筒排出的烟。烟和湿气积聚在离地面几千米的大气层里。

12月6日,情况更坏了。烟雾遮住了整个天空,城市处于反气旋西端。中午温度降到-2℃,同时相对湿度升到100%,大气能见度仅为十几米。所有飞机的飞行都取消了,只有最有经验的司机才敢于驾驶汽车上路。步行的人沿着人行道摸索着走动。风速表不转动,读数为零。由于空气流动太慢,工厂的锅炉、住家的壁炉及其他冒烟的炉子往空气内增添着"毒素"。雾滴混杂上烟里的一些气体和颗粒,雾不再是洁净的雾了,也不再是清洁的小水滴了,而是"烟雾"的混合物。烟雾弥漫全城,侵袭着一切有生命的东西。当人们的眼睛感觉到它时,眼泪就会顺着面颊流下来。每吸一口气就吸入一肺腔的污染气体。凡是在有人群的地方,都可以听到咳嗽声。学校里讲课的人不得不提高声调以超过干咳声和哮喘声。

12月6日,为了察看英国烟雾事件,美国卫生教育部大气污染局局长普兰特博士抵达伦敦。他把在伦敦观察到的情况做了记录并发表在杂志上。他写道:"因伦敦机场烟雾弥漫,所以飞机只得在伦敦南

图46 伦敦烟雾事件(1.雾都景色之一;2.雾都景色之二;3.伦敦的警察使用燃烧着的火炬,以便在烟雾中能看清别人,并能被人看到;4.伦敦的大巴士在毒雾中缓慢行驶;5.严重污染的空气使得市民不得不戴上口罩;6.伦敦街头销售板栗的商贩,兼售防毒的口罩)

面 32 千米的加多意奇机场着陆。在机场上，刚一推开机舱门，一股硫黄和煤烟的气味就迎面扑来。有人说，如果晚上在伦敦的街头散步，口中经常有金属的味道，鼻子咽喉以及眼睛都感受到刺激。这种对眼睛的刺激与洛杉矶不一样，很像剥开葱皮时眼睛所感到的那种刺激。在12月6日我们到达的那一天傍晚，旅馆外面的能见度大约只有4~5米。……行人中约有三分之二用围巾、口罩、手帕等捂着鼻子。……时值寒冬，使人咳嗽的灰褐色的烟雾笼罩着一切。"

12月7日和8日，伦敦的天气仍然没有好转。烟雾厉害极了。现在在这污浊的空气中人们普遍都感到呼吸非常困难，甚至一些青年人也感到不适。对患有呼吸道疾病的人来说，这烟雾简直是一种苦刑。伦敦的医院挤满了患者，他们都是烟雾的受害者，并且有许多人因此而死亡。

据史料记载，从12月5日到12月8日的四天里，伦敦市死亡人数达到4000人。根据事后统计，在发生烟雾事件的一周中，45岁以上人群死亡人数最多，约为平时的三倍；1岁以下儿童的死亡人数，约为平时的两倍。在这一周内，伦敦市因支气管炎死亡704人，因冠心病死亡281人，因心脏衰竭死亡244人，因结核病死亡77人，分别为前一周的9.5、2.4、2.8和5.5倍，此外肺炎、肺癌、流行性感冒等呼吸系统疾病的发病率也有显著增加。

12月9日，天气略有好转。大雾依然存在，但是风不断地从南方轻轻吹来。一些洁净的空气与烟雾混合，冲淡了原有的烟雾。中午的气温为3℃，相对湿度为95%。毒雾逐渐消散，但在此后的两个月内，又有近8000人因为烟雾事件而死于呼吸系统疾病。

除死亡之外，还有成千上万的人病情大大加重，也有些人由此而患上呼吸系统疾病，这些人尚未统计在内。另外，受害人中还应包括生病的人和死者的亲属，他们虽然幸存，可是他们所受的损失使他们的生活彻底变了样。

事件原因

酿成1952年伦敦烟雾事件的主要原因，一是冬季取暖燃煤和工业排放的烟雾；二是逆温层现象引发烟雾事件。

冬季取暖燃煤产生的二氧化硫和粉尘污染，以及工业排放的烟雾是造成事件发生的直接原因。间接原因是在多雾的天气条件下，开始于12月4日的

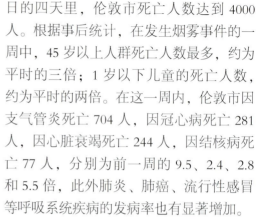
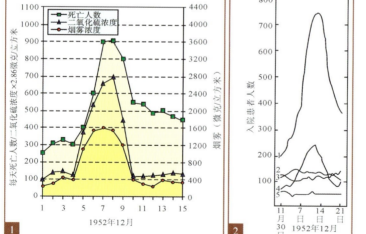

图47 伦敦烟雾事件（1. 1952年大雾期间烟尘污染与死亡率数据曲线：左侧数字为每天死亡人数/二氧化硫浓度（×2.86微克/立方米）；右侧数字为烟雾（微克/立方米）。2. 1952年12月伦敦入院患者人数与患病类型："1"代表呼吸器官疾病，"2"代表急性外科疾病，"3"代表其他急性疾病，"4"代表心脏病，"5"代表脑出血，采自外山敏夫和香川顺著《在烟雾中生活》，1973）

逆温层所造成的大气污染物蓄积引发了烟雾事件。潮湿有雾的空气在城市上空停滞不动，温度逆增，逆温层盘旋在40~150米低空，大量的烟喷入其中，使烟雾不断积聚。伦敦上空的大气成了堆置工厂和住户烟筒里出来的粉碎了的废物的垃圾场。特别是燃煤产生的粉尘表面会大量吸附水，成为形成烟雾的凝聚核，这样便形成了浓雾。另外燃煤粉尘中含有三氧化二铁成分，可以催化另一种来自燃煤的污染物二氧化硫氧化生成三氧化硫，进而与吸附在粉尘表面的水化合生成硫酸雾滴。这些硫酸雾滴被人吸入后会对呼吸系统产生强烈的刺激作用，使体弱者发病甚至死亡。

事后调查数据显示，尘粒浓度高达4.46克/升，为平时的10倍；二氧化硫高达1.34微克/升，为平时的6倍。烟雾中的三氧化二铁促使二氧化硫氧化产生硫酸泡沫，凝结在烟尘上形成酸雾。

从历史的角度看，伦敦是世界上有名的"雾都"。13世纪的伦敦，人口迅速增长，导致燃料短缺，一些工业作坊开始用煤炭取代木材。煤炭是支持工业革命的核心燃料，使经济和技术飞速发展，但随之而来的是城市污染急剧加重。由于煤炭造成的空气污染比木材严重得多，居民们担心健康受害，进行了抵制使用煤炭的尝试。1306年，爱德华一世颁布了国会开会期间禁止工场烧煤的法令，据说有工匠因为违反此项法令而被处死。16—17世纪，煤炭已经成为工业和家庭广泛使用的燃料，它对环境的最直观影响是使建筑物受损，其次就是影响人的健康。伦敦城市中肺炎、肺结核、咳嗽的发病人数比世界上所有其他地方都多。

事件处置

事件发生之后，伦敦市政当局开始着手调查事件原因，但未果。此后的1956年、1957年和1962年又连续发生了多达12次严重的烟雾事件。直到1965年后，有毒烟雾才从伦敦销声匿迹。

伦敦毒雾事件所造成的悲剧使英国人痛下决心整治环境。经过数十年的努力，通过不断完善法律并依法治理污染，"雾都"伦敦重见蓝天。

1956年，英国政府首次颁布《清洁空气法案》①，对城市居民的传统炉灶进行大规模地改造，减少煤炭用量，冬季采取集中供暖；在城区设立无烟区，禁止使用可以产生烟雾的燃料；发电厂和重工业等煤烟污染大户迁往郊区。1968年又颁布了一份清洁空气法案，要求工业企业建造高大的烟囱，加强疏散大气污染物。1974年颁布的《空气污染控制法案》，规定了工业燃料里的含硫上限。这些措施有效地减少了燃煤产生的烟尘和二氧化硫污染。1975年，伦敦的雾日由每年几十天减少到了15天，1980年降到5天。与此同时，英国政府还颁布了与控制大气污染有关的《控制公害法》《公共卫生法》《放射性物质法》和《汽车使用条例》等法令和通告。1995年英国通过了《环境法》，要求工业部门、交通管理部门和地方政府共同努力，减少一氧化碳、氮氧化物、二氧化硫等多种常见污染物的排放量。2001年1月30日，伦敦市发布了《空气质量战略草案》。政府大力扶持公共交通，目标是到2010年把市中心的交通流量减少10%~15%。政府鼓励居民购买排气量小的汽车，推广使用

---

① 亦称为《大气净化法》（*Clean Air Act*）。

天然气、电力或燃料电池等低污染汽车；鼓励更多的伦敦市民选择自行车作为代步工具；采取收取交通拥堵费等措施，缓解交通拥堵状况。

现在，工业时代那棕黄色的"伦敦雾"已经成为过去。阳光驱散薄雾后，公园里绿草如茵，空气清明，让人难以想象当年迷离晦暗的雾中情景。虽然"雾都"从形式上已经不复存在，但它作为英国文化的一个象征，将继续提醒伦敦市民，污染并不是我们必须为财富所支付的代价。

历史意义

1952年的烟雾事件引起了英国民众和政府当局的注意，使人们意识到控制大气污染的重要意义，并且直接推动了1956年英国《洁净空气法案》的通过。

英国人尝到了发展工业化而忽视环境保护的恶果，于是痛定思痛，开始进行产业转型。改变过去的单纯依赖制造业的产业结构，开始逐步发展服务业和高科技产业。英国政府逐渐认识到，城市大气污染问题既与燃料结构有关，也与人口、交通、工业、建筑高度集聚有关，必须结合地形、气象、能源结构、绿化、产业结构和布局、建筑布局、交通管理、人口密度等多种自然因素和社会因素综合考虑，采取综合措施加以治理。然而，治理环境污染的代价远远大于污染环境的代价，英国人花了50多年时间才将闻名于世的"雾都"变成今天能见到更多蓝天白云的伦敦。

英国解决空气污染的四条经验值得借鉴：第一，立法提高监测标准，改善空气质量；第二，科学规划公共交通，减少道路上行驶的车辆；第三，控制汽车尾气、减少污染物排放；第四，科学建设城市绿化带。

1952年伦敦烟雾事件被列为20世纪重大环境灾害事件之一，它作为煤烟型空气污染的典型案例，载入了多部环境科学教科书中，提醒人们永远记住毒性灾害对人类健康的危害！

2.5 日本四日市哮喘事件

四日市哮喘事件（Yokkaichi Asthama Episode）是1961年发生在日本伊势西岸四日市的大气污染事件。工业废气中的重金属微粒与二氧化硫形成硫酸烟雾，使得许多市民呼吸困难，由于发病以哮喘病为主，因此被称为"四日市哮喘事件"。

事件经过

四日市位于日本东部伊势湾海岸，1986年人口为25万，属三重县。四日市原为农渔村。1470年筑城，为市场村。每月逢四集市，故名为四日市。1897年设市，以纺织和陶瓷工业为主。1899年开港。由于交通方便，很快成为发展石油工业的窗口。1955年利用战前盐滨地区旧海军燃料厂旧址建成第一座炼油厂，接着建起三个大的石油联合企业，在三大石油联合企业周围，又挤满了三菱油化等10多个大厂和100多家中小企业。逐渐形成占日本石油工业四分之一的重要临海工业

图48 日本四日市石油冶炼产生的废气

区。到1983年，其化学工业产值占市工业总产值的48%，还有食品、机械、纺织、陶瓷等。郊区有茶、桑、蔬菜和温室园艺。商业与海陆运输业发达。1957年，昭石石油公司所属的四日市炼油厂投资186亿日元，四日市很快发展成为一个"石油联合企业城"。正当人们对这些将会带来滚滚财源的大型企业艳羡不已时，可怕的公害病已悄然潜入了人们的生活中。

1956年，石油冶炼和工业燃油（高硫重油）产生的废气，使整座城市终年黄烟弥漫，严重污染了城市空气。工厂排出的二氧化硫和粉尘年总量达13万吨，超过允许浓度的五六倍。烟雾中还含有铅、锰、钛等有毒重金属粉尘。有毒物质被吸入肺部，引起支气管炎、支气管哮喘和肺气肿等呼吸道疾病。有毒物质进入血液，导致癌症。由于重金属微粒与二氧化硫形成硫酸烟雾，使得许多市民呼吸困难，患上了哮喘病。

图49 1967年1月17日，三重县四日市戴着口罩的小学生（据日本共同社）

事件危害

1961年，四日市以哮喘为特征的呼吸系统疾病开始大发作，并迅速蔓延。据报道患者中慢性支气管炎占25%，哮喘病占30%，肺气肿等占15%。1964年，连续三天烟雾不散，一些哮喘病患者在痛苦中死去。1967年，一些哮喘病患者因不堪忍受疾病的折磨而自杀。到1970年，四日哮喘病患者达到500多人，其中死亡10多人。1972年全市共确认哮喘病患者达817人。到1979年10月底，四日市确认患有大气污染性疾病的患者人数为775491人。①

---

① 日本四日市哮喘病事件. 中国环境报，2009-06-26.

2.6 雅典"紧急状态事件"

希腊首都雅典是一座美丽而古老的城市，其历史可以追溯到5000多年前，可以说，它孕育了西方的文明。但伴随着工业化的进展，加上其自身的地理位置特点——群山环绕，西面是艾加里奥山，北面是帕尼萨山，东北面是彭特里山，东面是伊米托斯山，西南面则是圣罗尼克湾，即处于一个容易导致逆温现象的地理位置，使得雅典在20世纪80—90年代出现空气污染的情况。比较严重的一次是1989年的"紧急状态事件"。

1989年11月2日上午9时，雅典市中心大气质量监测站显示，空气中二氧化碳浓度达318毫克/立方米，超过国家标准（200毫克/立方米）59%[①]，于是发出了红色危险信号。

上午11时，雅典城的二氧化碳浓度升至604毫克/立方米，超过500毫克/立方米紧急危险线。数据提交到中央政府后，中央政府当即宣布雅典进入"紧急状态"，禁止所有私人汽车、出租汽车和摩托车等车辆在市中心行驶，并下令熄灭所有燃料锅炉，主要工厂削减燃料消耗量的50%，学校一律停课。

中午，二氧化碳浓度增至631毫克/立方米，超过历史最高纪录（1983年5月25日记录是621毫克/立方米）。一氧化碳浓度也突破危险线。许多市民出现头疼、乏力、呕吐、呼吸困难等中毒症状。市区到处响起救护车的呼啸声。仅国家急救中心当天抢救住院的病情严重的患者就有63人，自行上医院就诊的患者更是不计其数，他们大多数是心脏病、呼吸系统疾病发作。

下午16时30分，一支自行车队在大街上缓缓行进进行示威游行，戴着防毒面具的骑车人高喊："要污染，还是要我们！""请为排气管安上过滤嘴！"

下午17时，监测站读数仍然达到217毫克/立方米，直到次日仍没有明显的改善。

大气污染直接威胁着人体健康和人民生命安全，在严重的空气污染压力下，雅典市为治理污染采取了广泛的措施：发展公共交通；实行轮流驾车日制度，遇到空气污染达到污染极限时，汽车限行；减少冒烟工厂；兴建大量地下停车场；提供空气净化标准；使用更纯净的燃油；鼓励多栽种绿色植物；夏季错开工作时间；等等。之后，雅典城内的空气开始有所改善。

[①] 二氧化碳作为大气组成成分之一，在空气中的正常含量是0.03%。当二氧化碳在空气中超过正常含量时，就会对人体产生有害的影响，轻者会使人感到气闷、头痛、眩晕等，严重时则会使人体机能严重混乱，甚至会导致呼吸停止。

3

酸雨：空中的死神

3.1 酸雨的发现

酸雨的发现

1872年，英国化学家罗伯特·安格斯·史密斯[①]发现伦敦雨水呈酸性反应。他在《空气和降雨：化学气候学的开端》一书中介绍了世界工业发展先驱城市——曼彻斯特市郊区降水中含有高浓度二氧化硫。并分析了伦敦的雨（雪）水成分，指出伦敦远郊农庄的雨水中含碳酸铵，酸性不大；近郊雨水含硫酸铵，略呈酸性；市区雨水含硫酸或酸性的硫酸盐，呈较强的酸性。因此，首次提出了"酸雨"（Acid Rain）这一专有名词。史密斯推论，这是因为工业革命后，伦敦以蒸汽机为动力的发电厂、机械制造厂等星罗棋布，蒸汽机驱动的轮船、火车、汽车越来越多，燃煤数量逐年猛增的结果。

图50 罗伯特·安格斯·史密斯

研究酸雨的历史

近代工业革命，从蒸汽机开始，锅炉烧煤，产生蒸汽，推动机器；之后火力电厂星罗棋布，燃煤数量猛增。遗憾的是，煤含有约百分之一的杂质硫，在燃烧中会排放酸性气体二氧化硫；燃烧产生的高温还能促使助燃的空气发生部分化学变化，氧气与氮气化合，也会排放酸性气体氮氧化物。它们在高空中被雨雪冲刷、溶解，雨就成了酸雨；这些酸性气体成为雨水中杂质硫酸根、硝酸根和铵离子。

自罗伯特·安格斯·史密斯在《空气和降雨：化学气候学的开端》中创造了"酸雨"一词，从此，科学家将"酸雨"定义为：人为排放的二氧化硫或氮氧化物和汽车尾气中的氮氧化物遇到水蒸气会形成含高腐蚀性的酸性沉降物，称为"酸雨"。

酸雨的词义是雨（水）比正常情况下偏酸性，即被酸化了的雨，即pH值小于5.6的雨雪或其他方式形成的大气降水（如雾、露、霜等）。当空气中的二氧化碳浓度达到619毫克/立方米时，降水的pH值可达5.6，最低可达3左右。

酸雨的主要成分是硫酸和硝酸，两者

[①] 罗伯特·安格斯·史密斯（Robert Angus Smith，1817—1884），英国化学家、首任碱业检察员，因治理英国工业污染而著称。著有《消毒剂与消毒法》（1869）和《空气和降雨：化学气候学的开端》（*Air and Rain: the Beginnings of a Chemical Climatology*）（1872）。

占总酸量的90%以上。酸雨中除含有酸性物质外，还有来自大气中的碱性物质，如土壤粒子、工业粉尘和天然来源的氨等。众所周知，酸碱会发生中和反应，因此，酸雨的酸碱度实际上是酸碱中和平衡的结果。目前所指的酸雨主要是由于二氧化硫溶解在水中所形成的硫酸，因此它是大气二氧化硫污染的特征。在近代工业发展中，特别是由于燃煤和石油的使用，把大量高浓度的二氧化硫排放到大气中，使其与水汽生成腐蚀性很强的酸雨。

日本学者石弘之[①]著的《酸性雨》（岩波书店，1992）的前言中叙述了他三次看到酸雨带给人类的灾难。第一次是在1982年，他受邀参观美国纽约北部的阿迪朗代克州立公园。第二次是在埃及，他亲眼看到埃及的狮身人面像用手指轻轻一碰上面就有碎石掉下来。第三次是在捷克、斯洛伐克和波兰的边境地带，这里是遭受酸雨破坏最严重的地区，生态几近灭绝，被称为"黑三角"地带。这里听不到鸟鸣，只听到掉光了树叶的枯枝发出的咔咔的悲鸣声。当地人称之为"树木的坟地"。

石弘之指出："酸雨"原意是指酸化的雨，但现在的酸雪、酸雾、酸性粉尘都称为酸雨，酸雨是一个广义的称呼。酸雨被称为"隐形杀手"虽然有点言过其实，但湖里的鱼、昆虫等生物的确是在不知不觉中被酸雨毒死的。毋庸置疑，酸雨已经给大自然、建筑物带来了非常大的危害和侵蚀，给全世界带来了严峻的环境问题。

现在"酸雨"已成为世界许多国家和地区的"默默而至的危害""死亡之雨"和"空中的死神"。"酸雨"的范围不单单是"雨"，而且包括雪、雾、露、雹、霜等各种形式的降水，因而，从大气污染物沉降形式的角度又把"酸雨"称为"酸性降水"。由于沉降包括"湿降"和"干降"，所以又称为"酸沉降"。考虑到酸雨对整个环境的影响，为了更完整地表达"酸沉降"这个环境问题，有人将其称为"环境酸化"。

酸性沉降的研究

酸雨的科学名称是酸性沉降，可分为"湿沉降"与"干沉降"两大类，前者指的是所有气状污染物或粒状污染物，随着雨、雪、雾或雹等降水形态而落到地面者，后者则是指在不下雨的日子，从空中降下来的落尘所带的酸性物质。

早在17世纪就有酸沉降的发生，当时伦敦的硫污染成为一个难题。工业革命

图51 石弘之著《酸性雨》（封面）

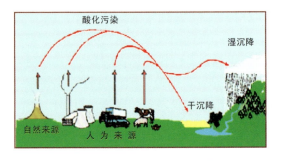

图52 "湿沉降"与"干沉降"的发生机制

[①] 石弘之（1940— ），1965年毕业于东京大学，在朝日新闻社科学部工作，1994年后，先后在东京大学综合文化研究科、日本国际文化研究院任客座教授。著有《地球环境报告》（岩波书店，1988）。

初期，格陵兰冰冠中沉积的硫酸盐开始增加。1852年，英格兰的曼彻斯特有关于酸雨的报道。

20世纪50年代，酸沉降的研究受到高度关注，先后发现斯堪的纳维亚的酸雨和新格兰的酸雾。首先报道酸沉降影响的严重性的来自欧洲北部的斯堪的纳维亚半岛，即最早发现酸雨并引起注意的地区。在瑞典，20世纪30至60年代，湖水的pH值开始下降，到了20世纪60年代，瑞典大约有50%的湖泊湖水的pH值低于6，有5000个湖泊湖水的pH值小于5，结果导致瑞典西部蛙鱼种群的大批死亡。在中部和东部，其他的鱼类种群也受到了严重的影响。

20世纪60年代，挪威的蛙鱼数量也有所下降。在加拿大和美国的部分地区，湖水的酸度有显著上升。在安大略省的南部，20世纪70年代，在所调查的150个湖泊中，有33个湖泊湖水的pH值小于4.5，有32个湖泊湖水的pH值在4.5~5.5之间。受酸度影响鱼类种群减少。污染源是安大略省萨德伯里庞大的冶炼厂，它位于休伦湖北部约50千米处。在围绕萨德伯里的半径达80千米范围内的几百个湖泊中，仅有少量的鱼或根本没有鱼。

20世纪60—70年代，美国的一项研究表明，在海拔高于600米的遥远的阿迪朗达客的高山湖泊中，超过50%的湖泊，湖水的pH值小于5.9，根本没有发现鱼类的踪迹。

1955年，戈勒姆（Gorham）发现只要风是从城市和工业区吹来的，英国湖水区域的降雨便呈酸性。得益于1968年瑞典的奥登（Oden）和1972年美国的莱肯斯(Likens) 开展的研究工作，酸雨所造成的跨国界的损害得到了普遍认可。

近20年的研究表明，酸沉降的主要因素，一是石化燃料使用的增加；二是发电厂与不同工业排气烟囱高度的增加。升高烟囱可以减轻由烟囱排放废气引起的当地空气的污染，但烟囱的升高也造成了烟囱下风向几千米以外地区出现酸沉降。

3.2 酸雨的形成

酸雨的形成是多种因素综合构成的十分复杂的过程，大体有四个阶段：第一阶段，水蒸气冷凝在含有硫酸盐、硝酸盐等的凝结核上；第二阶段，形成云雾时，二氧化硫、二氧化氮、二氧化碳等被水滴吸收；第三阶段，气溶胶颗粒物质和水滴在云雾形成过程中互相碰撞、聚凝并与雨滴结合在一起；第四阶段，降水时空气中的一次污染物和二次污染物被冲溶进雨中。

图53 酸雨的形成

3.3 酸雨的危害

1972年在联合国第一次人类环境会议上，瑞典政府做了《穿越国界的污染：大气和降水中的硫对环境的影响》的报告。1975年5月，在美国俄亥俄州立大学举行了第一次国际酸性降水和森林生态系统讨论会，会上讨论了酸雨对地表、土壤、森林和植被的严重危害。自此酸雨的危害进一步受到了普遍重视。之后，世界各国开始关注"酸雨"的危害。

森林毁灭，农业减产

酸雨直接影响了植物的生长，损伤植物的根叶，阻碍植物的光合作用，使树叶枯黄脱落。全欧洲约有14%的森林受酸雨危害，其中德国高达50%。美国的世界观察研究所在一份研究报告中指出，因酸雨引起的世界范围的森林毁灭，就木材的损失估计，每年超过100亿美元。原西德"森林枯死病"就是酸雨危害的典型事件。

不仅如此，酸性物质使土壤变得贫瘠，一方面酸雨淋溶了土壤中的钙、镁、钾等养分，导致土壤日益酸化、贫瘠化；同时，酸化的土壤极大地影响了土壤微生物的活性。据日本相关机构的调查，酸雨使某些谷类农作物减产30%。在美国，酸雨使农业部门每年损失10多亿美元。据中国农业部门统计，受酸雨侵害的农田达5.3万平方千米，每年损失粮食63亿千克。

湖泊酸化，水质变坏

酸雨使水质变坏。当湖泊和河流水体的pH值降到5以下时，鱼类的生长繁殖就会受到严重影响，鱼类的数量会减少甚至会灭绝。流入土壤中或者河湖底泥中的有毒金属铅等会溶解于水中毒害鱼类。瑞典全国9万多个湖泊中，22%已不同程度酸化。加拿大有5万个湖泊正面临变成"死湖"的危险。

人体健康严重受损

1952年冬，伦敦发生"杀人烟雾"事件，死亡4000人，罪魁祸首就是酸性雾。欧洲每年因酸雨导致死亡的老年人和儿童达数千人之多，不少人还因酸雨得眼疾、结肠癌、老年痴呆等一些疾病。日本"四日市哮喘事件"就是酸雨危害的典型事件。

腐蚀建筑物，破坏历史古迹

酸雨具有强腐蚀性，对历史古迹（多数是青铜、铁、花岗岩或大理石构件）的剥蚀显而易见。欧洲一些著名的古建筑，如希腊的阿可罗波利斯王宫，荷兰的阿姆斯特丹王宫，波兰的克拉科夫纪念碑，意大利的古老宫殿，受酸雨剥蚀都十分明显。在美国，自由女神像和华盛顿纪念碑

图54 酸雨的危害：经历了60年的侵蚀，德国的这座石像已经彻底被酸雨毁坏了

也遭受到酸雨的威胁。泰姬陵和古玛雅人的庙宇、巨碑和壁画也遭到酸雨的破坏。波兰克拉科夫市的6000座古建筑杰作被酸雨摧残。世界上最大的佛像中国乐山大佛，由于酸雨的侵蚀曾"伤病缠身"。

原西德"森林枯死病"事件

原西德共有森林7.4万平方千米，到1983年为止有34%染上枯死病，每年枯死的蓄积量占同年森林生长量的21%，先后有超过8000平方千米的森林被毁。枯死病来自酸雨之害。巴伐利亚国家公园里，几乎每棵树都得了病，景色全非。黑森州海拔500米以上的枞树相继枯死，全州57%的松树病入膏肓。巴登-符腾堡州的

图55 被酸雨腐蚀的树木

"黑森林"，也有一半的树木染上了枯死病，树叶黄褐脱落，其中约307平方千米的树木完全死亡。汉堡也有四分之三的树木面临死亡。当时鲁尔工业区的森林里，到处可见秃树、死鸟、死蜂，该区儿童每年有数万人感染特殊的喉炎症。

3.4 酸雨危害的扩张与控制

酸雨危害的扩张趋势

历史进入20世纪50年代之后，世界上形成了欧洲西北部、北美洲和亚洲三大酸雨区。由于全世界酸雨污染范围日益扩大，而且有从工业发达国家向发展中国家扩张的趋势，因此酸雨已成为"偷越国界的污染"，常引起国家间、地区间的某些争端。

在欧洲，英国是大范围遭受酸雨危害最早的国家，先是大片森林的丧失；接着是在一些依靠燃煤来提供能源的城市中，空气硫黄酸化物严重超标，从而导致肺结核和感冒大肆流行。在经历了产业革命后，到18世纪后半期，煤炭的需求量大幅增加，灾害也越来越严重。

据报道，英国每年排放的二氧化硫的一半以上随风飘移到北欧诸国，尤其是斯堪的纳维亚国家受害最重，受害比较突出的国家是瑞典和挪威。另外，前苏联也是输出和输入二氧化硫的大国之一。

在北美洲，降水中pH值以美国和加拿大最低，为4.0~4.5，最低值甚至达到过3.2。美国是世界上能源消耗最多的国家，每年向大气中排放的二氧化硫等有害物质的总量居世界之首，因此早在20世纪50年代初美国就出现了酸雨。在北美，降落在加拿大的二氧化硫有50%以上来自美国东部。美国的15个州酸雨的pH值平均在4.8以下。加拿大受酸雨危害的面积已达120万~150万平方千米。

在亚洲，酸雨较多的国家是日本、韩国和中国。日本全国降落的酸雨pH值平均为4.5。[①]

日本先后开展了两次全国性五年酸雨调查，结果表明，其国内的降水pH值为

---

① 石弘之. 酸性雨. 东京：岩波书店，1992.

4.5~5.2，分布情况为东北高、西南低。

韩国于1983年开始在全国范围内监测酸雨，结果表明，韩国国内未出现严重酸雨，但在冬季采暖期，其国内降水pH值会低于5.0。

中国于20世纪70年代末在北京、上海、南京、重庆和贵阳等城市开展了酸雨调查，发现这些城市不同程度地存在着酸雨污染，西南地区相对来说较严重。1985—1986年，中国开展全国范围内的酸雨监测，结果表明，降水pH值小于5.0的地区主要集中在西南、华南及东南沿海一带。研究表明，中国在长江以南的华东、华南、西南等地出现了大片酸雨区，约占国土面积的40%。由于中国的能源结构以燃煤为主，因此，酸雨一般属于硫酸型，总的趋势是由北向南，酸雨逐渐加重。长江以南地区，尤其是西南地区，全年的降雨大部分是酸度很强的酸雨。1993年，冯宗炜等研究发现，酸雨除了对土壤、森林、农业、水体等生态环境有诸多不利影响外，还会损毁建筑物表面，危害人体健康，影响社会经济发展，给国民经济造成巨大的损失[①]。

酸雨危害的控制

1940年瑞典开始组建了观测雨水成分的网络。1957年召开"国际地球观测年"后，整个欧洲的观测网络都建成了，在瑞典土壤学家奥登（Oden）博士的提议下，经济协作与发展组织（OECD）加大了对酸雨深度和广度的研究，通过对湖沼学、农学和大气化学的有关记录进行综合性研究和分析，发现酸性降水是欧洲的一种大范围现象，降水和地面水的酸度正在不断升高，含硫和含氮的污染物在欧洲可以迁移上千千米。这些观测网络提供的一系列数据表明，1956年至1965年间，从国外飞来的酸雨是北欧其他地区酸雨酸度的两倍以上。

1972年在斯德哥尔摩召开了"联合国人类环境会议"，瑞典政府在会上提出了《穿越国境的大气污染——大气及降雨中的硫黄化合物对环境的影响》书面报告，指出：大气无国界，酸雨在欧洲其他各国均普遍存在，防治酸雨是一个国际性的环境问题，不能依靠一个国家单独解决，必须共同采取对策，同时呼吁各国尽快减少硫化物的排放量。

1979年11月在日内瓦举行的联合国欧洲经济委员会环境会议上，通过了《控制长距离越境空气污染公约》，并于1983年生效。公约规定，到1993年年底，缔约国必须把二氧化硫排放量削减到1980年排放量的70%。欧洲和北美洲（包括美国和加拿大）等32个国家都在公约上签了字。为了实现许诺，多数国家都已经采取了积极的对策，制定了减少致酸物排放量的法规。与此同时，世界各国采取了一系列措施：采取原煤脱硫技术（可以除去燃煤中大约40%~60%的无机硫）；优先使用低硫燃料（如含硫较低的低硫煤和天然气等）；改进燃煤技术，减少燃煤过程中二氧化硫和氮氧化物的排放量（如液态化燃煤技术，利用加进石灰石和白云石，与二氧化硫发生反应，生成硫酸钙随灰渣排出）；对煤燃烧后形成的烟气在排放到大气中之前先行烟气脱硫（主要用石灰法，可以除去烟气中85%~90%的二氧化硫气体）；开发新能源（如太阳能、风能、核能、可燃冰）等，以达到减少二氧化硫排放的目的。

---

① 冯宗炜. 酸性雨对生态系统的影响. 北京：中国科学技术出版社，1993.

4 雾霾灾害

4.1 雾霾及其危害与影响

雾霾，是雾和霾的统称。霾的意思是灰霾，空气中的灰尘、硫酸、硝酸等颗粒物组成的气溶胶系统造成视觉障碍的叫霾。当水气凝结加剧、空气湿度增大时，霾就会转化为雾。霾与雾的区别在于发生霾时相对湿度不大，而雾中的相对湿度是饱和的（如有大量凝结核存在时，相对湿度不一定达到100%就可能出现饱和）。雾霾天气是一种大气污染状态，雾霾是对大气中各种悬浮颗粒物含量超标的笼统表述，尤其是细颗粒物PM2.5（粒径小于2.5微米的颗粒物）[①]被认为是造成雾霾天气的"元凶"。

雾霾天气，对人体的健康和人身安全影响甚大。一是对呼吸系统的影响。粒径2.5微米以下的粉尘被吸入人体后会直接进入支气管，干扰肺部的气体交换，引发包括哮喘、支气管炎等呼吸道疾病。二是对心血管系统的影响。微粒还可以通过支气管和肺泡进入血液，其中的有害气体、重金属等溶解在血液中，容易诱发心血管疾病的急性发作。三是雾霾天气还会导致近地层紫外线减弱，将直接导致小儿佝偻病高发，并使得空气中的传染性病菌的易活性增强。四是影响心理健康。阴沉的雾霾天气由于光线较弱，容易让人产生精神懒散、情绪低落及悲观情绪。五是影响交通安全。雾霾是视程障碍物，大量微粒悬浮在空中，使有效能见度低，给人们的交通出行带来不利的影响，增加交通事故的发生率。

4.2 2013年亚洲的雾霾

2013年新加坡最严重的霾害

据《联合早报》报道，2013年新加坡遭遇近年来最严重霾害。新加坡《联合早报》主办的"字述一年"年度汉字评选活动于2013年12月24日揭晓，此次活动共收到近13万张选票，"霾"以4万多张选票、超三成的得票数登顶。更多人选择以"霾"这个字来描述和总结2013年。据发布方相关负责人称，"读者选择

[①] 2013年4月19日，中国科学技术名词审定委员会和外语中文译写规范部际联席会议专家委员会联合发布：将PM2.5的中文名定名为"细颗粒物"。并向社会各界推荐使用。

图 56 新加坡 2013 年度汉字评选公布"霾"为首选汉字

'霾'字,说明他们关注环境课题,认识到地球母亲需要我们的关爱和保护"。另据新加坡南洋理工大学拉惹勒南国际问题研究院高级研究员胡逸山在受访时表示,马来西亚和新加坡评选出的年度汉字反映了当地民众对于国家过去一年中的关注点。

2013 年中国北部雾霾污染大患

中国社会科学院、中国气象局联合发布的《气候变化绿皮书:应对气候变化报告(2013)》指出,近 50 年来中国雾霾天气总体呈增加趋势。其中,雾日数明显减少,霾日数明显增加,且持续性霾过程增加显著。

2013 年,全国平均雾霾日数为 4.7 天,较常年同期(2.4 天)偏多 2.3 天,是 53 年(1961—2013)以来最多的一年。其中,黑龙江、辽宁、河北、山东、山西、河南、安徽、湖南、湖北、浙江、江苏、重庆、天津均为历史同期最多。

中国雾霾天气增多的主要原因是社会石化能源消费增多造成的大气污染物排放逐渐增加。这些污染的主要来源是热电排放,工业尤其是重化工生产、汽车尾气、冬季供暖、居民生活(烹饪、热水),以及地面灰尘。此外,人类活动产生的光化学产物、局地烹饪、汽车尾气等造成的挥发性有机物转化为二次有机气溶胶,都会使雾霾情况频繁发生。此外,气候变化导致的气象条件也是造成雾霾天气增多的原因,具体包括静稳天气加上高湿、混合层薄、降水日数减少等。

据报道,2013 年 1 月 23 日,北京再次遭遇雾霾天气,能见度降低导致多条高速路封闭。北京市气象台 6 时 15 分继续发布大雾黄色预警信号:白天本市大部分地区仍有大雾,东南部可能出现能见度小于 500 米的雾。

2013 年 2 月 1 日,陕西省气象台于 12 时继续发布霾黄色预警,预计未来 24 小时西安大部、宝鸡中部、咸阳中南部、渭南西部的部分地区可能出现能见度小于 2000 米的霾。这已是当年自 1 月 30 日以来,连续第三天发布霾黄色预警。

2013 年 1 月 29 日,北京持续雾霾天气。中央气象台在早晨 6 时继续发布大雾蓝色预警,预计 29 日早晨到上午,中国

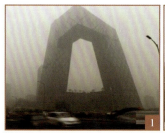

图 57 雾霾笼罩的中国城市(1.中央电视台新址大楼,2013 年 1 月 23 日,中新社发,富田摄;2.西安街头行人都戴上了口罩,2013 年 2 月 1 日,张远摄;3.上海,2013 年 12 月 5 日,新华社发,钱卫忠摄;4.中国局部地区能见度不足 200 米,新华社记者金立旺 摄)

中东部大部分地区有轻雾,其中,京津地区、河北中南部、河南大部、山东大部、安徽大部、江苏中北部、贵州东北部、湖南西北部、四川盆地西南部等地有能见度不足 1000 米的雾,局部地区能见度不足 200 米。

中国治疗呼吸系统疾病的领军人物、全国人大代表、中国工程院院士钟南山[①]对"雾霾有何危害"的问题的见解为,"雾霾污染会对人体呼吸系统、脑神经系统、心血管系统等产生威胁,特别是会导致肺癌。因此,这个问题非常值得重视"。关于如何预防雾霾的问题,钟南山指出:"雾霾天气的预防和治理是一个全民运动。它需要政府、企业、公众各方面共同的努力。"钟南山说:"举例来说,现在 PM2.5 污染的一大嫌疑就是汽油的质量。而汽油质量标准化是完全可以做到的,但这需要较大成本。所以说,污染治理实际上是要处理好 GDP 增长和人的健康的关系。"

2013 年,中国在出现雾霾天气的情况下曾采取相应的应急措施。京哈、京津、京港澳等高速公路出京方向采取临时封闭措施;上海、江苏、河南、山东等多地高速公路部分路段或全部封路,机场客运航班因此延误或取消。

在连日雾霾侵袭下,武汉市 201 项基础施工、扬尘作业、出土作业、拆除作业停工或局部停工。

杭州决定提前颁布《杭州市大气重污染应急预案(试行)》。该预案对重污染日采取"学校停课、公务车和私家车限行"等措施做了规定。

雾霾的进一步治理,成为国家和各级政府防控大气污染的一项重要任务。

---

① 钟南山. 初步结论认为雾霾污染会导致肺癌. 中国新闻网,2013-03-04.

5

治理大气污染灾害的历史经验

5.1 洛杉矶：治理光化学烟雾50年

从 1943 年到 1970 年，美国加利福尼亚州洛杉矶市大量汽车废气产生的光化学烟雾，使洛杉矶的民众饱受大气污染灾难之苦，而且造成严重的经济损失。当时的洛杉矶失去了它美丽舒适的环境，被称为"美国的烟雾城"。

公众和政府的认识过程

科学家的研究让洛杉矶市民意识到，自己选择的生活方式造成了目前的污染，心爱的汽车就是污染源。随着"把汽车整干净"和"把燃料整干净"的理念渐成共识，从市到州，制定了一系列级别越来越高的法规。第一次有专人检查炼油和燃料添加过程中的渗漏和汽化现象，第一次建立了汽车废气标准，第一次对车辆排气设备做出规定。

洛杉矶与雾霾战斗的道路注定是漫长的。加利福尼亚州政府对汽车装备标准的规定遭到了福特汽车公司等汽车制造商的抵制，而限制汽油中的烯烃最高含量并提倡开发天然气等新型燃料则让石油大亨们怒不可遏。人们开始意识到，面对跨国产业巨头，应当寻求联邦层面的立法，才能使局面有根本性的好转。

到了 20 世纪 60 年代末，随着美国民权和反战运动的高涨，越来越多的人开始关注环境问题。1970 年 4 月 22 日，2000 万民众在全美各地举行了声势浩大的游行，呼吁保护环境。这一天后来被美国政府定为"地球日"。

民众的努力促成了 1970 年联邦《清洁空气法》的出台。这部法律在后来的环境保护中发挥了关键作用。在这之前洛杉矶的监管者在面对全国性的汽车和石油巨头时往往力不从心，而《清洁空气法》的出台标志着全国范围内污染标准的制定成为可能。

这次全国环保大游行被认为是世界上最早的大规模群众性环境保护运动，不仅推动了《清洁空气法》的颁布，而且催生了 1972 年联合国第一次人类环境会议。

洛杉矶的"治理雾霾之战"

1943 年洛杉矶发生的光化学烟雾，开启了洛杉矶治理雾霾之战。到 20 世纪 80 年代末，洛杉矶治理雾霾的成果开始逐步显现出来，洛杉矶的空气质量有了明显改善。在此期间美国联邦政府和州政府采取了一系列卓有成效的措施。

第一，成立专门的空气质量管理机构。1946 年，洛杉矶市成立了全美第一个地方空气质量管理部门——烟雾控制局，并建立了全美第一个工业污染气体排放标准和许可证制度。一批工厂被迫关闭或迁往其他城市，但空气污染状况依然存在。人们开始意识到空气污染不单是一个城市的问题，相邻城市和地区必须共同参与，在更大范围内控制空气污染。1947年，尽管遭到石油公司和商会的竭力反对，洛杉矶县空气污染控制区成立，成为全美首个负责空气污染控制的管区，给所有的工业都设置了空气污染准入制度，这是美国第一个和大气污染防治有关的区域管理项目。随后10年里，加利福尼亚州南部橙县、河滨县和圣伯纳蒂诺县也先后成立了相同的组织。

1967年，加利福尼亚州空气资源委员会（ARB）成立，其使命包括保持良好的空气质量，防止公众接触空气中的污染源，为遵守空气污染的规则和条例提供创新性方法等。加利福尼亚州空气资源委员会制定了全美第一个总悬浮颗粒物、光化学氧化剂、二氧化硫、二氧化氮和其他污染物的空气质量标准。

第二，出台法规为空气污染防治提供法律保障。洛杉矶空气污染防治的法律框架包括联邦、州、地区（南海岸空气质量管理局）和地方政府四个不同层次。各级政府根据其权限和职责制定相关空气质量法规和政策，各有侧重，相互衔接，并由此形成了一套完整、全面，适用于区域空气治理的策略。

在联邦政府层面，1970年，联邦政府通过了《清洁空气法》。法案规定由联邦政府制定空气质量标准，列出了空气污染物质名单，制定了车辆的认证、检测、减排配件应用等多项制度，对燃料的生产也做出明确规定。1971年，美国政府颁布了《国家环境空气质量标准》，要求对六种空气污染物进行管制。当时人们对污染物的概念是"总悬浮颗粒物（TSP）"，即所有飘浮在空气中的颗粒。随着科学的发展，人们发现，一些粒径更小的颗粒物，尤其是粒径在10微米以下的颗粒物，对人体健康的影响更大。1997年，美国环保局首次增加了PM2.5的标准，要求各州年均值不超过15微克/立方米，日均值不超过65微克/立方米。2006年，PM2.5的日均值收紧至35微克/立方米。

在州政府层面，1988年，加利福尼亚州通过了《加利福尼亚州洁净空气法》，对未来20年的加利福尼亚州空气质量进行了全面规划。加利福尼亚州空气资源局负责制定路面和非路面移动污染源的排放标准、汽车燃料标准，以及消费产品管制规定。加利福尼亚州空气资源局同时负责根据联邦《洁净空气法》制定州政府的空气质量实施计划。同时，实行比美国联邦更加严格的标准，如美国联邦将排污100吨以上的企业认定为主要污染源，而加利福尼亚州明确排污10吨以上就按主要污染源予以监控，从而强制排污企业减少空气污染。

在地区管理层面，洛杉矶所在的南海岸空气质量管理局负责监管固定污染源、间接污染源和部分移动污染源（如火车和船只的可见排放物）的污染物排放，同时亦负责制定区域空气质量管理规划和政策。

在地方政府层面，由南加州政府协会（SCAG）负责区域交通规划研究，编制区域经济和人口预测，协调各城市之间的合作和协助地方执行减排政策。洛杉矶市政府则需要制定和实施与交通有关的治理措施，以配合上述各项空气质量控制规划的实施。

第三，开发空气污染治理先进技术。加利福尼亚州在开发先进技术治理空气污染方面一直居领先地位。1970年率先测PM10；1980年测废气中的铅和二氧化硫；1984年测PM2.5；1990年分析PM2.5的化学成分等。

1975年加利福尼亚州要求所有汽车配备催化转换器。环保机构鼓励使用甲醇和天然气取代汽油，这样会减少一半的汽车烟雾排放量。

1987年，加利福尼亚州空气质量管理机构通过了一项汽车公乘计划，以减少空气污染。该机构从1993年开始通过回收项目来全面控制每个设施的烟雾排放量，他们还将开发更为广泛的交易计划来提高排放交易的效率和成本效益。

1988年，加利福尼亚州资助零排放燃料电池和混合技术作为小汽车、巴士和其他车辆的动力；提供超过1亿美元的州和地方资金，帮助把柴油拖船、建筑设备和重型卡车转换为低排放量和清洁燃料型运输工具；资助研究空气污染对健康的影响，尤其是对儿童、运动员以及呼吸系统疾病患者的影响。

第四，不同时期采取不同的防控措施。20世纪40—50年代初，规范露天垃圾燃烧、禁止后院焚烧、减少工厂烟雾排放、削减炼油厂二氧化硫的排放等。20世纪50年代以后通过削减炼油厂和加油操作过程中的油气挥发减少碳氢化合物的排放；建立机动车尾气排放标准；柴油货车及公共汽车采用丙烷代替柴油；减缓重污染企业的发展；禁止露天焚烧垃圾；发展快速公交系统。20世纪60年代空气质量规章制度的实施显著地减少了排放，对含有碳氢化合物的化工溶剂、垃圾填埋场有毒气体、热电厂氮氧化物进行了治理，处理了动物工厂的排放。20世纪60—70年代，重点机动车、加油站油气回收、催化转化装置、机动车强制排放检测。从20世纪70年代开始，淘汰含铅汽油的使用。直到20世纪80年代，重点都放在控制以下六种污染物上：臭氧、悬浮颗粒物、一氧化碳、二氧化氮、二氧化硫和铅。20世纪80年代要求石化企业提供清洁汽油。20世纪90年代提出了清洁车辆和燃料的目标。

治理显示效果

经过50多年的治理，洛杉矶地区的空气质量得到了明显改善，除臭氧、短时可吸入颗粒物和全年可吸入颗粒物的污染指标未能达到美国联邦空气质量标准外，其他污染物指标均达到美国联邦标准。据一份2012年公布的报告披露，2011年，加利福尼亚州空气污染达到不健康水平的次数比10年前大幅减少。与2000年相比，加利福尼亚州全州范围内2012年达到"不健康空气"水平的日子减少了约74%。1980年至2011年，在加利福尼亚州全境内臭氧污染都有所下降；在同一时间框架内，颗粒物质排放也有所减少。

总结治理洛杉矶雾霾历史经验的专著

美国获奖作家、记者奇普·雅各布斯[①]在《洛杉矶雾霾启示录》[②]一书中描述了作为"烟雾之都"的美国洛杉矶市50多年来光化学烟雾污染的形成、发展和防治的历史细节。

---

① 奇普·雅各布斯（Chip Jacobs），美国作家、记者，曾为《洛杉矶时报》《洛杉矶每日新闻》《洛杉矶周刊》撰稿。

② 雅各布斯, 凯莉. 洛杉矶雾霾启示录. 曹军骥, 等译. 上海：上海科学技术出版社，2014.

5.2 伦敦：治理雾都的历史

《清洁空气法案》："雾都"历史的分水岭

1952年烟雾事件后，民众对发电厂等污染源发起多次抗议，要求伦敦政府立法治理雾霾。1956年是伦敦作为"雾都"历史上的分水岭。这一年英国议会经过大规模讨论，最终通过了《清洁空气法案》（Clean Air Act，亦称为《大气净化法》）。该法案规定：在伦敦城内的电厂都必须关闭，只能在大伦敦区重建；要求工业企业建造高大的烟囱，加强疏散大气污染物；还要求大规模改造城市居民的传统炉灶，减少煤炭用量，逐步实现居民生活天然气化；冬季采取集中供暖。

《清洁空气法案》第一次以立法的形式对家庭和工厂排放的废气进行控制，规定一些城镇为"无烟区"，那些区域里只能燃烧无烟煤，有效地降低了烟尘和二氧化硫的排放。为此英国政府出钱帮百姓改造炉灶。同时法案还规定一些重工业企业必须搬离城市。

得益于该法案，在1952年至1960年间，燃气集中供暖开始普及，伦敦的烟雾排放总量下降了37%，冬季日照时间增加了70%。即便是后来又发生过几次较为严重的烟雾事件，但危害已大大降低。

在对空气进行治理的过程中，《清洁空气法案》还根据实践不断完善，常改常新。

该法案最早只针对"目光所及的烟雾"，很多工厂钻起了空子，通过建造高烟囱，利用高空大风把污染物送到远方。这样一来，当地污染确实减轻了，但却"嫁祸他人"，将污染带到位于英国下风口的北欧，一度引起国际争端。针对种种不足，英国政府基于1956年的版本，先后于1968年和1993年进行过修订并沿用至今。特别是为了治理机动车污染，1993年英国进一步完善了《清洁空气法案》，增加了关于机动车尾气排放的规定，英国政府要求所有新车都必须加装净化装置以减少氮氧化物排放。

接连立法应对污染

继《清洁空气法案》之后，1974年颁布的《空气污染控制法案》，规定了工业燃料里含硫的上限，有效地减少了燃煤产生的烟尘和二氧化硫污染。与此同时，英国政府还颁布了与控制大气污染有关的《控制公害法》《公共卫生法》《放射性物质法》《汽车使用条例》和《工作场所健康和安全法》等多项法令和通告。囊括从空气到土地和水域的保护条款，添加了控制噪音的条款。这些法令的严格执行与实施，对控制伦敦的大气污染和保护城市环境发挥了重要作用。到了1975年，伦敦的雾日已由每年几十天减少到了15天，1980年进一步降到5天。

1995年英国通过了《环境法》，要求工业部门、交通管理部门和地方政府共同努力，减少一氧化碳、氮氧化物、二氧化硫等多种常见污染物的排放量。

2001年1月30日，伦敦市发布了

《空气质量战略草案》。政府大力扶持公共交通，目标是到 2010 年把市中心的交通流量减少 10%~15%。

图 58　英国政府官员在上班的路上（1. 2009 年 3 月 11 日，时任英国首相的卡梅伦骑自行车上班；2.曾任英国副首相的克莱格在地铁里看报纸）

在伦敦，政府用车几乎绝迹，只有首相和内阁主要大臣才配有公务专车，其他的部长级官员及所有市郡长都没有公务专用配车。很多部长和议员都会住在市区的专属公寓里，每天花上 15 分钟步行或是搭地铁上班。

致力打造"绿色城市"

扩建绿地是伦敦治理大气污染的重要手段。在民间环保组织的推动下，大众环保意识不断提高，一场轰轰烈烈的环保运动延续至今。

从 2003 年起，伦敦市政府开始对进入市中心的车辆征收"拥堵费"，并将该笔收入用来推进公交系统发展。这笔费用屡经调整，到目前已经涨至进城一天要交 10 英镑（约合人民币 95 元），有效地限制了车辆出行。伦敦市政府还公布了更为严厉的《交通 2025》方案，限制私家车进入伦敦，计划在 20 年内，使私家车流量减少 9%，每天进入堵车收费区域的车辆数目减少超过 6 万辆，废气排放降低 12%。

在限制轿车排放的同时，英国政府大力推广新能源汽车、公共交通和绿色交通。目前电动汽车买主将享受高额返利，免交汽车碳排放税，还可免费停车。

多年的治理：伦敦摘掉"雾都"帽子

伦敦曾以"雾都"闻名于世。如今的伦敦，见得更多的是蓝天白云，偶尔在冬季或初春的早晨才能看到一层薄薄的白色雾霾。

2013 年 12 月 12 日，布莱尔①在中国央视财经论坛上发表演讲。对于治理雾霾，布莱尔介绍了伦敦两方面的经验：一是良好的监管政策。首先必须落实非常严厉的监管政策，同时要求加强建筑节能，

图 59　伦敦烟雾事件治理前后比较（1.昔日被烟雾笼罩的伦敦城；2.现在的伦敦已成为一座绿色城市。图片资料来源：国际环境影视集团〔TVE〕）

---

① 托尼·布莱尔（Tony Blair，1953—　），生于英国爱丁堡市。1975 年毕业于牛津大学圣约翰学院，并取得律师资格。1984 年成为大律师。1975 年加入英国工党，1983 当选英国下院议员。1994 年当选工党主席，1997 年出任政府首相，成为 20 世纪以来英国最年轻的首相。在 2001 年和 2005 年英国两次大选中获得连任，是英国历史上首位三次当选的工党首相。

通过提高能效实现保护环境 25% 的目标。二是《清洁空气法》常改常新。针对种种不足，英国政府基于 1956 年的版本，先后于 1968 年和 1993 年进行过修订并沿用至今。可以说，正是这部常改常新的《空气清洁法》，让英国摘掉了"雾都"的帽子。[①]

5.3 德国："空气清洁与行动计划"

40 多年前，穿过德国鲁尔工业区的莱茵河曾泛着恶臭，其两岸森林也曾饱受酸雨之害。而今天，包括莱茵河流域在内的德国多数地区已实现了青山绿水。在此转变过程中，德国实施的"空气清洁与行动计划"功不可没。[②]

"空气清洁与行动计划"中减少可吸入颗粒物的方法主要有两种：一是限制释放颗粒物，例如车辆限行、限速，工业设备限制运转等，并设立"环保区域"。德国超过 40 个城市设立了"环保区域"，只允许符合环保标准的车辆驶入。二是通过技术手段减少排放，例如给汽车安装微粒过滤装置。德国于 2007 年立法补贴安装柴油发动机汽车微粒过滤装置，并对未安装过滤装置的车辆征收附加费。

为减少雾霾天气带来的污染，德国还采取了一些长效机制提高空气质量：一是对所有机动车设定排放标准。如对小汽车、轻型或重型卡车、大巴、摩托车等各类车辆都设定排放上限。按照"欧 6"标准，欧盟境内部分公交车和重型卡车尾气中的氮氧化物和颗粒物含量要比此前执行的"欧 5"标准分别低 80% 和 66%。二是严格大型锅炉和工业设施排放标准。2008 年，欧盟投票通过《工业排放指令》并于 2013 年开始执行。《指令》对于燃煤电厂的氮氧化物、二氧化硫和颗粒物的排放制定了更严格的监管标准。根据《指令》，燃煤电厂的运营商必须出示"可行的最佳技术"证明对环境影响的减少，以此获得继续经营的许可，否则将被关停。三是规定机械设备排放标准。自 2011 年 1 月起，欧洲对部分柴油发动机非道路机械执行新排放标准，为满足限值，柴油发动机必须配备微粒过滤器。

此外，德国还采取了一些"软措施"，来提升人与自然和谐相处的环保意识。德国民众认识到减少排放人人有责，如工厂自觉减少排污，农户借力生态农业，优化饲养种植方法，居民生活多使用可再生能源。呼吁民众节能减排，使用节能家电，多搭乘公交车并尽量骑车出行等。

自 2005 年 1 月 1 日起，欧盟对可吸入颗粒物（PM10）的上限做出严格限制，规定空气中 PM10 年均浓度不得高于 40 微克/立方米，日均浓度超过 50 微克/立方米的天数不得超过 35 天。

如今，德国大部分地区的空气已十分洁净，不过也有个别城市或地区可吸入颗粒物浓度超出欧盟标准。一旦某地区超标，当地州政府需与市、区政府合作，根据当地具体情况出台一系列应对措施。

[①] 夏洛. 治霾双城记. 中国经贸聚焦，2014（1）.
[②] 德国治理雾霾天气的方法. 太原日报，2013-03-01.

5.4 芬兰：治理雾霾的两个典型

坦佩雷市：综合治理的典型[1]

坦佩雷市位于芬兰首都赫尔辛基以北约200千米处，是芬兰第三大城市，也是芬兰的重工业中心。19世纪70年代起，坦佩雷造纸等工业蓬勃发展，河边聚集了大批工厂，成为芬兰重要的工业中心，被誉为欧洲"北方的曼彻斯特"。20世纪后，随着工业的不断发展，坦佩雷的居民主要靠烧柴取暖，工厂则使用重油作为燃料，硫含量和颗粒物浓度都相当高，导致坦佩雷的空气质量很差，环境污染问题日益严重。

坦佩雷治理雾霾的主要措施是：

第一，实施环境许可证制度。工厂必须达到排放标准才能获准开工。每一家企业所遵守的许可证都是唯一的，是量身定做的。每隔7到10年，这个标准还要调高一次。

第二，工厂弃用重油。所有的工厂一律采用天然气作为燃料。民宅不再各家各户分散烧柴，而是纳入集中供暖系统。一些无法纳入集中供暖的偏远农村地区，则改用泥炭作为燃料[2]。

第三，能源厂采用热电联产技术，在发电的同时还生产热能。电生产出来后进入国家电网，热能则供给周边居民使用。热电联产大大提高了能源的使用效率。

第四，调整城市和交通规划。随着工业化进程步入晚期，重工业企业逐渐将生产基地转移到劳动力成本更低的地区，甚至挪到一些发展中国家，这一点正是老牌工业重镇的环境得以恢复的一个原因。此外，城市主要街道的下方、火车站口附近修建了大型地下停车场[3]，把车开进地下停车场，加装净化装置，可以尽量保证地面空气清新。

第五，鼓励人们步行上街。经过半个世纪的治理，坦佩雷从重污染区"变身"为最宜居的城市。如今坦佩雷的空气质量得到了根本改善，空气中已经检测不到含硫量。空气中悬浮颗粒物的浓度也大为降低。每年PM10的数值超过50的天数只有10~17天，远低于欧盟规定的35天红线。坦佩雷已经从工业城市变为一个工业、商业、旅游业同步发展的城市。在2010年的一次城市形象评比中，坦佩雷被芬兰人评为最宜居城市，"愤怒的小鸟"主题公园和犬山乐园均已落户于此。

广泛采用可再生能源的典型

芬兰空气质量的改善，主要得益于工厂不断改进废气排放的过滤技术，以及城市居民逐渐放弃石化能源，越来越多地使用清洁能源和可再生能源。如今，除天然气和核能外，芬兰还广泛采用地热、太阳

---

[1] 李骥志，张璇. 从重污染变身最宜居. 新华网，2014-02-24.
[2] 泥炭虽然算不上清洁能源，但硫排放量非常低。
[3] 汽车在地面上停车需要来回寻找车位，这可能使尾气排放量增加一倍。

能、风能等可再生能源，这也是芬兰保障空气质量的一个重要经验。

芬兰的于韦斯屈莱地区正是采用可再生能源的典型地区。

例如，在于韦斯屈莱郊外的一家农场，农场主老卡尔马里就是利用沼气发电，解决能源问题的。卡尔马里的儿子今年40多岁，大学专科毕业。父子俩拥有约40万平方米田地、25头奶牛，还有一些林地。农场还有另一份产业——沼气能源站。沼气站就设在牛棚外围，占地面积并不大，整套设备包括两个沼气池、一个沼气加气站和一个中控室，中控室内装有一台40千瓦的发电机和一个热锅炉。沼气池产生的沼气经过转化，可以用于发电和供热，足够农场使用，节余的电卖给政府电网。最主要的是，沼气经过再处理，输入加气站，可以给汽车加气。他们的加气站现在每天都有10至20辆车来加气，也是一笔不小的收入。

沼气池运行多年来，开始只为自己生产电能和热能，现在技术逐渐成熟，已经成立了一个小公司，专门负责设计、建造沼气站，以及提供检测沼气能量等配套服务。目前这个公司在芬兰已经承建了多家沼气站，并开始向中国、英国、爱沙尼亚出口技术。

第34卷

水污染灾害

本卷主编 史志诚

卷首语

水,意味着生命。然而,原本奔流、清澈的水,有的已经不再能哺育生命,反而成了夺走人们性命的杀手。20世纪以来,国际上曾经发生过许多重大水污染中毒事件,其形成过程之突然、危害程度之严重、社会影响之广泛,令人触目惊心。因此,人们将水污染称为"看不见的杀手!"

历史上那些一味追求GDP增速的国家,工业快速发展导致水污染的教训是十分深刻的。日本在20世纪60—70年代GDP增速超过10%,然而沿海出现大量化工企业造成的严重环境污染事件都集中出现在1970年前后,它们给日本民众带来的伤痛至今难以平息!

本卷记述了水污染的历史和历史上的重大水污染事件,重点描述了日本含镉废水污染事件(日本"痛痛病")、日本含汞废水污染事件(日本"水俣病")、瑞士巴塞尔化学品污染莱茵河事件、中国苯胺泄漏污染松花江事件、美国落基山兵工厂地下水污染及其改造,以及加拿大詹姆斯湾水电站的汞污染等。

值得注意的是,在处置这些污染事件的过程中,普通民众的抗争,受害者团体、律师团体、专家学者和公众之间的互动,不仅推动了相关法律法规的制定,而且促进了产业结构的调整,推动了社会经济的科学管理,最终迫使人类认识和改正自己的错误,重新与大自然和谐相处。

1
水污染的历史

1.1 水中的毒物

水的污染

水是宝贵的自然资源，是人类生活、动植物生长和工农业生产不可缺少的物质。人类生产和生活用水，基本上都是淡水。地球上全部地面和地下的淡水量总和仅占总水量的0.63%。随着社会发展和人们生活水平的提高，生产和生活用水量在不断上升。人类年用水量已近4万亿立方米，全球有60%的陆地面积淡水供应不足，近20亿人饮用水短缺。联合国早在1977年就向全世界发出警告：水源危机不久将成为继石油危机之后的另一个严重的全球性危机。据统计，全球对水的需求，大约每20年增加一倍，但水的供应却不会以这个速度增加。不但需水量大，随着工农业的迅速发展和人口增长，人类排放的废污水量也急剧增加，使许多江河、湖泊、水库，甚至地下水等都遭受到了不同程度的污染，水质不断下降。所以，防治水污染，就成为保护水资源的一个重大课题。

人们总是习惯以水的颜色、气味、混浊度等观感来判断水是否受到了污染，却忽略了一个事实：能通过感官直接判断的污染，并不一定是危害性最大的污染，很多时候，水的颜色黑，或者气味臭，是由于氨、氮含量或化学需氧量（COD）过高引起的，而这些污染物是可以通过生物化学作用分解的。真正需要人们警惕的是那些会对人、其他生物或环境带来危害的有毒有害化学物质。

科学上对有毒有害化学物质有明确的定义：有毒有害化学物质是在其生产、使用或处置的任何阶段，都具有会对人、其他生物或环境带来潜在危害特性的物质。排入水体[①]的污染物种类繁多，大体可分为如下几种情况：

第一，有毒物质。包括汞、镉、铬等重金属的化合物及氰化物等工业废水和废料，杀虫剂、除草剂等有机氯农药，石油及其制品等，它们给人体及水生动植物体都带来了严重的危害。

第二，化合物、蛋白质、脂肪，洗涤剂中的磷酸盐，化肥中的硝酸盐。这些富有营养的物质会使水生藻类、根茎植物和细菌不正常地大量繁殖，充塞水体并耗用水中大量的氧，以致鱼类等水生动物无法生存。营养物污染主要表现为水体富营养化。水体营养化程度与磷、氮含量有关，磷的作用大于氮。当总磷和无机氮分别超过20毫克/立方米和300毫克/立方米时，

[①] 水体，是江河湖海、地下水、冰川等的总称，是被水覆盖地段的自然综合体。它不仅包括水，还包括水中溶解物质、悬浮物、底泥、水生生物等。

水体即处于富营养化。

第三，热污染。电力工厂冷却水排入水体使水温升高，一方面降低了氧气在水中的溶解度，另一方面又会促进藻类和微生物的繁殖，这两方面都会影响到鱼类等水生动物的生存，破坏生态平衡。

第四，非毒营养物质。来自城市生活的污水及食品、造纸、印染等工业废水中的大量碳氢化合物。

水中有毒有害物质的危险特性

有毒有害物质的危险特性主要是：

第一，持久性。在自然中不容易通过生物降解或其他进程分解。

第二，生物蓄积性。能够在生物体内蓄积甚至在食物链内累积。

第三，毒性、致癌性。会导致癌症。

第四，基因诱变性。致变异和致畸。

第五，生殖系统毒性。即毒害生殖系统。

第六，干扰内分泌。即使剂量极低，也有类荷尔蒙作用或能改变荷尔蒙系统。

第七，神经系统毒性。即毒害神经系统。

许多有毒有害物质的影响都不能通过末端治理的方法消除，有毒有害物质一旦被释放到环境当中，就很难甚至不可能控制其危害。如果有毒有害物质通过工业废水排放，即使是经过了一般污水处理厂的处理，还是有很大一部分的毒害影响不能消除，它们或者通过废水被排放，或者在污水处理后产生的淤泥中蓄积，从而形成更加危险的废物——很多持久性有毒有害物质会在更大的范围、更长的时间内产生毒害影响，还可以在食物链重新蓄积直至达到造成毒害的浓度。这对于处于食物链顶端的人类来说后患无穷。

鉴于有毒有害物质固有的特性，解决这种毒害的办法是极其复杂的，仅凭目前有限的评估，可以预见采用"先污染、后处理"的办法将必然会花费极高的社会和经济成本。停止有毒有害物质的生产和使用，需要通过更安全的替代品或削减对这些物质的需求。

水中主要有毒有害物质对人体的危害见表 34-1-1。

表 34-1-1　水中主要有毒有害物质对人体的危害

有毒有害物质	来源与危害
氯（Cl）	氯化是水消毒必要的步骤，然而过度氯化会产生副产品，其中三氯甲烷是已知的致癌物
硝酸盐（$M_x[NO_3]_y$）	硝酸盐与亚硝酸盐会从肥料、污水、饲养场或地质元素中渗入饮用水中。对6个月到1岁的孩子有直接威胁，也是对成人的极大威胁
铜（Cu）	饮用水里通常发现的金属，会导致黄疸、胰腺炎、红细胞中毒、食道问题和贫血症
汞（Hg）	汞用于一些电池和电子显示装置的照明部件。汞及其化合物具有极高的毒性。一旦进入环境中，汞能够通过细菌活动转化成甲基汞，不但具有毒性，还具有极高的生物积累性。过量会导致神经中毒症、精神紊乱、疯狂、痉挛乃至死亡

续表

有毒有害物质	来源与危害
铅(Pb)	铅作为焊料(铅和锡的合金)的主要成分,广泛应用于电子产品。其化合物在聚氯乙烯(PVC)线缆和其他产品中用作稳定剂。铅对于人体、动物和植物均具有极大的毒性。长期多次接触进入人体,会对神经系统特别是青少年正处于发育阶段的神经系统产生无法消除的影响。过量会导致肾病、神经痛
镉(Cd)	通常以镉合金形式存在于开关、焊接点里,也用在可充电电池的镉化合物、旧式聚氯乙烯(PVC)线缆里、紫外光稳定剂以及旧式阴极射线管里。镉在人体内长期蓄积,会损坏肾和骨骼构造。过量会导致骨骼变形、腰背痛、中毒、红细胞病变等
砷(As)	过量会导致神经炎、急性中毒甚至死亡等
磷(P)	过量会导致有机磷中毒、呼吸困难等
铬(Cr)	过量会导致肾脏慢性中毒,造成肾功能紊乱、癌症等
锑(Sb)	用作阻燃剂(如三氧化锑)和金属焊料的痕量组分。在工厂内接触高含量的锑(如尘埃或气体),可导致严重的皮肤病。三氧化锑是致癌物
钙(Ca)	过量会导致结石症等
聚氯联二苯(PCB)	广泛用作变压器和电容器的绝缘液体,也用作聚氯乙烯和其他聚合体中的阻燃增塑剂。能够产生多种有毒效应,包括抑制免疫系统、肝脏损伤、癌促进、神经系统损伤、行为转变以及损伤男性和女性的生殖系统
多溴联苯(PBB)	是阻燃剂中的一种,用来防止火焰的蔓延,用于许多电子产品的外壳和零件中。具有较高的生物积累性,能够干扰动物的脑部正常发育。干扰参与生长和性发育的激素
壬基苯酚(NP)	是壬基苯酚乙氧化物洗涤剂的分解产物,用作某些塑料的抗氧化剂。是强有力的内分泌干扰物质,能够导致鱼类的中间性(即具有雌雄特性的单体)。损坏DNA甚至人体内的精虫功能
多氯化萘(PCN)	是聚氯联二苯的化学前体,用于电容器及用作电线的绝缘化合物。在环境中具持久性,对野生动植物及人类有毒,影响动物的皮肤、肝脏、神经系统及生殖系统
磷酸三苯酯(TPP)	用于电子设备的有机磷阻燃剂,用于计算机显示器外壳。磷酸三苯酯对水生生物具有急性毒性,也是人体血液主要酶系统中的强抑制剂。能导致某些人的接触性皮炎,也是内分泌干扰物质

1.2 地下水的污染

世界观察研究所（Worldwatch Institute）研究员桑伯特（Payal Sampat）曾著文论述地下水的污染问题。[1] 他指出：文明的早期，地表水是唯一的淡水来源。当时全球人口还不到目前的千分之一，人口聚集在河川平原，且河水都相当干净。但是，近百年来，全球人口增长了四倍，在河川水源愈来愈受污染和耗减的情况下，人们抽取地下水的量急速攀升，此时，人们发现山泉和井水（地下水）不再是干净的，这些水也已遭到广泛的污染。而且，不同于河川，地下水的污染往往是无法恢复的。

地下水显示的价值

20世纪的后半叶，全球的工业化进程使水资源的需求迅速攀升。现今全球各大洲的主要地下水岩层都在被抽取使用，全球超过15亿人口的主要饮用水是来自地下水源。整个亚洲，有近三分之一的饮用水是依靠地下水源。在发展中的一些大城市，如雅加达、达卡和墨西哥城，生活饮用水几乎都是依靠地下水源。在乡村地区，在自来水系统未能延伸到的地区，地下水就是唯一的水源。在美国的乡村，有超过95%的人口的饮用水就是地下水。

随着农业灌溉用水的增加，从1950年开始，地下水抽取量暴增。在印度，用于农业灌溉的浅井从1960年的3000座，增加到1990年的600万座。

其他工业生产耗用水源，比农业用水更快速，更加扩张，而且产生更大的利益诱因。平均而言，工业耗用一吨水可有14000美元的产品价值，约为农业耗用同量水产值（谷物）的70倍。因此，随着全球工业化的迅猛发展，大量耗水的需求就从农业转向具有较高获利的工业。

由于河川和湖泊的水源逐渐达到极限，许多已经建成的水坝干涸或被污染，人类的生活和生产用水都将愈来愈多地依靠地下水源。孟加拉国曾经是一个几乎只耗用河川水的国家，于1970年开挖超过百万座水井，以取代遭受污染的地表水源。目前，孟加拉国饮用地下水的人口高达总人口的90%。

地下水的污染及其危害

1940年，第二次世界大战期间，美国国防部在密苏里州圣·路易斯的韦尔登斯普林（Weldon Spring）地区，取得70平方千米的农地，将其开辟为全世界最大的三硝基甲苯炸药生产工厂。这些工厂多年来产生的大量含有甲苯、硝酸以及硝化苯类杂质的红色垃圾（废淤泥）进入废水处理厂处理，更多部分从处理厂渗出进入沟渠和山谷，且沉入地下水层。1945年，当美军离开该地区时，焚烧了受污染的建筑物，但留下染红的土壤。1980年，美国环境保护局（EPA）启动"超级基金"（Superfund）计划，清理各个遭受有害物污染

---

[1] 桑帕特. 地下水的震撼. 郑先祐，译. 看守台湾，2000，2（2）．

的地区。Weldon Spring 就列入此项计划最高优先级处理地区的名单之中。军方工程人员负责此项清理工作。他们原本认为这些受到硝化苯类污染的土壤和植物应该都在这个废墟区域内。然而，当他们检测地下水后，惊异地发现在远离此污染区的村落，人们饮用的井水都已经遭到了污染。地质学者探测到在此工厂的地下水层有许多污染柱状沉积，这些污染物于过去的 35 年间已经透过石灰石的岩缝，扩散到其他地区的地下水岩层。

20 世纪 40 年代，第一个合成的农药被引进市场，历经数十年广泛且大量的使用后，人们发现有机氯农药经过生物累积和食物链伤害到非目标生物和人类。35 年后，地下水遭受农药严重污染的案例已经在美国、欧洲西部、拉丁美洲和亚洲南部等国家和地区的农业地区发现。农药不仅会渗入地下水层，而且在这些农药已经不再使用后仍然残留。虽然滴滴涕早在 30 年前就禁用了，但美国的水域中仍发现有滴滴涕。在美国加利福尼亚州地区，曾经大量使用于果园的土壤熏剂（DBCP），虽然于 1977 年就被禁用，但至今的水源仍然有残留。据美国地质调查，在此地区检测过 4507 个水井，其中就有三分之一检测的水样中 DBCP 含量至少超过目前饮水安全标准的 10 倍。

从 20 世纪 50 年代早期开始，全球农业生产就陷入必要施用氮肥的陷阱中。当时全球的肥料耗用突增九倍。这些过量的肥料溶入灌溉用水，最后往往会渗入土壤而进入地下水层。

许多研究显示，水中的硝酸盐是随着肥料用量和人口的增加而增加的。在美国加利福尼亚州地区，1950—1980 年间，地下水硝酸盐含量增加了 2.5 倍；同时期肥料的施用增加了 6 倍。从 1940 年至今，丹麦的地下水硝酸盐含量增加了近 3 倍。如同农药问题一样，地下水遭受到多种过量营养物的污染，也是最近才慢慢地显现出来的。饮用高浓度硝酸盐（每升超过 10 毫克）的饮用水，可能会造成蓝婴儿症候群（Blue Baby Syndrome），1945 年以来，全球约有 3000 个案例，其中有近一半发生在匈牙利，该国私有井水的硝酸盐含量特别高。反刍牲畜如羊和牛的消化道会快速地将硝酸盐转化为亚硝酸盐而发生中毒。

石油及其相关的化学物质，如苯类、甲苯和汽油添加物，是美国地下水中最常见的污染物，其中有的具有致癌性。1998 年，美国环境保护局发现全美超过 10 万个商用私人拥有的储油槽已经有渗漏，其中近 1.8 万个已经污染地下水。

全球各地普遍存在储油槽渗漏问题。1993 年，壳牌石油公司（Shell）的报告指出，其在英国的 1100 座加油站，其中三分之一已经有渗漏而污染土壤和地下水。在哈萨克斯坦（Kazakhstan）东部的 Senuoakatubsk 城镇，于当地的空军机场之下的地下水源收集到 6460 吨的煤油，这些已经严重地威胁到当地的供水。

今天，地下水污染需要许多年才会呈现出来，地下水的伤害大多是无法恢复的，人类对地下水源污染的认识还不够充分。我们需要控制已经出现的问题，更需要保护社会和生态体系免受毒害。

1.3 历史上重大水污染事件

20 世纪

1931 年和 1955 年，日本富山县神通川一带发生"痛痛病"，1977 年，共死亡 207 人。原因是神通川河开发铅锌矿，镉随着选矿的废水排入河中，使下游居民发生慢性镉中毒，潜伏期长达 10~30 年。

1953—1956 年，日本熊本县水俣镇一家氮肥公司排放的含汞废水，使汞在海水、底泥和鱼类中富集，又经过食物链使人中毒，致使 2955 人患上了"水俣病"，其中有 1784 人死亡。熊本"水俣病"成为轰动世界的最早出现的由于工业废水排放污染造成的公害病。

1966 年，日本新潟县阿贺野川流域的河水受到工厂含甲基汞的污水污染，造成 2000 人有机汞中毒，新潟成为世界上记录的第二个"水俣病"发生的地区。

1968 年，日本北九州市爱知县等地因三氯联苯进入人体，引发"米糠油事件"。患者有痤疮样皮疹（状似米糠）、眼睑水肿、黄疸、四肢麻木、色素沉着、胃肠功能紊乱等症状，受害者达 1.3 万人。到 1978 年年底，全日本 28 个县（包括东京都、京都府、大阪府）就正式确认 1648 名患者。仅在 1977 年前死者就有 30 多人；同时还有几十万只鸡死亡。

1982 年，中国台湾桃园县观音乡大潭村发生镉米事件，高银化工排放的工厂废水含镉，造成农地遭受污染而种出"镉米"。

1986 年 11 月，瑞士巴塞尔赞得兹化学公司一座仓库爆炸起火，大量有毒化学品流入莱茵河，酿成西欧 10 年来最大污染事故。殃及法国、德国、荷兰、卢森堡等国，一些地区河水、井水、自来水被禁用。

1993 年 4 月，美国威斯康星州的密尔沃基市供水受到寄生虫隐孢子虫（*Cryptosporidium Parvum*）污染，引起严重腹泻，造成 100 人死亡，40 万人致病。

21 世纪

人类进入 21 世纪，随着社会经济的发展，特别是化工工业的快速发展，水污染事件有增无减，危害愈加严重。一些国家由于不同原因引起的水污染事件见表 34-1-2。

表 34-1-2 2001—2008 年一些国家发生的水污染事件

时间	国家	中毒情况	症状	原因
2000	罗马尼亚	蒂萨河面收集到 100 多吨死鱼，还有更多的鱼葬身河底，未发生人员伤亡	—	金矿发生氰化物外溢事件
2001	哥斯达黎加	1800 多人中毒，受影响人口达 20 万人	呕吐、腹泻、头晕和腹部疼痛	供水河流被"不明物质"污染，自来水厂没能及时发现处理

续表

时间	国家	中毒情况	症状	原因
2001	罗马尼亚	大量河鱼死亡,约20人因食用毒鱼而病倒	—	污水泄漏
2001	土耳其	500人中毒	呕吐、腹部疼痛和晕眩	—
2002	中国	广东省阳江市126人中毒	头晕呕吐	饮用水中含有亚硝酸盐
2003	日本	20多人手足震颤、头晕,其中两名有行走和语言障碍的儿童被诊断为发育迟缓,13人被诊断为神经性疾病;还发生猫狗等宠物突然死亡事件	四肢颤抖、全身痉挛,此外神经疾病及幼儿发育迟缓等病症也大幅上升	第二次世界大战期间日军残留化学武器污染地下水所致
2005	中国	松花江水污染波及下游的俄罗斯远东地区,未发生人员伤亡	—	吉林一化工厂发生爆炸,在灭火及清理污染过程中,苯污染物大量流入松花江中
2006	巴基斯坦	超过1.9万人出现不适症状,9人死亡(其中5名儿童)	腹泻、胃痛和呕吐等	供水管道遭污水污染
2006	中国	甘肃省天水市50名孩子集体铅中毒;污染还威胁到数十万居民的生活用水	脸色发黄、厌食	村中的两座铅锌厂排出含铅废水造成污染
2006	匈牙利	1200人中毒	腹泻、呕吐和身体虚弱等	洪水流入城市供水系统造成饮用水污染
2007	中国	宁夏回族自治区固原市7万多人中毒	发生氟斑牙、氟骨症,严重的身体出现残疾,甚至终年卧病在床	氟中毒
2007	美国	100多名人员中毒,影响了约6000名居民的生活	灼烧感和皮疹等	供水系统用碱过量
2008	中国	广州钟落潭41人中毒	呕吐、胸闷、手指发黑及抽筋	饮用水受工业污染,亚硝酸盐超标
2008	中国	湖南省辰溪县65人中毒	头晕、胸闷、呼吸不畅、四肢无力	硫酸厂排污,污染地下水所引发

1.4 水污染的防控

水体的自净和水体污染

从水体概念去研究水环境污染，可以得出全面、准确的认识。水在自然界中不断循环，从而不断更替和获得自身净化。表 34-1-3 列出了各种水体的更替期。水体中的污染物质经扩散、稀释、沉淀、氧化还原、分解等物理化学过程及微生物的分解、水生生物的吸收等作用后，浓度减小，这就是水体的自净作用。这一过程还包括水中的一氧化碳、硫化氢等气体向大气释放和空气中的氧、二氧化碳溶解于水的过程。水的自净与气象、水文、地质条件如降雨量、径流量、潮汐、水体更替周期有关。

排入水体的污染物质一旦超过了水体的自净能力，使水体恶化，达到了影响水体原有用途的程度时，便可以说，水被污染了。

污染水的净化

由于水是一种很好的溶剂，所以自然界中存在的水并不纯净。人们在使用水时，常常需要对自然界的水加以处理，进行一定的净化。鉴于用途不同，对水的纯度要求也不同，因此水的净化方法也不尽相同。例如：食用水的净化通过自然沉降先除去泥沙，然后借助化学方法除去悬浮物，所得水再通入氯气以除去臭气，杀死细菌，这样处理过的水就可供人们食用。

自然水中含有较多矿物离子的硬水需要采取化学沉降法、离子交换法进行软化后，方可作为工业使用。实验室所需蒸馏水、电导水则需要特殊的制备，达到一定的纯度。城市生活污水和工业废水需经污水处理厂进行处理后排放。处理废水的化学方法很多，常用的净化方法是：

化学方法

用熟石灰、硫化钠等做沉淀剂，使废水中的重金属离子生成难溶于水的化合物。

化学氧化法

以氯、次氯酸钠等为氧化剂，氧化废水中的有机物或某些还原性的无机物。碱

表 34-1-3 地球各种水体的循环更替期

水体类型	循环更替期	水体类型	循环更替期
海洋	2500 年	湖泊	17 年
深层地下水	1400 年	沼泽	5 年
极地冰川	9700 年	土壤水	1 年
永久积雪高山冰川	1600 年	河川水	16 天
永冻带底冰	10000 年	大气水	8 天
生物水	几小时	—	—

性条件下，氯可以将氰化物氧化成氰酸盐（氰酸盐的毒性仅为氰化物的千分之一），若氯过量，氰酸盐可进一步被氧化成二氧化碳和氮气。

化学还原法

用废铁屑、废铜屑、废锌粒等较活泼的金属做还原剂处理含汞废水。对于含铬废水，用硫酸亚铁在酸性条件下将六价铬还原为三价铬，再加入石灰，使之生成难溶于水的氢氧化铬沉淀而与水分离。

提高对水污染防控的科学化

2000年，美国夏威夷大学的劳伦斯（Edward A. Laws）著《水污染导论》（*Aquatic Pollution: an Introductory Text*）（Wiley & Sons, Inc, 2000），由余刚、张祖麟等译为中文版（科学出版社，2004），作为中国"环境科学与工程经典译丛"之一。该书系统地介绍了水污染的原理和不同类型水污染的成因、危害及防治。内容包括水污染的生态学原理和毒理学原理，湖泊富营养化，面源污染，城市污水处理，天然水体中的病原菌污染，水的工业污染、农药污染、热污染、重金属污染、油污染、放射性污染、酸沉降污染、地下水污染以及海洋中的塑料污染，是一部经典教材。书中的许多实例反映了美国水污染治理的艰辛历程，了解美国的经验和教训，不仅可以加深人们对水污染问题的认识，而且对水污染防控的科学化很有帮助。

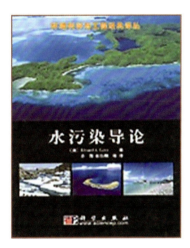

图60 《水污染导论》（封面）

2

日本含镉废水污染事件：日本"痛痛病"

19世纪80年代，日本富山县平原神通川上游的神冈矿山实现现代化经营，成为日本从事铝矿、锌矿的开采、精炼及硫酸生产的大型矿山企业和生产基地。神冈矿山从1913年开始炼锌，在采矿过程和堆积的矿渣中产生的含有镉等重金属的废水却直接长期流入周围的环境中，在当地的水田土壤、河流底泥中产生了镉等重金属的沉淀堆积。镉通过稻米进入人体，首先引起肾功能障碍，然后逐渐导致软骨症，在妇女妊娠、哺乳、内分泌不协调、营养性钙不足等诱发原因存在的情况下，使妇女得上一种浑身剧烈疼痛的病，叫"痛痛病"（也叫骨痛病），患者骨骼严重畸形、剧痛，身长缩短，骨脆易折，最终在痛苦中死亡。日本"痛痛病"实际就是典型的慢性镉中毒，这一公害事件也震惊了世界。

2.1 事件经过

横贯日本中部的富山平原上有一条清水河叫神通川，两岸人民世世代代喝的都是这条河的水，并用这条河的水灌溉两岸肥沃的土地，使这一带成为日本主要粮食产地。

据记载，日本明治初期，三井金属矿业公司在神通川上游发现了一个铅锌矿，于是在那里建了一个铅锌矿厂，1913年开始炼锌。到1931年，该地区多次发现一种浑身剧烈疼痛的"怪病"，但没人知道这种病是怎样产生的。1931年和1955年，这个地区发生过两次严重的"痛痛病"。

起初，人们开始在劳动过后感到腰、手、脚等关节疼痛，在洗澡和休息后则感到轻快。几年后，全身各部位发生神经痛、骨痛现象，行动困难，甚至呼吸都会带来难以忍受的痛苦。到后期，患者骨骼软化、萎缩，四肢弯曲，脊柱变形，骨质松脆。全身各处极易发生骨折，严重的就连咳嗽都能引起骨折。患者不能进食，疼痛无比。患上这种病的人都一直喊着，"痛啊！痛啊！"直到死去，所以该病被叫作"痛痛病"（Itai-itai Disease）。得了

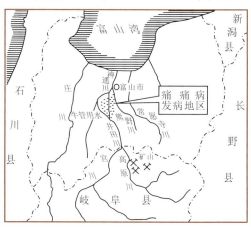

图61 日本"痛痛病"的发病地区

"痛痛病"的许多妇女，由于痛得厉害，呼吸、咳嗽时都会带来难忍之苦，因而最终选择自杀来结束痛苦。

1952年，神通川河里的鱼大量死亡，两岸稻田大面积死秧减产，三井金属矿业公司不得不赔偿损失300万日元。

1955年以后，在神通川两岸的群马县等地又出现"痛痛病"。许多患者骨骼软化萎缩，自然骨折，一直到饮食不进，在衰弱疼痛中死去。经尸体解剖，有的骨折达73处之多，身长缩短了30厘米，十分凄惨。

1961年，经过调查认为神通川两岸发生的"痛痛病"与三井金属矿业公司神冈炼锌厂的废水有关。该公司把炼锌过程中未经处理净化的含镉废水成年累月地排放到神通川中，两岸居民引水灌溉农田，使土地含镉量高达7~8微克/克，居民食用的稻米含镉量达1~2微克/克，加上居民平时饮用的也是含镉的水，久而久之，人体内积累了大量的镉而发生"痛痛病"。三井金属矿业公司的工人因镉中毒患病者也不在少数。但是，在此确凿事实面前，日本三井金属矿业公司仍以缺乏依据为借口，拒不承认。直到1968年，经调查才证实富山骨痛病是三井金属矿业公司排出的镉造成的。

从1931年到1968年，仅神通川平原地区被确诊患"痛痛病"的人数就有258人，其中死亡128人，至1977年12月，又死亡79人。共死亡207人。

 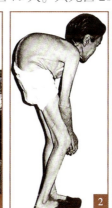 

图62　"痛痛病"患者 (1. "痛痛病"患儿；2. "痛痛病"患者骨骼畸形；3. 1971年3月赢得赔偿诉讼的一位"痛痛病"患者)

2.2　事件原因

早期的营养试验

早期人们以为"痛痛病"是缺乏营养造成的，因此对"痛痛病"患者进行了营养试验。

轻微病症的患者以门诊患者方式对待，给予维生素D，并将牛奶、鸡蛋、肉类和蔬菜等加入患者的食谱中，同时建议患者多晒太阳。这样治疗之后的两个月，患者的疼痛开始减轻，四个月后患者能够恢复日常生活，而且其鸭形腿病症也开始消失，但一些行动上的不便会保持很长一段时间。

中等程度与严重症状的患者，以住院患者的身份对待。患者按照疗程注射维生素D，饮食由医院安排，尽量带其出去晒晒太阳，在离开医院之后，这些人每日保持服用维生素D，每个月注射1~2次的维生素D，直到回医院重新检查。这种营养疗法持续1~3年，疼痛在三个月后开始减轻，中等程度的患者，病痛在两个月之后开始减轻，五个月后开始直立，八个月后能在医院里行走，而在13~14个月后才能恢复日常生活。对于患严重病症的患者，5个月后才能坐起，7个月后能够站起，15个月后能够依靠拐杖行走，20个月后才能够在没有帮助的情况下行走几米。在一些情况下，骨髓碎裂者需要坚持1~3年。营养试验证明，用维生素D和良好的食谱治疗帮助减轻了疼痛，但恢复是不完全的。

医生和化学家的发现

1946—1960年，日本医学界从事综合临床、病理、流行病学、动物实验和分析化学的人员经过长期研究后发现，"痛痛病"是由于神通川上游的神冈矿山废水引起的镉中毒。

第一次把"痛痛病"和环境污染联系起来的医生叫荻野升①。最初，从东京来的风湿性关节炎专家认为这是一种地方病，随后，"痛痛病"患者被医生诊断为维生素D缺乏症。在治疗骨痛病患者时，荻野升发现他们都住在矿山下游的神通川流域，饮用水源和灌溉用水均来自这条河流，他后来写了一系列学术文章，第一次正式提出"痛痛病"可能与矿山污染有关。

荻野升随后邀请了冈山市的小林纯教授，用化学方法化验了神通川里的水，发现里面含有大量重金属。而最终确定污染成分的是农业博士吉岗金市，他对受害者遗骨和流域植物做了化验，把污染物质最终锁定为"镉"。这些研究结果，都以学术论文的方式发表。通过医生和化学家的努力，镉污染和"痛痛病"之间产生了一个相对严密的证据链，并成为"痛痛病"作为公害事件得以解决的先决条件，同时，也为受害者协会增强了信心。

国家级的调查与研究结论

1961年，富山县成立了"富山县地方特殊病对策委员会"，开始了国家级的调查研究。1963年，厚生省成立了"痛痛病医疗研究委员会"。1967年研究小组发表联合报告，表明"痛痛病"主要是由于重金属尤其是镉中毒引起的。

1968年日本厚生省公布的材料指出："痛痛病"发病的主要原因是当地居民长期饮用受镉污染的河水并食用此水灌溉的含镉稻米，致使镉在体内蓄积而造成肾损害，进而导致骨软化症。妊娠、哺乳、内分泌失调、营养缺乏（尤其是缺钙）和衰老被认为是"痛痛病"的诱因。

但这时的"痛痛病"已开始在日本各地蔓延了。后来日本"痛痛病"患区已远远超过神通川，而扩大到黑川、铅川、二迫川等七条河的流域，其中除富山县的神通川之外，群马县的碓水川、柳濑川和富山的黑部川都发现了镉中毒的"痛痛病"患者。

食物链与镉的致毒机制

富山县神通川流域从1913年开始炼锌，冶炼厂在洗矿石时，将大量含有镉的废水直接排入神通川，使河水遭到严重的污染。镉随废水流入河中，又随河水从上游流到下游，整条河都被镉污染了。用这

---

① 荻野升，是20世纪50年代荻野医院的继承人，其家族在富山县是望族，历代从医。

种含镉的水浇灌农田，稻秧生长不良，生产出来的稻米成为"镉米"。河水中的镉被鱼所吸收，鱼的组织中就富含高浓度的镉。这些含镉的稻米和鱼被人食用，人体中含镉量增多。人们长年吃这种被镉污染的大米，喝被镉污染的神通川水，久而久之，就造成了慢性镉中毒。"镉米"和"镉水"是神通川两岸人们患"痛痛病"的罪魁祸首，镉通过食物链富集到人体，最终引发了"痛痛病"。

镉是一种有毒重金属元素。镉中毒主要引起强烈的骨痛和骨骼严重畸形。镉中毒引发的骨软化机制，首先是引起肾功能障碍，再加上妊娠、分娩、授乳的巨大消耗，使妇女营养不良，特别是缺钙等生理或生活因素诱使软骨症出现。其次，镉能使胃中维生素 D 的活性受到抑制，进而妨碍十二指肠中钙结合蛋白的生成，干扰在骨质上钙的正常沉积。而缺钙会使肠道对镉的吸收率增高，加重骨质软化和疏松。

第三，镉影响骨胶原的正常代谢，关节、韧带等联系各个骨块的结缔组织，主要由胶原蛋白和弹性蛋白组成，有润滑、保护、强化的机能。镉中毒后会影响胶原蛋白质的形成，造成骨质软化，导致骨痛和骨骼严重畸形。特别是二价镉离子会影响人体对锌的吸收，及镉与钙的离子半径相近，镉替代钙进入骨骼是发生"痛痛病"的主要原因。

图 63　食物链与日本"痛痛病"的发生

2.3　事件处置

"痛痛病"患者专项治疗与赔偿确定

在确定了镉是引起"痛痛病"的真正原因之后，为了治疗患者，除用络合剂疗法即化学促排外，主要是脱离镉接触和增加营养。一般是服用大量钙剂、维生素 D 和维生素 C，晒太阳和用石英灯照射。这些措施亦适用于一般的婴幼儿及老年人的软骨症和骨质疏松的治疗和预防。其实质是补钙、补锌及其他有益微量元素以取代镉，从而减缓和消除镉的毒害。

在"痛痛病"的专项治疗和确定患者赔偿之前必须做一个"痛痛病"专家鉴定，专家鉴定组由 15 名来自日本各地的医生组成。被认定"痛痛病"需要满足四个条件：第一，长期在被镉污染的地区居住；第二，不是先天性的疾病，在成年后才发现的；第三，肾脏功能的损害；第四，骨软化症。其中，骨骼松散和软化是一种非常罕见的症状，可被医师用作判断"痛痛病"的重要依据。这个程序自 20 世纪 70 年代初日本厚生劳务省启动患者认定程序以来，专门甄别三井金属矿业公司的镉污染受害者，并提供国家法律保障的赔偿和援助①。

土壤复原事业：置换被污染的土壤

"痛痛病"事件发生之后，需要治疗的不仅是患者，还有受到污染的农地。因此，受污染的土壤修复成为日本农业科学关注的一个重要课题。最早研究此课题的专家是东京大学教授茅野充男②。他通过研究证明，水稻根系不能到达25厘米以下的土壤，所以在分界线上填充一层坚硬的物质，可防止吸收被污染的镉土。

1975年，科学家向日本政府提出了一个置换土壤的方法，即从神冈山区取来干净的土，把被污染的镉土埋到25厘米深的地下，称之为"客土"，而不叫修复。

富山县被认定为受到污染需要修复的土地共有15平方千米。这项工程后来被命名为"土壤复原事业"。在随后漫长的40年里，这项事业是一项耗时耗资的大工程③。尽管如此，日本环境省土壤环境课农用地污染对策组认为在20世纪70年代，这是唯一的办法，至今，"客土"仍然在日本各地广泛使用。据富山县调查，需要修复的15平方千米土地实际修复的为8.56平方千米，由于富山县仍然以农业为主，因此，其余土地被改变用途发展当地经济，以使更多的人从农业中解脱出来，增加收入。

法律诉讼

1968年开始，"痛痛病"患者及其家属对三井金属矿业公司提出民事诉讼，1971年审判原告胜诉。被告不服上诉，1972年再次判决原告胜诉。

1968年1月6日，东京成立"痛痛病"的律师辩护团，开始到富山搜集证据。1968年3月，9位患者、20名亲属提起诉讼，要求三井金属矿业公司赔偿6100万日元，这在当时是一个巨大的数字。

然而，原告与被告双方都有一个强大的律师辩护团队，争论异常激烈。

在原告方，虽然"痛痛病"辩护团④起初成员很少，但随着案件诉讼进程的深入，环境保护运动的兴起，越来越多的律师加入其中，到最后共有345名律师为"痛痛病"患者辩护，约占当时日本所有从业律师的3%，其中有20余名主力律师参加了诉讼的所有回合。这其中最为突出的律师是松波淳一⑤是当年参加辩护团的主要律师之一，他的著作《"痛痛病"被

---

① 20世纪70年代，经过国家认定的"痛痛病"患者共有195名，另有404名疑似患者曾经接受过医学观察，他们在等待中陆续死于肾衰竭。还有5位"获得认定"的垂垂老者尚存人世。

② 茅野充男，日本农业与土壤学者，东京大学教授。1970年，环境污染成为日本公害事件之时，他正是在国立农业研究所工作的年轻人，研究的领域是如何减少植物对土壤中重金属的吸收，如何减少土壤污染。他对重金属的研究和日本土地污染和治理的历史正好重合。他最早研究的重金属是铜，铜是一种会令水稻严重减产的重金属元素。之后，研究了铬和镍，它们都对植物生长有影响，铬同时是一种可能致癌的重金属元素。1970—1975年，他来到富山县，和多位科学家一起试验研究减少土壤中镉的办法。

③ 据调查，修复1万平方米土地的费用，为2000万到5000万日元。过去40年的土壤修复费用，共约420亿日元，折合人民币将近30亿。

④ "痛痛病"辩护团的前身是律师诉讼辩护团。在1972年"痛痛病"诉讼全部取得胜利之后，大多数外地律师离开了这个团体，但本地律师留了下来，并且还陆续有新人加入。律师辩护团与"痛痛病"患者协会密切配合的历史维持了40多年。

⑤ 松波淳一，日本律师，生于富山县。"痛痛病"诉讼案件发生时，他是一名刚从学校毕业的律师。1968年1月6日，"痛痛病"的律师辩护团在东京成立，他参与其中，并开始到富山搜集证据。他在结束"痛痛病"的官司之后，又加入了"水俣病"的律师辩护团。

害百年回顾与展望》一书，是他作为事件亲历者、辩护团的主要成员之一，对这段历史的珍贵的记录。

被告方三井金属矿业公司辩护团有 10 名律师，但诉讼证明对被告不太有利。首先环境诉讼不同于普通的劳资纠纷，而且在提供法律证据方面，双方明显不对等。作为原告的受害者，他们有专业的医生、化学家提供的学术报告作为证明①，而作为被告的三井金属矿业公司，只有从属于这家公司的医院提供的医学证明——他们认为"痛痛病"实际上是一种维生素 D 缺乏症，是一种地方病。

作为地方政府的富山县②处境微妙，当时这一地区也快速发展，政府公开认同三井金属矿业公司对住民营养不良的判断。在厚生省关于《"痛痛病"是由于镉污染》的调查报告出现之前，富山县也成立了一个调查团，主要调查居民是否营养不良，不过这个调查没有得到任何结果，即自行解散。而作为更小的行政和社会单元，妇中町则反对"营养不良"的假定。

一审败诉后，三井金属矿业公司不服判决，即刻提出上诉。二审辩论非常激烈，甚至出现了反复，一审时为原告做证的一位医生曾经在二审中修改口供，把"痛痛病"重新归为碘缺乏症。作为律师的松波淳一在法庭上据理力辩，帮助原告最终取得了胜利。

"痛痛病"的法律诉讼历时四年，成为波及全日本的重大事件。审判期间，"痛痛病"患者代表在法院门口抗议，患者们亦现身东京散发传单并现场演讲，这些活动都被媒体广泛报道，引发了全国声援。等到 1972 年二审结束，法院判给受害者的赔偿数字又翻了一倍，同时要求企业对患者进行医疗救助。

1972 年 8 月 9 日再次败诉之后，三井金属矿业公司主动放弃了最后一次上诉。律师团和受害者团体连夜赶到三井金属矿业公司，第二天，双方进行谈判。

谈判气氛很紧张，一共签了两份誓约书。一份誓约书是，承认"痛痛病"是由于矿山废水排放的镉污染造成的，今后永远不在此事上再与受害者争论。第二份是农业补偿，三井金属矿业公司承诺赔偿全部农业经济损失，并且负担土壤修复的全部费用，土壤修复期间如耽误耕作期，全部经济损失亦由三井金属矿业公司负责赔偿。

身为大财阀企业的三井金属矿业公司，虽然在执政党中有广泛关系，但迫于社会压力，还是不得不接受了严格的赔偿条款。这些条款包括，支付给患者 1000 万日元的一次性赔偿金；并负责患者此后的生活和医疗费用：全部治疗费、去医院的交通费，每月 9 万日元的生活开支；除此之外，受害者需要温泉疗养，这笔费用也要由三井金属矿业公司支付，每年 9 万日元。

除了确定的受害者，待观察者的费用三井金属矿业公司也要相应支付，不过赔偿金略低于已确诊的患者。

谈判取得的最大胜利也是迄今为止日

---

① 指荻野升和吉岗金市已经发表的关于"痛痛病"的重要学术报告，前者分析重金属污染会致病，并且提供了患者病情的证明材料，后者则通过化学元素分析发现了镉是引发"痛痛病"的主要原因。这些都被辩护团认为是非常有利的证据。

② 在日本的行政编制中，"县"的级别仅次于国家，相当于中国"省"的概念。而作为更小的行政和社会单元是"町"。

本环保运动取得的最大胜利,产生了一个由受害者监督企业的《公害防止协定》。按照这个协定,由受害者和专家组成的调查团每年都要对三井金属矿业公司的生产状况进行一次全面调查,并且,被害者团体只要有怀疑,随时可以委托专家对三井金属矿业公司的生产状况进行调查,所有费用由三井金属矿业公司负担。

推动立法,依法治理

关于受污染土壤的治理,1970年,日本"防公害国会"① 增补了土壤污染条款。同年,又制定了《农耕地污染防治法》,对防止土地污染、对农用地和农作物做了新的规定。"痛痛病"审判恰好和《污染防治法》的修订发生在同一时期,公诉推动了《污染防治法》的修订,《公害对策基本法》的完善又促进了事件解决。1971年土壤污染被列入公害之后,日本制定了《土地污染防治法》,按照此法,各地方政府必须自行安排土地调查,由地方指定污染地区,然后自行制定修复计划。由于复原土壤实施"客土"的费用太大,三井金属矿业公司虽然做出了承诺,但无法承担所有土地赔偿费用,在和地方商议后,三井金属矿业公司的负担减轻到39.39%,剩下的六成,由国家和富山县分别负担,作为更小行政单位的市町也会相应承担一小部分。

关于环境污染的受害者认定。环境污染的受害者认定过程中的不确定性使环境污染受害者的认定异常艰难,特别是如何甄别潜在受害者。日本政府也因此受到很大的社会压力。针对社会上的批评,如何让大家形成一个可以接受的认可标准,一直苦无良策。直到2009年,才通过立法确定在"受害者"外围确定一批"轻度受害者",由企业给予一次性补偿,同时由政府在医疗上给出保险补偿。

2.4 社会影响与历史意义

环境污染的巨大代价

日本在20世纪60—70年代经历了经济快速增长期,GDP增速超过10%,沿海出现了大量化工企业,同时全国各地也出现了严重的环境污染事件,被称为四大公害的几种疾病都集中在1970年前后。

日本"痛痛病"是由于人长期食用含镉的食物而引起的镉中毒症,也是由于土地污染引发的世纪之"痛",教训深刻。重金属污染给日本留下的课题远不止治疗患者、治理水和土壤的污染,还有许许多多的社会问题。

环境污染提出新的科学问题

日本在1931年和1955年两次发生"痛痛病",间隔20多年,均未能及时查明原因。这一事实,一方面表明工业发展

---

① 1967年7月,日本政府制定了《公害对策基本法》。1968年这一届日本国会被记入历史,称为"防公害国会"。

造成的环境污染所带来的负面影响,给人类敲响了警钟;另一方面也可以看出毒理科学的发展与迅速发展的工业不相适应。在世界经济全球化的今天,毒理科学落后于整个社会经济发展的状况依然没有根本改变。

尽管日本从1976年开始在全境展开重金属污染检查,只要是有可能产生污染的地方,都进行了调查。与此同时,欧洲的科学家用实验电极吸附,中国科学院地理研究所研究员陈同斌试验用蜈蚣草来吸附土壤里的剧毒重金属砷,但复原土壤耗资巨大,迄今为止全世界的科学家都没有发现最为经济的修复土壤的方式。

这次事件促使科学家思考如何降低农作物对重金属的吸收。据日本共同社2012年5月16日报道,冈山大学资源植物科学研究所的研究组通过特定基因失去功效培育出了不吸收重金属镉的水稻[1]。这一结果虽然有助于培育"安全放心的品种",但由于特定基因失效后水稻几乎不能吸收光合作用所需的锰,导致成长缓慢。不吸收镉的水稻稻草中锰的含量仅为普通水稻的1/20,糙米中的锰含量降至1/8。

在全世界范围内,环境受害者都面临一个共同的难题——如何证明自己。有时候他们缺乏相应的知识,有时候他们缺乏必要的帮助。即使像"痛痛病"这样判断标准非常明确的疾病,仍然存在一些不可控因素。测量血液中的重金属含量并非难事,但究竟谁是环境受害者?谁应该得到赔偿?在工厂和受害者之间,仍维持着一种虽信任但紧张的关系。

民间环境保护运动兴起

1960年开始,由于日本矿山排污影响农业生产,当地组成了居民联合协会,集体和矿山协商经济赔偿事务,从而引发了后来全国性的环境保护运动。

"痛痛病"是日本环境受害者维权取得最彻底性胜利的案例,围绕三井金属矿业公司开采污染引发的受害者协议团和律师团活动旷日持久,并作为四大公害事件之一,成为日本社会重视环境保护的转折点。

此外,由"痛痛病"受害者捐建的清流会馆,成为日本公害事件活着的纪念碑,每天都有客人来此参观。

---

[1] 日本育出了不吸收镉水稻. 参考消息,2012-05-18.

3

日本含汞废水污染事件："水俣病"

1953—1956年，日本熊本县水俣镇一家氮肥公司①排放的含汞废水，使汞在海水、底泥和鱼类中富集，又经过食物链使人中毒。根据日本政府在事件发生期间和后来的一项新的统计，共有2955人患上了"水俣病"，其中有1784人死亡。这是轰动世界的最早出现的由于工业废水排放污染造成的公害病，称为"熊本水俣病"。该事件成为日本第一起最严重的汞中毒事件。

1966年，新潟县阿贺野川流域的河水受到工厂含甲基汞的污水污染，由于企业和政府都没有采取负责任的处理措施，造成2000人有机汞中毒。这次中毒被称为新潟"水俣病"（Niigata Minamata Disease），新潟成为世界上第二个"水俣病"发生地区。因丰富的水资源而出名的阿贺野川被记录为世界上第二个发生"水俣病"事件的河流。

3.1 熊本含汞废水污染事件经过

日本九州熊本县水俣镇（Minamata）是水俣湾东部的一个小镇，有4万多人居住，周围的村庄居住着1万多农民和渔民，外围的八代海湾是被九州本土和天草诸岛围起来的内海，那里海产丰富，是渔民们赖以生存的主要渔场。丰富的渔产使小镇格外兴旺。

1950年，大量的海鱼成群地在水俣湾海面游泳，任人网捕，有时可看到乌鸦从天空中突然坠落，海面上常见死鱼和海鸟尸体，水俣市的渔获量开始锐减。1952年，水俣当地许多猫出现不寻常现象，走路颠颠跌跌，甚至发足狂奔，当地居民称那些急奔乱跑的猫患了"跳舞病"。1953年1月，有一些发疯的猫跳入八代海湾

"自杀"，但当时尚未引起人们的注意，一年内，投海"自杀"的猫总数达5万多只。接着，狗、猪、老鼠也发生了类似的"发疯"情形。

1956年4月21日，来自入江村的小女孩田中静子成为首例患病者，被送至氮肥公司附属医院治疗。症状初始为口齿不清、步态不稳、表情呆

图64 首次报道猫患癫痫死亡的情况（《熊本日日新闻》，1954年8月1日）

---

① 编者注：此部分所指氮肥公司即日本氮肥公司，也称为智索水俣化学公司。

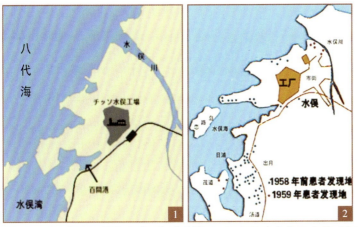

图65 "水俣病"的发生地区与发病状况（1.水俣湾与氮肥公司〔智索水俣化学工厂〕的位置；2.1958—1959年"水俣病"的发现地点）

滞，进而眼瞎耳聋、全身麻木，最后精神失常、身体反弓高声大叫而死。田中静子成为人类历史上被确认的第一例"水俣病"患者。她两岁的妹妹也罹患相同的病症，不久又发现50多例类似病患者。由于事态严重，当地相关部门向官方提出了正式报告。

1956年8月，日本学者发现水俣湾海水中有污染物质，研究人员将调查的矛头指向氮肥公司。这种"水俣奇病"造成水俣近海鱼贝类市场价值一落千丈，水俣居民由于因此陷入贫困，反而大量食用有毒的鱼贝，使得灾情扩大。全镇4万居民，先后有1万人不同程度地患有此种病状。由于"水俣病"的发生不断增加，渔民向氮肥公司提出抗议，但氮肥公司长期以保密为借口，拒不提供工艺过程和废水试样，致使"水俣病"的病因一直拖了许多年查不清楚。

1957年，由于鱼有毒使成千上万渔民失业。1957年8月，当地成立了"'水俣病'患者家庭互助会"。1958年春，资方为掩人耳目，把排入水俣湾的毒水延伸到水俣川的北部。六七个月之后，这个新的污染区出现了18个汞中毒的患者。氮肥公司的这一行为引起广大渔民的愤怒，于是几百名渔民攻占了氮肥公司，捣毁了当地官方机构。但资方仍拒不承认毒害的事实。

1959年，熊本大学医学部"水俣病"研究组发表研究报告，指出"水俣病"与当地氮肥公司所排出的有机汞有关。1932—1966年间有数百吨的汞被排入水俣湾。1959年年底，渔民开始向氮肥公司进行示威抗议。1960年正式将"甲基汞中毒"所引起的工业公害病，定名为"水俣病"。然而，氮肥公司立即否认此说。氮肥公司认为：它只用金属汞，不用甲基汞，因此，不可能是"水俣病"的来源。工厂

图66 "水俣病"事件（1."水俣病"的残疾儿童——智子在沐浴，尤金·史密斯摄，1972；2.活着的受害者；3.母亲抱着的这名女孩的手因汞中毒而畸形，美联社，摄于1973年；4."水俣病"患者，芥川仁，摄于1980）

不但没有停止排放污水，还企图掩盖真相，阻挠相关的调查工作，甚至买通打手，以暴力相威胁。美国摄影师尤金·史密斯被日本氮肥公司所雇的暴徒殴打至残疾。

1963年，熊本大学"'水俣病'医学研究组"从水俣氮肥公司合成醋酸厂的乙酸乙醛反应管排出的汞渣和水俣湾的鱼、贝类中，分离并提取出氯化甲基汞结晶，用此结晶和从水俣湾捕获的鱼、贝做喂猫实验，结果400只实验猫均产生了典型的"水俣病"症状。用红外线吸收光谱分析，也发现汞渣和鱼贝中的氯化甲基汞结晶同纯氯化甲基汞结晶的红外线吸收光谱完全一致。对"水俣病"死亡病例的脑组织进行病理学检查，在显微镜下也发现大脑、小脑细胞的病理变化，均与氯化甲基汞中毒的病理变化相同。

1967年8月，在400只猫以合成醋酸厂废水做实验全部得了"水俣病"的事实面前，氮肥公司虽然不得不承认该厂含汞废水污染带来的灾害，却仍继续排放含汞废水。最终导致的是更大的灾难。日本氮肥公司既是给水俣市的崛起和日本的现代化做出重大贡献的企业，又成为甲基汞的排放者，给当地居民及其生存环境带来了无尽的灾难。

直到此事件发生10年后，工厂主才承认负有责任。1968年，合成醋酸厂关闭，但是已给水体留下了严重的后遗症。幸存者面临极度艰难和困苦的生活，随之便是痛苦的过早死亡。许多家庭必须照料无助的受害者，其中许多是儿童。

3.2 新潟含汞废水污染事件经过

1966年，新潟县阿贺野川流域暴发因汞污染引发的"水俣病"，为了与水俣湾发生的"水俣病"相区别，称为"第二水俣病"，亦称新潟水俣病（Niigata Minamata Disease）。"水俣病"使得有丰富水资源的阿贺野川成为世界上第二个"水俣病"发生地区。

新潟"水俣病"的祸首是昭和电工公司，该公司不负责任的态度引起市民的极大不满，曾展开激烈的示威抗争。1967年新潟县市民正式向法院提出控诉。诉讼数年之后，1971年法院终于做出判决，昭和电工公司败诉并负赔偿责任。随后，新潟的受害者又主动与水俣的受害者联手向法院控告氮肥公司。

3.3 事件原因

1925年，日本氮肥公司（Chisso Minamata Chemical Company，也称智索水俣化学公司）在水俣建厂，后又开设了合成醋酸厂。水俣市十分之一的居民是该公司的职工。从1932年开始到1968年，特别是1950年前后，公司用汞作为催化剂制造醋酸和乙醛，生产过程中的副产品有汞化物，随着未经任何处理的废水源源不断地

图 67　日本氮肥公司（智索水俣化学公司）厂景

介壳类动物）中毒，人长期食用有毒的鱼虾、贝类等生物后引起蓄积性甲基汞中毒①。

据统计，有数十万人食用了水俣湾中被甲基汞污染的鱼虾。这些被污染的鱼虾通过食物链进入动物和人类的体内，侵害其脑部和身体其他部分。进入脑部的甲基汞会使脑萎缩，侵害神经细胞，破坏掌握身体平衡的小脑和知觉系统。

排放到水俣湾中。

经过调查研究，表明发生"水俣病"的原因是：工厂将含汞的有机化合物排放到河里，再流入水俣湾，在那里含汞的有机化合物通过细菌的作用被转化成甲基汞（Methyl Mercury）。甲基汞通过食物链和生物浓缩后使生物（如鱼和

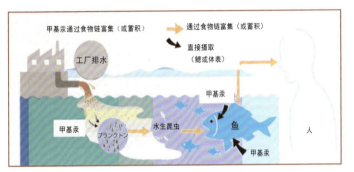

图 68　"水俣病"的发生和形成途径

3.4　事件处置

政府确认"水俣病"

1968 年，鉴于新潟县阿贺野川流域发生"第二水俣病"事件，日本政府才确认了两地"水俣病"之间的关系。但这样的延误已造成严重的灾害和经济损失。

"水俣病"伤亡统计

据 1972 年日本环境厅统计，水俣湾和新潟县阿贺野川下游有中毒患者 283 人，其中 66 人死亡。到 1987 年，该事件中毒人数超过 2000 人，死亡 900 余人。1991 年，日本环境厅公布的中毒患者仍有 2248 人，其中 1004 人死亡。根据日本政府的一项新的统计，有 2955 人患上了"水俣病"，其中有 1784 人死亡。1997 年 10 月，由官方所认定的受害者人数高达 12615 人，其中有 1246 人已死亡。

日本氮肥公司赔偿

1956 年"水俣病"确诊后，企业和日本政府直到 1968 年 9 月才确认"水俣病"

---

① 比较两种典型环境公害的形成途径。"水俣病"：汞→水体→悬浮物、沉积物→浮游生物（甲基汞）→鱼类→人体；"痛痛病"：镉→水体→土壤→粮食→人体。

图69 政府对"水俣病"的认定（《熊本日日新闻》，1968年9月27日）

是人们长期食用受含有汞和甲基汞废水污染的鱼、贝造成的。在证据与事实面前，日本氮肥公司不得不低头道歉，向12615名被正式认定的受害者支付巨额的补偿金。企业的发展因此遭受重创，1975年以后由于不能及时支付补偿金，政府不得不出面为之发售县债，到2000年3月月末，发行的县债总额超过2568亿日元。

1973年，在"水俣病"出现20年后，日本法院将其责任归罪于日本氮肥公司（简称智索公司）。在过去的岁月里，估计每月有460吨污染物被智索公司倾倒在八代海湾，其中每月有27吨甲基汞。智索公司的一名医生后来承认，智索公司自1959年就已经知道倾倒废物的严重后果，但依然我行我素，而日本政府直至1968年才被迫承认了这一点。①

根据日本法律，"水俣病"受害者可以得到免费的医疗救治并获得赔偿。然而，根据协议，严格的受害者资格认定，使得众多的受害者未能得到任何赔偿，促使成千上万的人开始追究政府在"水俣病"出现后未积极采取措施而应承担的责任，致使这桩案子在20年后还没有了结。为了避免对受害人的赔偿一再拖延，1992年，东京的一个法院裁定，日本政府对此事件负有责任，但申诉过程仍在继续。

智索公司自赔偿协定签订两年后的1975年起，经营陷入亏损。智索公司尽管靠生产乙醛获得了利润，但随之而来的亏损却远远超过了利润额。日本环境厅的推算表明，进行污水处理和不做污水处理的费用之比为1∶100。智索支付的赔偿金总额为2000亿日元，也就是说，智索为了节省20亿日元而损失了2000亿日元。②

1979年3月23日上午10时，在熊本地裁刑事二部对原氮肥公司经理吉冈喜一（时年77岁）和造成"水俣病"的工厂原厂长西田荣一（时年69岁）进行公判。裁判长右田实秀宣判：因企业活动引起的公害犯罪，必须严格追究责任者，但因两被告年事已高，分别判处两人监禁两年缓期三年执行。这是日本历史上第一次追究公共场所公害犯罪者的刑事责任。

2004年10月15日，日本最高法院做出判决，要求日本政府向水俣湾汞中毒受

图70 "水俣病"患者联合会与智索公司的签字仪式（1996年4月30日）

---

① 格伦农，等. 黑色叙事. 北京：中国友谊出版社，2008：33.
② 财团法人水俣病中心相思社，水俣病历史考证馆. 图解水俣病. 戴一宁，译. 东京：旭印刷株式会社，2010（中文版）：78.

害者赔偿 7000 万日元[1]。判决令中，有 37 名原告被判获得赔偿。

熊本县发布《安全宣言》

为了彻底消除汞污染的危害，熊本县投入巨资，利用 14 年的时间，花费了 450 亿日元，对水俣湾的淤泥进行处理、填埋，终于使周边的海水恢复了清澈。1974 年，熊本县在水俣湾设置了防护网，对湾内的鱼进行捕捞，然后进行安全处理。1997 年，熊本县知事发布《安全宣言》，并于同年 10 月撤去防护网，湾内的鱼类得到一定的恢复。现在新型环保的水俣湾，水质完全达标，水产品可以安全食用。水俣市不仅成功地告别了工业污染，还在环保节能方面做出了更大的努力。特别是在实施生态工厂项目、利用再生材料、宣传绿色环保理念方面取得了一定成效。[2]

3.5 社会影响与历史意义

"水俣病"事件促成国际公约

"水俣病"事件是历史上最严重的汞中毒事件，影响极其深远。

汞一旦进入体内便无法消除，因此成为特别可怕的毒物。"水俣病"得到证实后，日本政府规定分时段逐步淘汰含汞制品，其中电池类于 20 世纪 90 年代初期彻底禁止。与此同时，日本改变了化学品加工方式，采用不需要使用汞的方法，将汞的年使用量从 1964 年的最高点 2500 吨降低到现在的 10 吨。

1972 年，90 多个国家签订国际公约，禁止将含汞废水排入海洋，以免污染鱼群。

氮素产业的发展带来的无尽灾难

"水俣病"的罪魁祸首是当时处于世界化学工业尖端技术的氮素（N）生产企业。氮用于肥皂、化学调味料等日用品以及醋酸、硫酸等工业用品的制造上。日本的氮产业始创于 1906 年，其后由于化学肥料的大量使用而使化肥制造业飞速发展，甚至有人说"氮的历史就是日本化学工业的历史"。然而，这个产业肆意的发展，却给当地居民及其生存环境带来了无尽的灾难。

日本在第二次世界大战后经济复苏，工业飞速发展，但由于当时没有相应的环境保护和公害治理措施，致使工业污染和各种公害病随之泛滥成灾。除了"水俣病"外，四日市发生的哮喘病、富山发生的"痛痛病"等都是在这一时期出现的。日本的工业发展虽然使经济获利不少，但难以挽回的生态环境的破坏和贻害无穷的公害病使日本政府和企业日后为此付出了极其昂贵的治理、治疗和赔偿的代价。至今为止，因"水俣病"而提起的旷日持久的法庭诉讼仍然没有完结。

---

[1] 现约合人民币 451.3 万元。
[2] 刘蔚. 昔日公害地今朝绿色行——记日本水俣市环保之旅. 中国环境报, 2007-09-07.

"水俣病"危害了当地人的健康和家庭幸福，使很多人身心受到摧残，经济上受到沉重的打击，甚至家破人亡。更可悲的是，由于甲基汞污染，水俣湾的鱼虾不能再捕捞食用，当地渔民的生活失去了依赖，很多家庭陷于贫困之中。今天，尽管许多当年的受害者还活着，但大都已经残疾。

"水俣病"事件的启示

如何处理经济发展与环境保护之间的关系仍然是当今一个重大难题

由于利益相关者之间的博弈和斗争是长期的，因此，对于"水俣病"以及之后的"公害"事件（例如，四日市发生的哮喘病、富山发生的"痛痛病"等），日本政府、民间社会、大学研究机构和媒体的看法不完全一致。对于发展中国家而言，需要从战略规划的层面进行思考，否则也会走上日本工业化进程中先污染后治理的老路，这样的代价并不符合经济和社会可持续发展的普遍规律。

如何处理好公民社会发展与本国文化冲突之间的矛盾

公民社会的运作与日本本土文化之间的冲突是明显的，而且也是长期的。水俣市从一个小渔村变成了工业化的都市，人口增多、大厦林立、市场繁荣的背后却带来诸多负面的影响，如何解决公民社会发展与本国文化冲突之间的矛盾并达到实际的效果，需要运用智慧进行创新。

利益相关者的博弈应建立在法制的基础之上

在日本"水俣病"事件过程中，律师的作用和地位不容忽视，一方面法制完善，另一方面依法行事。因此，只有建立在法律的基础上，才有最大可能发挥法律体系中检察院、法院和律师协会等主体机构的作用，否则事件的处理会永远留下行政化的烙印，不利于法制建设服务于经济建设和社会发展。

进一步发挥媒体作用，促进社会公平

从日本"水俣病"事件处理前后50多年的经验和教训中可以发现，媒体的作用十分重要，而且日本媒体一直在长期关注事件进展，无论文字记者，还是摄影记者，都发挥了极为重要的作用。但保障记者的人身安全，媒体的相对独立性和媒体客观、真实和专业的报道，都需要一个良好的体制机制。

利用国际合作和交流的平台，共同分享工业发展经验和教训

"水俣病"事件发生50多年过程中，国际组织、国际知名人士、国际会议等的介入促进了日本政府的不断改革和改进，推动了事件有序的处理和解决。

4 瑞士巴塞尔化学品污染莱茵河①事件

1986年，瑞士巴塞尔市的桑多兹（Sandoz）化学公司一座仓库爆炸起火，在救火时，消防队的五条灭火水管将30多种杀虫剂、杀真菌剂及其他农用有毒化学品冲入莱茵河，酿成西欧最大的一次灾难性水污染事故，殃及法国、德国、荷兰、卢森堡等国，一些地区河水、井水、自来水被禁用。尽管灾难没有造成人员的伤亡，但水生生物为此付出的代价令人难以置信。

4.1 事件经过

1986年11月1日深夜，位于瑞士巴塞尔市②的桑多兹化学公司的956号化学品仓库发生火灾，装有约1250吨剧毒农药的钢罐爆炸，剧毒的硫化物、磷化物和含汞的化工产品等有毒物质随着大量的灭火剂和水流入下水道，排入莱茵河。

桑多兹化学公司事后承认，共有1246吨各种化学品被灭火用水冲入莱茵河，其中包括824吨杀虫剂、71吨除草剂、39吨除菌剂和12吨有机汞等。有毒物质形成70千米长的微红色飘带向下游流去。事件发生的第二天，化工厂用塑料塞堵住了下水道。但第八天后，塞子在水的压力下脱落，几十吨有毒物质又一次流入莱茵河，再次造成污染。

事故发生后，河水被染成了红色，约

图71　莱茵河污染事件（1.仓库爆炸起火与救火现场；2.被污染的莱茵河水；3.莱茵河两岸到处可见被毒死的鱼类残骸；4.事件发生后死亡的大批鳗鲡）

---

① 莱茵河（Rhine River），流经瑞士、德国、法国、荷兰四个国家，流域人口4000万，包括瑞士和荷兰大部分居民和三分之一的德国西部人口。

② 巴塞尔市位于莱茵河湾和德法两国交界处，是瑞士第二大城市，也是瑞士的化学工业中心，三个大化工集团都集中在巴塞尔市。

160千米范围内60多万条鱼被毒死,好几吨死鳗鲡被从河底捞起。500千米以内河岸两侧的井水受到污染影响不能饮用。污染事故警报传向下游瑞士、德国、法国、荷兰四国沿岸城市,沿莱茵河取水的自来水厂全部关闭,以防毒物进入居民供水系统。

4.2 事件处置

事故发生后,桑多兹化学公司承认,由于他们忽视储存危险化学品的安全条例,因此对此次事件负有责任。从瑞士巴塞尔经德国直到荷兰的河口的整个下游河道,开始了一些潜水员用泵从河底抽汲泥浆的大规模的清除作业。

事件发生后,法国环境部部长要求瑞士政府赔偿3800万美元,以补偿渔业和航运业所遭受的短期损失,并用于恢复遭受破坏的生态系统的中期损失以及莱茵河上修建水坝的开支等潜在损失。瑞士政府和桑多兹化学公司表示愿意解决损害赔偿问题,最后由桑多兹化学公司向法国渔民和法国政府支付了赔偿金。桑多兹化学公司还采取了一系列相关的改进措施,成立了"桑多兹—莱茵河基金会"以帮助恢复生态系统,并向世界野生生物基金会捐款730万美元用于资助一项历时三年的恢复莱茵河动植物计划。

与此同时,有关国家在污染水流入北海之前采取多边合作行动,做出了快速反应。1986年11月12日在苏黎世召开了一次关于巴塞尔火灾及其对莱茵河水质影响的部长级特别会议。会议通过了部长联合声明,成立"保护莱茵河国际委员会",并确定了工作任务:调查事故对莱茵河的影响,确定监测计划;制定相应的消防预案;改进和完善信息交换系统和紧急联系机制。同时,就防止莱茵河污染事故和减轻污染损失需要采取的必要措施达成相关协议。

1986年12月19日,在鹿特丹召开的莱茵河沿岸国家第七次部长级国际会议上,进一步赋予"保护莱茵河国际委员会"新的任务。一是瑞士在事件调查结束后将结果公布于众。二是确保莱茵河恢复事件前的生态状况。三是采取有效措施消除事故造成的破坏并予以补偿。四是继续加强预防措施,重视最新技术研究和应用,防止工业事故造成河流污染。

事件的发生不仅使"环境保护领先"的瑞士本国的名誉蒙受重大损失,而且使下游德国、法国、荷兰等莱茵河沿岸国家受到不同程度的伤害。因而,瑞士被控告没有遵守安全规定。最后,瑞士承认了对这次化学品溢出事故的责任,并同意对其邻国做出赔偿。

4.3 社会影响与历史意义

莱茵河发源于瑞士阿尔卑斯山圣哥达峰下，自南向北流经瑞士、列支敦士登、奥地利、德国、法国和荷兰等国，于鹿特丹港附近注入北海。全长 1360 千米，流域面积 22.4 万平方千米。自古以来莱茵河就是欧洲最繁忙的水上通道，也是沿途几个国家的饮用水源。

由于莱茵河在德国境内长达 865 千米，是德国最重要的河流，这次事件致使德国几十年间为治理莱茵河投资的 210 亿美元付诸东流，因而遭受的损失最大。德国政府不得不耗费巨资治理环境。接近海口的荷兰将与莱茵河相通的河闸全部关闭。

事件的发生不仅使瑞士本国蒙受重大损失，而且使下游德国、法国、荷兰等莱茵河沿岸国家受到不同程度的伤害。莱茵河沿岸国家直接经济损失高达 6000 万美元，其旅游业、渔业及其他相关损失不可估计。特别是有毒物质沉积在河底，将使莱茵河在 20 年内难以修复。

祸不单行，11 月 21 日，德国巴登市的苯胺和苏打化学公司冷却系统发生故障，又使 2 吨农药流入莱茵河，使河水含毒量超标 200 倍。这次污染使莱茵河雪上加霜，生态环境受到了严重破坏。

法国和原西德的一些报纸将这次事件与印度博帕尔毒气泄漏事件、前苏联的切尔诺贝利核电站事故相提并论。《科普知识》杂志总结 20 世纪世界上发生的最闻名的污染事故，将莱茵河水污染事故列为"六大污染事故"之一。

这次灾难发生后，原西德主张环境保护的绿党号召采取强有力的措施来保护河流，获得了更广泛的支持——包括改用较安全的化学品和把向河流中倾倒有毒物质的人投进监狱。①

发源于瑞士阿尔卑斯山的莱茵河，穿过瑞士巴塞尔的化工塔林，流过德国鲁尔工业区的炼钢炉群，最后在荷兰鹿特丹的油罐巨阵间蜿蜒入海，是欧洲的重要水道和沿岸国家的重要供水水源地。经过 20 多年的污染治理、生态恢复和国际合作，如今流经九国之后的莱茵河河水竟然清澈如初，令人叹为观止，成为"先污染、后治理"的典型。

---

① 格伦农，等. 黑色叙事. 北京：中国友谊出版社，2008：36.

5 罗马尼亚金矿泄漏污染蒂萨河[①]事件

2000年,罗马尼亚边境奥拉迪亚镇的巴亚马雷金矿发生氰化物外溢事件,含氰化物废水流到了前南斯拉夫境内。毒水流经之处,所有生物全都在极短时间内暴死。流经罗马尼亚、匈牙利和前南斯拉夫的欧洲大河——蒂萨河及其支流内80%的鱼类死亡,沿河地区进入紧急状态。这是自前苏联切尔诺贝利核电站事故以来欧洲最大的环境灾难,也是跨入21世纪后,世界上最严重的一次环境污染事故。

5.1 事件经过

2000年1月30日,罗马尼亚西北边境马拉穆什县巴亚地区的奥拉迪亚镇,连续数天的大雨使该地区所有大河小溪的水位暴涨,在这风雨交加的黑夜里,奥拉迪亚附近的巴亚马雷金矿的沉淀池围堰突然破裂发生泄漏事件,10多万升含有大量氰化物、铜和铅等重金属的污水漫过堤坝流入蒂萨河的支流索梅什河。

天亮时分,大坝管理人员走到岸边发现水面上有一片白花花晃眼的东西。仔细一看,眼前水面上漂着一层又一层的死鱼!大惊失色的大坝管理人员抬头向上一看,氰化物废水库还在往外冒水!管理人员赶紧向公司和警方报告了这起意外。然而,一切已经太晚了,污水随着水流以平均每小时约四千米的速度向南顺流而下进入匈牙利境内的蒂萨河,而后又进入前南斯拉夫,造成严重污染。河水取样化验的

图72 罗马尼亚金矿泄漏污染河段示意图

[①] 蒂萨河(匈牙利语:Tisza;罗马尼亚语:Tisa;乌克兰语:Тиса),起源于乌克兰喀尔巴阡山脉,流经罗马尼亚、斯洛伐克、匈牙利和塞尔维亚,最后于伏伊伏丁那汇入多瑙河。全长1358千米,为多瑙河最大支流。

结果表明，河水里氰化物的含量是正常情况的 700 倍，在蒂萨河河面已收集到 100 多吨死鱼，还有更多的鱼葬身河底，所幸的是未发生人员伤亡。

当污染的河水进入匈牙利境内时，河水中氰化物的含量为正常标准的 40 倍，有些河段中氰化物含量高出标准 200 倍。蒂萨河被污染河段长达 30~40 千米，80% 的鱼类都已死亡。

2 月 11 日，污水流入前南斯拉夫境内，河水中氰化物的含量仍为正常标准的 10 倍，数万千克各种鱼类中毒死亡。污染已对蒂萨河沿岸居民的饮用水构成威胁。

图 73 蒂萨河污染事件（1.在蒂萨河河面已收集到 100 多吨的死鱼；2.蒂萨河畔鱼尸遍野）

2 月 12 日，污染的河水已经流经罗马尼亚、匈牙利进入前南斯拉夫境内。

2 月 12 日中午，从匈牙利流入前南斯拉夫的蒂萨河水的氰化物含量为每升 0.13 毫克，之后逐步降低到每升 0.07 毫克，但小到水藻，大到蛙鱼全都死得干干净净。

2 月 13 日凌晨，这股"死亡之水"①以每小时五千米左右的流速，向南流入多瑙河。污染水体流经之处的蒂萨河及其支流内 80% 的鱼类死亡。在有些河段，死鱼多得甚至连打捞船都开不动，河岸边到处是垂死挣扎的水鸟。灾难还在进一步扩大。

2 月 16 日，尽管多瑙河河水化验结果表明已经正常，但河中仍然发现有死鱼存在，死鱼可能是由蒂萨河水带来的。同时，在蒂萨河两岸已开始发现死亡的飞禽和走兽，仅在塞达一地，就找到 28 只野鸡、31 只野鸭、36 只野鸽、2 只獐子、11 只野兔以及其他一些动物的尸体。②

5.2 事件处置

事件发生后，罗马尼亚政府下令造成污染的黄金加工厂立即停工待查。

2 月 10 日，匈牙利和罗马尼亚两国环保部门的主要负责人在罗马尼亚的奥拉迪亚会晤，讨论处理匈牙利境内蒂萨河严重污染的问题。双方决定，由两国以及欧盟的有关专家共同组成专门委员会，负责调查事件原因、评估损失情况，并研究建立避免类似事件再度发生的监测机制。双方决定，成立一个联合专家委员会，专门负责制定灾后的赔偿和清污措施。同时，将按照双方达成的有关协议和有关国际协定处理赔偿问题。

作为污染之源的罗马尼亚对这次环境

---

① 氰化物是一种有毒物质。该矿在冶炼过程中用氰化物从矿石中提取黄金。按规定，水中氰化物的可容量为 0.01~0.1 毫克/升。通过化验分析，仅蒂萨河的支流萨摩斯河水，就含 3.2 毫克/升的氰化物，而位于西南 100 千米处的琼格拉德，河水里氰化物的浓度达到了 2.3 毫克/升，附近的塔贝，氰化物的浓度达到了 2.2 毫克/升，而流经塞格德市的河水，氰化物的浓度也达到了 1.5 毫克/升。因此，这个地区的河水对所有的生物来说都是"死亡之水"。

② 宋文富. 蒂萨河两岸开始发现动物尸体. 光明日报，2000-02-18.

灾难负有不可推卸的责任。罗马尼亚水利、森林和环境部部长承认："这是罗马尼亚10年来最严重的一起环境灾难，尽管造成这场灾难的是一家澳大利亚的金矿公司，但由于罗马尼亚在这家公司里也占有很大的股份，所以罗马尼亚应该对这起特大环境灾难负责。"

与罗马尼亚紧邻的匈牙利首当其冲地成了这场特大环境灾难的受害者。匈牙利政府在接到罗马尼亚政府发出的警告后，立即采取多项措施予以防控。一是立即关闭了以蒂萨河为饮用水源的水厂，同时向蒂萨河沿岸居民发出警告说，千万不要喝蒂萨河河水，更不能吃死鱼。二是严禁使用蒂萨河河水灌溉农田。三是封闭蒂萨河的支流以及蒂萨河流经的蒂萨湖，以防止污染扩大。① 与此同时，匈牙利政府总理下令成立一个特别委员会，以协调损失评估、打国际官司的步骤和善后清理工作。由于匈牙利在环境灾难发生后反应迅速，预防措施组织得力，所以受污染地区居民的健康得到了保证。

此前，匈牙利政府还多次呼吁联合国有关机构及欧盟派专家协助调查罗马尼亚境内矿区的污染隐患，并要求罗马尼亚政府能立即采取严格措施关闭那些造成污染的工矿企业。匈牙利政府副国务秘书巴吉还就蒂萨河不断遭到污染问题紧急召见了罗马尼亚驻匈牙利大使科尔多斯，并警告说，蒂萨河流域的环保形势已经非常严峻。

就在匈牙利政府为蒂萨河遭到污染而备感焦虑之时，斯洛伐克政府官员同一天也透露，经环保专家检测，流经斯洛伐克的蒂萨河段中的重金属含量因这次污染也已严重超标，其中铁、锰等重金属含量已超过正常标准的三倍。同时，由于蒂萨河上游近日来连降暴雨，并在部分地区引发山洪，使蒂萨河河水暴涨，这给遭受污染的蒂萨河的环保治理工作带来更大的困难。

2月12日，蒂萨河沿岸所有受污染的前南斯拉夫城市官员举行了紧急磋商会议，研究如何最大限度地减少被污染的河水对环境造成的灾难性破坏。会议发出紧急呼吁，希望蒂萨河两岸的前南斯拉夫民众想方设法打捞浮在河道上的死鱼，以免造成更大的二次环境污染；该地区所有餐馆、饭店都把与鱼有关的菜纷纷撤下；前南斯拉夫官员甚至向蒂萨河以南160千米外的多瑙河畔的首都贝尔格莱德发出了紧急警告。

欧盟运输与能源委员会委员洛耶拉·帕拉西奥在与匈牙利外交部长举行紧急会晤后呼吁："这是一场全欧洲的环境灾难，需要欧洲各国团结一致来对付这场污染。"

---

① 于小青. 罗马尼亚重金属倾泻　匈牙利蒂萨河再次告急. 北京晚报，2000-03-16.

5.3 社会影响

经济损失惨重

蒂萨河是匈牙利境内水产最丰富的一条河。多年来，渔民一直靠在这条河里捕虾、鲑鱼和其他水产品为生。现在，严重的污染已经断了沿岸渔民们的生计。尽管罗马尼亚金矿和罗马尼亚政府给予了一些赔偿，但污染毁掉了渔民的生计，渔民要求赔偿所有的损失。

成百上千的匈牙利当地居民纷纷涌到河岸边，他们茫然地看着渔民们把漂在水面上的死鱼打捞到河岸边，许多渔民把重达20千克、平时难得一见的死掉的鲑鱼摆在河岸边以示抗议。更多的沿岸居民则涌到许多蒂萨河的桥上，他们的手中毫无例外地拿着一枝枝白色的小花，默默地把花投进毫无生气的蒂萨河里，哀悼所有因这次环境浩劫而死的生灵。

匈牙利国内大小报纸当天头版头条刊登的全是一幅幅令人触目惊心的照片：河面上漂着大片大片的死鱼；河岸边到处是垂死挣扎的水鸟。

对于匈牙利来说，这场环境浩劫打击的不仅仅是生态和渔业，还对当地的旅游业造成了致命的伤害。这场灾害使风景如画的刚刚发展起来的蒂萨河旅游区成为一场泡影，从而直接影响到当地的经济收入。

事件对生态环境的影响

前南斯拉夫首都贝尔格莱德市也很快进入紧急状态。贝尔格莱德化工学院的讲师波利奇警告，如果每升河水氰化物的含量达1.5毫克的话，全城将采取紧急措施。

但最令人担心的是距离首都贝尔格莱德以南90千米左右的贝塞奇大坝，因为大量的死鱼在大坝前堆积如山，如果处理得不及时的话，会进一步酿成更严重的自然灾难。

根据欧盟专家小组的估计，这场环境灾难可能会使受污染地区一些特有的物种灭绝。前南斯拉夫的动物学家认为，要想恢复河内的生态，至少需要几年时间。

绿色和平组织的抗议

绿色和平组织成员于3月23日来到巴亚马雷金矿进行抗议，大约25名绿色和平组织成员封住了矿厂的大门，并在一个起重机臂上挂了一个巨型条幅，上面写着"堵塞氰化物"的字样，抗议毒物污染河流事件。

污染事件的责任存在争议

事件发生后，各方开始调查事故责任。直接的负责者当然是泄漏大量废水的

图74 挂在起重机臂上的巨型条幅及部分绿色和平组织成员

金矿。这家位于罗马尼亚北部地区的合资金矿一半属于罗马尼亚，另一半属于澳大利亚的埃斯姆拉达有限公司。罗马尼亚负责环境保护的一位副部长说："从去年起，我们就多次向埃斯姆拉达公司发出书面警告，要求他们立即检查所有的污水处理技术，确保环境的安全，但公司却把我们的警告当成了耳边风。"然而，澳大利亚这家公司否认自己应该对这起环境灾难负责，但迫于外界的压力不得不暂时中止了该公司股份的上市作业。埃斯姆拉达有限公司在澳大利亚珀斯的总部发表声明说："目前没有证据说明我们公司的废水泄漏是造成鱼类大量死亡的直接原因。据我们所知，恶劣的天气也能造成鱼类大量死亡。"这家公司还推脱说，罗马尼亚政府根本没有"多次就环保提出警告"，负责环境的官员也就去年到过现场一次，并且跟环保没有关系，而且，大坝的维修责任是罗马尼亚政府的事。

实际上，对于罗马尼亚来说，这次环境灾难不仅仅意味着巨额赔偿，还意味着罗马尼亚的国际形象受到极大的影响。罗马尼亚环境部长说："这确实是欧洲最严重的环境灾难之一，当然会直接影响我们国家的声誉。不管责任最终落到谁的头上，对自然环境造成的破坏已经是无法挽回的了，这是用多少钱都买不回来的。"

6

中国苯胺泄漏污染松花江事件

2005年11月13日，中国中石油吉林石化公司双苯厂苯胺车间硝基苯精馏塔发生爆炸事故。事故导致约100吨苯、苯胺和硝基苯等有机污染物流入松花江，导致松花江发生重大水污染事件。

6.1 事件经过

中国石油吉林石化公司地处吉林省吉林市，是中国第一个五年计划期间建立的大型化工厂（当时叫吉林化学工业公司），该厂的生产能力至今仍号称中国最大。

2005年11月13日13时40分左右，中石油吉林石化公司101厂的双苯厂硝基苯精馏塔连续发生爆炸。18时爆炸区上空仍然可见滚滚浓烟，附近居民开始疏散，空气中弥漫着刺鼻的气味，十几台泡沫灭火车正在灭火。

在灭火及清理污染物的过程中，约100吨苯、苯胺和硝基苯等有机污染物主要通过吉化公司东10号线大量流入松花江中，造成江水严重污染，沿岸数百万居民的生活受到影响。污染波及下游的哈尔滨市和俄罗斯远东地区。

事件造成8人死亡，60人受伤，直接经济损失6908万元，并引发松花江水污染事件。

图75 中国松花江水污染事件（1.松花江水污染事件发生地点；2.2005年11月13日中石油吉林石化公司101厂苯胺泄漏发生爆炸，迟海峰摄；3.航拍的受污染的松花江）

6.2 事件原因

爆炸事故的原因

爆炸事故的直接原因是，硝基苯精制岗位外操人员违反操作规程，在停止粗硝基苯进料后，未关闭预热器蒸汽阀门，导致预热器内物料气化；恢复硝基苯精制单元生产时，再次违反操作规程，先打开了预热器蒸汽阀门加热，后启动粗硝基苯进料泵进料，引起进入预热器的物料突沸并发生剧烈振动，使预热器及管线的法兰松动、密封失效，空气吸入系统由于摩擦、静电等原因，导致硝基苯精馏塔发生爆炸，并引发其他装置、设施连续爆炸。爆炸事故的发生暴露了吉林石化分公司及双苯厂对安全生产的管理存在隐患，安全生产管理制度和劳动组织管理存在问题。

污染事件的原因

污染事件的直接原因是，爆炸事故发生后，由于双苯厂事先没有在出现事故状态下防止受污染的"清净下水"流入松花江的措施，又未能及时采取有效措施，防止泄漏出来的部分物料和循环水以及抢救事故现场消防水与残余物料的混合物流入松花江，致使发生松花江流域的污染事件。

污染事件的间接原因是，吉化分公司及双苯厂对可能发生的事故会引发松花江水污染问题没有进行深入研究，有关应急预案有重大缺失；吉林市事故应急救援指挥部对水污染估计不足，未提出防控措施和要求；中国石油天然气集团公司和股份公司对吉化分公司环保工作中存在的问题失察，对水污染估计不足，未能及时督促采取措施；吉林市环保局没有及时向事故应急救援指挥部建议采取措施；吉林省环保局对水污染问题没有按照有关规定全面、准确地报告水污染程度；环保总局在事件初期对可能产生的严重后果估计不足，没有及时提出妥善处置意见。

污染物的毒性

苯、硝基苯都是有毒化学品，遇明火、高热会燃烧、爆炸。吸入或接触硝基苯后，会使血红蛋白变成氧化血红蛋白（即高铁血红蛋白），大大阻止了血红蛋白输送氧的功能。硝基苯中毒会呈现呼吸急促和皮肤苍白的症状，进而引起肝脏损伤。中国《地表水环境质量标准》（GB3838—2002）规定，集中式生活饮用水地表水源地特定项目限值硝基苯为0.017 毫克/升，这与美国环保局发布的保护人体健康水质基准中硝基苯的限值一致。2002 年 1 月实施的俄罗斯饮用水标准，硝基苯限值为 0.2 毫克/升，高于中国国家标准。

6.3 事件处置

事件发生后，国家环保总局[1]立即启动应急预案，迅速实施应急指挥与协调，协助吉林、黑龙江两省政府落实应急措施。与此同时，国家环保总局、水利部、建设部派出的专家赶赴现场，协助当地政府共同应对此次环境突发事件。

吉林省政府立即召开紧急会议，启动应急预案，部署防控工作。决定：封堵吉林石化公司的排污口，切断污染源继续向江里排放；加大了丰满水电站的放流量，加快污染稀释速度。同时，通知直接从松花江取水的企事业单位和居民停止生活取水。环保部门通过增加监测点位和提高监测频率，加强了对松花江水质的监测。

11月18日，吉林省政府就松花江水污染事件向黑龙江省进行了通报。黑龙江省政府接到吉林省的通报后，立即启动了应急预案，成立了以省长为组长的应急处置领导小组，对松花江沿岸市县，特别是哈尔滨市的应急工作进行统一部署。

11月22日，哈尔滨市政府连续发布两个公告，证实上游化工厂爆炸导致了松花江水污染，动员居民储水。

11月23日零时，哈尔滨市政府决定关闭松花江哈尔滨段取水口，停止向市区供水。

11月23日，环保总局向媒体通报，受中国石油吉林石化公司双苯厂爆炸事故影响，松花江发生重大水污染事件。

11月24日上午，环保总局局长会见了俄罗斯驻中国的大使，将这次污染事故的全部情况详细地向俄方做了通报。在污染带通过哈尔滨市以后，中方将把监测情况随时向俄方进行通报，并对中俄双方就建立热线联系做出具体的安排。

11月25日，国务院工作组抵达哈尔滨，处理中国石油吉林石化公司双苯厂爆炸事故引起的松花江水环境污染问题。国务院事故及事件调查组经过深入调查、取证和分析，认定中石油吉林石化分公司双苯厂"11·13"爆炸事故和松花江水污染事件，是一起特大安全生产责任事故和特别重大水污染责任事件。

11月27日晚18时，停水四天的哈尔滨恢复供水[2]。

环保总局根据《中华人民共和国环境保护法》第38条、《中华人民共和国水

图76 温家宝在松花江边察看松花江水体污染情况（姚大伟 摄）

---

[1] 编者注：2008年7月，国家环境保护总局升格为环境保护部。
[2] 停水四天污染高峰过去后，污染尾巴还会持续一定时间，因此，专家们通过紧急试验确定改砂滤池为炭砂滤池的应急方案。一是加大粉状炭的剂量；二是改变投加点；三是底层保留500毫米的砂滤料，确保了处理水质的可靠。

污染防治法》第53条以及《中华人民共和国水污染防治法实施细则》第43条的规定，向中国石油天然气股份有限公司吉林石化分公司下发了《松花江水污染事故行政处罚决定书》，决定对该公司处以100万元的罚款。根据《环境保护行政处罚办法》第15条第二款的规定，环保总局在分别通知吉林石化分公司、吉林省环保局和吉林市环保局后，直接对造成松花江水污染事件的吉林石化分公司实施了处罚。

俄罗斯对松花江水污染及其对中俄界河黑龙江（俄方称阿穆尔河）造成的影响表示关注。中国向俄罗斯道歉，并提供援助以帮助其应对污染。

12月8日，胡锦涛同志在北京会见俄罗斯政府第一副总理、中俄"国家年"活动俄方组委会主席梅德韦杰夫。在谈到松花江水污染事件时，胡锦涛表示，中国政府一定会本着对两国和两国人民高度负责的态度，严肃认真地处理此事；我们会采取一切必要和有效的措施，最大限度地降低污染程度，减少这一事件给俄方造成的损害，中方愿与俄方加强沟通和协商，提供协助，开展合作；相信在双方的共同努力和密切配合下，有关问题一定能够得到妥善解决。梅德韦杰夫表示松花江水污染事件是俄中双方面临的共同挑战，两国要加强合作，共同克服困难，战胜灾害。

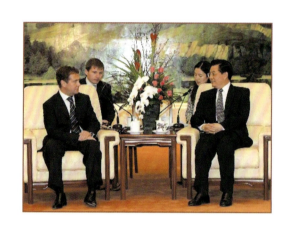

图77 胡锦涛同志会见时任俄罗斯政府第一副总理的梅德韦杰夫，表示将认真处理水污染事件

6.4 社会影响与历史意义

此次事件导致哈尔滨市长达四天的全市停水，这在中国城市供水史上是罕见的，松花江水污染处置过程的经验与教训，都给其他城市应急机制建设带来借鉴。专家们建议：应对突发事件的应急预案应进一步完善。在城市供水应急方面，应当加强水源保护建设，建立全流域水污染控制协调机制，扩大水源保护区，加强水源水质检测力度，建立水源水质预警系统，完善水处理应急工艺，增加各类应急物资的储备，加强应急人员的培训与保障，建立城市管网预警平台，加强城镇供水应急中的政府组织管理，加强对公众的水处理知识宣传。

为了吸取事故教训，中国国务院要求进一步增强安全生产意识和环境保护意识，提高对危险化学品安全生产以及事故引发环境污染的认识，切实加强危险化学品的安全监督管理和环境监测监管工作。要结合实际情况，不断改进本地区、本部门和本单位《重大突发事件应急救援预案》中控制、消除环境污染的应急措施，坚决防范和遏制重特大生产安全事故和环境污染事件的发生。

7

中国台湾含镉废水污染事件：镉米事件

7.1 20世纪80年代桃园县镉米事件

1982年，中国台湾第一起镉米事件发生在桃园县观音乡大潭村。当时查出污染源高银化工疑似为生产含镉和铅的安定剂，排放出的工厂废水含镉，造成农地遭受污染而种出镉米。

高银化工造成镉米事件只是序幕，紧接着彰化县、台中县、云林县、桃园县都陆陆续续发现镉米，镉污染成为台湾农地难以抚平的创伤。台湾农地污染面积高达4.46平方千米，彰化县就有2.61平方千米，居全台之冠。

主要原因是在20世纪50—60年代，家庭即工厂，小型工厂零星散布在彰化农地间。高污染的工厂，包括电镀、金属表面处理业，废水就近排进灌溉渠道，在灌溉与排水系统不分流的情况下，彰化县东西二圳灌溉区内的约10平方千米农地，长年累积下来，受到严重污染，因而不断暴发镉米事件。

农地一旦遭到镉污染，就只能长期休耕。要去除土壤中的镉并不容易。只能利用种植某些对于重金属吸收力强的植物，如马缨丹、鹅掌蘖、马齿苋、孔雀草等，慢慢将镉移除。因此虽然镉米是个老问题，但要彻底解决却需要花很长的时间。

受工业废水污染，台湾桃园县又于1983年和1984年两度发生镉米事件。1983年桃园县芦竹乡受附近的基力化工厂的废水污染，造成镉米事件。1984年桃园县观音乡受附近的高银化工厂的废水污染，造成镉污染，64户泰雅族人前往观音大潭地区建立新家园。

7.2 2001年彰化县镉米事件

2001年11月2日，中国台湾地区著名的农业县彰化县发现面积达1.2万平方米的水稻田疑受工业废水污染，产出的稻米含镉浓度超过食品卫生标准。有关方面称，已有1200多千克已收割稻米被收缴，其余尚未收割的水稻也会被销毁，不会有镉米流入市面。[①]

该次发现镉米的彰化县东西二圳流域，早在1994年就有249家工厂因严重污染环境被有关部门列入管制，到2000年仍有90家工厂在管制之列。而在列入管制的40片污染土地中，仍有20片用于

---

① 范丽青，何自力. 疑受工业废水污染台湾频繁发生"镉米事件". 新华网，2001-11-04.

种植粮食作物。

这次出产镉米的稻田可能与东西二圳灌排水沟底泥沉积的重金属从未挖除有关。按照规定，含镉浓度低于0.1毫克的水才能排入农田灌溉渠道。

7.3 事件处置[①]

1982年，桃园县出现中国台湾地区第一宗镉米事件。调查发现，污染源头是工厂的含镉废水。农民用污水灌溉，产出的大米镉含量超过规定的允许值0.4毫克/千克。此事曝光后，有关部门强制农田休耕，并要求环保部门提出整治计划。

尽管如此，镉污染并未销声匿迹。1996年，台湾中南部的彰化和美、云林虎尾、台中大甲也出现一连串镉米事件。媒体调查后发现，彰化平原的米仓已被工厂废水污染几十年，只是消息一直被掩盖着。

20世纪70年代台湾开始的中山高速公路等"十大建设"，带动了经济发展。而彰化平原一块块良田上，也盖起了违规电镀工厂，其排出的重金属废水对环境造成了严重的伤害。据台湾"农委会"统计，全岛8000多平方千米农地中，按照标准，第4级农地污染面积约500平方千米，第5级农地污染面积约7.9平方千米。第5级是指土壤中有外来重金属介入，应列为重点监测地区，并进行相关工作。

发现的镉米必必须以特殊方式掩埋处理，避免二度污染。

鉴于镉的半衰期长达10~30年，所以多年前台湾疑似发生镉米事件的时候，疑似种植出镉米的农地，被依法强制休耕十年至数十年不等，直到土壤监测在安全标准以内，才同意农民复耕。

图78 正在被掩埋处理的镉米

成立于1989年的非政府组织——台湾主妇联盟环境保护基金会，从走上街头抗议镉米事件开始，逐步推动台湾的土壤保护。多个环保团体也逐渐以结盟的方式，发动地方民众与民意代表，向相关部门陈情。

在管理层面，土壤重金属污染开始受到管控。1999年，台湾"经济部"发布《台湾省地下水管制办法》；2002年，"环保署"公布《农地土壤重金属调查及列管计划》；2005年，《土壤及地下水污染整治法》通过。台湾农地污染管控也有了更详细的权责分工——"环保署"负责农地污染管理，定期进行水质、土壤的采样检验；"农委会"担任辅导农民的角色；"卫生署"职掌市售商品的检验。

[①] 唐家婕. 台湾如何应对镉米. 财新网，2011-02-21.

7.4 社会影响

镉米是一种从被镉金属所污染的稻田种植出的稻米。镉用于涂料、塑胶、电池里面的稳定剂，然而有些工厂排出来的废水没有经过处理，直接就排入灌溉水道、池塘、湖泊，使灌溉农地用的水被稻米吸收，于是就生产出镉米。

台湾的镉米事件，使人们回想起日本的"痛痛病"。1950年发生在日本富山县的镉中毒事件，是镉由山区里的矿场排放到河里，造成了沿岸居民的镉中毒。当地居民深受镉的伤害，称之为"痛痛病"，所以当台湾发生镉米事件的时候，也曾受到社会高度关注。

为了防控镉污染和镉中毒，科学家一直在探索新的技术和新的途径，有力地推动了科技进步与社会管理的不断完善。

——当食入含镉量超过0.5微克/克的食物，或是吸入过多的氧化镉引起身体上多处疼痛，就是镉中毒。

——镉污染的治理，一是使用改良剂，降低土壤的活性。二是采用生物改良法。在污染区种植适当的植物，强力吸收土壤中的重金属，以减少重金属含量。三是采用客土法。用外来干净的土壤覆盖或取代受污染的土壤。四是采用翻土法，即上下层土壤对调稀释其浓度。五是采用污染土壤复育法。现地复育处理污染土壤是在其发现的所在地进行，离场复育的处理方法则是在处理前需要先挖出污染土壤将其带离所在地做处理。六是实行灌排分离。即将工厂企业排污的管道与农田灌溉的管道分开，各行其道。

——依法行政，加强监督和稽查工作，严防工厂企业偷排未经处理的有毒废水，与此同时加大惩罚力度，保护农田的生态环境。

8 美国落基山兵工厂地下水污染及其改造

8.1 兵工厂污染地下水灾害的治理

落基山兵工厂地下水污染成灾

落基山兵工厂（Rocky Mountain Arsenal）位于美国中部，在科罗拉多州首府丹佛东北16千米的地方，占地70平方千米。在冷战时期，从1942年开始，美国陆军在这座兵工厂制造芥子气、神经毒气、凝固汽油弹及其他化学武器。第二次世界大战结束后，兵工厂的部分厂区被企业租用，生产滴滴涕等化工产品。1952年该企业被壳牌化学公司（Shell Chemical Co.）收购，制造杀虫剂和除草剂，一直运营到1982年。

40年中，落基山兵工厂弃置了大量有毒的废物，厂区内的生态环境严重恶化，不仅污染了地表与附近的溪水河流，还渗透进地下水源，使得当地的植被受到破坏，野生动物传统的栖息地受到污染，而且对周边城乡居民的健康和农作物种植构成严重威胁。

落基山兵工厂地区中地下水的流向是朝西北流的。兵工厂北面的许多土地是依靠灌溉的农田，灌溉水中污染物对作物的损害到1951年变得明朗，并于1952年和1953年被报道出来。特别是1954年降雨量比往年偏少10%~20%，于是较多的农田使用了地下水灌溉，因此使农业严重受损。

落基山兵工厂地下水污染的治理[1]

根据不断出现的污染灾害，政府决定对地下水污染程度进行调查。1956年佩特里（Petri）和史密斯（Smith）的一项调查表明：受污染的地下水向未加衬层的处置池以北和西北部延伸，达到数平方千米的区域。根据这项研究结果，采取了一些减轻地下水污染的措施。一是建造了一个0.4平方千米的沥青衬层的池子，自1956年开始将废液排入该池。二是从1968年起到1974年，将水注入干净的水库并使水南流，以帮助稀释和冲洗受到污染的地下水。

不幸的是，沥青池最后出现了泄漏，1973年和1974年又出现了新的作物受损的灾害。科罗拉多健康部的一项研究发现许多污染物存在于低地势处的处置池水井中。在距离处置池大约13千米处和上游1.6千米处的两口水井中检出一种神经气体副产物——二异丙基磷酸甲基酯（DIMP），浓度为0.57微克/升。在接近于处置池的地下水样品中检出DIMP的浓度为48毫克/升。在该区域的水井和泉水中检出的其他有机污染物还有双环戊二烯（DCPD）、异狄氏剂、艾氏剂、狄氏剂和其他有机硫化物。

---

[1] 劳伦斯. 水污染导论. 余刚，张祖麟，等译. 北京：科学出版社，2004：584-590.

根据上述结果，科罗拉多健康部于 1975 年 4 月向落基山兵工厂及壳牌石油公司发出了停止排放污染物和净化、监测的命令。要求未经处理的污染物停止排放到兵工厂北部，严防污染地表水和地下水。

为了执行科罗拉多健康部的命令，地下水水流计算机模型被开发用来预测修复的效果。首先，建造了一个堤坝，以阻断受污染的地表水。第二，建造了一个非渗透性的屏障，包括在兵工厂北部连界的石床上开凿一条 1 米宽、7.6 米深和 0.5 米长的填充有土壤和黏土混合物的沟渠。然后在屏障的南侧（上游），从到屏障六个等距离的 20 厘米的井中抽取地下水。当处理后的水中 DIMP 的浓度达到 50 微克/升时就需要更换活性炭柱。再由一家商业公司负责再生用过的活性炭。

这一系统总共运行了三年，在取得初步效果之后，建造了更大规模的系统。新系统于 1983 年开始运行，每小时能够处理 136 立方米水。

除了北部边界系统外，还另外安装了两个其他的围堵和处理系统。由壳牌石油公司建造的系统于 1983 年完工，位于兵工厂西部边界的一角。

8.2 落基山兵工厂旧址的改造

落基山兵工厂旧址依法改造

20 世纪 80 年代，美国制定了《环境问题综合处理、赔偿和责任法》（Comprehensive Environmental Response, Compensation and Liability Act），据此对全国的污染地块展开普查，设立超级基金（Superfund）对这些地方进行治理，落基山兵工厂就是其中之一。

1983 年美国政府向壳牌公司提起诉讼，对该公司在当地造成的污染要求补偿 18 亿美元。与此同时，科罗拉多州则起诉联邦政府和壳牌公司，要求它们对每起倾倒污染废物的事件补偿 5000 万美元。所有诉讼及调解过程都按照《超级基金法》的规定进行，最终结果就是现在的落基山兵工厂国家野生生物保育区。

建成国家级野生生物保育区

经过 30 多年的治理，花费数十亿美元，过去的兵工厂现在已经成为野生生物的家园。治理工作启动不久，人们就发现有美国的"国鸟"白头鹰在那里筑巢，十

图 79 落基山兵工厂国家野生生物保育区（左上图是在保育区远眺背靠落基山的丹佛市区，中间的插图是当年兵工厂的旧照，右上图和下图是现在的保育区及几种野生动物。图片来源：美国鱼类及野生动植物管理局以及美国环保局）

是国内资源部开始介入,并且在 1992 年经由国会立法,将那里划归该部管理,使其成为鱼类及野生动植物管理局下属的国家级野生生物保育区。

保育区的污染处理与补偿工作在 2010 年基本结束,达到了联邦和州政府相关法规的标准,陆军部已经将它完全移交给鱼类及野生动植物管理局,全面向公众开放,成为丹佛市周边除了落基山国家公园之外又一个户外活动的旅游地。

保育区内开辟了约 16 千米长的徒步小径,沿途可以参观各种野生植物和花卉,溪流湖泊可以垂钓,还有 330 种野生动物,包括美洲野牛、野鹿、土狼、白头鹰和穴居猫头鹰等。人们可以加入有保育区工作人员解说的实地参观,也有专门开辟的野生生物经常出没的路线,可以自行驾车游览。此外,保育区还定期举办互动式的环境保护讲座,为青少年和中小学生参与环保活动提供实践机会。

9
加拿大詹姆斯湾水电站的汞污染

9.1 詹姆斯湾水电站工程概况

詹姆斯湾水电站工程位于加拿大魁北克省的北部。魁北克省属水电委员会计划在詹姆斯湾东部流域建造超大型水电工程，原计划分三期完成，总共拟建造23个大坝和13个水库，总发电量将达280亿度，相当于35个核电站的发电量，可满足两倍于魁北克省人口的电力需求。如果全部竣工，该工程项目将成为世界上最大的水电站工程。该工程完成后，所筑的大坝将改变魁北克省内20条流入詹姆斯湾河流的流向。

这个大型项目的第一期工程（勒格兰奇 Legrande 工程，以建在勒格兰奇河上命名）于 1985 年竣工，造价 200 亿美元，共建造了 5 个水库、9 条大坝和 206 个小堤，总发电量 109 亿度，改变了 4 条河流的流向，蓄水面积为 3 万平方千米，受到影响的流域面积相当于法国国土总面积。

然而，由于该工程在加拿大和美国引发了激烈的争论，加拿大联邦政府和魁北克省不得不重新考察工程的环境和社会后果，以及工程的必要性。1991 年，加拿大联邦最高法院命令在进一步的环境评价完成之前，第二期工程和第三期工程应暂时停工。

9.2 水库蓄水引发的汞污染事件[①]

汞污染给詹姆斯湾工程增添不利因素

詹姆斯湾工程最大的环境问题是蓄水引起的汞污染。有人认为，在北部严寒地带，由于水的蒸发缓慢，经过长期的地质演变过程，那里的植被和土壤积聚了高含量的汞。20 世纪 70 年代中期，有人发现，如果某些特定植被和土壤被淹没，会导致自然储存在植物及土壤中的无机汞溶解到新形成的水系统中，一系列微生物过程会把这些在水中无害的无机汞转化成危害很大的甲基汞。当鱼类在含汞的水中活动并以含汞的微生物和植物为食物时，其体内的汞含量就会增高。再通过食物链的传递，不仅会导致汞在鸟类和哺乳动物体内逐渐积累，而且对食鱼的人群也会造成危害。虽然这种因植被和土壤被淹没而出现的汞富集过程不会是一个永久现象，但这

[①] 徐希林，王全录，段炼. 加拿大詹姆斯湾水电站工程的社会和环境效应. Modern China Science, 1997, (3).

种富集过程会持续很长的时间。

1986年，魁北克水电委员会与克里人[1]签订了一项协议以研究汞中毒问题。此后，魁北克水电委员会进行了许多汞中毒问题的研究，研究发现的结果对詹姆斯湾工程又增添了不利因素。因为研究者注意到，在第一期工程建造的水库里，水质中汞含量明显上升。那些生活在自然水体中的鱼类，其身体内汞的含量通常是0.16~0.61毫克/千克；而第一期工程所修建的水库中的鱼体内汞含量却高达2.99毫克/千克；从水库开始蓄水的那一年算起，五年后非食鱼型鱼类体内的汞含量开始出现下降趋势，而其他鱼体内的汞含量直到第九年后还在持续上升。

同时，当地以捕鱼为生的居民在这些水库中捕鱼为食，也造成了这些居民体内的汞含量上升。1984年的一项测试显示，居住在Chisasibi村的克里人中，有三分之二的人体内汞含量很高。1985年的另一项测试表明，在1318名被测试的克里妇女中，47%的人体内汞含量超过了世界卫生组织的标准。

魁北克水电委员会的官方观点是，汞含量在今后的20~30年内会恢复到正常水平。但淡水研究所的科学家罗伯特·希基（Robert Heeky）则得出了与魁北克水电委员会完全相反的结论，他预测詹姆斯湾流域汞的问题还要持续80~100年后才能解决，这必然会影响下一代的克里人和爱斯基摩人。这个结论使魁北克水电委员会的官方预测失败。由此可见，由于汞问题而造成的水体污染已经成为事实，而且在相当长的时期内，人类无法改变汞污染危害人体健康的结局。

汞污染使可食用的鱼类减少

水库蓄水的另一个结果是减小了库区水温的变化，多数詹姆斯湾水体在水库建成后变得冬天较暖，夏天较冷，夏季水体的最高温度由原来的16℃变成了现在的10℃。水体温度的变化对一些鱼类有利，而对另一些鱼类不利。

对爱捕食狗鱼的克里人和爱斯基摩人来说，狗鱼数量的增加理应是件好事，但现在狗鱼体内的汞含量已经高达2.8毫克/千克，狗鱼基本上已经不宜食用了。由于克里人和爱斯基摩人的食物在很大程度上依赖于鱼类，他们发现自己现在竟缺乏主要食物，因而对于以捕鱼为生的生活方式也失去了信心。因此，在鱼类种群的变化方面，虽然詹姆斯湾工程使得一些鱼类增加了，但这并没有什么积极的作用，因为在今后的20年内，这些数量增加了的鱼类会因汞含量过高而成为不可食用的鱼。

---

[1] 克里（Cree）人，是北美印第安人中的克里族，讲克里语。

9.3 水电站工程带来人文社会问题

詹姆斯湾第一期工程带来的人文社会问题

詹姆斯湾第一期工程直接或间接地造成了一系列新的人文社会问题。

一是为了修建詹姆斯湾工程，魁北克省政府给克里人大量财政补助，这反而造成了克里人对政府的依赖性与他们传统的独立性的丧失。克里人自己也承认，生活比以前容易了，领取社会救济的人从1964年的36%上升到1978年的50%~70%。同时，他们对政府资助的财产并不能妥善爱护。加拿大全国房舍平均寿命为35年，而克里人的房舍平均寿命仅为15年。

二是克里人逐渐丧失了自己原有的生活方式。克里人6000年代代相传的狩猎技术将从此逐渐消失。尽管政府成立了猎人收入保障基金会，一些坚持狩猎的克里人可以从这个基金会领取补助，以维持这些猎人的基本收入水平，使他们仍可以养家糊口。但是，由于大坝建成后水流和结冰的变化，猎人的活动受到限制，再加上工程对野生动物和狩猎环境的影响，单靠狩猎已无法维持生计。此外，克里人对其他野生动物的利用也发生了很大变化，鱼类过去是克里人的重要食物，现在由于有汞污染，很多鱼类已经不能食用。

三是克里人的语言和文化出现衰退现象，对西方文化的适应威胁着克里语言的存在。许多克里人的孩子不但不学克里语，反而学西方式的打扮，穿夹克衫和昂贵的运动鞋。克里语在克里人的孩子中已经逐渐退化。

四是随着生活方式的改变，老年克里人抱怨年轻人对狩猎生活毫无兴趣，只是喜欢去商业中心消磨时间。新的社会问题，如酗酒、吸毒、少女怀孕、暴力、性传播疾病、年轻人自杀和家庭破裂等现象，在克里人社区中也相继出现。更令人担心的问题是克里人社区犯罪率的上升。以前这个游牧民族的成员以狩猎和捕鱼为生，在很大程度上要依赖集体活动和合作，所以在克里人中从未听到过暴力犯罪现象。而现在在克里人居住区暴力犯罪比加拿大的大城市蒙特利尔和多伦多还多。

目前，克里人的群体有了相当大的社会进步，生活水平有了很大改善、婴儿死亡率下降、收入大大增加。但是，克里人的生活水平距离加拿大的人均生活水平还相差很远，克里人的平均寿命比加拿大全国平均寿命少10岁。克里人在接受西方文化的同时，逐渐放弃了自己的土著文化，克里人的传统文化正在迅速衰退。

詹姆斯湾的第二期和第三期工程的前途

虽然魁北克水电委员会尽力减小詹姆斯湾工程的环境和社会影响，但克里人和一些科学家并不完全同意这些观点。有些克里人已逐渐适应这些变化，但还有许多克里人没有适应这些变化。在那一带延续了6000年的土著文化行将消失，许多学者认为，这是人类的巨大损失。詹姆斯湾的第二期和第三期工程的前途将依赖于加拿大、魁北克省和美国的诸多政治经济因素，詹姆斯湾区域的生态环境和当地居民的命运也依赖于这些因素。

第35卷

化学毒物泄漏灾害

本卷主编 史志诚

卷首语

当今世界市场上有 7 万~8 万种化学品。对人体健康和生态环境有危害的约有 3.5 万种。其中有致癌、致畸、致突变作用的化学毒物约 500 种。随着现代工业和现代农业的发展，每年又有 1000~2000 种新的化学品和新型化学合成物投入市场。由于化学品的广泛使用，全球的大气、水体、土壤乃至生物都受到了不同程度的污染、毒害，连南极的企鹅也未能幸免。自 20 世纪 30 年代以来，涉及有毒有害化学品的污染泄漏事件日益增多，在世界性减灾对策中，除了自然巨灾及产业性物理性事故外，化学毒物灾害作为现代毒性灾害的重要类型之一受到关注。虽然，化学物质和大部分技术产品一样，会带来巨大的益处，但同时必须看到化学有毒物品的负面影响，在应用过程中一旦出现污染和泄漏，它会给人类带来某种严重的灾难，不仅造成重大的经济损失，而且会付出生命代价。

本卷在介绍有毒危险化学品泄漏致灾、泄漏之成因、泄漏之危害和泄漏事故处置的基础上，重点记述化学毒物泄漏直接造成人群中毒的事件。特别是人类有史以来最严重工业灾难——印度博帕尔毒剂泄漏灾难，历史上发生的重大氰化物泄漏灾难、甲醇泄漏事件、工厂化学泄漏事件，以及发生在非工厂地点的化学泄漏事件。

1

有毒危险化学品泄漏及其危害

1.1 有毒危险化学品泄漏致灾

现代化学毒物致灾状况

当今世界市场上有 7 万~8 万种化学品。对人体健康和生态环境有危害的约有 3.5 万种,其中有致癌、致畸、致突变作用的约 500 种。随着现代工业和现代农业的发展,每年又有 1000~2000 种新的化学品和新型化学合成物投入市场。由于化学品的广泛使用,全球的大气、水体、土壤乃至生物都受到了不同程度的污染、毒害,连南极的企鹅也未能幸免。自 20 世纪 30 年代以来,涉及有毒有害化学品的污染泄漏事件日益增多,在世界性减灾对策中,除了自然巨灾及产业性物理性事故外,化学毒物灾害作为现代毒性灾害的重要类型受到关注。虽然,化学物质和大部分技术产品一样,会带来巨大的益处,但同时必须看到化学有毒物的负面影响,在应用过程中一旦出现污染和泄漏,它会给人类带来某种严重的灾难。

据美国环保局报道,在 1980 年至 1984 年的五年间,美国的工厂发生各种重大污染事故 6928 起,平均每天五起。

据统计,全球每年约有 100 万人由于农药事故中毒,死亡达万人。随着化学工业的发展,从杀虫剂、农药到日用化妆品等,有害(或潜在危害)的问题越来越明显。对 12 个拉美国家工业安全进行调查后发现,在工伤事故死亡中有 1/4 是由有害化学品造成的。现在大多数工业城镇,化学工厂烟囱林立,管道阀门密如蛛网,高压储罐排列成行,这对当地居民和厂内职工都构成威胁。因此,应当高度关注化工企业在生产、运输、贮存和使用过程中一旦发生泄漏或爆炸的严重后果。①

危险化学品泄漏事故

危险化学品(简称"危化品")包括爆炸品、压缩气体和液化气体、易燃液体、易燃固体、自燃物品和遇湿易燃物品、氧化剂和有机过氧化物、有毒品和腐蚀品等。

化学毒物一经大量排放或泄漏后,污染空气、水、地面和土壤或食物,会直接引起人群化学品中毒甚至发生死亡事件,成为现代化学品致灾事故。对从事化学工业的职工则会引起职业中毒性灾难事件,如 1984 年印度博帕尔毒剂泄漏灾难、氰化物泄漏事件、甲醇泄漏事件、工厂发生的化学泄漏事件,以及非工厂发生的化学泄漏事件。

现代化学灾害最为常见的是化学物质污染环境引发的毒性灾害,如 1930 年比利时马斯河谷大气污染事件、1948 年美国

---

① 金磊. 现代化学毒物灾害不容忽视. 世界科学,1996(3).

多诺拉事件、1952年伦敦烟雾事件、1970年洛杉矶光化学烟雾事件、1961年日本四日市哮喘病事件，人们称之为现代"公害"。

化学毒物通过生物链、食物链也会引发多种多样的毒性灾害，如1968年日本米糠油中毒事件。

1.2 危险化学品泄漏之成因

造成危险化学品泄漏的原因是多方面的，但主要原因是：

自然灾害引发的次生化学灾害

自然界的地震、海啸、火山爆发、台风、龙卷风、洪水、山体滑坡、泥石流、雷击等自然灾害，都会对化工企业造成严重的影响和破坏。例如，由此导致的停电、停水，使化学反应失控而发生火灾、爆炸，导致危化品泄漏等。

勘测、设计方面存在缺陷

如选址不当、安全间距不足等。

设备、技术方面存在问题

如设备质量达不到有关技术标准的要求；防爆炸、防火灾、防雷击、防污染等设施不齐全、不合理，维护管理不落实等；设备老化、带故障运行。化工生产流程中，一般都有一定的压力、温度，甚至高温、高压，不少原料、中间体和产品都具有腐蚀性等特点，极易导致设备老化、故障，使各种管、阀、泵、室、塔、釜、罐发生跑、冒、滴、漏等现象。

违反操作规程

不少化工企业，尤其是私营化工企业急剧增多，许多从业人员素质不高，又未经过严格、系统的培训。

交通运输事故引发危化品泄漏

运输单位不按规定申办准运手续，驾驶员、押运员未经专门培训，运输车辆达不到规定的技术标准，超限超载、混装混运，不按规定路线、时段运行，甚至违章驾驶等，都极易引发交通运输事故而导致危化品泄漏。据统计，近几年在运输过程中发生的危化品泄漏事故已占总次数的约30%。

人为破坏

1995年3月20日，举世震惊的日本东京地铁"沙林毒气事件"就是由日本邪教组织"奥姆真理教"所为，此次事件共造成10人死亡，75人严重中毒，5500余人被分送到234家医院抢救。需特别注意的是，恐怖分子随时都可能制造危化品泄漏事件，残害人民群众，破坏社会稳定。

战争导致危化品泄漏

战争中，交战双方往往也会将对方的危化品生产、储存场所作为攻击和破坏的目标，致使危化品泄漏。还有些被联合国裁军委员会称为"双用途毒剂"的化合物，如氢氰酸、光气、氯气、磷酰卤类等，和平时期是化工原料，战时即可迅速转化为军工生产作为军用毒剂用于战争，这类化学物质一旦泄漏，其杀伤威力不亚于使用化学武器。

1.3 有毒危险化学品泄漏的危害

危化品泄漏危及人民群众生命安全

当危化品泄漏，有毒物质进入人的机体后，即能与细胞内的重要物质如酶、蛋白质、核酸等作用，从而改变细胞内组分的含量及结构，破坏细胞的正常代谢，导致机体功能紊乱，造成中毒。而且，由于各种有毒物质的危害状态不同，中毒的途径也不同。如受污染的空气可经呼吸道吸入和皮肤吸收中毒；毒物液滴可经皮肤渗透中毒；误食、误饮染毒食物、饮水，即可经消化道吸收中毒。此外，由于各种有毒物质的理化特性不同，能产生不同的中毒症状，造成不同的伤害效应。1984年12月，位于印度博帕尔市郊的联合碳化物公司农药厂一个储存剧毒液体——异氰酸甲酯的贮罐压力骤然升高，使阀门失灵，异氰酸甲酯外泄汽化，致3150人死亡，5万多人失明，2万多人受到严重毒害，15万人接受治疗，受此事件影响的多达150余万人，约占该市总人口的一半。

危化品泄漏会造成严重的经济损失

据有关资料介绍，从1953年到1992年的40年间，全世界发生一次损失超过1亿美元的危化品泄漏事故数千起。2003年12月23日，中国重庆市开县天然气井喷事故，除造成2300余人中毒伤亡外，还造成了6400余万元人民币的直接经济损失。

危化品泄漏对生态环境的破坏

1986年11月1日，瑞士巴塞尔市桑多兹化工厂危化品仓库发生火灾，约30吨农药和化工原料流入欧洲著名的莱茵河，使莱茵河受到磷酸和汞化物的严重污染，约160千米长的河道里漂起大量死鱼，河水不能饮用，莱茵河流域的居民在很长时间内都只能靠消防车和其他车辆从水库运水饮用。有关专家曾经指出：该次事故将对莱茵河生态造成长期的影响。又如，海湾地区的石油泄漏，致大批海鸟和鱼类死亡，给广大地区的生态环境造成了极大的破坏。

1.4 有毒危险化学品泄漏的处置

基于有毒危险化学品的种类繁多、性质差异很大，泄漏时间、地点和泄漏方式的不同，应急处置也有所不同。

在政府层面，一是依法防控化学毒物灾害，适时修订相关的法规、制度。二是严格依法履行相关职责，建立健全安全生产责任制，严格实施安全生产许可证制度。要逐级健全安全生产监管机构，保障资金的投入。执法监管部门和行业主管部门要定期组织安全检查，依法严肃查处事故,严格追究事故责任。三是着力推广安全的新技术、新设备、新工艺和新材料,鼓励支持企业结合技术改造淘汰落后、安全性能差的设备、工艺和技术,推动危化品生产、经营、储存、运输、使用领域的科技创新和管理创新,并探索建立危化品安全管理的长效机制。四是完善突发化学毒物灾害的救援预案,储备救援物资,训练救援专业队伍。一旦事故发生,招之即来,科学处置。

在化学工业企业层面,务必加强化学工业企业的安全管理及职工安全自我保护文化素质的培养。一是研究化学毒物的特点及毒物的危险度评价。二是强化紧急防护措施。发展高效低毒产品,调整城市产业布局,消除重大灾害隐患,建立化学事故救援机构。三是救灾对策建设,包括拟定化学毒物事故救援应急方案,确定各种毒物中毒的救治规程等。

在技术层面,一是要切实做好参与处置人员的安全防护。对执行关阀堵漏任务的人员还应使用喷雾或开花水流进行掩护。现场还应准备物资急救解毒药物,有医护人员待命。对中毒的人员应从上风方向抢救或引导撤出。二是努力减轻泄漏危化品的毒害。参加危化品泄漏事故处置的车辆应停于上风方向,消防车、洗消车、洒水车应在保障供水的前提下,从上风方向喷射开花或喷雾水流对泄漏出的有毒有害气体进行稀释、驱散;对泄漏的液体有害物质可用沙袋或泥土筑堤拦截,或开挖沟坑导流、蓄积,还可向沟、坑内投入中和(消毒)剂,使其与有毒物直接起氧化、氯化反应,从而使有毒物改变性质,成为低毒或无毒的物质。对某些毒性很大的物质,还要在消防车、洗消车、洒水车的水罐中加入中和剂。三是着力现场检测。应不间断地对泄漏区域进行定点与不定点检测,及时掌握泄漏物质的种类、浓度和扩散范围,恰当地划定警戒区,并为现场指挥部的处置决策提供科学的依据。四是果断采取工艺措施[①]制止泄漏。工艺措施是具有不可替代的科学、有效的处置化工火灾和危化品泄漏事故的技术手段。但工艺措施必须由专家、技术人员和有经验的工人共同研究提出方案,并由技术人员和熟练的操作工人具体操作实施。在对受火势或爆炸威胁的设备或管道实施关、开阀门时,消防人员应用水枪,以直流或开花或喷雾射流做掩护。五是把握好灭火时机。当危化品大量泄漏,并在泄漏处稳定燃烧时,在没有对制止泄漏有绝对把握的情况下,不能盲目灭火,一般应在制止泄漏成功后再灭火。否则,极易引起再次爆炸、起火,将造成更加严重的后果。六是后续措施及要求。制止泄漏并灭火后,应对泄漏(尤其是破损)装置内的残液实施转输作业。然后,还需对泄漏现场(包括在污染区工作的人和车辆装备器材)进行彻底的洗消,处置和洗消的污水也需回收消毒处理。对损坏的装置应彻底清洗、置换,并使用仪器检测,达到安全标准后,方可按程序和安全管理规定进行检修或废弃。

---

① "工艺措施"即关阀断料、开阀导流、排料泄压、火炬放空、紧急停车等措施。这些技术措施是根据化工生产装置、设备、储罐由管道连接,即通常所说的"管道式连续化"的特点提出的。

2

印度博帕尔毒剂泄漏灾难

1984年12月3日凌晨零时56分（12月2日的午夜时分），位于印度博帕尔市的美国联合碳化物公司[1]印度有限公司（U-CIL）博帕尔农药厂一个储有45吨剧毒液体异氰酸甲酯的地下储气罐，由于不合格的阀门发生故障，压力升高而爆炸，在三四个小时内毒剂全部泄漏，滚滚浓烟严重污染周围环境。事故发生的第一个星期里，2500人死亡，20多万人受伤需要治疗，50多万人受到伤害，数千头牲畜被毒死。博帕尔灾难是世界上最严重的工业灾难，历史上称之为博帕尔灾害(Bhopal Disaster)。

2.1 博帕尔农药厂

博帕尔农药厂建于印度中部丘陵地带中央邦的首府博帕尔市，全市有90万人口，距离印度首都新德里750千米。1964年，印度中央政府为解决亿万饥民的危机和全国粮食短缺问题，开展了农业"绿色革命"运动。因此引进美国联合碳化物公司开办了一家尤尼昂·卡尔德公司农药厂(简称博帕尔农药厂)，以解决农药供应不足的问题。1975年，印度政府正式向美方颁发了在印度制造杀虫剂农药的生产许可证。一座具备年产5000吨高效杀虫剂能力的大型农药厂在博帕尔市郊建成。1980年以前，博帕尔农药厂依靠进口的异氰酸甲酯[2]作为生产农药西维因和涕灭威的原料。之后，该厂根据工业自给自足的政策，开始自行生产这种剧毒原料。

博帕尔农药厂自1978—1983年先后发生过六起中毒事故，造成1人死亡，48

图80 印度引进美国联合碳化物公司在博帕尔建立的农药厂

---

[1] 美国联合碳化物公司（Union Carbide Corporation），创办于1898年，是一家跨国公司，在美国大公司中名列第37位，在世界200家大型化学公司中居第12位。从事冶金、工业用气体、农药、电子以及消费性产品等领域，在全球38个国家设有子公司和化工厂，雇用10万人，资产100亿美元。1983年总营业额为90亿美元。

[2] 异氰酸甲酯（Methyl Isocyanate，MIC），是一种氰化物，一种活性极强的剧毒液态气体，一旦遇水会产生强烈的化学反应，在21℃时汽化。与德军在第一次世界大战中使用的"弗基恩"毒气统称为两大杀人毒气。人吸入后造成呼吸困难，并引起肺水肿，少量就可致死，如果侵入眼睛会引起失明。

人中毒。但这些事故却未引起该厂管理层的重视。未能认真吸取教训，终于酿成1984年的泄漏灾祸。

由于1984年博帕尔事件的发生，联合碳化物公司的扩张被迫终止，公司的信誉受到重大打击，石油化工以外的业务全数独立分拆上市或出售。之后该公司主要制造乙烯和聚乙烯两种基础化学品，以及其衍生品。2001年，该公司被美国陶氏化学公司（Dow Chemical Company）收购，成为陶氏化学公司的全资附属公司。

2.2 事件经过

1984年12月3日凌晨零时56分，博帕尔农药厂一个储气罐的压力急剧上升，由于储气罐阀门失灵，储气罐里装的45吨液态剧毒的异氰酸甲酯及其反应物以气体的形态迅速向外扩散。高温且密度大于空气的异氰酸甲酯蒸气，在当时17℃的大气中，迅速凝结成毒雾，贴近地面层飘移。

从农药厂泄漏出来的毒气形成浓重的烟雾冲向天空，越过工厂围墙，顺着西北风，向东南方向飘荡。毒气首先进入毗邻的贫民区，数以百计的居民立刻在睡梦中死去。火车站附近有不少乞丐怕冷拥挤在一起。毒气弥漫到那里，几分钟之内，便有10多人丧生，200多人出现严重中毒症状。毒气穿过庙宇、商店、街道和湖泊，进而覆盖了市区。许多人被毒气熏呛后惊醒，涌上街头。人们被这骤然降临的灾难弄得晕头转向，不知所措。博帕尔市顿时变成了一座恐怖之城，一座座房屋完好无损，街道两边到处是人、畜和飞鸟的尸体，惨不忍睹。

事发第二天，士兵立即封锁了工厂，不许他人进入，进行封锁保密。此举激怒了饱受事件伤害却无法得到实情的居民。

事故发生的第一个星期里，就有2500人死亡，20多万人受伤需要治疗，50多万人受到伤害，约占该市总人口的一半①。

图81 博帕尔事件发生当天（1.异氰酸甲酯气体扩散地区，采自杜祖健《中毒学概论》；2.12月4日，许多因毒气泄漏而致盲的受害者坐在街头，等待医生为他们治疗；3.事件发生后，士兵旋即封锁了工厂）

---

① 另据统计，事件直接导致3150人死亡，5万多人失明，2万多人受到严重毒害，近8万人终身残疾，15万人接受治疗。十年之后的1994年统计，死亡人数已达6495人，还有4万人濒临死亡。

2.3 事件原因

事件发生的原因主要是：

第一，厂址选择不当。

第二，当局和工厂对异氰酸甲酯的毒害作用缺乏认识，发生重大的泄漏事故后，根本没有应急救援和疏散计划。

第三，工厂的防护检测设施差，仅有一套安全装置，由于管理不善，而未处于应急状态之中，事故发生后不能启动。

第四，管理混乱。

工艺要求异氰酸甲酯贮存温度应保持在0℃左右，但有人估计该厂610号贮罐长期为20℃左右（因温度指示已拆除）。安全装置无人检查和维修，致使在事故中，燃烧塔完全不起作用，淋洗器不能充分发挥作用。

第五，技术人员素质差。对异氰酸甲酯急性中毒的抢救一无所知。

2.4 事件处置

在出事后的几个小时内，博帕尔市的警察局关闭了这家工厂，并且逮捕了该厂经理穆卡和另外四名工作人员，罪名是"过失杀人"。

事故发生后，拉吉夫·甘地总理停止了在印度北方的竞选旅行，赶赴博帕尔市视察，并拨款400万美元赈济受害者。同时，拉吉夫·甘地总理代表印度政府要求美国联合碳化物公司赔偿损失，并郑重宣布，印度政府今后不准许在人口稠密地区生产任何危险物质。

印度中央邦政府对每个遭到损害的家庭进行救济。同时，由于有中毒的家畜，政府禁止贩卖肉品，并关闭了博帕尔市的400家肉品店。

军队被动员起来，负责维持社会秩序，防止拥挤和冲撞。在医院附近搭起20个帐篷作为临时病房，每个帐篷可以容纳

图82 博帕尔毒气泄漏事件（1.首批患者多是婴儿、少年；2—3.正待掩埋的中毒身亡的儿童；4.中毒死亡的贫民；5.美国《时代》周刊，1984，封面，称博帕尔灾难是"印度的灾难"）

20 人。军队还建立了停尸所，把无人认领的死者集中到一块，等待亲人去认领。如最后无人认领，即将印度教徒送去火化，将穆斯林送去土葬。军队用起重机运走那些发出阵阵恶臭的家畜尸体。

博帕尔市的五家医院开始救治中毒患者。事件刚发生几小时，数以百计的中毒者就来到最大的医院——哈米迪（Hamidia）医院。医院里的 350 名医生和 1000 名护士全部动员起来，还是照顾不了一批批涌来的患者。最后只好把 500 名医学院学生编进医疗队。医院的 750 张病床全住上了中毒的患者。医院周围的空地上到处都是患者，呻吟声、咳嗽声和悲泣声响成一片。博帕尔大学医院的 450 名医生，在 12 月 3 日和 4 日两天中，就抢救了几千人的生命。志愿者组织在各处协助照料患者，安慰那些惊魂未定的人们。

12 月 6 日，美国联合碳化物公司首席执行官沃伦·安德森（Warren Anderson）从美国赶往印度，并携带了 184 万美元的紧急事故处理费。12 月 7 日，安德森在印度的公司住所被印度政府监禁，后来以 2500 美元保释。

在环境的恢复方面，工厂于事件发生后的 1985—1986 年关闭，管道、废桶和储罐被清理和出售。对工厂和植物毒物残留进行了监测。1989 年化验结果显示，从附近的工厂和厂房内采集的土壤和水样仍然存在污染。其他的研究表明该地区的地下水也被污染。为了提供安全饮用水，有关部门制订了一个供应用水计划，使之有所改善。2008 年 12 月，中央邦高等法院决定，在指定的地方焚烧有毒废物。

图 83 博帕尔惨案：清理泄漏的有毒物质

2.5 诉求与诉讼

受害者的诉求

事件发生后，博帕尔居民在印度中央邦首府博帕尔街道示威游行，要求：给予博帕尔生还者长期医疗设施及康复服务；对博帕尔受害者做出经济补偿；将涉及博帕尔意外的罪犯绳之以法；陶氏化学公司必须负责清理博帕尔受污染现场；保障博帕尔社区有清洁安全的食水，而不需要饮用受化学品污染的地下水；国际公约有效约束企业要对工业意外负刑事及赔偿责任。

律师事务所提出的诉讼

博帕尔事件是发达国家将高污染及高危害企业向发展中国家转移的一个典型恶果。事故发生后，印美双方就谁是主要责任者问题展开了唇枪舌剑的争论。最后，这桩案子以美国的巨额赔款了结。

事件发生后，美国梅尔文-贝利律师事务所和另外两家律师事务所，共同代表印度受害人提出了诉讼，要求美国联合碳化物公司赔偿150亿美元，控告这家跨国公司在设计与经营方面都有不当，致使工厂毒气外泄，造成大批人员死亡的工业事故。

法院的裁定与抗争

1989年2月14日，印度最高法院最终裁定该公司赔偿4.7亿美元[①]，并责令其3月31日一次付清。美国联合碳化物公司宣布接受这一裁决，根据1989年与印度政府达成的协议，公司已经支付了4.7亿美元的赔偿金，为每位博帕尔灾难中的死者平均付出了约15万美元。[②] 同时在1984—1985年花费了200多万美元清理现场。

虽然美国联合碳化物公司承担了这次事故的责任，并向印度政府支付了赔款，但10年之后，许多受害者仍在等待赔偿。印度中央邦博帕尔市的居民至今仍在为1984年发生的毒气泄漏事故付出惨重的代价。据博帕尔市医疗机构的统计，每星期都有大批毒气受害者因患各种后遗症而死亡。因毒气泄漏事故受害的父母生下的孩子，普遍患有各种疾病，不少人正在缓慢死亡。而美国联合碳化物公司的赔偿与实际救助需要相差甚远，由此，再一次激起当地居民的强烈愤慨和不满。加之申请赔偿的手续复杂，大多数受害者一直未获得应有的赔偿。

2004年，在博帕尔灾难20周年纪念日的时候，数千名示威者和博帕尔化学泄漏事件的幸存者走上博帕尔市的不同地点举行游行，然后聚集到一起。他们在被废弃的事故发生地前举行公共集会，示威者手举标语、高喊口号，替20年前灾难中的受害者要求补偿，要求政府尽

图84 博帕尔事件20周年纪念活动（1.2004年幸存者在印度中央邦首府博帕尔街道要求为20年前的受害者补偿；2.博帕尔事件20周年的时候，遗弃物仍在威胁当地人安全，当地人在烛光旁为亲人守夜；3.在纪念毒气泄漏事件20周年集会上，一名老妇人展示由于毒气泄漏致残的肢体，安治平摄）

图85 博帕尔事件25周年纪念活动（1-2.博帕尔事件25周年的时候，当地的幸存者以及社会活动家们在陶氏化学公司的门口游行抗议；3.示威者要求陶氏化学公司承担废物转移的费用，图中示威者手持的人物照片是美国联合碳化物公司首席执行官沃伦·安德森）

[①] 美国联合碳化物公司在印度博帕尔的公司是合资企业，美方资本额占51%，印方占49%。印度最高法院最终判定，美方赔偿42500万美元，印方赔偿4500万美元，共计赔偿47000万美元。

[②] 格伦农，等.黑色叙事.北京：中国友谊出版社，2008：35.

快发放赔偿金。由于博帕尔农药厂遗弃的生锈管道和杀虫剂储藏罐经多年的风雨侵蚀已经开裂，直接威胁着当地人的饮水安全。因此，受害者要求已经收购美国联合碳化物公司的陶氏化学公司清除被废弃的厂房。

2009年11月19日，在博帕尔事件25周年的时候，当地的幸存者以及社会活动家们在陶氏化学公司的门口游行抗议，要求该公司处理遗留问题，但陶氏化学公司表示他们不会清理25年前子公司丢下的烂摊子。

迟到的判决

灾难发生后，印度中央调查局曾对12名相关人士提出指控，包括美国联合碳化物（印度）有限公司时任首席执行官沃伦·安德森和公司的8名印度籍高管以及公司本身和旗下的两家小公司。

德新社报道，共有12名法官审理这一案件。法官听取178名目击者证词，审查超过3000份文件后做出判决。

时隔26年的2010年6月7日，印度中央邦首府博帕尔地方法院裁决，判定8名被告在26年前的博帕尔毒气泄漏事故中犯有疏忽导致死亡等罪。在8名被告中包括当时美国联合碳化物公司在博帕尔工厂的董事长马欣德拉和其他几名管理人员。其中一名被告已经死亡。

但是，事件的受害者认为这样的裁决太迟太轻。6月7日早上，毒气泄漏事件的幸存者和家属以及当地的活动家聚集到法院周围，举着横幅抗议对肇事者的惩罚太轻太晚。

然而，官司仍未完结，美国纽约的法院，仍然在处理美国联合碳化物公司一切法律责任的继承者兼母公司，即美国陶氏化学公司是否有责任为博帕尔灾难进行善后工作。

2.6 社会影响与历史意义

博帕尔灾难是发达国家将高污染及高危害企业向发展中国家转移的一个典型恶果。灾难发生后，世界舆论为之哗然。许多报刊纷纷载文指责美国联合碳化物公司采取的是"双重标准"。该公司设在美国本土西弗吉尼亚的查尔斯顿（Charlston）的同类工厂都配备有先进的电脑报警装置，并大都远离人口稠密区，而博帕尔农药厂只有一般性的安全措施，周围还有成千上万的居民。

一些环境历史学家和评论家发表文章严厉谴责污染转嫁行为。1992年，印度人保罗·斯利瓦斯塔瓦（Paul Shrivastava）著的《博帕尔·危机解析》出版，描述了博帕尔毒气泄漏事件的全过程、工业危机管理分析、印度与美国的争议以及对受害人的赔偿。2002年12月，绿色和平组织发起在中国北京的北京大学召开博帕尔摄影展——环境生态专题研讨会暨环境记者沙龙，介绍博帕尔事件的过去和今天，反思工业文明引发的生态环境隐患，分析跨国公司在发展中国家的企业行为及其所应承担的社会、环境、经济责任，探讨发展中国家环境保护和经济发展目标之间的冲突和协调问题。2003年，美国法学博士保罗·德里森[1]著的《生态帝国主义：绿色能源，黑色死亡》出版，阐释了发达国家以生态、环境恶化为由指责发展中国家的霸道思维。

为了永远纪念1984年博帕尔事件的受害者和残疾人，博帕尔街头设立了纪念塑像。雕像显示妈妈正用双手抱着死去的孩子。雕像之后废弃的联合碳化物公司的墙上写着纪念博帕尔灾难的文字。

许多发展中国家从博帕尔灾难中吸取经验教训，受到启发。主要是：

第一，发展中国家在招商引资方面要警惕污染转嫁，绝不能以环境与安全为代价发展经济。

第二，危险化学品生产企业的建设，应当规划在远离城市居民集中的地区。在建厂前选址时应做危险性评估，并根据危险程度留有足够的防护带。建厂后，不得临近厂区建居民区。

第三，对于生产、加工有毒化学品的装置，应装配传感器、自动化仪表和计算机控制等设施，提高装置的安全水平。

第四，对剧毒化学品的储存量应以维持正常运转为限。博帕尔农药厂每日使用异氰酸甲酯的量为5吨，但该厂却贮存了55吨。

第五，健全安全管理规程，提高操作人员技术素质，禁止错误操作和违章作业。同时，要进行安全卫生教育，提高职工自我保护意识并普及事故中的自救、互救知识。

第六，对生产和加工剧毒化学品的装置应有独立的安全处理系统，并应定期检修，使其处于良好的应急工作状态。

第七，严格管理和严格执行工业操作流程是防止事故发生的关键，对小事故做详细分析，认真处理。

第八，凡生产和加工剧毒化学品的工厂都应制订化学事故应急救援预案。通过预测把可能导致重大灾害的报告在工厂内公开，并定期进行事故演习，把防护、急救、脱险、疏散、抢险、现场处理等信息让有关人员都清楚，防止一旦发生事故，措手不及。

图86 印度博帕尔街头纪念塑像（1.纪念塑像的正面；2.纪念塑像的后面废弃的联合碳化物公司的墙上写着纪念博帕尔灾难的文字）

---

[1] 保罗·德里森（Paul Driessen），劳伦斯大学地质与生态学学士，丹佛大学法学博士，25年的职业生涯中，任美国参议院内政部职员，能源行业协会成员。

3
氰化物泄漏事件

3.1 中国台湾高雄工厂氰化氢泄漏事件

1978年11月24日清晨,高雄市楠梓区妈祖庙附近的五常里地区弥漫着一股刺鼻的毒气,500多居民出现呕吐、呼吸困难的中毒症状。中毒的居民纷纷自行到医院打针解毒。一名大社石化工业区污水处理厂女工王陈年不治死亡,创下典型公害杀人的第一宗案件。

受影响最为严重的是五常里的楠梓仙溪附近的居民,该溪的上游一千米处,即是大社石化工业区,该区经处理后的工业废水,部分即经由这条脏溪道排出,受害居民饲养的部分鸡鸭,三只家犬及鱼缸中的热带鱼,均因中毒死亡。这条臭水沟自工业区建成后,整天散发出刺鼻的臭气。经调查,造成高雄市楠梓地区500余人中毒的是氰化氢(又名氢氰酸)。氰化氢是一种具有剧毒的化学品。在大社石化工业区内的石油化工企业有中化公司、高雄塑酯公司和大能公司,这三家工厂使用氰化氢作为石油化学工业原料。

3.2 日本东京氰化钠泄漏事件

1988年4月25日下午,位于日本东京市南约48千米处的某公司狭山工厂泄漏出大量有毒化学品,其中含有近35千克氰化钠。泄漏出的有毒化学品流入东京附近的入间河内,致使河水中氰化钠的含量高达8.8毫克/升,高出致死量8.8倍,迫使东京附近的水供应厂关闭水源,严重威胁着东京市居民的用水。这些致命的毒物是从涂料生产工艺中一台泵泄漏出来的。

警方调查认为,由于一名操作工人操作失误,没有关闭泵阀,而另一名工人不知此事,误开该阀,从而导致了这场灾难。

3.3 中国山东淄博氰化钠泄漏事件

淄博双凤化工厂运载剧毒物氰化钠汽车翻车事故

1991年8月11日下午16时,山东淄博市淄川区双凤化工厂一辆运载剧毒物氰化钠的解放牌汽车因违章悬挂拖斗,加之下雨路滑,在山东郓城县双桥乡梁店村附近发生翻车事故。车上的3.5吨剧毒物氰化钠泄漏，造成严重水土污染，致使附近大批树木、庄稼死亡，并发生人畜中毒。截至 16 日，已有 20 多只兔子和家禽死亡，118 人出现不同程度的呕吐、头晕等中毒现象。事故发生后，菏泽地区和郓城县有关部门采取应急抢救措施，使事态得到控制。

淄博齐泰公司氰化钠泄漏事故

2006 年 2 月 10 日，淄博齐泰石油化工有限公司（简称齐泰公司）发生了一起氰化钠泄漏事故。据估计，此次泄漏总量在 10~20 千克。[1]

2 月 10 日星期五 16 时许，在淄博齐泰石油化工有限公司东厂门口，一辆载重 20 吨的罐装车，在厂门口转弯时，突然发生泄漏。一名工作人员突然发现，液态的氰化钠滴滴答答地顺着车辆的罐身流向地面。齐泰公司的工作人员立刻通知了公司安保处，并在第一时间联系了齐园派出所。派出所的干警在得到情况后，立刻赶到现场进行了路面封锁并迅速用硫酸亚铁对氰化钠进行了中和，避免了事件进一步恶化。

造成此次事故的主要原因是，装车时有少量氰化钠残留在了车辆罐口附近的装车槽内。

3.4 圭亚那阿迈金矿尾矿坝垮塌事件[2]

事件经过

南美的圭亚那阿迈金矿位于阿迈河岸边，阿迈河宽仅几米，水流量为 4.5 立方米/小时，与南非主要河流之一埃塞奎博河相接。1995 年 8 月初，当金矿的尾矿坝中储存尾砂的高度离最终高度仅差 1 米时，相关人员曾对尾矿坝坝体检查，但未发现异常情况。不久，即 8 月 19 日深夜，一位警觉的驾驶员发现尾矿坝一端漏水，黎明时分，坝体另一端开裂出水，喷泻而出的水，将 2.9×10^6 立方米含有 25 毫克/升的氰化物尾砂废水排到了阿迈河及埃塞奎博河，造成近千人死亡以及严重的环境污染。历史上称之为"阿迈金矿灾难"（Omai Gold Mine Disaster）。

事件原因

事件发生后，圭亚那政府委托权威专家组建了一个事故调查组，以查明事故发生的原因。调查发现，阿迈金矿尾矿坝坝体建在残余风化土石基础上，坝体建筑材料有黏质、渗透性较差的残余风化土石，一座较宽的废石堆与坝体相连，残余风化土石也是废石堆的主要成分，废石堆延伸 400 米直至阿迈河边。除坝的两端（坝体破坏位置）外，坝体均与废石堆相连。坝体破坏后，遍布在坝体中的裂缝明显可见，这些裂缝沿坝体整个长度扩展，最大的裂缝朝蓄水池方向旋转倾斜，在迎水坡

---

[1] 山东淄博发生剧毒物氰化钠泄漏事故. 39 健康网，2006-02-14.
[2] 王宁. 圭亚那阿迈金矿尾矿坝垮塌事故分析. 世界采矿快报，1997（5）.

面上，有 20 多个落水洞及沉陷洼地。

调查结果表明，在建坝期间，在堤坝底部安装了波纹排水钢管临时排水，在重型设备碾压管线周围的回填材料时，破坏了管路的完整性，为细粒材料流失创造了条件，由于没有采取其他有效措施阻止或有效控制管道周围回填料中的渗漏，引起坝体内部侵蚀破坏。另外细砂层与废石堆之间缺乏反滤，细砂可以容易地从废石堆孔隙之间穿过，因此，事故的发生实际上是一次典型的管涌破坏。该坝破坏的主要类型属于渗漏管涌破坏。

社会影响

1995 年 8 月，圭亚那阿迈金矿的尾矿坝发生渗漏管涌破坏，所产生的影响触动了整个采矿界。尾矿坝作为矿山开采的三大控制性建设工程之一，是特殊的工业建筑物。尽管尾矿坝的建造有较长的历史，但还是在世界各地出现了许多灾难性的尾矿坝事故。因此，有必要对尾矿坝事故产生的原因进一步总结，引以为鉴。

3.5 巴布亚新几内亚氰化钠污染事件

2000 年 3 月 21 日，巴布亚新几内亚的一家名为多姆矿业的澳大利亚采矿公司，用直升机将一个装满剧毒物氰化钠颗粒的箱子运往巴布亚新几内亚开办的金矿。飞行途中这个悬挂在直升机下腹部的箱子意外脱落，经过 24 小时的紧张搜寻，在位于巴布亚新几内亚首都莫尔斯比港北部大约 85 千米处的热带丛林中找到了这个箱子，但箱内的氰化钠颗粒已经散落。[①]

事故发生后，巴布亚新几内亚国家灾害和紧急事务部向人们发出警告，已有大约 1250 平方米的土地受到污染，绝不能饮用现场附近河流中的水。而专家担心热带季风雨季来临，如果氰化钠颗粒溶化，并将氰化钠带到地下和河流中，这样会造成更严重的污染。多姆公司宣布，他们将取走深达 10 米的受到污染的土壤，然后覆盖上硫酸铁来达到中和作用。

3.6 中国陕西丹凤氰化钠[②]泄漏事件

2000 年 9 月 29 日，一辆载有氰化钠溶液的罐车在 312 国道陕西省丹凤县铁峪铺镇化庙村上官路段翻入铁河河道，造成罐内 5.2 吨氰化钠泄漏于铁河河道，大部分渗入河床，造成污染。

事件经过

2000 年 9 月 29 日凌晨 2 时 50 分左右，受雇于湖北枣阳市金牛化工厂的两名个体司机，开着一辆载有 10.33 吨浓度为

[①] 青水. 氰化钠剧毒污染巴布亚新几内亚热带丛林. 北京晚报，2000-03-23.
[②] 氰化钠，一种化学剧毒液体，人只要吞入微量便可中毒死亡。

30%的氰化钠溶液的罐车，计划前往陕西省宝鸡市凤县四方金矿。当行至312国道商洛地区丹凤县铁峪铺镇化庙村上官路段时，因超载并操作失误，罐车翻入铁河河道，造成罐内5.2吨氰化钠泄漏于铁河河道，大部分渗入河床，造成特大氰化钠泄漏污染事故。当地称之为"9·29"特大氰化钠泄漏污染事故。由于应急处置及时，防化部队监控与处理得当，污染被控制在最小的范围，无一人伤亡，河里看不见一条死鱼，但事故造成直接经济损失1188万元。

事件处置

事故发生后，最先得到事故报告的商洛地区行署、丹凤县政府组织有关方面的力量，从凌晨3时50分开始组织抢险，很快遏制了事故蔓延的势头，为整个抢险工作赢得了时间[1]。

事故发生后，当地政府部门采取了三条紧急措施。

一是在上游筑坝拦河，减缓污染物下排速度，减少污染水量。在污染河道下方筑坝，拦截主要污染水源。防化兵每天向处理池中喷洒三合二洗消剂[2]，就地进行化学分解中和。省、地环境监测站每天在两个土坝中取土样，测定浸出液氰化物浓度；省、地卫生部门对事故地点下游10千米范围的两岸饮水井，每天化验两次，所有事故处理工作于每天下午15时前向现场指挥部汇报。

二是在群众中广泛深入宣传防氰化物中毒常识，并由卫生防疫部门调集防氰化物中毒急救药品，散发到农户，严防群众在河道取水，确保群众不发生中毒、死亡。丹凤县公安交警部门在事故地点下游约14千米范围内，每两小时巡查一次，禁止和杜绝当地居民在河道取水、洗衣、洗菜和儿童玩水。

三是做好现场管理和善后处理工作。对事故现场进行24小时监控，在污染严重河段进行深度开挖，将挖出的污染砂石进行中和处理，并将泄漏的事故车槽罐吊运到安全地带进行生化处理。

由于各级政府反应迅速，措施得力，这次泄漏事故造成的污染基本控制在事发现场6000米以内河段，各点监测数据呈逐渐减轻之势，已不对丹江下游构成污染威胁。受到污染的地区没有造成氰化物泄漏而引起的人员中毒事故，事故现场基本

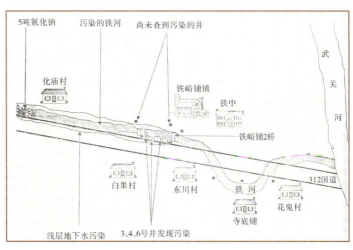

图87 陕西丹凤"9·29"氰化物泄漏事件平面图

---

[1] 刘向东，杨希伟."9·29"丹凤氰化钠泄漏现场目击记. 新华网, 2000-10-03.
[2] 三合二洗消剂是一种新的科学配方，一旦与氰化钠液体融合，能迅速产生化学反应，将污染物分解，改变它的分子结构。

恢复正常，沿河群众情绪平稳，社会稳定。

据报道，长江水利委员会汉江水文局、汉江水质监测中心于10月4日定量分析结果显示，每升水中氰化物的含量均低于0.004毫克，远远低于国家饮用水标准中关于氰化物的含量指标。

陕西省委、省政府要求有关部门认真总结这次事故教训，对交通安全、特殊物资运输和专业运输驾驶员管理中存在的问题

进行了一次全面检查，完善和健全规章制度，防止类似事故发生。

图88 陕西丹凤"9·29"氰化物泄漏事件（1.事故现场；2.事故点以下农田高出河道1~3米，无灌溉条件；3.连环处理池；4.救灾现场工作人员正在测定水质）

3.7 中国河南洛河氰化钠泄漏事件

事件经过

2001年11月1日下午14时，河南省洛阳市二运公司的一辆东风大货车从偃师天龙化工厂出发，前往洛宁一金矿运送氰化钠，途经洛宁县兴华乡窑子屯村段时，发生交通事故，货车从路边翻入离涧河不远的沟壑中，车上装载的11吨氰化钠顺涧河径直流入洛河，洛河河水氰化钠超标达300倍，受污染的水以每秒钟3000立方米的流量顺流而下，有约30千米长的河道受到污染，在60千米长的河道中检验出微量的氰化钠。当地称之为洛河"11·1"特大氰化钠污染事故。

有关部门没有任何耽搁和失误，立即连夜采取了一系列正确的抢救措施。由于事故处置及时，除一段河水中不时有死鱼

图89 东风大货车发生氰化钠泄漏流入河南省洛河

漂过，10 多头家畜中毒死亡外，仅 1 名村民中毒，经治疗已好转，没有再出现人员死亡。但事件造成的直接和间接经济损失达 300 余万元。

事件原因

据调查，天龙化工厂属于个体企业，不具备生产危险化学物品的资格。该厂没有生产许可证，只有一份经营许可证。这样的企业受利益驱使，以营利为目的违规生产，是此次事件发生的一个重要原因。

造成事故发生的另一原因是有关部门对化学危险品的运输监管不力，在安全运输环节上没能把好关卡。按照规定，运送液体化学危险物品应该使用专业的车辆，同时，对驾驶员的技术要求是比较高的。而这次运送氰化钠的车辆是一辆经过改装的罐装车，虽然车主有危险物品营运证，但从调查结果可以看出，车是经过个人改装的，不符合国家运输危险物品的规定和技术资格，因此是不合格的。

此次事件中，氰化钠的使用单位吉家洼金矿曾到洛宁县公安局申请购买 5 吨氰化钠，县公安局对他们的申请进行了审批，但买方违反规定运送了 11 吨，也是违规行为。

事件处置

11 月 1 日下午 14 时，肇事车辆发生事故后，司机没有及时报案，而是逃之夭夭。直到下午 17 时，兴华乡政府因出现牛羊中毒才发现灾情，立即向洛宁县政府做了报告。洛宁县政府又向洛阳市政府做了汇报。洛阳市委、市政府紧急动员，共出动驻军、基干民兵、干部群众数千人连夜赶赴现场，三小时之内在洛河中下游设立了 11 个定量检测点，在洛河宜阳县甘

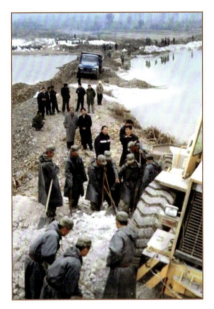

图 90　两条大坝拦腰截断洛河

棠村段和洛宁长水乡长水大桥建起两道堤坝，分三个点向洛河播撒石灰、漂白粉，以防止被污染的河水进入市区。

驻洛某部 300 多名官兵和 240 名武警战士，用最快速度在当天夜里 22 时赶到了宜阳县甘棠村事发现场，连夜开始筑坝。洛阳市政府夜里调集各种机械车辆 100 多台，宜阳县政府连夜调集救灾物资水泥 100 多吨、编织袋 5 万余条、漂白粉 2000 多包，军民在夜色中挥汗如雨，进行抢险。

由于军民们的共同努力，一条长约 2000 米、宽 10 多米的拦河大坝很快建成，消毒人员将消毒剂注入洛河水中，洛河水呈现出一片白色，从大坝的缝隙中向下游流去。两处现场实施戒严，公路上、洛河两岸均站满了公安人员，停满了来来往往的抢险车辆。

截至 11 月 5 日，大规模毒害的威胁基本排除，灾情基本控制，通过对洛河地下水质化验，一切都已正常，完全可以饮用。现场除了留下少数解放军官兵和干部群众

值班外,大部分参加抢险的人员开始撤离。受事故影响的百万居民也放心安定了。

与此同时,公安机关对肇事司机以及4名肇事人员进行立案侦查并刑事拘留,然后移送检察机关。

3.8 荷兰氢氰酸和一氧化碳泄漏事件

2007年1月31日,在荷兰首都阿姆斯特丹以北约20千米的费尔森,一艘渔船发生氢氰酸和一氧化碳泄漏。事故发生后,消防人员迅速赶到现场,为这艘渔船灭火。当天,约有100人从工业区撤离。①

图91 荷兰氢氰酸和一氧化碳泄漏事件(消防人员为发生泄漏的渔船灭火)

---

① 荷兰渔船发生泄漏事件. 新华网,2007-02-01.

4

甲醇[1]泄漏事件

4.1 中国兰州西固两车追尾甲醇泄漏事件[2]

事件起因

2011年11月19日上午11时15分,兰州市银龙运输公司一辆车号为甘A27497、满载14吨甲醇的槽罐车途经西固区西沙大桥时,停靠大桥西南角接受执勤交警的检查。刚停下不久,一辆车号为豫ENA898的半挂车从西沙大桥疾驶右转弯,不偏不斜撞向槽罐车左后尾部,只听一声巨响,一股散发着刺鼻气味的液体顿时从槽车左后尾部倾泻而下。槽车司机惊慌地喊道:"危险,车里拉的是甲醇!"此刻,西沙大桥东西方向来往的车辆川流不息,值勤交警立刻意识到险情四伏,迅速指挥司机将槽罐车倒进路边草地,将正在泄漏的危险化工液体果断转移。

事发突然,槽罐车司机不顾一切脱下自己的衣服,试图拼命堵住槽罐车尾部的泄漏点,但由于车罐内压力过大,喷涌的甲醇将衣服多次冲出,此举不但没有堵住泄漏口,而且涌出的甲醇还浇透了他的全身。

距离槽罐车不到50米处有两个鱼池,经营者惊恐报警呼救。

事件处置

事故发生后,西固区区委、交警、环保、消防、安监等部门救险人员从四面八方赶到现场,指挥疏散周围群众,对泄漏点进行封堵抢险。

11时25分,兰州市公安消防支队特勤一中队、消防西固中队、西固区环保局等部门抢险人员风驰电掣般赶到现场。西固交警大队立即对西沙大桥西东方向实行单向通行管制。

11时45分,槽罐车内仍然倾泻出甲醇流向路边的草地,消防官兵一边采取堵漏措施,一边持消防水枪稀释草地里的甲醇。另外还有一些消防兵挥锹掘土在草坪里围堰截流甲醇,控制甲醇不要流进黄河殃及池鱼。为了避免次生环境污染,西固区环保局决定将围堰起来的甲醇抽走送到污水处理厂,被甲醇侵蚀过的淤泥则被送往工业渣厂,做好事故后处理。

12时10分,特勤官兵爬上悬梯,第三次用堵漏工具封堵泄槽罐车漏洞,但未能成功。于是特勤官兵又找来木块,小心翼翼地嵌入槽车泄漏点,12时27分,槽车泄漏点终于被成功封堵。

---

① 甲醇,是无色有酒精气味易挥发的液体,有毒,易燃,如果泄漏面积过大或蒸气与空气形成混合物达到爆炸极限,极易引起燃烧爆炸。
② 牛欢. 昨日西固发生甲醇泄漏事件. 甘肃经济日报, 2009-11-20.

片刻，几十名消防官兵及环保、安监人员将被甲醇侵蚀的泥土铲起，将泄漏的甲醇围堰，调来一辆槽车，将泄漏车辆内剩余甲醇安全倒罐。

与此同时，运管部门已派员核查槽车及司机相关资质，查证其运输证照是否合法。

经过一个多小时的奋战，泄漏点被成功封堵，所幸无人员伤亡。

4.2 中国濮阳车辆追尾致甲醇泄漏事件[①]

事件起因

2011年11月2日凌晨，河南省安阳市钢花危险品运输有限公司的一辆危险化学品槽罐车，在山西省洪洞县装载31吨甲醇，计划运往当地一家化工厂。当行至河南省濮阳市绿城路时被一大货车追尾，车上31吨甲醇泄漏。

当时，装载甲醇槽罐车行驶到事故地点时，由于避让对面行驶的车辆而进行减速，结果被后面的一辆陕汽重卡撞上，车载甲醇罐体被撞开一个大口子，造成甲醇快速泄漏。由于泄漏面较大无法堵漏，司机急忙向119报警求助。

事件处置

2时45分，濮阳市消防支队接到报警后，根据泄漏甲醇的化学性质，在第一时间调集高新区、华龙区两个消防中队9部消防车、45名官兵赶到现场。

经现场侦查，甲醇槽罐车与一辆载有石子的货车发生追尾，护栏被撞断，甲醇槽罐车法兰被撞断，近10吨甲醇泄漏流淌在路边，面积约300平方米的地带，车辆堵塞近百米。

根据现场情况，指挥员迅速进行部署：一是加强人员个人防护；二是严格控制人员进入，紧急疏散人员车辆，并杜绝火源；三是利用水枪对泄漏甲醇进行稀释，进行泡沫覆盖；四是利用铁锹筑堤封堵，将泄漏液体引入路边地沟，用土覆盖。[②]

事故处置中，为避免泄漏甲醇流入地下污水管线造成安全隐患，消防官兵把稀释过的污水引导到路边水沟，确保不发生次生灾害。

4时50分，经过消防官兵两个小时的奋战，泄漏甲醇全部被成功处置，事故没有造成人员伤亡。

图92 濮阳车辆追尾致甲醇泄漏事件的救援现场

[①] 宋向乐. 濮阳一车辆因追尾造成31吨甲醇泄漏 消防成功处置. 大河网，2011-11-02.
[②] 费磊. 河南濮阳发生化学品泄漏事故 泄漏甲醇现已安全处置. 中广网，2011-11-02.

4.3 中国新疆巴州甲醇泄漏事件[①]

2012年4月5日凌晨1时17分,新疆维吾尔自治区巴州消防支队焉耆中队接到群众报警称：和库高速（库尔勒往乌鲁木齐方向）一辆重型半挂牵引车撞上护栏，车辆发生侧倾，其拉载的甲醇发生泄漏，情况危急。接到报警后焉耆中队迅速出动一车七名指战员火速赶赴案发现场进行处置。

1时55分，消防官兵到达现场，立刻对现场情况进行了侦查，同时向侧倾车辆驾驶员了解情况，经了解驾驶员驾驶重型半挂牵引车，搭载着24.76吨的甲醇驶向乌鲁木齐，中途由于驾驶员长时间疲劳驾驶，想将车辆停靠路边休息时不慎与高速公路护栏发生碰撞，导致车辆侧倾，由于甲醇注入过满，注入口在侧倾后发生泄漏。

现场指挥员第一时间果断下令使用水对泄漏的甲醇进行稀释，对泄漏车辆实施监控。

2时30分，现场情况初步得到控制后，指挥员再次对现场情况仔细了解之后做出了扶正车辆使其停止泄漏的决定，与此同时联系了吊车对重型半挂牵引车进行扶正。

由于事故现场距离市区较远，3时50分重型吊车到达现场，经过消防官兵和现场交警的努力奋战，最终在4时50分将泄漏车辆扶正，扶正后消防官兵对车辆情况进行了仔细检查，在确认事故车辆无其他损伤后将现场移交给交警。

4.4 中国延安车祸致甲醇泄漏事件[②]

事件起因

2012年8月26日凌晨2点40分许，陕西省延安市境内的包茂高速公路安塞段化子坪服务区南出口200米处，发生一起双层卧铺客车与运送甲醇货运罐车追尾碰撞交通事故，引发甲醇泄漏起火，导致客车起火，造成36人死亡。

事件处置

事故发生后，延安市委、市政府立即成立"8·26"交通事故调查处理领导小组，领导小组下设伤员抢救、事故调查、善后处理、综合协调四个工作组展开救援行动。陕西省委、省政府领导立即做出批示，要求全力抢救，协调做好善后工作，要认真调查事故原因，及时准确发布情

[①] 希艾力，彭有根. 新疆巴州消防成功处置一起24吨甲醇泄漏事故. 人民网，2012-04-05.
[②] 浏玮，阿琳娜. 延安车祸：客车车牌号为蒙AK1475 驾驶员已死亡. 中新网，2012-08-26.

图 93 中国延安车祸致甲醇泄漏事件（1.事故发生地点：包茂高速延安安塞以北化子坪服务区；2.一辆双层卧铺客车和一辆装有甲醇的罐车追尾）

况。吸取教训，排查隐患，进一步加强安全生产工作。同时查清死者身份，与内蒙古自治区的相关部门共同处理，做好善后工作。陕西省应急办已将事故情况通报内蒙古自治区和河南省应急办。

与此同时，国务院成立事故调查组，赶赴现场，对延安境内发生的"8·26"特大交通事故开展调查处理，并指导地方做好抢救伤员和善后处理工作。

经核实确认：大型罐车是河南孟州市第一汽车运输有限公司的解放牌新大威货车，车辆核载 40 吨，实载 35 吨，从榆林装载甲醇运往山东。8 月 26 日凌晨 2 时 40 分左右，罐车从包茂高速安塞服务区休息后出发，刚上高速路即被车后的双层卧铺客车追尾。追尾事故造成罐车甲醇泄漏起火。罐车的两名司机未受伤，已被警方控制。

双层卧铺客车是内蒙古自治区呼和浩特市运输集团营运的宇通牌大客车，是 8 月 25 日下午 17 时由呼和浩特市发往西安的客车。客车车牌号蒙 AK1475，车辆核载 39 人，实载 39 人（包括司乘人员）。事故发生时，客车上的乘客大都在沉睡，三人逃生受伤，在医院救治，其余 36 人或中毒，或被火烧死。驾驶员已不幸死亡。

4.5 中国保定甲醇罐车泄漏事件①

2012 年 2 月 2 日凌晨 6 时左右，一辆装载 31 吨甲醇的槽罐车在行驶至保涞线唐县西苇村段时，由于车辆撞山体造成翻车事故。事故造成车顶罐口泄漏，并发生爆炸。

接到报警后，唐县消防大队迅速出动，并向上级汇报相关情况，先后调集了涞源、满城等消防救援力量赶往现场救援。

消防官兵到场时，路上已有大量的甲醇泄漏，且甲醇罐车内部温度较高，存在再次爆炸的危险。为确保安全，消防官兵和交警迅速对道路实施了临时管制，对无关人员进行紧急疏散。同时开始喷水降温，防止再次发生爆炸。涞源和满城等地消防中队相继到场，也不断向车体和罐体喷水，由于附近没有消防水源，消防救援人员采取运水供水的形式，持续不断地对车辆进行灭火，冷却罐体。

上午 9 时左右，爆炸起火的车辆及火

---

① 赵晓慧. 保定 31 吨甲醇罐车翻车泄漏 消防官兵紧急处置. 长城网，2012-02-05.

情被完全扑灭。消防救援人员继续对车体和罐体进行冷却,并利用可燃气体探测仪不间断地对甲醇罐进行检测。13时左右,经消防救援人员和赶来的保定应急救援指挥中心专家反复检测确认安全后,现场危险警戒解除,恢复交通秩序。

4.6 美国4-甲基环己烷甲醇泄漏事件[1]

2014年1月9日,美国西弗吉尼亚州首府查尔斯顿发生4-甲基环己烷甲醇泄漏事件,导致公共水源受到污染,九个县进入紧急状态。1月13日,已连续五天没有安全自来水可用的逾30万居民终于等来好消息,经过持续的清洗和检测,部分地区用水禁令得以解除,开始恢复供水。

事件经过

2014年1月9日早晨,查尔斯顿卡纳瓦县的居民闻到空气中有一种类似甘草精(咳嗽糖浆)的气味。卡纳瓦县消防队和州环境保护部门当天追踪到气味来源,调查人员赶到一家名为自由工业公司,发现埃尔克河沿岸有一个容量为21.8万升的储藏罐,化学物质正在从储罐四周受污染的区域溢出,再经由土壤渗入地下水。泄漏的化学品流入埃尔克河,该河下游约1.6千米处是美洲自来水公司西弗吉尼亚分公司的水处理厂,该水厂向约10万个家庭和机构用户供水,覆盖25万~30万人。

发生泄漏的是自由工业公司,这家公司位于查尔斯顿,为采矿、钢铁和水泥行业生产特用化学品。这次泄漏的化学品是一种发泡剂——4-甲基环己烷甲醇(4-Methylcyclohexane Mechanol),在煤炭工业中用于洗煤[2]。4-甲基环己烷甲醇可能导致人恶心、头晕、呕吐,对皮肤和眼睛有刺激。

自由工业公司轻描淡写地描述这种化学物质对健康的影响,说它"毒性非常、非常低",对公众没有危害。西弗吉尼亚州美国供水公司和政府官员则持不同态度,用水禁令就是明证。

事件影响

1月9日晚,西弗吉尼亚州州长厄尔·拉伊·汤布林宣布九个县进入紧急状态,要求人们不要使用自来水,包括饮用、做饭、洗涤和盥洗,只可以冲厕所和救火。只能先保障医院、养老院和学校用水。

用水禁令发布后造成了很大的影响。居民生活不便,医院忙碌,人群处于恐慌状态。

居民在商店门口排起了长队,纷纷前往超市抢购瓶装水,很快瓶装水存货就被抢购一空。由于不能洗澡,有的居民甚至考虑离开镇上去别处过周末。

州最高法院和一些县的法庭关门,西弗吉尼亚州立大学停课,受到影响的地区15家麦当劳餐厅关门。

在禁令发布之后,来医院就诊的人数

---

[1] 郭婧. 美国化学品泄漏 30 万人断水. 中国环境报,2014-01-16.
[2] 成骆. 美国化学品泄漏引发"水荒". 解放日报 2014-01-12.

图94 查尔斯顿发生化学物质泄漏事件后,西弗吉尼亚州卡纳瓦县居民排队接水(据美联社)

大大增加。911急救中心在禁令发布4~5个小时内就接到了超过1000个电话,其中24个需要紧急医疗服务。一位名为丹尼尔·斯图加特的居民选择起诉美国供水公司和自由工业公司,因为他的肾移植手术取消了,这一事件"使他不得不承受肾衰竭以及其他医疗损害造成的透析和疼痛"。受影响地区有5个人因接触遭污染的水而感到不适,已入院接受治疗。

事件处置

事件发生后的第一时间,当地在遏制泄漏的同时提供充足纯净水。

与此同时,检察官布斯·古德温和其他联邦机构开始调查事故原因,他指出:即使是无意的泄漏也有可能违犯刑法。

西弗吉尼亚州环境保护部门在向自由工业公司发布"停止作业令"数小时之后,下令其将11个地上储罐中的内容物取出,直到消除泄漏影响并证明储罐足够安全,否则不能向其中填入任何物质。

在宣布九个县进入紧急状态之后,州长汤布林督促民众互相留意,尤其是老人和小孩。为此,他1月10日晚在国会上呼吁人们将瓶装水、消毒杀菌剂、液态婴儿配方奶粉、纸和塑料盘子以及器皿,提供给有需要的人,作为商场、教堂、中学、娱乐中心和消防部门给水站之外的补充。

美国总统奥巴马①签署了一份紧急声明,授权联邦应急管理中心协调赈灾行动。联邦应急管理中心1月10日向这一地区派发了75辆卡车,每辆携带约1.85万升的水。这些瓶装水来自很多企业的捐赠,起到了很大的作用。西弗吉尼亚州美国供水公司也派出12辆装满纯净水的卡车,还有4拖车的瓶装水。

截至1月13日,根据跨机构小组的检测,水源中的化学物质含量一直在下降,当局在确保所有样本24小时之内测试指标均处于安全范围后,才宣布可以部分解除用水禁令,近200家杂货店、餐厅、超市和药店已获准重新开门营业。

---

① 贝拉克·侯赛因·奥巴马(Barack Hussein Obama),1961年8月4日出生,1991年以优等生荣誉从哈佛法学院毕业。美国民主党籍政治家。2008年11月4日当选美国总统,为第44任美国总统,是美国历史上第一位非洲裔总统。

5
工厂发生的化学泄漏事件

5.1 美国农药厂有机毒物泄漏事件

1985年8月11日,美国一农药厂发生涕灭威肟泄漏事件,使6名工人受伤,附近居民135人中毒,被送进医院治疗。

事故原因的调查表明,涕灭威肟是从一个容量约为1.89万升的储罐中泄漏出来的。当时,储罐内有约1892升35%的涕灭威肟和65%的二溴甲烷溶液,由于储罐内过热,造成约1270千克涕灭威肟分解物,约317.5千克二溴甲烷溶液和约136千克残渣泄漏。由于在泄漏发生后未及时向地方当局通报和向居民发出警报,很多居民中毒。

5.2 前苏联天然气炼厂毒气泄漏事件

1988年4月25日晚,位于前苏联奥伦堡附近的一家天然气炼厂发生硫化氢泄漏事故,造成附近村庄50余名居民中毒,有19名成人和32名儿童被送进医院抢救,其中部分中毒严重。事故原因是由于一台压缩机在工作中出现故障。

5.3 墨西哥国营杀虫剂厂发生爆炸中毒事件

1991年5月3日中午,墨西哥科尔多巴市的国营杀虫剂厂发生爆炸。由于有毒的液体流入饮用水系统,300多名市民中毒,出现呕吐、头痛、腹泻等症状,被送往医院治疗。

事件发生后,军队封锁了通往工厂周围住宅地区的交通,工厂附近约有1500人避难。事故原因是用于制造杀虫剂的可燃性原料(溶剂)由于闪电产生的电火花发生了着火爆炸。

5.4 中国广东湛江毒气泄漏事件

石头村位于中国广东省湛江市霞山区西南方4000米处,与湛江港相连,全村有5000多人,0.87平方千米耕地,淡水鱼塘0.67平方千米,滩涂养殖面积约0.5平方千米。从 20 世纪 60 年代以来，石头村的周围先后建起了湛江新中美化学公司聚苯乙烯厂、东江炼油厂、湛江化工厂等石化企业。此外，流往村南出海的南柳河，也长期流淌着大量的城市污水和工业废水。这些包围着石头村的大型石油化工企业，不停地排出废水、废渣、油污及二氧化硫、硫酸雾等毒气，严重危害着村民的健康甚至生命，给该村生态环境造成了极大的危害。全村近六成村民患呼吸道疾病，而死亡者以患癌症居多。

1996 年 4 月初，化工厂毒水泄漏，致使全村 400 多人不同程度中毒，后经湛化职工医院检验，明显影响肺部致病的有 68 人。厂方赔偿了 4 万元，其中 1 名中毒村民半年后死亡。在化工厂附近养鸡的村民林炳南 1996 年 4 月、1998 年 10 月先后两次被硫酸气浪熏死 2000 多只鸡。

5.5 日本山口毒气泄漏事件

2001 年 6 月 10 日，日本西部的山口地区，一个生产聚亚安酯的工厂发生毒气泄漏事件，46 名工人中毒，其中三人情况危急。中毒工人呼吸困难，咽喉疼痛，送往医院接受治疗。

警方没有鉴定出泄漏毒气的种类。警方的发言人说：毒气泄漏事件发生在距首都东京 700 千米的山口地区，毒气泄漏量"非常有限"，不会影响工厂附近的居民。

5.6 中国南昌氯气泄漏事件

事件经过

2003 年 4 月 20 日晚 20 时 50 分左右，停产多年的江西油脂化工厂内一个残存的液氯罐因瓶阀出气口及阀杆严重腐蚀，导致液氯残液泄漏，造成 282 名群众中毒，其中中毒较重的有 6 人。经省、市多家医院全力救治，事故没有造成人员死亡。

事件原因

事故发生后，南昌市委、市政府成立了以市纪检、监察部门牵头的事故调查组。经查明，江西油脂化工厂 2000 年 8 月购进一瓶液氯后，一直未按危险化学品安全管理要求进行登记，未将使用管理液氯的情况向上级有关主管部门报告，对液氯瓶未进行过安全评价，未建立危险化学品使用管理制度，未明确责任人，没有制订危险化学品应急处理预案，未把液氯瓶作为重大危险源纳入安全检查范围，导致南昌"4·20"氯气泄漏事故的发生。

江西油脂化工厂"4·20"液氯残液泄漏事故为一起责任事故。南昌市国有工业资产经营有限公司分管轻工企业的副总经理等 11 名事故责任人分别受到党纪、政纪处分。

5.7 中国兰州毒气泄漏事件

2003年8月27日17时左右,兰州市西固区环形东路兰州石化公司动力厂污水处理车间门前,东西方向约一千米长的范围内出现不明有毒气体,导致公路行人及来往车辆司乘人员等55人中毒,其中死亡4人、病危（脑挫伤）1人、重度中毒4人,中、轻度中毒46人。中毒人员分别被送往兰炼、兰化、省建等职工医院进行抢救。

5.8 墨西哥化学厂爆炸中毒事件

2003年9月12日晚19时,墨西哥中部工业城市一家生产杀虫剂的化学厂仓库发生爆炸,含有剧毒的浓烟从厂房冒出,弥漫在城市的上空。事故造成170人中毒,其中10人有生命危险,还导致4名孕妇流产。化学物质泄漏后两个小时即被控制。

5.9 泰国工厂氯气泄漏事件①

2012年5月7日,泰国东部罗勇府赫马腊工业园区内的埃迪亚贝拉化工厂发生氯气泄漏事故。泄漏的氯气在很短时间内迅速传播到该厂周边地区。131人在事故发生后出现头晕等不适症状,被送院检查,其中有12人需留医观察。

埃迪亚贝拉化工厂是泰国特种化学品和粘胶长丝的生产厂商,在印度、泰国等国设立有多个生产基地。事故发生后,泰国工业园区管理局已责令该厂暂停生产,直至事故调查结束。

5月7日,时任泰国总理的英拉②责令有关部门对当天发生的氯气泄漏事故迅速做出风险评估,并责成泰国工业部加强各工业园区安全生产措施。她要求主管工业的相关官员每三个月评估一次所有使用化

---

① 余显伦. 泰又一工厂发生化学品泄漏事故 逾百人感觉不适. 中新社,2012-05-07.
② 英拉·西那瓦（1967— ）,泰国前总理,国防部前部长、著名企业家。生于泰国清迈府,第四代泰国华裔,祖籍广东省梅州市丰顺县塔下村,客家人后裔,是泰国前总理他信·西那瓦最小的妹妹。英拉先后在泰国清迈大学和美国肯塔基州立大学取得政治学学士和政治学硕士学位。大学毕业后进入商界。在成为泰国为泰党的总理候选人之后,英拉辞去其全部商界职务。2011年8月5日当选为泰国第28任总理,成为泰国历史上首位女性政府首脑。

5.10 韩国龟尾市氢氟酸泄漏事件

事件经过

2012年9月27日,韩国南部位于庆尚北道龟尾市的一家化工厂发生爆炸,导致约8吨氢氟酸泄漏,致使3178人因恶心、皮疹和呼吸系统不适接受紧急治疗。事件造成5人死亡、18人受伤。

发生爆炸的化工厂是化学品制造商"胡贝全球",位于龟尾市经济特区第四工团内。龟尾是工业城市,位于韩国首都首尔东南方向大约200千米处。

化工厂爆炸当天,泄漏氢氟酸扩散至方圆2000米,次生灾害影响范围更广。泄漏发生后到10月6日,包括附近居民和参与灭火的消防员在内,1594人因恶心、胸痛、皮疹、眼痛、喉咙痛及其他症状接受治疗,其中一些人唾液带血。化工厂附近超过0.9平方千米农田、果园的庄稼和果树枯萎,大约1300头牲畜出现流口水或类似人类感冒的症状。由于污染的影响,距离化工厂100米左右的凤山里村的农作物被禁止出售,村民因此失去了经济来源。

龟尾市应急部门10月6日指出,73家企业报告因爆炸和泄漏承受财产损失,总计大约94亿韩元(约合850万美元)。另据龟尾市统计,截至10月7日,事故造成的损失已超过177亿韩元(约合1亿元人民币)。

事件原因

操作不当导致氢氟酸泄漏。据当地警方调查提供的事发当时的监控录像画面判断,当时作业人员在工序上出了差错导致氢氟酸泄漏。泄漏的氢氟酸罐在事发六个多小时后才被堵住,泄漏的氢氟酸有8~10吨。这些毒气虽然已被吹散,但周边地区却遭到了严重的污染。化工厂附近凤山里村是这次毒气泄漏事故中受灾最严重的地区。[1]

氢氟酸即氟化氢,剧毒、腐蚀性强,对皮肤有强烈刺激性和腐蚀性。氢氟酸中的氢离子对人体组织有脱水和腐蚀作用,而氟是最活泼的非金属元素之一。皮肤与氢氟酸接触后,氟离子不断解离而渗透到深层组织,溶解细胞膜,造成表皮、真皮、皮下组织乃至肌层液化坏死。氟离子还可干扰烯醇化酶的活性,使皮肤细胞摄氧能力受到抑制。估计人摄入1.5克氢氟酸可导致立即死亡。吸入高浓度的氢氟酸酸雾,会引起支气管炎和出血性肺水肿。氢氟酸也可经皮肤吸收而引起严重中毒。

---

[1] 卢星海. 记者探访韩国氢氟酸泄漏事故现场. 央视网,2012-10-12.

事件处置

氢氟酸泄漏后，消防员没有第一时间使用中和剂氢化钙；地方政府也没有迅速疏散化工厂工人及附近居民。韩国中央政府和龟尾市政府因事故应对不力，受到批评。化工厂附近的凤山里全村大约300人，10月6日上午要求政府组织疏散未果，村里大约70名老人于当天晚些时候搭乘两辆大客车，前往6000米外一处公共设施，认为那里相对安全。村民代表朴明锡说："我们决定自行疏散，以躲避风险，因为政府没有为我们做任何事。"他要求龟尾市政府为村民提供合适的避难所。于是，10月6日，龟尾市应急部门才分阶段疏散凤山里村其余村民至一处临时避难所，以躲避一个多星期前附近化学品工厂爆炸时泄漏的有毒气体氢氟酸。化工厂附近另一座村庄尹泉里村也进行了疏散。

10月5日，韩国龟尾市政府人员对辖区内的农产品种植基地进行化学品含量测试。

中央政府承诺采取全方位措施帮助受害者并阻止损失扩大。

图95 韩国龟尾市政府人员对辖区内的农产品种植基地进行测试

总理办公室于10月5日派出由26名调查人员、官员和专家组成的一个调查组，评估受灾情况。鉴于氢氟酸泄漏给周边环境带来了严重的负面影响，10月8日，韩国政府决定，将日前发生氢氟酸泄漏事故的庆尚北道龟尾市事发地区指定为"特别灾区"。由于单靠地方政府的能力难以克服此次灾难，因此，根据韩国法律，一旦被确定为"特别灾区"，受灾地区50%~80%的重建费用将由国家来承担。政府将延长九个月国税缴纳时间和减免受灾人30%的税金[①]。

5.11 其他工厂化学品泄漏事件

1957年日本造船厂氨中毒事件

1957年4月，日本某县一家造船厂承修船上的氨罐破裂，液氨喷出，造成12人死亡，两人重伤。事故是由于接缝焊接不良，在压力作用下焊接处出现裂纹并逐渐扩大，最终形成破裂造成的。

1985年印度氯化氢气体泄漏事件

1985年10月22日，印度石油化学有限公司的一家工厂发生氯化氢气体泄漏，使14人受到伤害。泄漏持续了五分钟。泄漏是由于正在试运转的137千瓦的马达引起的。

1991年美国氯气泄漏事件

1991年5月6日，Pioneer氯碱公司位于内华达州亨德森市的氯碱厂发生氯气泄漏，造成55人中毒住院，其中包括15名消防队员和6名警察。约1.5万居民外

---

① 宋成锋. 韩国政府宣布氢氟酸泄漏地区为"特别灾区". 国际在线，2012-10-08.

出避难。同时，所有通往该地的道路被封锁，学校停课，警戒时间大约7小时。

调查表明，氯气泄漏是在用配管把液氯向150吨容量的罐中输送时配管破裂和接头泄漏导致的，约有数吨的液氯外泄。

1991年日本氯气泄漏事件

1991年7月，位于日本Shizouka Prefechure的年产4090吨的Marui造纸厂发生氯气泄漏，造成100多名工人和过路行人受伤，其中10人被送进医院观察。

调查表明，由于工作人员操作失误，气体泄漏是因装氯化铝的卡车司机将2吨气体误打入一储罐引起化学反应而发生的。

1991年荷兰氯气泄漏事件

1991年11月15日，荷兰鹿特丹市附近的TDF Tiofine化学公司生产二氧化碳的Botlek工厂内，泄漏出大量的氯气，氯气外泄了十几分钟，使附近作业中的废物处理公司6人中毒，发生严重呼吸困难。

调查表明，氯气泄漏是由于外电供应停止时，工厂的自备发电机启动失败造成的。

1993年德国化学品泄漏事件

1993年2月22日，德国法兰克福格里斯海姆某公司的芳烃中间厂，大约有10吨化学品，主要是中间体邻硝基苯甲醚发生泄漏。事件的发生是由于压力升高导致邻硝基苯甲醚从防爆安全阀中释放出来。黏性的不溶于水的邻硝基苯甲醚，损坏了车辆、屋顶，污染了土壤和植物。

事件发生后，相关人员用一种醇水混合物分散化学品进行清除工作，除去受污染的蔬菜、土壤和冷却残留物。清理工作花费了1000万马克。大约有200千克化学品渗入莱茵河，因此，对莱茵河实施了警戒。

2003年中国浙江乙基氯化物泄漏事故

2003年2月24日20时10分，温州市环保局值班室接到群众举报，龙湾区永强一带上空有恶臭气味，市环保局监察支队值班人员急赴现场进行调查。20分钟后，市区下吕浦群众举报该片区也有恶臭气味。环保工作人员经过分析认为，当时正刮东南风，该气味的源头可能在永强镇一带，经过不断排查，确定方位，终于在21时30分找到恶臭气味的源头，原来是浙江东风农药厂乙基氯化物车间发生了泄漏。

浙江东风农药厂位于龙湾区永强镇蓝田工业区，在温州市区的东南上风口约20千米处，主要生产三唑磷农药，有三唑磷成品车间和乙基氯化物生产车间。据调查，当晚20点10分左右，该厂车间工作人员操作不当，致使乙基氯化物车间的氯化反应锅流量计破碎，当时未加入氯气，锅里有500千克乙基硫化物，约有100千克发生泄漏，该厂工作人员立即对现场进行冲洗，但仍有部分挥发，并沿着风向进一步扩散。

事件发生后，温州市、区二级环保工作人员到现场后，立即要求生产车间停产，要求厂家尽量回收泄漏的化工原料，并通过有关媒体告知群众，此次泄漏事故对人体并无大的危害，但要注意保持通风排气。

有关资料表明，三唑磷为有机磷农药，是代替高剧毒农药的产品。乙基氯化物是有机磷农药的中间体，具有有机磷农药的毒性，对皮肤、眼睛及黏膜有刺激作用，吸入其蒸气会引起气管炎和肺水肿，经皮肤吸收也能引起中毒。

6

非工厂发生的化学泄漏事件

6.1 印度新德里市郊氯气泄漏事件

1989年5月5日，人口密集的印度新德里市郊发生一起钢瓶氯气泄漏事故，207人受到毒气伤害。受害者全部出现眼睛、鼻和喉部的不同程度的发炎现象，许多人甚至发生昏迷。

事故原因是这家化肥厂的五个液氯钢瓶，在运送途中其中一个钢瓶的安全阀出现故障，造成了氯气泄漏，泄漏时间长达两小时。

事故发生后，政府对周围10千米的200万居民及时发出了警报。

6.2 荷兰货船环氧氯丙烷泄漏事件

1989年7月19日，一艘荷兰货船在德国下萨克森州的库克斯港（Cuxhaven）附近发生了有毒化学品泄漏，该化学品系易燃、易爆、有毒的环氧氯丙烷，14名船员中毒，被送往医院治疗。

事故是由环氧氯丙烷包装桶爆裂所致，货物是道化学公司的产品，该公司专家已在事故船上调查事故原因。泄漏毒物没有流入海中。

6.3 美国列车脱轨有毒蒸气泄漏事件

1992年6月30日，一列火车在美国威斯康星州的苏必利尔和明尼苏达州的德卢斯之间的尼马吉河的桥上脱轨，一节含有芳烃浓缩物（一种用于橡胶生产产品的44%苯溶液）的槽车翻入河中，槽车中的约9.8万升物质大部分泄漏出来。由于泄漏出的有毒蒸气包围该地区，迫使两个州数万人疏散，大约有12人因接触有毒蒸气感到头昏、头痛，眼睛和皮肤被灼伤而住院。

这列火车共有54节槽车，14节出轨。其中一节槽车中的苯溶液泄漏，另外两节槽车装有液化石油气和丁二烯，所幸没有泄漏。

火车出轨后数小时内，地方警察和应急反应组做出反应，海岸警卫队开始监视和清理对饮用水和鱼类等有害的泄漏物。

6.4 中国陕西汉中氯气泄漏事件[①]

1994年7月1日,陕西汉中地区发生一起氯气泄漏事故,致使200多名当地农民、过往行人中毒入院。

7月1日下午近18时,汉中地区造纸厂运送液氯的东风卡车行至宝汉公路汉中鑫源办事处塬上村时,车上一个半吨钢瓶上部的安全阀易熔丝突然被冲开,氯气大量泄漏出来,司机一时不知所措,停车回厂报告情况。黄绿色的气体噗噗喷射,随风飘散,对当地农民、过往行人、车辆以及不明真相的围观人群构成严重威胁。

晚上19时,汉中市相关领导接到汇报后,立即召开紧急会议,通知公安、交警、消防、环保、卫生等部门以及有关化工厂技术人员迅速赶往现场。迅速成立一线指挥部并果断决策:一是疏散群众,封锁现场;二是切断泄漏源,紧急救人。

由于汉中市医院抢救及时,98%的中毒者症状轻微。7月3日,农民对受害严重、叶子枯黄的稻田增施尿素,深灌保秧。畜牧部门组织技术人员对大小家畜、家禽进行防疫工作。卫生防疫部门对人畜饮水进行了处理。

6.5 中国湖北省枣阳市氯气泄漏事件

1998年5月21日上午,湖北省枣阳市吴店镇中心村五组个体司机赵兴福驾驶跃进131汽车前往南阳石化服务公司为枣阳市南都纸业有限公司运输液氯。当日下午15时左右运抵后,见南都公司院内因前夜降大雨积水一米多深,司机就将汽车开到位于吴店镇的自家门口停放,然后进屋看电视。

下午17时左右,其中一个液氯罐发生爆裂,造成半吨液氯罐中的液氯泄漏四分之三。事故致使19人中毒,其中2名儿童因抢救无效死亡。5人中毒较重,在医院治疗。其余12人中毒较轻。

6.6 中国贵阳毒气泄漏事件

2000年11月9日下午18时左右,贵阳市花果园狮峰路一家废旧物资回收店的工作人员在处理一个废钢瓶时,瓶中突然飘出一股绿烟,之后一种从来没有闻过的

[①] 朱钜锋,张卫平,张汉红. 氯气泄漏之后. 中国环境报,1994-07-21.

气味越来越浓，路边的行人变得行动迟缓并出现呕吐，严重者昏倒在地。群众随即报警，短时间内贵阳市公安局防暴支队及市消防支队数十名民警火速赶赴现场抢险。贵阳市急救中心救护车也火速赶到现场，将中毒人员送往医院抢救。大约80名不同程度的中毒者在贵阳各医院接受治疗。

消防官兵在抢险时发现，发生事故的废旧物资回收店内共有三个钢瓶，其中一个在靠近瓶口一端有一拇指大小的椭圆形的小洞，洞正在漏气。消防队员当即采用喷雾水枪和湿毛巾堵洞，民警也买来新棉被，用水浸湿后将钢瓶包裹，将三个钢瓶运到安全地带处理。

在现场参加抢险和维护秩序的10多名民警也中了毒，被送往医院接受救治。

6.7 中国四川遂宁液氯泄漏事件

2001年10月28日晚上，四川省遂宁市东方红大桥旁的金属回收公司报废汽车回收二分公司内一废旧液氯气罐发生泄漏，致使近200人中毒。在消防官兵的奋力抢救下，于10月29日上午10时20分将肇事液氯全部稀释。

这天晚上，当地居民刚进入梦乡，突然听到警笛长鸣，有人用高音喇叭通知这里的居民全部撤离，说有毒气泄漏，然后数十辆警车、消防车、救护车先后赶到。居民们跑出家门才发觉确实有一种怪怪的、像臭鸡蛋味的气味弥漫在空中。

就在消防官兵们四处寻找毒源时，南坝车间C区和南强镇六村已先后有100多人因中毒被送进遂宁市人民医院、市中医医院抢救。到29日上午，两家医院共接收了近200名中毒者，还有三名消防官兵也因中毒较深被送进了医院。

由于是深夜，接到报警的消防官兵和警察在南坝车间C区四处搜索，一直未找到毒源。直到29日凌晨6时许，才在河对岸渠河边东方红大桥旁的遂宁市金属回收公司报废汽车回收二分公司内找到毒源。

6.8 中国陕西杨凌氯气泄漏事件

2001年12月21日下午15时许，陕西省杨凌示范区大寨乡梁氏窑村中一废品收购站突然发生剧毒气体氯气泄漏事件，当场有3人中毒。

接到报警后，杨凌消防支队18名官兵于15时30分左右赶到现场，会同公安民警抢险。当时，一股黄色的毒气正从废品收购站的院子里向外喷射。抢险人员认为是氯气泄漏，两个消防战士戴起防毒面具冲进院子，发现是一个一人多高的气瓶向外喷射毒气。又有两名战士冲进去，试图用木塞或湿毛巾堵住气体泄漏口，但没有成功，毒气仍在喷发。战士们迅速将向外喷射毒气的瓶子放倒在三轮车上，运送到野外掩埋，又将另外四瓶气体拉走进行安全处理，排除了险情。但在抢险中有 26 名消防战士和民警有不同程度的中毒。事故中共有 29 人中毒。

6.9 巴西火车出轨化学泄漏事件

2003 年 6 月 10 日，一辆运送化学物的火车在巴西东南部米纳斯吉拉斯州乌贝拉巴市出轨翻车，车上 800 吨的化学物（包括甲醇、辛醇、氯化钠、异甲醇等）全部泄入乌贝拉巴河的一条支流中，造成水源污染，该市 25 万人饮用水断绝。[①]

事故发生后，乌贝拉巴市组织了 80 辆卡车，向学校、医院及居民区运水。但车队每次只能运送 48 万升水，远远满足不了每天 8000 万升水的需求。因此居民只能自行购买瓶装矿泉水来维持生活。6 月 10 日至 11 日，当地的矿泉水价格上涨了三倍。

巴西政府在尽快消除污染的同时对水源污染程度进行了调查，很快解决了生活用水问题。

6.10 中国浙江平阳液氯钢瓶爆炸事件

2003 年 11 月 3 日零时许，浙江温州平阳县鳌江镇塘川办事处联东村发生液氯钢瓶爆炸事件，有 70 余人中毒，两人死亡。

事件发生后，所有伤员被送到平阳县红十字会和平阳县中医医院抢救，温州市有关呼吸方面的专家也及时到位，展开救治工作。

图 96 中国浙江平阳联东村发生液氯钢瓶爆炸事件（图为两个爆炸后的液氯钢瓶，徐昱摄）

6.11 中国齐齐哈尔氯气槽罐泄漏事件

事件经过

2004 年 1 月 15 日晚 18 时许，齐齐哈尔市急救中心陆续接到该市建华区高头村多名村民求救电话，称自己化学气体中毒，出现呼吸不畅等症状。齐齐哈尔市疾

---

① 殷永建. 水源污染，饮水断绝，巴西一城市进入紧急状态. 中国环境报，2003-06-14.

病控制中心等医疗单位当即组织医务人员赶赴现场，抢救伤员，时至16日凌晨3时，有130名村民入院治疗和观察。上午10时，除有6人病情稍重外，其他100多名村民均已脱离危险，大多数均可出院。病情稍重的6名患者出现恶心、呼吸不畅等症状，但没有生命危险。

事件发生后，齐齐哈尔市市委、市政府高度重视，主要负责人亲临现场，指挥安全生产、公安防化、卫生等部门布控封闭，调查人员受伤情况和事件原因并分别采取措施，封闭泄漏氯气的槽罐，调查槽罐来源，环境部门监测周边空气污染程度，确保村民身心健康。

事件原因

事件发生地高头村附近的土坑中，有七只被遗弃的装有氯气的槽罐，何人何时遗弃的情况不详。由于槽罐封闭不严，罐内氯气不断泄出，弥漫在高头村一带，使当地村民陆续受害。

6.12 伊朗装有燃料和化学品列车爆炸事件

2004年2月18日，伊朗一列满载硫黄、燃油以及其他化学工业品的列车在行驶到距离首都德黑兰以东650千米处的呼罗珊省海亚姆车站时发生爆炸，五个村庄被摧毁。爆炸共造成328人死亡，460人受伤。[①]

事件经过

据目击者回忆，当地时间2月18日早晨，伊朗东北部的呼罗珊省省内沙布尔市郊外，几名村民正在铁路旁行走。突然，他们看到了一幕令人惊奇的景象：一列火车正在铁轨上滑行，但奇怪的是，它居然没有牵引机车！他们正在纳闷，火车已经绝尘而去。9时45分，这列没"头"的火车走完了37千米的路程，进入海亚姆车站。海亚姆车站调度室的工作人员立刻发现了这个"不速之客"。他们感到很惊讶，因为在他们的日程中，这列车不该在这个时候出现。随后他们明白了，它不仅没有牵引机车，车上也没有发现一个人，火车轰隆隆地继续往前跑。突然，车厢一节节地接连冲出铁轨并翻倒在地上。刹那间，前面的几节车厢燃起大火并发出巨大的爆炸声。紧接着，后面的车厢也一个接一个地发生爆炸。

据伊朗媒体报道，离爆炸点最近的五个村庄几乎被夷为平地，爆炸声传到了几十千米外，周围10千米内的窗户玻璃都被震碎。距离爆炸地点20千米的内沙布尔市居民说，事发时，他们感到整座城市都在震颤，还以为是发生了强烈的地震。

事件原因

据伊朗德黑兰大学地球物理研究所测定，事发地区在当地时间上午9时45分发生了里氏3.6级地震，可能正是这次地震导致了列车出轨，从而酿成了这场灾难。

[①] 伊朗化学品列车发生爆炸酿惨祸. 安全、健康和环境，2004（3）.

图97 伊朗列车爆炸事件 (1.列车爆炸现场；2.消防人员正在灭火)

事件处置

事件发生后，当地政府立即行动起来。消防队员、救援队伍同时出动，三架直升机和10余辆救护车紧急赶往海亚姆车站。据呼罗珊省紧急情况中心官员介绍，该列货车共有51节车厢，最初爆炸并不是很强烈，但当消防队员和救援队员赶到时，形势发生了逆转。赶来灭火的人冲到出事列车旁，刚架起水龙，更大的爆炸就发生了，许多人当场殉职。

2月18日中午时分，死伤情况有了初步统计结果。据呼罗珊省政府统计，爆炸夺走了近200人的性命，其中182人是消防和救援人员，另有350人受伤。

伊朗官方通讯社还报道说：内沙布尔市的不少地方官员在爆炸中遇难，其中包括呼罗珊省铁路局局长、内沙布尔市市长、市消防局长和市电力部门的负责人等。报道说，当时他们都在现场指挥消防人员灭火。

2月19日，呼罗珊省行政长官宣布：已经确认有309人在18日发生的火车爆炸中丧生，460人受伤。

事件影响

爆炸发生地海亚姆车站，位于呼罗珊省著名的历史古镇内沙布尔。1221—1222年，成吉思汗曾在这一带鏖战过。呼罗珊省还是个多灾多难的地方。1979年，这里两次发生强震，共造成584人死亡。这起爆炸造成了重大损失，并对当地经济造成一定的影响。

6.13 中国福建化学气体泄漏事件

2004年6月15日上午9时30分左右，福建省的一家研究所在实验过程中由于操作不当，发生有毒气体——光气泄漏事件，从当天傍晚开始，该企业的员工就陆续出现咳嗽、口干、流泪等症状，先后被送到福州空军医院和省医院接受救治。

光气，属高毒类窒息性毒气，人在少量吸入时，眼睛、鼻子会有刺激感，出现流眼泪、咽部不适、咳嗽、胸闷等症状，一段时间后会损害肺部器官，导致肺水肿，吸入较多将危及人的生命。

此次光气泄漏事件发生后，已造成1人死亡，260多人出现中毒症状。中毒人员最初吸入的时候没有什么感觉，后来就胸闷、头晕，并不知道是有毒的气体。当光气发生泄漏并出现人员中毒事件后，福建省省立医院立即开通了急救生命绿色通道，启动应急预案，60多名医务人员参与抢救。

6.14 中国重庆市氯气泄漏事件

2004年4月15日晚,位于重庆市江北区的重庆天原化工总厂工人在操作中发现,2号氯冷凝器的列管出现穿孔,有氯气泄漏,厂里随即进行紧急处置。

16日凌晨2时左右,2号氯冷凝器发生局部的三氯化氮爆炸,氯气随即弥漫开来。

事故发生后,当地政府当即组织对工厂的其他氯罐进行排氯,但在这一过程中,发生了爆炸。厂内七个氯气罐全部开始泄漏氯气。

现场附近的重庆江北区有8万人被疏散,嘉陵江对岸的渝中区及化龙桥片区等地区共有6.8万人被疏散。

6.15 中国上海发生液氨泄漏事件[①]

2005年7月4日中午12时15分,在上海南汇区惠南镇惠东路148号门前,一辆卡车上的一只液氨钢瓶突然发生爆炸。

在事发现场,距离事发地点五米的一棵绿树在短短半个小时内变成了黄色,路边林一餐厅的玻璃幕墙被砸出了一个大洞。店内的食客听到巨响都以为是炸药爆炸,纷纷将饭店的窗子砸碎,从窗户里逃了出来。

事故发生后,沿途惠东新村几百户居民家中受到氨气侵蚀,惠东新村108名氨气中毒者被送往南汇区中心医院抢救。患者主要表现为呼吸道和消化道黏膜灼伤,大约7名症状稍重者被转往仁济东院和儿童医学中心救治。4名儿童和2名年过七旬的老人留院进一步观察。

事故发生后,公安、消防、环境监察等部门迅速赶到现场,采取紧急预案,展开抢险工作。消防战士立即用水枪喷淋,对车上的钢瓶进行降温,防止其他钢瓶再次发生爆炸,同时采取措施对弥漫着氨气的空气进行稀释。

据调查,发生事故的车辆属于奉贤青村运输站,车上装的是正准备去灌装液氨的空钢瓶。可能是由于车辆没有采取必要的防护措施,钢瓶直接暴露在烈日下,钢瓶内残留的液氨膨胀最终发生爆裂。但也有目击者声称车上当时装载的八只钢瓶是装满液氨的。

图98 上海液氨泄漏事件的抢救现场(安娅/中青在线)

[①] 倪冬,郭文,王君. 上海发生液氨泄漏事件百余人中毒. 新闻晨报,2005-07-05.

6.16 中国一列车排出废气造成乘客中毒事件

2005年11月7日凌晨3时左右,由哈尔滨市开往满洲里市的N91次列车行至内蒙古自治区呼伦贝尔市大兴安岭地区,在开入滨州线的兴安岭隧道时,内燃机车突然发生故障停在隧道里,排出的废气无法散尽。机车排出的废气造成100多名乘客一氧化碳中毒。

事发时,乘客大部分都在休息。大约40分钟后,列车排除故障继续向前行驶,同车的大部分乘客都感觉头晕、恶心。有70多名乘客在海拉尔铁路医院接受治疗,医生诊断结果为一氧化碳中毒。11月8日,有11人留院观察,均没有生命危险。当地记者向海拉尔、满洲里等地铁路部门了解情况,因为许多乘客中途在牙克石市、博克图镇等地下车,具体中毒乘客的人数一时无法统计。记者通过采访了解到中毒人数超过了100人。[①]

6.17 乌克兰列车出轨中毒事件

2007年7月16日下午,一列运载高毒性黄磷的火车在乌克兰西部的利沃夫州布斯克区出轨,15节满载黄磷的车厢倾覆,其中六节车厢起火燃烧,大火在五个小时后被扑灭。当天,燃烧释放出的有毒气体污染了附近14个居民区,造成至少20人中毒住院,800多人紧急转移。

事件发生后,消防人员在事故现场救火,救援人员向出轨的车厢喷射泡沫。

7月20日,乌克兰紧急情况部新闻局局长克罗尔对媒体宣布:利沃夫州12所医院已收治了179位因列车出轨事故中毒

图99 乌克兰利沃夫州附近一列运载黄磷的火车出轨着火并冒出浓烟

入院的患者,其中包括48名儿童和14名紧急情况部的工作人员。[②]

[①] 张云龙,陈树辉. 哈尔滨至满洲里列车排出废气造成100多名乘客中毒. 新华网,2005-11-08.
[②] 陈畅. 乌克兰列车出轨事故中毒人数升至179人. 新华网,2007-07-22.

6.18 保加利亚苯乙烯泄漏事件

2011年7月10日夜间,一辆搭载工业用气罐的长途货运卡车在从土耳其开往罗马尼亚的途中发生道路交通事故,在保加利亚中部撞车。车上所载气罐中的苯乙烯有毒气体外泄。基于安全考虑,保加利亚中部城镇德博莱茨(Debelets)的2300名居民连夜疏散。①

事件发生后,保加利亚环境保护部门严密监控有毒气体的飘散情况。由于当地气温高达约35℃,消防人员在现场向出事货车洒水,尽量降低爆炸的危险。

2011年9月2日,俄罗斯西伯利亚的车里雅宾斯克火车站发生溴气泄漏事故,40多人中毒住院。

6.19 俄罗斯发生溴气泄漏中毒事件

据报道,火车站的一节车厢载有2000多瓶五升装溴气,其中8~10个玻璃瓶被打破并造成泄漏。目击者称,在短短数小时内,车里雅宾斯克车站上空被一团刺鼻的黄色烟雾所笼罩,好几个城区都能闻到难闻的气味,人们眼睛难受并伴有恶心与呕吐症状。消防队员用了近六个小时才清理完事故现场,有四名消防员出现灼伤和中毒症状。

事故发生后,总共100多人请求了医疗救助,但生态学家怀疑,实际中毒人数远远超过这一官方数字,因为并非所有受害者都请求了医疗救助。

---

①保加利亚发生毒气泄漏事件2300人疏散. 中国新闻网,2011-07-11.

第36卷

核事件与核事故

本卷主编 史志诚

卷首语

核能作为清洁能源已在世界许多国家和地区应用。全世界运用核能反应堆运行的核电站有400多座，分布在30个国家和地区，总发电量占全世界发电量的16%，为世界经济的发展做出了贡献。

然而，核能源是双刃剑。历史上一些核电站、核反应堆、核燃料元件制造厂、核燃料后处理厂、独立的放射性废物处理装置或处置场，以及核技术应用、放射性物质运输等核设施，在核活动过程中，由于各种不同的原因曾经发生多次核事件和核事故。核事件和核事故往往导致放射性物质污染环境或使工作人员、公众受到过量的辐射，不仅造成重大经济损失和人员的重大伤亡，而且会引起政坛动荡和社会的恐慌。前苏联切尔诺贝利核电站灾难中，公众对政府任意捏造的信息充满了怨恨。有关当局在超过24小时之后才公开承认了这一事故，加之缺乏灾后撤离的策略，导致灾难中受害人数增加。日本福岛核电站事故的处置过程中，日本首相菅直人由于救灾指挥不力，被迫辞去日本首相职务。由此可见，核事件和核事故在毒性灾害中占有重要地位，分析核事件和核事故的成因，总结其处置经验具有重要的历史意义和现实意义。

本卷在介绍世界上的核电站发生的核事件与核事故的分级标准、全球发生的核事件与核事故，并对世界三大核事故类型进行比较的基础上，记述了具有代表性的美国三哩岛核事故、前苏联切尔诺贝利核事故和日本福岛核电站事故。此外，还介绍了在各种意外情况下发生的核污染事件以及核废料的泄漏事件，希望从历史教训中获取经验，以资借鉴。最后，叙述了近年来世界上对发展核能的争议焦点，并对三种不同的观点和主张加以陈述，以资比较。

1

核事件与核事故

1.1 世界上的核电站

1954年前苏联建成世界上第一座核电站——奥布宁斯克核电站，英国和美国分别于1956年和1959年建成核电站。之后有核国家先后建立了许多核电站。

据报道，2001年全世界正在运行的核电站有438座，且都是运用核能反应堆运行的，分布在30个国家和地区。总发电量353千兆瓦，占全世界发电量的16%。其中，美国建成104座，核能发电量占其整个发电量的20%；法国建成59座发电用核能反应堆，核能发电量占其整个发电量的78%；日本建成54座，核能发电量占其整个发电量的25%；俄罗斯建成29座，核能发电量占其整个发电量的15%；中国两座，核电能力占总发电量的2%。一些发展中国家也正在建核能反应堆用于发电。

核电站是利用核反应堆中核裂变所释放出来的热能进行发电的。同火力发电相比，它是以核反应堆及蒸汽发生器代替火力发电的锅炉，以核裂变能代替矿物燃料的化学能，把反应堆中通过裂变反应产生的高温、高压蒸汽送入汽轮机实现发电。核反应堆主要由活性区、反射层、外压力壳和屏蔽层组成，为了确保核电站及环境的安全，核反应堆最外面是顶部呈球形的预应力钢筋混凝土安全壳，即反应堆厂房，它的功能是即使发生事故，仍能把影响控制在安全壳内。由于世界上不断发生核事件和核事故，德国政府做出决定，不再建设新核电站，减少对核电的依赖。一时间，有关核电的争议再次引起人们的关注。

1.2 核事件与核事故的分级

核事故的影响往往没有国界，核事故的处置需要国际合作，因此全世界需要有共同的核事故分级标准。国际原子能机构（IAEA）和经济合作发展组织（OECD）的核能机构（NEA），联合组织专家制定了统一的国际核事故分级表，并且规定其使用应受IAEA监察。这个分级表是以统一的用语向全球公众快速报道核事件安全重要性的一种手段。通过正确定级，使核科学技术界、核电企业、各种新闻传媒和广大公众之间达成共识与理解。一般在核事故发生后不久，便可进行临时评级，并在事后予以确认；当进一步调查或获得更多资料后，有可能需要重新调整评级。

国际核事故分级表是经过多年试用后修订的，共划分为1至7级。0级属于在安全上没有重要意义的偏差现象。1至3级称为"核事件"，1级为异常或故障，2级为事件，3级为重大事件；4级至7级是严重程度越来越高的"核事故"，4级事故主要局限于厂内风险，5级则有厂外广泛后果的危险，6级属于大量核辐射泄漏的严重核事故，7级为特别重大核事故。[1] 已被普遍采用的这个分级表，各级的划分均有明确的指标和内涵，其依据主要取决于该事故对环境与人体健康的影响程度、相关设备及其控制以及安全系统的受损程度与后果等。如表36-1-1。

表36-1-1 核事故与核事件的分级

级别	厂外影响	厂内影响	对纵深防御的影响	实例
7 特大事故	放射性大量释放，大范围的居民健康和环境受到影响	—	—	1986年前苏联切尔诺贝利核电厂（现属乌克兰）事故 2011年日本福岛核电站事故
6 重大事故	放射性明显释放，可能需要全面执行应急预案	—	—	1957年前苏联基斯迪姆后处理厂（现属俄罗斯）事故
5 有厂外风险的事故	放射性有限释放，可能要求执行应急预案的部分措施	反应堆堆芯和放射性屏障受到严重损坏	—	1957年英国温斯克尔军用反应堆事故 1979年美国三哩岛核电站事故 1987年巴西戈亚尼亚铯-137放射源污染事故
4 无明显厂外风险的事故	放射性少量释放，公众受到相当于规定限值的照射	反应堆堆芯和放射性屏障明显损坏，有工作人员受到致死剂量的照射	—	1973年英国温斯克尔后处理厂事故 1980年法国圣洛朗核电厂事故 1983年阿根廷布宜诺斯艾利斯临界装置事故
3 重大事件	放射性极少量释放，公众受到远低于规定限值的照射	污染严重扩散，有工作人员发生急性健康效应安全屏障几乎全部失效	—	1989年西班牙范德略斯核电厂事故

---

[1] 中国采用国际原子能机构和经济合作与发展组织分级。将核事故分为7级。不具有安全意义的事件被归类为0级，定为"偏离"。只有5、6、7级事故，才影响到核电厂以外的公众，才需要对公众采取防护措施。

续表

级别	厂外影响	厂内影响	对纵深防御的影响	实 例
2 事件	—	污染明显扩散，有工作人员受到过量照射	安全措施明显失效	—
1 异常	—	出现超出规定运行范围的异常情况	—	—
0 偏差	从安全角度无需考虑			

1.3 全球发生的核事件与核事故

北美洲与欧洲发生的核事件与核事故

北美国家、前苏联和俄罗斯以及欧洲国家发生的 24 起核事件与核事故，分别见表 36-1-2、表 36-1-3 和表第 200 页 36-1-4。

表 36-1-2　北美洲发生的核事件与核事故

时间	核事件与核事故	时间	核事件与核事故
1952	加拿大核试验反应堆事故	1970	美国加卡平地核事故
1958	美国爱达荷国立反应堆事故	1971	美国核反应堆的废水超库存事故
1959	美国圣苏萨娜核事故	1975	美国迪凯特核电站事故
1961	美国艾奥瓦州核反应堆事故	1979	美国三哩岛核电站事故
1963	美国费米反应堆事故	1979	美国田纳西州浓缩铀外泄事件
1966	美国底特律反应堆事故	1983	美国戈雷核电站事故
1966	美国撞机放射性钚污染事故	1985	美国俄亥俄州核电站事故
1968	美国轰炸机携带核武器破裂事故	1986	美国俄克拉何马州核事故

表 36-1-3　前苏联和俄罗斯发生的核事件与核事故

时间	核事件与核事故	时间	核事件与核事故
1957	前苏联乌拉尔核工厂事故	1986	前苏联切尔诺贝利核电站事故
1985	前苏联 K-431 核潜艇事故	1992	俄罗斯列宁格勒核电站事故

表 36-1-4 欧洲国家发生的核事件与核事故

时间	核事件与核事故	时间	核事件与核事故
1957	英国温斯克尔反应堆事故	1969	瑞士吕桑地下核试验事故
1957	英国塞拉菲尔德核电站泄漏事故	1969	法国圣洛朗核事故

日本发生的核事件与核事故

自 20 世纪 90 年代以来，日本因各种原因发生多起核安全事件和核事故。

1981 年日本敦贺核电厂核辐射事故。1981 年 4 月 25 日，日本敦贺一家有问题的核电厂在进行维修的时候，约 45 名工人受到核辐射的伤害。

1995 年 12 月 8 日，位于福井县敦贺市的日本首座快中子反应堆"文殊"号的冷却材料液态钠严重外泄，导致反应堆被迫关机检修。此后，"文殊"号一直处于停运状态。

1997 年 3 月，设在茨城县东海村的核废料再处理工厂发生爆炸，致使数十名员工受到辐射。

1997 年 4 月 14 日，设在日本福井县敦贺市的新型核燃料转换实验反应堆发生泄漏事故。

1999 年 7 月 12 日，日本原子能电力公司所属敦贺核电站 2 号机组的加压水型轻水反应堆的冷却系统发生冷却水泄漏事故。调查人员随后在检查中发现，冷却系统中一段用于连接两个热交换器的 L 形不锈钢管出现了一条长 8 厘米、宽 0.02 厘米的裂缝。

1999 年 9 月 30 日，日本茨城县东海村一家核燃料制造厂发生核物质泄漏事故，造成两名工人死亡，数十人遭到不同程度辐射，30 多万当地居民在屋内避难。

1999 年 9 月 30 日，日本东京东北部东海洋村的 JCO 公司的铀转换厂发生核临界（即可引起核裂变的状态）事故。事故发生时，工人们正在混合液体铀。事故导致 3 名工作人员受到严重的超剂量照射，其中有一个人后来死亡。另外，有 34 人受到放射性辐射污染。这起核事故是日本历史上最为严重的核灾难，动摇了人们对日本核电行业的信心。

2004 年 8 月 9 日，日本关西电力公司位于东京以西约 350 千米处的美滨核电站 3 号机组涡轮室内发生蒸汽泄漏事故，导致 4 人死亡、7 人受伤。

2006 年 4 月 11 日，正处于试运行阶段的日本首个快中子增殖核反应堆的核废料再处理工厂发生含放射性物质的水泄漏事故。

2006 年 5 月 22 日，福岛第一核电站 6 号机组发生放射性物质泄漏事故，但未对周边环境造成影响。

2007 年 1 月 14 日，福井县大饭郡高滨核电站发生含微量放射物质的水泄漏事故，泄漏的水溅到现场的四名作业人员身上，但未对他们的健康和周围环境造成影响。

2007 年 9 月 3 日，福井县的大饭核电站 1 号反应堆发生漏水事故，核电站方面随即关闭了漏水的过滤器阀门。

2009 年 10 月 8 日，福井县敦贺市已被废弃的"普贤"号核反应堆发生含放射性物质的重水泄漏事故，其中所含的放射性物质导致一名职工氚浓度检测指标超标。

2011年3月11日，受日本9.0级大地震以及接踵而来的海啸的影响，日本两座核电站的五个机组停转，日本政府因此宣布"核能紧急事态"，并于12日首次确认福岛第一核电站出现泄漏，大批居民被疏散。日本首相菅直人①饱受应对灾害不力的指责，于8月辞职。

其他国家发生的核事件与核事故

1987年，巴西发生废弃放疗机氯化铯污染事故，240人受到核辐射。

2009年11月24日，印度卡伊格核电厂工作人员在饮用冷却器的水后发生氚中毒。在每日例行的尿检中查明，有55名工作人员身体内氚含量超标，之后这些工作人员被紧急送往医院进行治疗。②

在中国，虽然没有发生核事件，但放射事故也有发生。据1996年中国放射事故案例分析研讨会的报告资料表明，1987—1994年，中国先后发生放射事故269起，其中特大事故占11%，重大事故占45%，一般事故占44%，造成865人超剂量受射，其中三人死亡。

1992年初秋，中国云南省师宗县水泥厂意外发现封存的已废弃了的放射源钴-60的铅罐丢失。经过放射仪器监测，找到了放射性炉渣，随即现场封闭，人员撤离。在专家指导下，经过几个小时的工作，所有炉渣连同被污染的泥土一块全部被取走处理。类似事件还有山西忻州放射性环境污染事故、长春地质学院放射性污染事故等。

1.4 世界三大核事故类型比较

核事故的发生与社会环境、科技水平和社会管理水平有关。我们选择1979年美国三哩岛核事故、1986年前苏联切尔诺贝利核事故和2011年日本福岛核电站事故这三个不同时期、不同科技水平、不同环境下发生的核事故来做一比较说明。

三哩岛核事故和切尔诺贝利核事故的发生与第一代核电站的结构设计和安全系统不完善有关。切尔诺贝利核电站是老式石墨慢化沸水反应堆，既没有快速反应的自动安全系统，又没有厚重的安全外壳。因此，属于原发性的核事故。福岛第一核电站是20世纪60年代设计建造的，虽然具有最里层的核燃料壳、第二层压力容器和第三层安全外壳等三重安全屏障，但安全理念和防护措施介于第一代和第二代核电站之间。与三哩岛核事故和切尔诺贝利

---

① 菅直人（1946— ），生于山口县宇部市，祖父菅实是一名兽医，父亲菅实雄曾任宇部市一家玻璃厂的厂长。1970年东京工业大学毕业。菅直人是蓝领政治家，市民运动家，创立日本民主党的政治家之一，2009年9月16日成为鸠山内阁副首相兼"国家战略局"大臣。2010年1月6日出任财务大臣。日本第94任首相（2010年6月—2011年9月）。

② 印度核电站泄漏事故致55人中毒 疑似人为破坏. 中国新闻网，2009-11-30.

核事故相比，福岛核事故的发生是海啸地震引发的。因此，属于次生性核事故。又由于放射性泄漏的初发期的主要危险在于核电站场内，故开始认定为4级核事故。随后福岛核事故的应急处理险象环生，周围环境陆续检测出辐射泄漏污染，于是调升至5级核事故，后又再次上调为7级核事故。世界三大核电站反应堆类型与事故状况的比较，参见表36-1-5。

表36-1-5 世界三大核电站反应堆类型与事故状况比较表

核电站名称	三哩岛核电站事故	切尔诺贝利核电站事故	福岛第一核电站事故
核电站外观设计			
事故发生时间	1979年3月28日	1986年4月26日	2011年3月11日
国际核事故分级	5级	7级	7级
核反应堆类型	压水型轻水堆（有安全壳）	压力管式石墨慢化沸水反应堆（无安全壳）	沸水型轻水堆（压力容器和安全壳三重屏蔽）
发生事故的核堆数	2号机组（共有反应堆三座）	4号机组（共有反应堆四座）	1~4号机组（共有反应堆六座）
事故核堆的电力输出功率	96万千瓦	100万千瓦	1号机组46万千瓦；2~4号机组78.4万千瓦
发生事故的核堆投入运转时间	1978年12月	1984年3月	1971年3月（1号机组）—1978年10月（4号机组）
事故发生情况和经过	故障加上人为失误，冷却水流出，堆芯45%熔毁	处于试运转中的核堆失控、爆炸。大量放射性物质扩散	因地震和海啸的破坏，丧失了冷却机能
对策	启动冷却水泵进行事故处理。此后，于1984年开封压力容器，1990年取出燃料，1993年清除了污染物质之后退役。厂房现存	用水泥做的"石棺"将核堆完全封闭。1~3号机组此后仍继续运转，1991年2号机组火灾，停机。1号机组于1996年关闭，3号机组于2000年关闭	通过注入海水、淡水实施冷却
放射性物质外泄量	稀有气体9.3万贝可；碘0.56兆贝可	520万兆贝可（碘-131）	37万~63万兆贝可（碘-131）

续表

核电站名称	三哩岛核电站事故	切尔诺贝利核电站事故	福岛第一核电站事故
避难者人数	24千米半径范围内约20万人(推算)	30千米半径范围内约11.6万人	8.87万人
死亡事故人数	无	33人	无

2

历史上核反应堆核事件与核事故

2.1 核反应堆发生的核事件

1952 年加拿大核试验反应堆事件

1952 年 12 月 12 日,加拿大乔克里弗河(Chalk River)附近的加拿大核试验反应堆(NRX)实验室处于试验阶段。因一名职工操作错误,把燃料堆芯的 12 根芯棒中的 4 根抽走,使部分铀被熔化,造成数百升的放射性水聚存在反应堆里。堆芯中失控的核裂变释放的能量等于 500 千克三硝基甲苯(TNT)爆炸释放的能量,幸运的是没有产生剧烈的核爆炸。然而,放射性烟云释放到了空气中,引起了反应堆附近的自动报警系统报警。事故没有人员伤亡,工作人员对辐射的暴露也相对轻微,但反应堆堆芯在事故中遭到了破坏。这次事故花了半年时间才被排除。

1959 年美国圣苏萨娜核反应堆事件

1959 年 7 月 24 日,美国加利福尼亚州圣苏萨娜核反应堆的冷却系统发生阻塞,使 43 个释热元件中的 12 个被烧化,但放射性污染被及时控制。

1963 年美国费米反应堆事件

美国费米快速增殖反应堆是在美国运行的仅有的两个商用性的增殖反应堆之一。1963 年,这个反应堆在距底特律城市 48 千米远的密歇根州的 Lagoona 海岸开始运行。

1963 年 10 月 4 日晚上,为了纠正蒸汽发生器的问题,关闭了反应堆一段时间。随后,工厂的操作者准备启动反应堆。晚上约 23 时至第二天早上 8 时间,反应堆在非常低的功率下运行,同时主要冷却剂液态锅被加热到约 290℃。

1963 年 10 月 5 日,上午 8 时,费米快速增殖反应堆一个控制室中监测堆芯的中子生成的仪器上出现了一个奇怪的信号,操作者意识到发生了故障。下午 15 时 20 分,操作者将六个关闭棒完全插入到堆芯中终止了链反应。随后,对液体钠冷却剂的采样分析显示出有高浓度的放射性裂变产物,这表明一些燃料元件熔化了。事故检测到建筑物中有高辐射水平的裂变产物。幸运的是,由于放射性泄漏引起的放射警报声促使了对反应堆的关闭。

费米反应堆事故释放了少量的放射性物质到环境中,但没有造成人员伤亡。

1966 年底特律反应堆的核事件

1966 年 10 月 5 日,底特律附近一个试验反应堆的核心部分由于钠冷却系统失灵而部分熔化。

1969 年瑞士吕桑地下核试验反应堆事件

1969 年 1 月 21 日,瑞士吕桑地下核试验反应堆的冷却剂没有起作用,把辐射物释放到了洞穴内,后来封闭了这座洞穴。

1969年法国圣洛朗核反应堆事件

1969年10月17日,在法国圣洛朗,由于装燃料时出现差错,造成一个用气体冷却的核反应堆部分熔化。

1970年美国加卡平地核装置事件

1970年12月18日,在巴纳贝利核试验过程中,美国内华达州加卡平地地下一万吨级当量核装置发生爆炸,试验之后,封闭表面轴的插栓失灵,导致放射性残骸泄漏到空气中。现场的6名工作人员受到核辐射。

1971年美国核反应堆的废水超库存事件

1971年11月19日,美国明尼苏达州"北方州电力公司"的一座核反应堆的废水储存设施突然发生超库存事件,结果导致约19万升放射性废水流入密西西比河,其中一些水甚至流入圣保罗的城市饮水系统。

2.2 核反应堆发生的核事故

1961年美国爱达荷国立核反应堆事故

1958年8月11日,美国爱达荷国立核反应堆试验站开始运行发电。这个称为SL-1的反应堆是用铝中富集铀-235的燃料元件棒做燃料。含铝和硼的薄钢板的中子吸收"中毒"窄条被点焊到堆芯中40个燃料元件的每个的一侧或两侧。这些窄条被并排放入堆芯中作为可燃毒物,"它的损耗将补偿燃料的燃烧"。通过水调节堆芯中燃料裂变生成的中子,五个控制棒来调节输出的电能。设计这个反应堆的目的是为了在边远地区使用,它是1955年美国国防部要求建造的一种类型的发电厂。因为预期有一天军事人员将会在野外操作这样的反应堆,所以,使用军事人员操作这个核试验反应堆,部分原因是为了使他们得到电厂操作的经验。

1959年反应堆有出现问题的迹象,发现大量的硼窄条丢失,人工极难除去堆芯中心的燃料元件。1960年11月,发现控制棒有粘住涂层的倾向。1961年1月3日晚上约21时,在SL-1反应堆中的核链式反应失去控制,快速释放的能量大约等于引爆10千克的三硝基甲苯(TNT)产生的能量。能量快速释放导致了爆炸。爆炸可能是由冷却水的快速汽化或在反应堆中氧和氢气体之间的爆炸反应造成的。

爆炸造成了晚上的3名轮班人员死亡,反应堆周围的辐射监测设备监测到了释放的放射性云状物。

2.3 1957年英国温斯克尔反应堆事故

1957年10月7日，英国东北海岸的温斯克尔核生产联合企业的两座生产钚的核反应堆之一的核心部分毁于一场大火，溢出 $7.4×10^{14}$ 贝可放射性碘进入空间。这次事故释放的放射性物质污染了英国全境。泄漏的辐射物造成39人患癌症而死亡。该联合企业由于核事故改名为塞拉菲尔德联合企业。

温斯克尔反应堆

1950—1951年，英国政府开始在人口稀少的爱尔兰坎布里亚郡的温斯克尔（Windscale）建设两个生产钚的核反应堆，为英国核武器计划服务并提供燃料。反应堆使用涂层为钢的铀作为燃料元件，燃料元件嵌入到15米长的石墨管中，石墨作为中子慢化剂。通过空气冷却反应堆的堆芯，废气通过125米长的排气管排放到大气中。

事故经过

1957年10月7日，温斯克尔工厂在反应堆低功率运行后被关闭的同时，发现1号反应堆开始出现维格纳能量①的释放。此时堆芯中一个或更多燃料元件实际上是过热的，钢套已经熔化或破裂。随着堆芯中温度的继续升高，没有暴露到大气中的受损的燃料元件铀开始燃烧，造成附近的燃料元件的过热和破裂，因此扩大了火灾。

10月10日，1号反应堆的烟道气中的放射性水平开始急剧上升，由于反应堆芯过热，导致燃料起火。同时，由于检测温度的仪器发生堵塞，不能在反应堆芯周围移动以检测温度，事故不断升级。燃料着火，石墨着火，最后反应堆芯起火。就这样，整个系统完全失去了控制。当时，工厂的管理者们面临着两大难题：一是考虑政治的因素，他们不敢披露火灾的严重程度；二是在技术方面，他们用空气来冷却反应堆，结果非但没能减弱火势，反而使情况变得更加严重。通过将二氧化碳吹入到堆芯中以冷却系统的努力也失败了。因此，没有继续采取措施。

10月11日早晨，工厂最后决定用水扑灭大火。因为水遇到熔化的铀可能发生爆炸，于是他们把所有的现场人员都送回了家。9时开始抽水到堆芯中，幸运的是，反应堆没有爆炸，而且火势逐渐减弱，最后终于熄灭了。

10月12日，堆芯完全冷却。

图100 温斯克尔工厂及附近草地上放牧的奶牛

① 维格纳能量，是指在石墨温度超过250℃时，这些空隙重组释放的能量。

这次事故由反应堆燃料起火，到石墨着火，最后引起整个反应堆芯起火，幸运的是，反应堆没有发生爆炸，故历史上称之为"温斯克尔火灾"。

事故原因

温斯克尔的钚生产设施（即反应堆）的设计十分原始。温斯克尔工厂有石墨慢化剂，但它的早期设计者没有考虑到石墨内潜在的能量可能带来的危险，也没有考虑到人工操作会产生失误。事故发生的主要原因，一是在早先低功率运行期间，石墨慢化剂中存储了不正常的大量的维格纳能量，这种能量释放生成的热足以熔化燃料元件的部分涂层①。二是那天值班的操作人员犯了两个错误，第一个错误是没有带操作手册，也没有检查他监控的流程是否正常；第二个错误是人为的错误，监测仪器上的读数不是反应堆最热部分的温度，因为他没把仪器放在冷却流程中会变热的部分计算进去。

事故的影响

温斯克尔工厂的 1 号反应堆毁于一场大火，溢出 7.4×10^{14} 贝可放射性碘进入空间。从 1 号反应堆排气管释放的放射性烟柱从 10 月 10 日到 10 月 12 日向南、东南方向迁移到英国的乡村上空然后迁移到北欧。幸运的是，辐射物是从 120 米高的烟囱向周围散发的，烟囱很高，因而降低了人们从地面呼吸到的浓度。这就使英国大多数人受到的辐射都不怎么严重。更为幸运的是，对放射性沉降物的测试表明，所释放的主要放射性核素是碘-131，它的半衰期②仅为八天。

事故对人类健康的最主要的威胁是对牛奶的污染。事故发生后，工厂方圆约 322 千米以内的人们都不敢喝牛奶，人们害怕辐射进入食物链。草场上的奶牛吃了含有放射性碘的草，牛奶中就有了碘-131，它会在那些喝牛奶者的甲状腺中沉积，人体就有可能受到它的辐射。于是，人们立即在一个大范围开始对牛奶取样分析，同时牛奶被禁用 20~40 天，直到牛奶中的放射性水平下降到可接受的标准为止。按照碘-131 的半衰期计算，只要在三个月内不喝牛奶，就足以让危险过去。

在温斯克尔事故中，主要的受害者是养牛厂的工人及其管理者。事故产生的放射性物质污染了英国全境。泄漏的辐射物造成 39 人患癌症死亡。

温斯克尔事故的最终结果是完全废弃了这个核反应堆，工厂由于核事故改名为塞拉菲尔德联合企业。

历史的反思

在温斯克尔反应堆事故发生 30 周年的时候，人们在发生地竖立了纪念碑，怀念在事故中扑灭大火的勇士和后来付出生命代价的人们。

图 101 温斯克尔事故 30 周年纪念碑

---

① 一位德国物理学家的研究认为：在含石墨慢化剂的反应堆中，必须寻求一些控制维格纳能量释放的方法。而温斯克尔工厂没有控制维格纳能量释放的设施。

② 放射性元素的原子核有半数发生衰变时所需要的时间，叫半衰期。放射性元素的半衰期长短差别很大，短的远小于一秒，长的可达数万年。

3

历史上核电站泄漏事件与核事故

3.1 2008年法国核电站两起泄漏事件

2008年7月7日特里卡斯坦核中心泄漏事件

2008年7月7日，晚23时许，在法国南部沃克吕兹省博莱讷市，隶属能源巨头阿海珐集团的特里卡斯坦核中心（核电站）的含铀废水处理站发现含铀液体泄漏，100名公司员工遭到"轻微辐射"。

该处理站的一个装有含铀液体的容器出现裂痕，导致75千克含有微量未浓缩铀的液体泄漏，约3万升含铀液体随雨水流入地下及附近两条河流。[①]

事故发生后，法国当地政府部门发布命令，暂时禁止邻近三个城镇的居民饮用井水、用河水灌溉农作物、游泳、从事水上运动以及钓鱼。

调查人员现场勘查后认为，此次泄漏事件属"轻微危险"，未出现危及卫生和健康的威胁，被污染水域的含铀量也将逐渐恢复到安全值以内。调查报告初步认定，有关废水处理站和经营该处理站的公司疏于管理，是泄漏事件的主要原因。

2008年7月17日德龙省罗芒核燃料生产厂泄漏事件

2008年7月17日，法国德龙省伊泽尔河畔罗芒一家核燃料生产厂的一根输送含铀液体的地下管道出现断裂，导致部分液体外泄。泄漏的铀数量在120~750克之间，15名工人在实施日常维护工作时遭到放射性辐射污染。但这些轻度浓缩铀的泄漏范围仅在工厂内，对环境没有造成任何伤害。

两次核泄漏事件的影响

短短10天之内，法国接连发生两起核泄漏事件，核电安全问题再次引起争议，一直走在核电发展世界前列的法国核电站建设与管理成了关注焦点。

法国核安全部门指出，特里卡斯坦核中心是法国最重要的核电站之一。两次核泄漏事件在法国造成巨大影响，引起人

图102 发生微量未浓缩铀泄漏事故的特里卡斯坦核中心（据新华社/法新社）

[①] 法国最重要核电站泄漏 万升核液体流入河里. 新华网，2008-07-10.

们对法国核电业的安全性及检控措施提出质疑。

法国舆论认为，法国是核能利用大国，与美国、日本构成世界核电工业三强。法国当时共有核电机组59座，全国约80%的电力供应依靠核能。但到2011年，法国一半核电站服役期达30年，设备老化会给核电站带来诸多安全隐患。如何加强核能安全建设，保证核能利用"万无一失"，需要法国有关各方认真思考并立即采取行动。

法国自然环境协会提出，应建立一个独立于核安全局之外的核能公共监管机构，帮助相关核能企业进行安全、透明管理。

法国环境部长责成两家企业的母公司——法国最大核电集团阿海珐认真展开内部自查，同时要求法国核安全信息透明高级委员会介入调查。

3.2 2011年美国西布鲁克核电站事件

2011年3月28日，美国新罕布什尔州的西布鲁克一座核电站的货梯突然冒烟，引起一次短暂的"意外事件"，事故没有造成人员受伤，没有疏散员工，也没有对核电站的运营构成影响。[①]

核电站的消防队称核电站连接电梯的一个变压器突然冒烟，是一次"意外事件"，这是核电站最高4级紧急事件等级分类中最低的等级。自从该核电站1990年运营以来，仅发生过两三次此类的"意外事件"。

图103 美国西布鲁克核电站

3.3 2011年美国佩里核电站事件

事件经过

2011年4月22日，美国俄亥俄州东北部的佩里核电站在更换燃料停机过程中发现厂区辐射水平上升，所有员工立即疏散。

调查发现，辐射水平升高时，4名员工正移动一台检测仪器，这台仪器专门测量反应堆在启动时、低功率运行和停机时的核反应状况。由于这些员工是合同工，

---

① 美一核电站变压器突然冒烟 未影响运营无伤亡. 中国新闻网，2011-03-29.

图104 佩里核电站的冷却塔

当时在位于反应堆下方的地下室工作,他们没有采用规范的方法搬运这台仪器。

核管理委员会认为,事发时厂区内员工可能遭受的最高辐射量为98毫雷姆,相当于接受两到三次X线照射。虽然辐射水平"超过核管理委员会限定标准",但员工没有遭到辐射,核燃料更换工作按计划继续。这起事件也没有影响这些合同工或公众的安全或健康以及厂区环境安全。

历史回顾

佩里核电站位于俄亥俄州人口最多的城市克利夫兰东北方向,相距56千米,1987年投入运营。据美联社报道,这座核电站曾经多次发生安全事故。2005年,反应堆堆芯循环冷却系统水泵出现故障,迫使核电站临时关闭。核管理委员会当年每3个月检查一次生产安全。2010年3月,核电站润滑系统一台水泵着火,火势不大,但持续数小时。

3.4 1957—2004年核电站泄漏事故

1957年英国塞拉菲尔德核电站核泄漏事故

1957年10月7日,英国塞拉菲尔德核电站发生核泄漏,39人因癌症死亡。40千米内800多个农场被污染。

1970年美国加卡平地核事故

1970年12月18日,在巴纳贝利核试验过程中,美国内华达州加卡平地地下一万吨级当量核装置发生爆炸,试验之后,封闭表面轴的插栓失灵,导致放射性残骸泄漏到空气中。现场的六名工作人员受到核辐射。

1975年美国迪凯特核电站事故

1975年3月22日,在美国亚拉巴马州迪凯特的一座核电站里,一名工人手持燃着的蜡烛,在电缆旁边检查漏气情况,结果点燃了绝缘物,烧毁安全控制钮,冷却水位降至危险点,最终修复工程耗费了1.5亿美元的巨资。

1985年美国俄亥俄州核电站事故

1985年4月9日,美国俄亥俄州的核电站因机械故障和操纵失误,使干流冷却水及备用冷却水的水位下降。该地区的居民被迫撤离。这次事故得到了及时的排除。

1986年美国俄克拉何马州核事故

1986年1月6日,美国俄克拉何马州一家核电厂,由于加热方法不当,装核材料的钢筒爆炸,造成1名工人死亡,100

人受伤住院。

1992 年俄罗斯列宁格勒核电站事故

1992 年 3 月 21 日，位于俄罗斯索斯诺维博尔的列宁格勒核电站，发生三级核事故。

2004 年日本美滨核电站事故

2004 年 8 月 9 日位于日本福井的日本关西电力公司的美滨核电站 3 号机组涡轮机室发生了蒸汽泄漏事故，造成 4 人死亡（灼伤致死），7 人受伤。

4

美国三哩岛核电站事故

1979年3月，一系列人为的、机械的错误将美国宾夕法尼亚州哈里斯堡附近的三哩岛核电站带到毁灭的边缘。当错误地关闭了一个自动阀门，从而影响工厂二号反应堆芯体的冷却水流通时，这座距离州府哈里斯堡仅16千米的宾夕法尼亚核电厂发生了核事故。三哩岛核电站事故是美国历史上最严重的一起核事故。

4.1 三哩岛核电站概况

三哩岛（Three Mile Island，TMI）位于美国东北部的宾夕法尼亚州，是萨斯奎哈纳河上在宾州首府哈里斯堡附近的一个小岛。全岛都为电站所占。岛上有两座压水堆，分别称为TMI-1和TMI-2。TMI-1的电功率为729兆瓦，1971年动工兴建，1974年投入运转。TMI-2的电功率为880兆瓦，1973年动工兴建，1978年12月建成。发生事故的是二号堆。从建成到发生事故，总共只运转了三个月。

图105 美国三哩岛核电站全貌

4.2 事故经过

1979年3月28日，三哩岛压水堆核电站的二号反应堆由于冷却系统失灵，造成62吨的堆芯熔毁事故，大部分元件烧毁，逸出放射性水和气体，事故持续了36个小时，迫使当地居民20万人撤离，但没有人员伤亡报告。

二号堆事故开始于3月28日凌晨4时左右，事故的初始原因是很平常的，即二次回路冷凝水回水泵因故停运，按设计要求此时辅助水泵应当按照预设的程序立即启动，但是，由于水阀门在两天前检修后忘了打开，造成辅助回路没有正常启动。在主给水泵停运的情况下，二次回路冷却水没有按照程序进入蒸汽发生器，此时运行人员在八分钟内未察觉到阀门关闭指示，致使蒸汽发生器二次侧水很快烧干，热量在堆芯积聚，堆芯压力上升。由于堆芯压力上升，导致减压阀开启，冷却水流出。当冷却水继续注入减压水槽时，造成减压水槽水满外溢。一次回路冷却水大量排出后也导致堆芯温度上升，待运行人员发现问题所在的时候，堆芯中燃料的47%已经熔毁并发生泄漏，安全系统发出了放射性物质泄漏的警报。当时警报响起，却并未引起运行人员的注意（甚至后来无人能够回忆起这个警报）。直到当天晚上20时，二号堆一、二次回路均恢复正常运转，运行人员始终没有察觉到堆芯的损坏和放射性物质的泄漏。

3月29日晚，为了控制事态的发展，使反应堆稳定下来，开始了大规模的技术支援，所有工业部门和政府机构都响应求援号召迅速前往事发地。直接为控制反应堆本身而工作的技术人员人数，从29日的十余人增加到4月17日的将近2000人。

3月30日，宾夕法尼亚州政府发布事故通告，出于安全考虑，州长下令疏散了核电站方圆8000米范围内的学龄前儿童和孕妇，大约20万人撤离，直到危机过去。与此同时，下令对事故堆芯进行检查。

经过近一个月的努力，通过临界控制、燃料温度控制、氢气控制，终于在4月27日使堆芯完全稳定下来，接着关闭主回路泵，令其自然回流散热，实现了安全停堆。

4.3 事故原因

这次事故的主要原因是运行人员的失误。由于运行人员缺乏必要的训练和判断能力，加上仪表指示不正确，故不能判断一次回路压力下降而稳压器内水位上升的原因，因而采取错误的对策，在稳压器水位达到最高点后人工关闭了紧急堆芯冷却系统的高压注水泵，导致芯内沸腾，堆内水逐渐减少而造成堆芯外露，致使堆芯严重损坏。大量放射性物质从破损的燃料包壳进入一次回路，随着重新开放紧急堆芯，冷却水从稳压器泄压阀泄出，注入安全壳内的猝灭水罐。15分钟后，该水罐的安全隔膜破裂，大量高温的含放射性物质的水溢到安全壳的地面上，其中一部分通过一个槽流到辅助厂房的容器中。这些水溢出容器，流到地面开始蒸发，导致放射性气体向外释放。

因此，三哩岛的教训主要是在组织管理、运行人员培训、人际联系等方面。特别是在运行人员的训练方面教训是深刻的。事故提醒人们，核电站运行人员的培训、面对紧急事件的处理能力、控制系统的可控性等细节对核电站的安全运行有着重要影响。

4.4 事故处置

三哩岛事故一发生,在美国引起了强烈的影响。美国《核新闻》称它为"核电史上最重要的新闻事件",并为此发了特刊。当时的美国总统卡特亲自到三哩岛视察,并于事故一星期后通过电视发表能源声明,宣布成立一个以达特茅斯学院院长开梅尼为主席的三哩岛事故总统委员会(简称"开梅尼委员会"),拨款100余万美元进行为期半年的调查。与此同时,参议院委派"哈特委员会",众议院的能源与生产分委会和核管会任命的"洛哥文小组"分别赴三哩岛调查。

4.5 事故影响

根据有关机构对事故发生的研究和对周围居民的连续跟踪调查的结果,表明三哩岛核电站事故是美国最严重的一次核燃料熔毁事故,其放射能外泄量虽然较小,但经济损失十分严重。据估计,二号堆严重损毁,直接经济损失(包括总清理费用)达10亿美元。由于二号堆的事故,一号堆在事故前停堆检修以来,一直以"居民精神压力"为由被禁止使用。电站不得不向邻州购买电力以维持当地居民的供电。电站所属的通用公用事业公司1979年收入下降了31%。保险公司已对那些在事故期间失去工作而遭受损失的人给予赔偿,到1980年2月,赔偿金额已达1.3亿美元。该厂直到2001年才恢复正常运行,并开始执行正常的安全标准。另外,事故最大的影响是增加了核电厂的安全性的管理成本,因此在电价方面存在与燃煤发电电价的竞争。

事故没有发现明显的放射性影响。调查表明,三哩岛的核反应堆外面有护罩,当核燃料熔毁时,这时还有第三重的保护系统会自动紧急抽注大量的冷却水灌注入护罩内,将护罩内部淹没。据测定:事故发生后,在电站下游的两个不同地点采集的河水样品中,没有监测到任何放射性物质。在152个空气样品中,只有八个样品发现有放射性碘,其中最大浓度为0.0009贝可/升①,只占居民允许浓度的四分之一。在147个土壤样品和3000米范围内的171个植物样品中均未查出放射性碘,也没有发现可测的放射性核素沉积。厂址以外辐射率小于1毫雷姆/小时,总剂量小于0.1雷姆。在以三哩岛核电站为圆心的约80千米范围内的220万居民中无人发生急性辐射反应。周围居民所受到的辐

---

① 贝可/升为放射性活度单位(即对放射性物质的放射活度通用计量单位),也称贝可勒耳。符号为Bq。1Bq=1次衰变/秒。

射相当于进行了一次胸部透视的辐射剂量。三哩岛核泄漏事故对于周围居民的癌症发生率没有显著性影响。三哩岛附近未发现动植物异常现象；当地农作物产量未发生异常变化。结论是：事故对环境和居民都没有造成危害和伤亡，也没有发现明显的放射性影响。

这次危机持续了12天，世界上许多人在思考一个新问题，结论是核能量有极大的危险性。

事故演变成了全国性的政治事件。在事故发生后的头两个星期里，7.5万人的反核势力进军华盛顿，在国会山、核管会总部对面和法拉耶蒂广场，到处可见反核能的标语。三哩岛核泄漏事故是核能史上第一起堆芯熔化事故，从事故发生至今一直成为反核人士反对核能应用的证据。

开梅尼委员会在调查研究总结经验教训的基础上提出建议：

第一，改组和重建核管理委员会；

第二，核工业界必须设置和监督执行自己制定的标准，以保证核电站的有效管

图106 三哩岛核电站事故发生后反核主义者在三哩岛核电站前示威

理和安全运行；

第三，成立由政府管理部门认可的训练机构，培训运行人员，完善训练和颁发执照的程序，改善模拟系统诊断技术；

第四，向运行人员提供信息，帮助他们防止事故的发生和在事故一旦发生时及时有效处理事故。

在三哩岛核事故30周年之际，美国《时代》杂志对历史上发生的最令人恐怖的核事故进行了回顾，将三哩岛核泄漏事故评为"史上十大核事故"之一，希望以此提醒世人，避免类似事故的发生。

5 前苏联切尔诺贝利核电站事故

1986年4月26日，前苏联的切尔诺贝利核电站（今乌克兰境内基辅市）的核专家在检测核反应堆时，关闭了备用冷却系统并且只用了8根碳化硼棒控制核裂变的速度，按照标准程序应该用15根。结果，失去控制的链式反应掀掉了反应堆的钢筋混凝土盖，造成一个火球，使4号机组反应堆熔化燃烧引起爆炸，造成8吨多强辐射的核物质泄漏[1]，死亡237人，13.5万人撤离，经济损失120亿美元。周围5万多平方千米的土地受到污染，320多万人遭受核辐射的侵害。大约有4300人最终因此死亡，7万多人终身残疾。这是有史以来最严重的核泄漏事故，也是人类历史上利用核能的一大悲剧，称之为切尔诺贝利灾难（Chernobyl Disaster）。

5.1 切尔诺贝利核电站概况

按照前苏联的经济和社会发展计划，为节约有机燃料的消耗，制订了建立核工业联合企业的计划，核电站的发电量将提供欧洲部分的能源需求，缓解对新的烧有机燃料热电站的需求。核电站采用三种堆型：建造中的核电站以轻水反应堆（VVER）、大功率压力管式石墨反应堆（RBMK）和快中子增殖反应堆（FBR）为基础。前两种为轻水冷却热中子反应堆，第三种为钠冷堆。切尔诺贝利核电站采用的是大功率压力管式石墨反应堆。

切尔诺贝利核电站是前苏联于1973年开始修建的，第一个反应堆于1977年启动的最大的核电站。核电站位于前苏联欧洲部分的白俄罗斯—乌克兰森林区，普里皮亚特河畔，离基辅市大约130千米，其周围地区原来是一个低人口密度地带，直到开始建核电站时，这个地区的平均人口密度大约才是每平方千米70人。1986年年初，在距核电站30千米半径的区域内总人口已有大约10万人，其中4.9万人居住在普里皮亚特镇，该镇位于距电站3000米的安全区以西。有1.25万人居住在地区中心——切尔诺贝利村。

核电站建设计划30年。事故前有1、2、3、4号动力站[2]在运行，5、6号正在建造之中。运行的1、2、3、4号动力站都是发电功率为100万千瓦的压力管式石

---

[1] 根报道，此次事故释放出 $3.7×10^{18}$ 贝可的辐射，超过长崎和广岛原子弹辐射总和的100倍。
[2] 每一个反应堆连同冷却系统、涡轮机和存放机器的厂房都置于一个建筑物之中，简称为一个动力站。

图 107 切尔诺贝利核电站（1. 远景；2. 近景）

墨沸水堆。这种反应堆以 2% 浓缩度的二氧化铀做燃料，石墨做中子慢化剂，沸腾水做冷却剂。由于前苏联对这种堆型的安全过于自信，当时全前苏联 16 座这种堆型的核电站都没有在反应堆系统外部设置安全屏障——钢筋混凝土结构的安全壳。

5.2 事故经过

为了检修，切尔诺贝利核电站计划于 1986 年 4 月 25 日停闭第 4 号机组核反应堆。计划停堆前，4 号机组一直在额定参数状态下运行。按照"试验大纲"要求，试验在反应堆热功率为 700 兆瓦[①]~1000 兆瓦的条件下进行。

4 月 25 日凌晨 1 时，操作人员按照计划开始降低反应堆功率。到 23 时 05 分，反应堆热功率降为 600 兆瓦，同时停止该机组的一台汽轮发电机。按"试验大纲"要求，为了防止试验过程中应急堆芯冷却系统动作，解除了该系统的备用状态。这样，4 号机组在解除了应急冷却系统备用状态下运行，违反了操作规程。23 时 10 分，操作人员不能有效地调节功率，导致反应堆热功率直接降至 30 兆瓦以下。

4 月 26 日凌晨 1 时，操作人员只把反应堆热功率稳定在 200 兆瓦，而未能进一步提升反应堆热功率。此时，反应堆已经处于难以控制的状态。尽管如此，管理层仍决定冒险进行试验。

由于反应堆在低功率下运行，造成了汽水分离器中蒸汽压力和水位的下降。操作人员试图用手动调节来维持汽水分离器中蒸汽压力和水位，但未能达到目的。为了避免蒸汽发生器中蒸汽压力下降水位过低而停机停堆，操作人员强行继续试验，并解除了这两个参数的事故保护信号。1 时 03 分和 1 时 07 分，分别启动两个环路各一台备用给水泵，连同一直在运转中的六台主泵，八台给水泵全部投入运转，1 时 19 分，又调节加大给水量，才抑制住了水位下降趋势。此时，给水流量加大至额定值的四倍。这又是违反操作规程的，因为给水流量过大，会引起泵的汽蚀，从而导致振动和损坏。为了维持反应堆在 200 兆瓦功率下运行，操作人员不断提升手动棒，堆芯内控制反应堆的能力不断降低。按操作规程规定，应有 15~30 根控制棒留在堆芯内，但这时仅有 6~8 根棒留在堆内。操作人员已从反应堆快速计算程序打印的结果中看到了这一情况，理应立即停堆，但却继续进行试验，按系统设置，反应堆将自动停闭。但操作人员考虑到，

[①] 兆瓦（MW），即 100 万瓦，1MW=1000000W。W 是功率的单位，例如，灯泡是 40 瓦的，写作 40W。

如果第一次试验失败，可以准备再次重复试验，于是解除了停机的停堆保护信号。反应堆仍然继续在约200兆瓦热功率下运行。在"试验大纲"中没有这样的做法，他们再次偏离了试验计划。停止向汽轮机供汽，又停掉了四台冷却水泵，使得堆内蒸汽产量增加，反应性增加引起自动调节棒下插。1时23分31秒，自动调节棒已补偿不了堆内含汽量提高引起的反应性增加。反应堆功率急剧上升。1时23分40秒，值班长下令按下紧急停堆按钮，使所有控制棒插入堆芯，导致堆功率剧增。

4月26日1时23分44秒，4号机组核反应堆熔化燃烧相继引发两次爆炸（间隔2~3秒），浓烟烈火直冲天空，高达1000多米。火花溅落在反应堆厂房、发电机厂房等建筑物屋顶，引起屋顶起火，同时由于油管损坏、电缆短路以及来自反应堆的强烈热辐射，引起附近区域30多处大火，霎时陷入一片火海。

图108 切尔诺贝利核电站事故（1.事故发生时的切尔诺贝利核电站，选自：自然之友编《20世纪环境警示录》；2.事故发生后的切尔诺贝利核电站，爆炸处为第4号反应器的位置，左下方为涡轮设备位置，中右方厂房为第3号反应堆；3.发生核泄漏的第4号机组）

5.3 事故原因

4月26日，前苏联核专家在检测切尔诺贝利核电站的4号核反应堆时，关闭了备用冷却系统，结果，失控的链式反应掀掉了反应堆的钢筋混凝土盖，并且造出一个火球，将电站建筑物炸毁，炽热的放射性灰尘进入大气中，释放出来的辐射超过长崎和广岛原子弹辐射总和的100倍。

切尔诺贝利核电站的4号核反应堆是1000兆瓦级大型石墨管道式沸水反应堆，20世纪70年代初设计，于1983年12月投入运行。在设计上有两个主要的不安全因素：一是堆芯具有气泡正反应性效应；二是控制棒挤水棒的正反应性效应（控制棒下端连接着石墨制成的补偿棒，插入堆芯时，会引入正反应性）。这些负面效应早在1983年同类型的立陶宛依格纳利纳核电厂的反应堆上就被发现，有关设计单位也进行了研究并提出过改进措施，但没有引起管理机构的重视，因而没有采取任何措施，甚至没有把这方面的信息通告各运行单位。

这次实施计划停堆的准备工作极其草率，"试验大纲"也并未严肃认真制定此方面的内容，以致操作人员对试验中可能出现的各种异常情况都没有思想准备。

5.4 事故处置

事故发生6分钟后，核电站值班消防队赶到了现场。火焰高达30多米，强烈的热辐射使人难以靠近，消防队员脚穿的靴子陷入被高温融化的沥青中。尽管如此，消防队员成功地阻止了从4号反应堆的火焰向邻近的反应堆蔓延。此时，前苏联有关部门及时有效地组织了控制事故工作。空军出动了直升机向炽热的反应堆投下了5000多吨含铅、硼的砂袋，封住了反应堆，以隔绝空气、阻止放射性物质外泄。在空军和地面人员的努力下，大火于26日凌晨5时被扑灭。

由于反应堆管道发生爆炸，导致八吨多强辐射物质倾泻而出。整个过程持续了10天。

事故造成33人死亡（其中3人当场死亡，其他人在几天内或几周内丧生。伤亡者多数是为了扑灭大火的消防队员，他们受到了高剂量辐射），300多人因受到严重辐射先后被送入医院抢救，有更多的人受到不同程度的辐射污染。

为了防止进一步的辐射，事故发生三天后，前苏联将附近76个小镇和村庄的居民匆匆撤走。放射性尘埃落到了他们身上，他们吸入了碘、锶以及在核反应堆遭破坏时所出现的其他放射性物质。从4月27日至8月，前苏联从切尔诺贝利核电厂周围地区（半径约30千米）疏散了11.6万居民。切尔诺贝利核电站事故后，周围5万多平方千米土地受到直接污染，320多万人受到核辐射侵害。1984年11月在4号堆废墟上建起了钢筋混凝土构成的密封建筑物，发生爆炸的4号机组被用钢筋混凝土封起来，电站30千米以内的地区被定为"禁入区"。

据统计，先后参加清理和消除切尔诺贝利核电厂厂区和周围地区放射性污染的总人数达20万人之多。

图109 切尔诺贝利核电站事故处置（1.正在用钢筋混凝土封闭发生爆炸的4号机组（航拍）；2.封闭发生爆炸的4号机组的工程基本完工；3.当场牺牲的消防员；4.调查人员测定事故附近环境中放射性污染状况）

5.5 事故影响

切尔诺贝利核电站发生的核泄漏事故，引起了一系列严重后果。

隐瞒事故真相，各国十分不满

核电站发生事故后，大量放射性尘埃污染波及欧洲大部分国家。带有放射性物质的云团随风向西飘到丹麦、挪威、瑞典和芬兰。瑞典一个核电站的技术员最先做出记录：在周围的空气中出现了异常增高的放射性辐射。瑞典东部沿海地区的辐射剂量超过正常情况的100倍。全欧洲受到核辐射污染的食品、作物和牲畜都必须毁掉。接着丹麦、挪威和芬兰的监控站也报告发现类似的情况。人们留意到那时经常吹东风。惊恐的科学家们意识到，在波罗的海以外的某地，可能发生了一次大规模的核泄漏事件！4月29日，瑞典、丹麦、芬兰以及欧洲共同体（今欧洲联盟）向前苏联提出强烈抗议。然而，前苏联政府直到4月30日，才正式发布关于切尔诺贝利核电站事故的公告，推迟了近60个小时，各国对此十分不满。

经济损失巨大

事故造成惨重的经济损失。据前苏联官方公布的数字，事故造成的直接经济损失达20亿卢布，由于水源污染，使前苏联和欧洲国家的畜牧业大受其害。如果把前苏联在旅游、外贸和农业方面的损失合在一起，可能达到数千亿美元。

切尔诺贝利核电站事故，使白俄罗斯深受其害。据专家统计，切尔诺贝利事故泄漏的放射性尘埃70%落在白俄罗斯境内，当地20%农业用地被废弃，400多个居民点成为无人区，直接经济损失超过2000亿美元。[1]

核电站周围约32千米内的农场和地下水受到严重污染，乌克兰10%的小麦受到影响，5万多平方千米的土地受到污染，经济损失120亿美元。

人员伤亡惨重

事故造成了严重的放射病。在切尔诺贝利事故中，有237位职业人员受到有临床效应的超剂量辐照。其中134人呈现急性辐射病征兆（其中28人在三个月内死亡）。

生活在发电厂约9000米远的乡村小孩，由于摄取污染的牛奶以致对甲状腺的

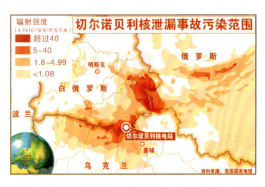

图110 切尔诺贝利核事故的污染范围

---

[1] 卡缅科夫. 切尔诺贝利之痛. 白俄罗斯"切尔诺贝利残疾人"协会，2011.

辐射剂量高达 2.5 希[1]。在白俄罗斯首都明斯克市，事故发生前的五年内，仅有三例幼年期甲状腺癌。在 1986—1990 年间，升高到 47 例，1991—1994 年上升到了 286 例。

在乌克兰，尽管政府采取了疏散城市人口的措施，但数以百计的居民还是得了严重的放射病。在 1986—1987 年期间参加事故后果治理的 20 万人接受的外照射的平均剂量约为 100 毫希[2]。其中约 10% 的人员受到的照射剂量为 250 毫希，少数人员受到的照射剂量约为 500 毫希。事故后从"禁入区"撤离的 11.6 万名居民在疏散前已受到辐照，其中约 10% 的人受到的照射剂量大于 50 毫希，少于 5% 的居民受到大于 100 毫希的辐照剂量。

根据世界卫生组织调查，到 1994 年已有 564 名儿童患甲状腺癌，其中白俄罗斯 333 名、乌克兰 208 名、俄罗斯 23 名[3]。

由于事故造成堆芯熔毁、石墨砌体燃烧，使大量放射性物质外泄，造成了严重的震惊世界的环境污染。经过比较详细的估算，这次事故对 30 千米范围内撤离的人，造成的外照射集体剂量当量为 1.6×10^6 人·雷姆[4]；对前苏联欧洲部分 7450 万人今后 50 年内造成的外照射剂量为 2.0×10^7 人·雷姆。

切尔诺贝利事故中释放的放射性同位素对人口的总辐射剂量可能达到约 1.2×10^6 人/韦特[5]，大约 1/2 的剂量在几十年后才能逐渐降低。受这个剂量影响而增加的致命癌症患者估计约为 3.9 万人。据估测，核事故的后果还要经过一个世纪才能完全消除。

据 1996 年的统计，事故的发生使乌克兰 16.7 万人被核辐射夺去生命，320 万人受到核辐射侵害，其中有 95 万名儿童。威胁仍然来自钢筋混凝土保护层下的近 200 吨核燃料，1986 年建造的保护层有效期限仅有 20~30 年，周围还有成千上万吨受到核污染的废墟，潜在的危险因素始终存在。

2005 年，核事故造成的生态灾难后果远未消逝。在乌克兰还有包括 47.34 万儿

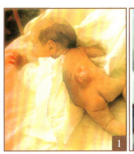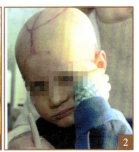

图 111 切尔诺贝利核电站泄漏事故的受害者（1. 一名婴儿背部生出毒瘤；2. 1996 年，白俄罗斯戈梅利市，时年 5 岁的男孩正在遭受白血病的折磨）

---

① 希（Sv），Sv 是 Sievert 的缩写，是放射性剂量当量的单位，又称"希沃特""西弗"。
② 毫希（mSv）是千分之一希。如拍一张胸部 X 线片，胸部组织大约接收 0.1 毫希剂量，即 0.1mSv。
③ 张旭晨. 切尔诺贝利核事故与癌症. 中国环境报，1996-05-19.
④ 雷姆（Rem），是放射性剂量当量的单位，1 希（Sv）=100 雷姆（1Sv=100rem）。人·雷姆，是集体剂量的单位，指某一群体在某项活动中所受的外照射的总剂量当量，即在某个时期内所有人接受的外照射的剂量当量的和，单位为人·雷姆或者人·希（人·Sv）。例如，某单位 1985—1990 年的 6 年内，放射性工作人员所受的外照射累积集体剂量当量为 176.4 人·Sv，或者是 17640 人·雷姆。用 6 除得到年平均集体剂量当量为 2940 人·雷姆。中国卫生部颁布的《放射卫生防护基本标准》规定：职业放射性工作人员每年全身照射的最大允许剂量当量不超过 50mSv（5 雷姆），非职业个人每年全身照射的最大允许剂量当量不超过 5mSv（0.5 雷姆）。
⑤ 韦特（Sievert），是瑞典科学家的名字，有的文献把它翻译成"西韦特"。1 韦特=1Sv。

童在内的 250 万核辐射受害者处于医疗监督之下。自 1990 年以来，古巴为 1.8 万名乌克兰受害儿童提供了免费医疗①。这些来自乌克兰的"切尔诺贝利儿童"由于核辐射侵害而患有秃头、白血病、白癜风和癌症，他们在哈瓦那附近的塔拉拉医院接受治疗，阳光和海滩使孩子们快乐地生活，坚强地接受治疗。

5.6 历史的反思

事故的教训和启示

切尔诺贝利核电站是前苏联时期在乌克兰境内修建的第一座核电站，共有四台石墨水冷机组。发生核事故的是 4 号机组，由于违反操作规程，在试验过程中突然发生失火，引起反应堆爆炸，造成灾难性后果。事故的教训和启示可以归纳为技术和管理两个方面。

技术方面主要是：

第一，设计中有不安全因素，存在致命性隐患。缺少严格的安全分析，在多重失效时确保安全的措施不够。

第二，技术规范和运行程序不完备，操作规程有缺陷，甚至有错误，预防事故措施不够。

第三，运行人员严重违反运行安全规定，违章操作，轻率地改变试验条件，撤除安全保护信号，机组处于危险状态时运行人员和管理人员竟然发现不了，证明运行人员并不了解存在不安全因素。

管理方面主要是：

第一，缺少严格的国家安全监管机构，监督机制不力。切尔诺贝利事故发生时，前苏联没有设立专门的国家安全监管机构，早期设计无安全标准可遵循，设计者自己负责工程验收的机制不合理。

第二，领导层风险管理意识不强，组织管理中缺少质量保证体系和措施，没有预先规避风险的准备。

第三，没有事故应急的概念，没有应急预案，更没有建立应急组织。

5.7 事故的历史记述

纪录片：《抢救切尔诺贝利》

2005 年，美国探索频道拍摄了一部纪录片《抢救切尔诺贝利》（*Battle of Chernobyl*，也译为《抢救车诺比》），首次对外披露了很多珍贵影像，真实再现了切尔诺贝利核事故后前苏联当局的救援活动。

纪念文集：《切尔诺贝利之痛》

俄罗斯"切尔诺贝利残疾人"协会主

---

① 根据两国实施切尔诺贝利计划的协议，乌克兰负担交通费，古巴方面承担食宿、教育和医疗费用，据非官方的统计，古巴仅医疗费用就花费了 3 亿多美元。

席卡缅科夫编著了《切尔诺贝利之痛》纪念文集（白俄罗斯"切尔诺贝利残疾人"协会出版，2011）。文集中主要包含1986年参加切尔诺贝利核事故清理工作的人员对那段岁月的回忆，他们在极端恶劣的条件下工作，健康受到核辐射的严重损害，很多人甚至献出了生命。这是一部在纪念切尔诺贝利25周年之际献给为消除切尔诺贝利核事故影响无私奉献的英雄们的纪念文集。

出版这本文集的目的是为了让后人记住切尔诺贝利核事故和它的惨痛后果，不要忘记那些不顾生命危险与核污染做斗争的勇士。卡缅科夫曾在切尔诺贝利核事故发生后的几年内参加了事故清理工作。他从1991年开始准备写这本书，并花费整整10年时间收集材料，走访了大量事故清理人员，其中很多人现已离开人世。卡缅科夫说，这本文集的出版得到了中国驻白俄罗斯大使馆的协助。①

图112 《抢救切尔诺贝利》截图（1.一位技术员走近烧毁了的切尔诺贝利反应堆；2.危机发生后第三天，莫斯科派出安托区金将军与手下80架直升机舰队前来灭火；3.特别狩猎小组在乡间与森林中巡逻，枪杀猫狗，因为它们漫步高度污染区时，其毛发会吸收放射性，因此必须清理；4.为核事故抢救者授予的勋章）

---

① 中国驻白俄罗斯大使鲁桂成专门撰写了题为《弘扬消除切尔诺贝利核事故影响的英雄精神，携手促进中白两国持续发展和共同繁荣》的文章，此文作为序言收入《切尔诺贝利之痛》纪念文集。鲁桂成在文中高度赞扬核事故清理人员的英雄精神，表示中国政府和人民将一如既往地向白俄罗斯核污染地区和受害民众提供支持和帮助。中国政府曾在1996年派遣医疗队赴白俄罗斯治疗核事故受害患者。中方还多次向白俄罗斯提供医疗器械和设备，并援建了12个医疗卫生项目。此外，中国政府还提供中医技术援助和人力资源培训，安排白俄罗斯医疗人员赴华学习交流。

6 日本福岛核电站事故

2011年3月11日,受日本9.0级大地震以及接踵而来的海啸影响,日本两座核电站的5个机组停转,日本政府为此宣布进入"核能紧急事态",并于12日首次确认福岛第一核电站出现泄漏,大批居民被疏散。日本首相菅直人饱受应对灾害不力的指责,于8月辞职。这就是震惊世界的"3·11"日本福岛核电站事故,一次海啸引发的次生性核灾难。

6.1 福岛核电站概况

福岛核电站(Fukushima Nuclear Power Plant)位于北纬37°25′14″,东经141°2′,地处日本福岛工业区。它是目前世界上最大的核电站,由福岛一站、福岛二站组成,共10台机组(一站6台,二站4台),均为沸水堆①,只有一条冷却回路,蒸汽直接从堆芯中产生,推动汽轮机。

福岛第一核电站所在地点为福岛县双叶郡大熊町;福岛第二核电站所在地点为福岛县双叶郡的楢叶町和富冈町。

福岛一站1号机组于1967年9月动工,1970年11月并

图113 福岛核电站的位置

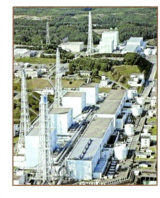

图114 福岛核电站全貌

---

① 沸水反应堆,是轻水反应堆的一种,是用普通水作为冷却剂和慢化剂,这不同于重水反应堆是用氧化氘而不是用水作为冷却剂。三哩岛核电站是另一种类型的轻水反应堆,即压水反应堆,是把水当作冷却剂和慢化剂,用来给核燃料降温和减慢裂变反应向外释放中子的速度。压水反应堆是反应堆冷却剂(水)保持在不发生整体沸腾的压力下运行的反应堆,这意味着反应堆里的水温可以超过沸点,但不会产生大量蒸汽。这样反应堆堆芯就能在更高的温度下运转,热量能更有效地转移走。切尔诺贝利核电站使用的是压力管式石墨慢化沸水反应堆(RBMK),这种反应堆也把水当作冷却剂。与轻水反应堆不同,压力管式石墨慢化沸水反应堆把石墨当作慢化剂。

网，1971 年 3 月投入商业运行，输出电功率净/毛值为 439/460 兆瓦。2 号至 6 号机组分别于 1974 年 7 月、1976 年 3 月、1978 年 10 月、1978 年 4 月、1979 年 10 月投入商业运行。福岛二站四台机组的输出电功率净/毛值均为 1067/1100 兆瓦。二站 1 号机组于 1975 年 11 月开始施工，于 1981 年 7 月并网，并在 1982 年 4 月投入商业运行。2 号至 4 号机组分别于 1984 年 2 月、1985 年 6 月、1987 年 8 月投入商业运行。

6.2 事故经过

2011 年 3 月 11 日，日本东北部海域发生 9.0 级地震并引发海啸。海啸在地震发生 45 分钟后袭击了福岛第一核电站，直接导致核电站外部供电系统和内部备用发电机全部瘫痪而断电，六座反应堆有三座核反应堆冷却系统失效，继而堆芯熔融，引发一系列火灾和爆炸，使大量放射性物质释放到环境中。日本政府宣布进入"核紧急状态"，疏散核电站方圆 3000 米内的居民。

3 月 12 日，核电站 1 号反应堆氢气爆炸。政府疏散方圆 20 千米内大约 8 万居民。

3 月 15 日，福岛核电站形势急剧恶化，公司决定将大部分员工紧急撤离现场，只留下 50 人坚守岗位，全力为反应堆降温。

3 月 17 日，陆上自卫队的两架直升机开始向福岛第一核电站 3 号机组注水。

3 月 19 日，福岛县在本县 13 个地点对大约 42440 人进行辐射检测，发现有 67 人受到辐射，放射性物质附着在受辐射者的鞋子和衣物上，但辐射量不会影响人体健康。

3 月 21 日，东京电力公司宣布，福岛第一核电站周围的放射性元素碘-131 浓度已达标准浓度的 6 倍，此外还检出了放射性元素铯，这一现象证明核反应堆和废弃燃料池内的核燃料已经遭到了损坏，核燃料棒损伤后释放出了核裂变生成物质碘-131 和铯。

图 115　日本福岛核电站事故（1. 3 月 12 日福岛第一核电站爆炸，核泄漏扩散；2. 3 月 14 日福岛第一核电站 3 号机组爆炸，21 万人撤离；3. 2011 年 3 月 23 日，日本福岛第一核电站爆炸后受损的厂房建筑；4. 福岛核电站 4 号反应堆爆炸现场；5. 3 月 24 日福岛核电站 50 死士工作照）

3月23日，东京电力副社长向福岛灾民当面道歉。

3月24日，受辐射污染超过100毫希者，共有14人。

3月25日，首批抢险工作照公布，福岛"50死士"已5死20伤。

4月2日，运营商东京电力公司确认，2号反应堆泄漏高放射性污水。

4月12日，政府依照国际原子能机构标准，把福岛第一核电站的核泄漏等级评定由5级提高到7级。

4月17日，政府和东京电力公司发布事故处理进度表，打算分两个阶段实现"冷停堆"，即反应堆进入稳定的低温停止状态。

4月22日，政府把福岛第一核电站方圆20千米划为"强制疏散区"，方圆20千米至30千米之间的范围划为"紧急疏散准备区"。

6.3 事故原因

福岛核事故是地震引发的海啸造成的次生灾害

福岛核电站在遇到地震时会自动关闭。但海啸袭击一小时后，福岛核电站的基础设施被毁。因此，地震削减了反应堆的额外能量供应（这是确保冷却液泵正常工作所必需的），海啸摧毁了柴油机备用的发动机，这是为冷却系统提供能量必不可少的。电池最多只能提供八小时的能量，因此他们只能用移动式发电机代替。

事故调查和验证委员会的结论

日本政府设立的"东京电力公司福岛第一核电站事故调查和验证委员会"2012年7月23日公布的福岛第一核电站事故调查最终报告①，认为：

第一，单纯的地震晃动不足以损坏福岛第一核电站1号至3号机组封闭放射物的功能，海啸是导致事故的主要原因。

第二，东京电力公司抢险不力，当时日本首相官邸对抢险现场的干预产生了负面影响，同时有关政府部门的某些防控举措不到位。东京电力公司关于反应堆堆芯损坏时间的分析结果"没有反映实际情况"，影响了抢险工作。

第三，报告认为，当时日本首相菅直人视察福岛第一核电站时的某些行为，有可能给现场带来混乱，由此产生的"弊端非常大"。对此，菅直人23日表示，作为当时抢险的最高责任人，他诚挚地接受报告并反省。

第四，日本原子能安全委员会没有积极发放防止甲状腺遭受辐射的碘片，"缺乏责任感"。

第五，为避免再次发生核事故，减轻灾害影响，希望日本政府能依据该报告的建议进一步切实采取防控措施。

---

① 明月，陈建军. 日本政府公布福岛核电站事故最终报告. 人民网，2012-07-24.

6.4 事故处置

宣布进入核安全紧急状态

3月11日,被地震和海啸冲击之后,福岛第一核电站电力系统瘫痪,日本首相菅直人宣布进入核安全紧急状态,日本政府将第一核电站周围20千米以内和第二核电站周围10千米以内的民众紧急撤离,对居民进行身体检查,给受到核辐射的人派发碘片,将危害减到最小。

部分员工紧急撤离现场

从3月12日到3月15日,4个机组连续发生氢气爆炸,事态呈现逐渐升级的趋势。在最初几天里,核事故的应对一直是东京电力公司在自行处置。

3月15日,福岛核电站形势急剧恶化,公司决定将大部分员工紧急撤离现场,只留下50人坚守岗位,全力为反应堆降温。他们以10-15分钟为单位,分批进出受损厂房,展开替过热的反应炉灌注海水、监控状况、清理爆炸起火后留下的残骸等工作。

2011年11月4日,政府决定提供8910亿日元(约合108亿美元),帮助东京电力公司向受事故波及的民众支付赔偿金。

2012年2月13日,政府决定向东京电力公司追加6894亿日元(84亿美元)用于支付赔偿金。

从2011年4月下旬在核电站周围设立半径20千米的禁区,到2012年2月,有超过96.2万人从福岛撤离。

请求国际救援

3月14日,在连续发生爆炸之后,日本政府向国际原子能机构提出了求助申请。按照国际公约隶属联合国的国际原子能机构,有义务协调各成员国的力量为申请国提供尽可能的技术支持和协调救援,但总干事天野之弥在接到日本求助的信息之后,显得有些力不从心。

3月18日,菅直人会见到访的国际原子能机构总干事天野之弥,天野之弥表示:日本发给国际原子能机构的信息不专业,甚至有一些错误的信息。国际原子能机构将向福岛第一核电站派遣调查团,并将派小组监测核电站周围的辐射情况。

注水冷却

3月17日,自卫队直升机和消防队相继加入作业,分别从空中和地面向反应堆厂房注水。

12月16日,首相野田佳彦宣布,事故处理第二阶段完成,实现"冷停堆"。

清除核电站垃圾与障碍物

3月20日晚,日本自卫队应首相官邸的请求,出动两辆最新式坦克来负责福岛第一核电站的垃圾和障碍物的清除工作。由于受海啸冲击,第二核反应堆和第四核反应堆周围垃圾成堆,一部分障碍物挡住了放水车的道路。首相官邸曾经要求东京电力公司负责清除这些障碍物,但是,由于核辐射量太高，东京电力公司员工无法承担这一任务，首相官邸于是把这一清障工作交给了自卫队。

2012年1月26日，日本政府宣布，定于2014年完成部分疏散地区辐射污染清理作业。

图116 日本奶农倒掉遭辐射污染的牛奶

的菠菜和绿叶菜的出货限制。

限制种植水稻

4月8日，为应对福岛第一核电站放射性物质的扩散问题，日本政府宣布将限制种植水稻。对于已种植的水稻，在那些很可能发现产品中放射性物质超出《食品卫生法》暂定标准的地区，政府将对农户进行赔偿。日本政府同时决定：将取消对福岛县喜多方市等地生产的牛奶、群马县

组建原子能安全厅

2011年8月15日，日本政府决定把分管核电站安全标准的经济产业省原子能安全保安院、分管核电站安全标准向政府建言献策的内阁府原子能安全委员会以及文部科学省分管核辐射监测的部门合并为原子能安全厅（后于2012年4月正式设立）。

6.5 事故影响

核泄漏引起日本政坛动荡

2011年3月11日，日本发生9级地震引发的海啸和核事故，首相菅直人由于救灾指挥不力、国会两院对抗严重等原因，于8月26日在参院全体会议上正式宣布辞去日本首相职务。

核泄漏对日本和周边的危害

核泄漏的初期，日本政府初步确定此次核泄漏事故为4级，即造成"局部性危害"，核电站方圆20千米以内的所有居民撤离，方圆20至30千米以内的居民在室内躲避。

农产品检测出放射性物质超标

日本茨城县政府在3月20日从县北部日立市露天栽培的菠菜中检测出了放射性物质碘，浓度为5.4万贝可/千克，是《食品卫生法》暂定基准值的27倍。放射性物质铯的浓度也超过了500贝可/千克的基准值，达到1931贝可/千克。北茨城市的露天栽培菠菜也检测出2.4万贝可/千克的碘，是基准值的12倍。高萩市内温室栽培菠菜检测出的碘浓度为1.1万贝可/千克，是基准值的5倍。

国际社会纷纷向"福岛 50 勇士"致敬

3月15日,福岛核电站形势急剧恶化,2号和4号机组相继爆炸引发核泄漏,厂区内辐射浓度迅速上升,东京电力公司决定将800多名工作人员紧急撤离,只留下50人坚守岗位①,他们置生死于度外,全力为反应堆降温,他们的平均年龄在50岁以上,为年轻人承担了风险,这是人类灾难史上第一次由长者而不是青年承担起救赎的使命。"福岛50勇士"无惧死亡、不求留名,争分夺秒,试图用自己的身体,筑起保护福岛核电站的最后一道屏障,只以全国上下的安危为念。后来其中5人殉职。国际社会纷纷向50勇士致敬。

世界各国表示将吸取福岛事故教训

日本地震海啸引发核电站事故后,荷兰、法国、马来西亚、保加利亚、挪威、波兰、意大利、西班牙等国表示不会减少对核能的依赖。3月30日,美国总统奥巴马发表演说表示,将吸取福岛事故教训开发新一代核电站。

但日本国内多数国民希望建立一个不依赖核能发电的社会。于是,日本政府就日本至2030年的核电依赖度列出三个选项,即"零核电"、15%、20%~25%,供公众讨论,以确定"后福岛时期"能源政策。

核泄漏引发多地出现"抢盐风波"

日本"3·11"福岛核事故发生后,欧美部分地区公众开始购买碘盐预防核辐射。4月1日至4月6日,韩国市区十家易买得分店盐的销售量比前一年同期增加了三倍,海带则比前一年多卖了两倍以上。特别是4月7日,韩国传闻全境下起了"辐射雨",再度引起韩国民众们的不安。大批韩国民众前往超市等地抢购碘盐及海带等物品,希望以此"抗辐射"②。中国一些地方也出现了"抢盐风"。公众盲目抢购碘盐的动机主要是为了传说中的防辐射;另外一个原因就是受传言影响担心海盐也遭受到污染。有的地方超市的食盐被抢购一空。世界卫生组织驻中国代表蓝睿明于3月18日表示,食用含碘食盐对防辐射没有太大作用,不当或过量食用反而会导致不良副作用。中国卫生部及地方卫生部门专家也明确表示,碘盐中的碘含量相对较低,起不到预防放射性碘的作用。盲目过量吃碘盐或碘片,对身体有害无益。在科学准确的信息引导下,3月21日,抢购潮逐步退去。专家认为这种囤货行为是一种"突发过激反应"③。由此可见,未来的应急处置应当及时科学引导,防止突发过激反应的发生。

---

① 据悉,东京电力最初留下的50人中,20人是自愿留下的员工,另30人由公司指派,他们的年龄大部分都在50岁以上。

② 日本核危机引发韩国居民抢购盐和海带. 韩国《中央日报》网,2011-04-09.

③ 突发过激反应(Amygdala Hijack),Amygdala 意为扁桃核,Hijack 意为劫持,从比喻意义上说:"面对巨大压力或重大危机时,扁桃核会在大脑中占据上风,令行为控制屈服于基本情绪反应,操纵人们的行为选择。"简言之,就是让人发了疯。

6.6 历史的反思

福岛第一核电站选址是导致这场最严重辐射泄漏的重要原因

一是电站距海岸近,高度超过海平面10米。3月11日海啸高度至少达到14米,破坏了电站主供电和备用供电系统。二是核电站处于地震带。3月11日,里氏9.0级地震导致福岛县两座核电站反应堆发生故障,其中第一核电站中一座反应堆震后发生泄漏。

多次发生核事件未能引起重视

福岛第一和第二核电站此前也多次发生过事故。其中:1978年福岛第一核电站发生临界事故(事故一直被隐瞒至2007年才公之于众);2006年,福岛第一核电站6号机组曾发生放射性物质泄漏事故。2007年东京电力公司承认,从1977年起在对下属三家核电站总计199次定期检查中,公司曾篡改数据,隐瞒安全隐患。其中,福岛第一核电站1号机组反应堆主蒸汽管流量计测得的数据曾在1979年至1998年间先后28次被篡改。原东京电力公司董事长因此辞职。2008年6月福岛核电站核反应堆约19升放射性冷却水泄漏。

特别是福岛核电站1号机组已经服役40年,出现了许多老化的迹象,包括原子炉压力容器的中性子脆化,压力抑制室出现腐蚀,热交换区气体废弃物处理系统出现腐蚀。这一机组原本计划延寿20年,正式退役需要到2031年。

突发公共事件发生以后政府是第一责任人

这次灾难发生以后,日本政府的响应还是比较及时,但是它的政治制度和它的经济制度之间的关系,使菅直人政府不可能迅速调动东京电力公司的职员,特别是政府和企业的关系,大大延误了政府决定的实施。因此,从3月12日至3月15日,四个机组连续发生氢气爆炸,事态呈现逐渐升级的趋势的最初几天里,核事故的应对一直是东京电力公司在自行处置。特别是地震后,东京电力公司在应急处置方面,对于是否要用灌入海水的方式来冷却反应堆一直犹豫不决[①]。直到3月12日晚上,1号机组发生氢气爆炸后,管理层才下决心开始操作,而且,当时灌水只局限于1号机组。

[①] 关于要不要灌海水的问题,四个堆是同时作业,还是一个一个来,未能决策,有明显的延误时机之嫌。结果一号机组的情况还没有挽回,后面就发生了连锁的爆炸。东京电力是在3月13日其他反应堆相继出现爆炸之后,才决定向四个反应堆同时灌海水的。东京电力之所以迟迟不愿做出决定,是出于对企业利益的考虑。直接用海水的话,有可能使设备以后不能再用,损失可能很大,这种出于企业利益的权衡拖累了救援处置进程。

7

核污染事件与核废料泄漏事件

7.1 1957—2008年核污染事件

1957年前苏联乌拉尔核工厂地下核原料存储罐爆炸事件

1957年9月29日,前苏联乌拉尔山中的地下秘密核工厂"车里雅宾斯克-65号"的一个地下核原料存储罐爆炸,烟云升空,辐射扩散面积2000多平方千米,1000多人死于核辐射,当地11000居民撤离现场,至1978年仍有20%的地方未能恢复生产。

1968年美国轰炸机携带核武器破裂事件

1968年1月21日,美国一架B-52轰炸机由于舱内起火,机组人员被迫做出弃机决定。在此之前,他们本可以进行紧急迫降。但B-52轰炸机最后撞上格陵兰图勒空军基地附近的海冰,导致所携带的核武器破裂,致使放射性污染物大面积扩散。

1979年美国田纳西州浓缩铀外泄事件

1979年8月7日,美国田纳西州一家绝密的核燃料工厂发生高浓缩铀渗漏事故,致使1000人受危害。

1985年前苏联K-431核潜艇核事件

1985年8月10日,在前苏联符拉迪沃斯托克,在给核潜艇补充燃料过程中,E-2级K-431核潜艇发生爆炸,放射性气体云进入空中。10名水兵在核事故中丧命,另有49人遭受放射性损伤。

1993年俄罗斯托木斯克-7核爆炸污染事件

1993年4月6日,在前苏联西伯利亚托木斯克,用硝酸清洗容器时致使托木斯克-7发生核爆炸,托木斯克-7的回收处理设施释放出一个放射性气体云。

7.2 1966年西班牙帕利玛雷斯村上空美机相撞核泄漏事件

事件经过

1966年1月17日,美国空军在西欧进行飞行演习,其中一架装载四枚氢弹的B-52战略轰炸机在高空昼夜巡逻,由KC-135运输机进行空中加油。当天上午10时10分,两机在西班牙上空实现连接。当时两机相距50米,正飞行在西班牙的帕利玛雷斯村的上空，飞行高度为9300米，飞行速度每小时600千米。突然，两机发生碰撞，B-52上八个喷气发动机中的一个爆炸起火，火光和烟雾笼罩着机翼。飞行员果断地掷掉备用油箱，继续朝前飞行。10时22分，飞机离帕利玛雷斯村1.6千米时，飞行员看到失火事故已经无法排除，迅速采取了应急措施，掷下氢弹。就在之后仅几秒钟，油箱爆炸，驾驶舱着火。飞行员带着降落伞强行跳出着火的座舱，飞机爆炸的碎片散落在帕利玛雷斯周围39平方千米的范围内。

飞机失事后不久，跳伞的飞行员被正在附近捕鱼的"玛努爱托"号渔船救起。

B-52轰炸机惨遭解体，所携带的四枚氢弹"逃离"破裂的机身。其中两枚氢弹的"非核武器"撞地时发生爆炸，致使约2平方千米的区域遭到放射性钚污染。搜寻人员在地中海发现了其中一个氢弹装置。

图117 西班牙帕利玛雷斯村上空美机相撞核泄漏事件中搜寻到的一个氢弹装置

7.3 巴西戈亚尼亚市核废料泄漏事件

1987年9月巴西戈亚尼亚市癌症研究所丢弃的一个装有放射性同位素铯-137的铅罐，被当作废品卖给该市的一家废品收购公司。9月28日废品收购公司的职工将铅罐砸开，罐内放射性物质外泄，使周围的人受到大剂量的核辐射，有三人死亡，30多人患急性放射病，250多人受害。这一事故也称为铯源丢失事故[①]。

事件经过

1987年9月13日，两名青年在戈亚斯州防癌研究所捡到一个制作精致的金属罐，想尽一切办法也没能将它打开。9月23日，这两名青年把这个圆金属罐作为废铁卖给设在市中心的废品收购公司。公司老板对收到的这个做工精致的圆金属罐十分感兴趣，出于好奇心，于9月28日在他的两名职工帮助下，一起用锤子敲击罐子，终于将它砸开了：里面装有一块蓝石头和一些闪闪发蓝光的粉末。罐内这些放射性物质外泄后，人体一经接触则立即被烧伤，致使在场的废品收购公司的老板、两名职工、观看热闹的老板六岁的女儿和捡到这个罐子的那两名青年都受到铯-137的超量辐射。

这些人从9月30日起开始发病，出现腹泻、头痛、呕吐、中枢神经系统衰竭和严重贫血等症状，他们立即被送往医院检查治疗。后来才发现，这些病症是由核辐射引起的，第二天他们被立即转往里约热内卢的马尔希利奥·迪亚斯海军医院进行隔离检查和特别治疗。

[①] 纪刚，叶常青. 巴西戈亚尼亚 ^{137}Cs 源事故. 国外医学（放射医学核医学分册），1992，16（6）.

铯-137 泄漏后，通过各种媒介迅速扩展开来。这次核废料泄漏使这家废品收购公司周围的居民受到不同程度的放射性污染。据统计，有 250 多人受到辐射，其中 30 人受到超量辐射，有生命危险，不久便有三人死亡。①

事件原因

核事故的起因是，戈亚斯州防癌研究所的人员玩忽职守，搬迁时把一个报废了的里面装有放射性同位素铯-137 的密封容器作为垃圾丢弃了。

事件处置

巴西政府为了防止核污染扩散，采取了各种措施。首先把这家废品收购公司附近地区列为污染禁区，并把禁区内的居民集中到一个体育场内，逐个进行放射性检查，其中受到超量辐射的人被送进医院进行观察和治疗，对其余人进行特殊的淋浴来清洗污染。巴西政府又同美国、前苏联、原西德等国驻巴西的使馆和国际原子能机构进行接触，请求国际援助。巴西原子能委员会立即派出大批专家和技术人员乘直升机，携带各种仪器赶赴出事现场，仔细搜索污染源，清除和收集被污染的衣服、器具和泥土等达 50 多吨，最后这些"核垃圾"被运往设在巴西北部地区的卡欣布军事基地做特殊处理。

事件影响

戈亚尼亚市位于巴西的中部地区，是一座拥有百万人口的中等城市。这次核泄漏事故就发生在该市的人口密集的居民区。核废料泄漏事故消息不胫而走，在戈亚尼亚市引起人们的恐慌和不安，数千人逃离该市迁居他乡。

1990 年，为纪念巴西铯-137 污染事件三周年，由罗伯特·皮雷斯（Roberto Pires）编剧和导演的故事片《铯-137——荷伊阿尼亚的噩梦》（"Césio 137——O Pesadelo de Goiânia"）上映，让更多的人了解到放射污染及其危害。

2007 年 9 月 11 日，绿色和平组织成员在圣保罗集会纪念巴西铯-137 放射性污染事件 20 周年，参与者身着统一印有防辐射安全标识的服饰躺在广场上，参与者均紧闭双眼，用鲜花来表达对事件遇难者的哀思，场面壮观。

图 118 绿色和平组织纪念巴西铯-137 放射性污染事件 20 周年（1.参与者身着印有防辐射安全标识的服饰躺在广场上；2.参与者紧闭双眼，用鲜花来表达对事件遇难者的哀思）

---

① 另有报道，这起事件导致 5 人死亡，249 人受到放射源污染。

8

核事件与核事故的历史思考

8.1 兴利避害：发展核能的争议焦点

2011年4月26日，在前苏联切尔诺贝利核电站事故发生25周年纪念日之际，又正逢日本福岛核危机再度引发热议，因此核能的利用与发展备受世人关注。核事件与核事故的国际影响，一方面在核电站的技术、管理以及事故处理等方面为世界提供了许多难得的而且是宝贵的经验教训，另一方面，核能的利弊问题成为争议焦点。

观点之一

主张发展核电站：认为核能不仅是安全的，而且还是清洁的。

关于安全性

核电站和原子弹的组成不同。原子弹要有高浓度的铀-235和钚-239才能迅速被压缩成紧密形状，导致迅猛的裂变，引起爆炸。而核电站使用的则是一种稳定陶瓷式燃料，由3%的铀-235制成，其余的97%是铀-238，不会发生裂变。因此，不可能发生核爆炸。

关于清洁生产

煤炭和石化能源在生产过程中会产生二氧化硫、二氧化碳、粉尘、重金属物质等污染物，排放大量的"温室气体"。以百万吨级的煤电与核电站每年向大气排放的有害物质相比，煤电排放的二氧化碳约为700吨、二氧化硫约为6万吨、氮氧化物约为9万吨、火渣及飞灰约为80万吨；而在核电生产过程中，以上物质皆为零排放。

关于放射性

研究表明，放射性不是核电所独有的。煤渣及粉尘中含有铀、钍、镭、氡的天然放射性同位素，煤电所产生的放射性比核电要大100多倍，而且人类难以控制。核电的核燃料少且集中，加上生产核电的技术先进，人类已完全控制了放射性物质对环境的污染。

关于能源利用

如果因为核事故而放弃核能，那么将大大地增加有机燃料的开采和消耗，同时将连续不断地向生物圈释放有毒化学物质，这对于人类来说无疑将增加疾病的危险性，还将增加对水资源和森林的破坏。在这方面，俄罗斯的态度是：切尔诺贝利核事故的惨痛教训推动核能技术向更安全的方向发展，主张开发核能更注重安全。俄罗斯共有10座核电站、31个核电机组。计划到2030年核电在国家电力供应中所占的比重将从16%提高到23%。目前俄罗斯正加紧研制更安全的第四代核反应堆技术，力求成为国际核燃料市场的主要供应国和核废料的主要处理国。

观点之二

不主张发展核电站：认为虽然核能作为一种能源和一种保护天然资源的手段具有优越性，但是，核能在世界范围内的发展却存在一种国际性的潜在威胁。

基于放射性物质能够跨国界传播，加之有国际恐怖主义的威胁，一旦发生战争，核设施意味着特殊的危险性。倘若核事故是由多种因素如机械损坏、人为错误、自然灾害等导致的偶然事件，那么，核废料[①]的存放和处置则又是一个难题。世界各地核电站每年产生约1万立方米的核废料，目前常见的高放射性核废料，是采用地质深埋的方法进行处理。常见的矿山式处置库，位于300~1500米深处。如果在花岗岩石中凿一个地下处置库，则要建在几千米深处。库的结构包括天然屏障和工程屏障，以防止废料中的放射性核素从包装物中泄漏，但很难保证在长达上百万年的时间中包装材料不被腐蚀、地层不变动。同时，核废料即使贮存100万年，仍然高出允许剂量。因此，持有此种观点的人不主张发展核电站。世界一些反核组织和环保主义者，举行抗议活动和反核示威，要求政府尽早关闭全部核电站并不要再建设核电站。

观点之三

主张限制或放弃发展核电站，同时开发新的替代能源。

鉴于核能源是双刃剑，因此，迫切需要世界各国在发展核能源和确保其安全方面加强国际合作和谅解，主张限制或放弃发展核电站，同时开发新的替代能源。奥地利、意大利和瑞典分别于1978年、1987年和1998年开始关闭全部或部分核电站。法国暂时停建核电站。德国在切尔诺贝利核事故发生后，展开了一场马拉松式的长年论战，焦点是德国是否应放弃使用核能。德国舆论认为，德国应逐步减少直到全部取消使用核能，同时大力发展可再生能源。也有人认为技术是核电安全最基本的，也是最重要的保障。希望能够设计出一个防止故障发生和装有保险装置的发电厂，也希望设计出当事故发生时，对工厂员工和公众的危险性达到最小的发电厂，一旦发生事故，也能将损失减少到最低程度。

8.2 关键在于消除发生核事故的因素

在过去半个世纪，科学家对不断发生事故的核电站进行了调查研究，一些科学家和历史学家认为，世界重大核事故的重要启示在于如何消除发生核事故的因素。在过去半个世纪，不断发生的核电站事故中，切尔诺贝利事故是最严重的事故。综观核事件与核事故发生的原因，不难看出造成核电站核事件与核事故的原因，除了地震、海啸引发的次生核事故之外，都是普遍常见的可以避免的原因。一是人为过失。例如，一个操作员错误转动了核试验反应堆（NRX）上的阀门。二是违规操作。例如，在切尔诺贝利反应堆事故中，切断紧急堆芯冷却系统。三是设备故障。

[①] 核废料是指含有α、β和γ辐射的不稳定元素并伴随有热产生的无用材料。

例如，镀错涂层分离，堵塞了反应堆的堆芯冷却系统。四是技术知识的欠缺。例如，在温斯克尔反应堆上如何正确处理维格纳能量的释放。由此可见，要避免核事故的发生，关键在于消除发生核事故的因素，一方面对运行人员的培训和操作人员的选择是防止和减少事故发生的关键；另一方面，提高发电厂的管理水平和更好地进行设计是避免事故发生的根本。

8.3 建立核事故的长期研究机制

世界上的能源分成液体燃料、煤、天然气、可再生能源和核能五大类。随着人口的增加和社会经济的发展，所有能源的消耗量每年都在增加，科技进步和国家的发展会改变各类能源供给的百分比。根据美国能源信息署的分析，煤、天然气和核能的比重在20年内不会发生变化：煤和天然气加起来占一半，核能占5%~6%。现阶段液体燃料（石油提取物、生物燃料等）占35%，可再生能源占10%。未来如果没有政策性限制，20年后，液体燃料将占30%，可再生能源（包括风电、太阳能等）占15%。由此可见，核能的发展和安全利用需要建立核事故的长期研究机制。

一是建立专项核事故的长期研究计划。不仅研究核事故的短期影响，还要研究长期影响。世界需要在下次发生核事故时有更好的准备。核电站要制定处置核事故的应急方案，培训处置核事故的应急技术。在核电站周围地区要宣传处置核事故的应急知识，促成国际社会中个人、社区和政府之间的广泛合作。

二是解决核电站各种事故造成损害的保险问题。没有充足的保险，就没有商业性的核电站。核事故造成巨大的经济损失和人员伤亡，估计经济损失有70亿美元左右，任何保险公司或保险公司国际财团都难以同意为核电站保这样巨大的金额。为了打破这种僵局，美国的参议员曾提出一个三层经济保护方案。第一层是私人保险总额；第二层的总保险金额，由联邦政府支付；第三层是当发生严重的核事故造成重大经济损失时，总统能声明是一个国际灾难，寻求国际援助。

三是寻求有利于国际社会对受影响最重国家的人民和政府提供援助的方式和方法。2002年2月6日，在联合国总部发表《切尔诺贝利核事故给人类带来的后果：复原战略》报告。报告一方面指出切尔诺贝利事故所致的放射污染的后果仍非常明显（如，儿童所患的甲状腺癌，因食用受污染食品而导致体内辐照，事故导致的心理影响以及其他健康问题）；另一方面，指出并非所有健康问题都可直接地完全归因于放射影响。在一定程度上这反映了健康、生态、经济和社区发展之间复杂的相互作用。因此，提出推动复原和可持续发展的建议。其中包括：甲状腺癌患者以及事故其他直接受害者的健康需要；对切尔诺贝利事故环境与健康影响进一步研究的资金支持；对切尔诺贝利研究和援助计划；在今后十年内建立一个可持续的经济和社会发展环境，使人们能够掌握自身生活，使社区能够掌握自己的未来。

第37卷

有毒生物灾害

本卷主编 史志诚
郭庆宏

卷首语

有毒生物灾害是一种"潜在的危险"。随着社会经济的发展，世界人口的不断增长，环境污染的加剧，以及某些地区生态状况的不稳定性，21世纪将是有毒生物灾害频繁发生的时期。

本卷重点介绍有毒生物灾害及其防治史，推荐一些成功的防控技术和经验。有毒菌类灾害方面，主要介绍中世纪欧洲发生的麦角中毒灾害、英国火鸡黄曲霉中毒事件和中国肉毒梭菌中毒事件；有毒植物灾害方面，主要介绍蕨属植物灾害、醉马芨芨草灾害、美国的疯草灾害、中国有毒棘豆与黄芪灾害、山毛榉科栎属植物灾害和阿富汗天芥菜灾害；外来有毒生物入侵灾害方面，主要介绍紫茎泽兰、大豕草、豚草、毒麦、杀人蜂、海蟾蜍和火蚁入侵引发的灾害；同时，介绍世界重大有毒赤潮事件，赤潮的成因、危害及其治理。

值得指出的是，科学家在处置世界上发生的众多有毒生物灾害的过程中，又取得了一些具有重大科学价值和重要历史意义的新发现。回顾有毒生物灾害及其防治史，不仅有利于人们直面灾害，居安思危，科学处置，增加以智慧战胜灾害的信心，而且启示人们振奋精神，勇于进入人类的那些未知领域，有所发现，有所发明。

1

有毒生物灾害及其防治史

1.1 有毒生物引起的灾害[①]

有毒生物包括有毒植物、有毒动物和有毒微生物。历史上有许多由于有毒生物引起的危及人类健康安全的灾害。如1816年法国东部的洛林和勃艮第地区发生麦角菌中毒,许多人表现出奇怪的手足麻木、全身发痒,接着便是神经性痉挛的症状,直到死去。医生们对此束手无策;1984年委内瑞拉机场蜜蜂杀人事件,数千只蜜蜂袭击米兰达州的图伊·德尔·奥左马莱机场候车室,死1人,伤36人,机场一片混乱;1999年中国台湾虎头蜂蜇伤事件;2000年1月,美国杀人蜂伤害事件,一群源自非洲的杀人蜂从拉斯维加斯向北迁徙,途中叮死数百人。

危及动物和畜牧业的,如1931年前苏联乌克兰葡萄状穗霉毒素中毒事件,由于饲料潮湿霉变,发生葡萄状穗霉毒素中毒,死亡马5000余匹。1950年前南斯拉夫牛蕨中毒事件,斯洛文尼亚首次发生162头牛中毒,65头牛死废事件。1962—1967年,日本北海道、东北北陆、中部、九州地区发生牛的蕨中毒,中毒269头,死废269头。1977—1987年英国也流行牛蕨中毒。1950—1989年中国牛黑斑病甘薯中毒事件,仅河南、辽宁、陕西等12省114个县就有64095头牛因饲喂了黑斑病甘薯发生中毒,死亡3560头。1960年英国火鸡黄曲霉毒素中毒事件,仅6—8月,东南部农村因进口花生饼中含有黄曲霉毒素而暴发"火鸡X病",死亡火鸡10万只。1960—1980年中国青海家畜棘豆中毒事件。死马2000匹,死羊2100只。1958—1989年中国牛栎树叶中毒事件,先后有贵州、河南、四川、陕西等六个省的146657头牛因采食栎树叶发生中毒,死亡43124头。1959—1989年中国云南马的紫茎泽兰中毒事件,60个县的67579匹马,中毒死亡51029匹。1968年澳大利亚一年生黑麦草中毒事件中,1968—1985年,澳大利亚发生一年生黑麦草中毒,死亡羊4万只,牛422头。1973年中国湖南省32个县和陕西汉中地区发生牛霉稻草中毒事件,牛中毒29068头,死亡或致残9187头。

危及海洋安全的,主要是赤潮事件。1972年日本濑户内海赤潮事件,损失71亿日元。

1972年美国东海岸赤潮事件,危害面积3200平方千米。1986年中国福建东山县赤潮事件。1986年中国浙江、舟山群岛

[①] 史志诚. 有毒生物灾害及其防治史//倪根金. 生物史与农史新探. 台北:万人出版社有限公司,2005:51-57.

以南海域赤潮事件。1987年中国长江口外花鸟山东北海域发生赤潮。1988年中国长江口外海域发生赤潮。1989年中国渤海沿岸发生赤潮。1996年中国香港发生裸甲藻事件。1996年美国佛罗里达州发生赤潮事件。1998年中国渤海辽东湾西部海域发生赤潮。1999年中国渤海西部河北沧州歧口附近海域发生赤潮。

1.2 美国有毒植物研究历史

18世纪末，随着植物学、地质学和化学等学科的发展，美国开始涉足有毒植物研究。当时，由于盲目掠夺式开发、过度超载放牧给美国西部造成了灾难性的影响，使草场生态环境恶化，物种结构改变，导致草场沙漠化、植被单一、毒草泛滥。随着经济损失的加重，有毒植物本身及其造成的损失越来越受到人们的关注。

19世纪50年代，美国兽医学院及兽医相关杂志和联合会在美国出现，1862年美国农业部正式成立，并在联邦政府的资助下开展了相关的有毒植物研究，19世纪60年代末政府开办的兽医学院在纽约州、伊利诺伊州、马萨诸塞州成立。1862年、1873年、1877年美国先后颁布《宅地法》《育林法》《荒地法》以约束人们对土地的滥用和随意使用。1894年，光滑七叶树①造成的大量动物中毒事件正式拉开了有毒植物研究的帷幕，当时由美国农业部植物局负责，以植物学家切斯蒂纳特（Chestnut V. K.）为核心的研究人员于1894年至1904年先后在华盛顿州、蒙大拿州开展了大量的研究工作。1904年罗德尼·特鲁（Rodney True）接管了切斯蒂纳特的工作，带领马什（Marsh）于1905—1930年在休哥镇、西雅图林地公园、科罗拉多州、因皮里尔县、内布拉斯加等地先后建立了许多临时性站点进行有毒植物研究工作，并于1915年在萨莱纳和犹他州正式建立有毒植物研究所。面对土地的过度使用和草场的退化，1929年国会参议院会议通过了289号决议，1934年颁布了《泰勒放牧法》，以应对草场的退化和提倡合理利用。1954年美国农业科学院有毒植物开放研究实验室在犹他州立农学院正式成立，1955年萨莱纳有毒植物研究所并入犹他州有毒植物研究实验室。

隶属美国农业部研究局（ARS）的有毒植物研究实验室（PPRL），其主要职责是鉴别有毒植物、分离和鉴定植物毒素、确定毒性机制、阐明毒素的代谢过程及其在组织的残留状况、制定诊断和预后程序、确定中毒条件并制订管理方案，采取运用解毒剂、治疗等措施来减少有毒植物造成的损失，从而确保产品的治疗，促进动物和人类的健康。研究成员主要有动物科学家、植物生理学家、生物学家、化学家、药理学家和牧场管理研究医师。先后

---

① 光滑七叶树（Aesculus Glabra），又称臭鹿眼树、美洲马栗树，是七叶树科七叶树属乔木或灌木。原产于北美、东南欧及东亚。小枝和叶揉碎时产生一种难闻的气味。幼嫩的叶及坚果仁均含有皂角苷毒素，必须高温蒸煮才能去除，在加工之前不能食用。

对燕草属植物、羽扇豆属植物、松针、疯草等进行调查研究，并与新墨西哥州立大学、华盛顿州立大学和中国西北农林科技大学组成长期友好合作的关系。

据报道，1978年美国西部有毒植物造成的经济损失超过1.07亿美元，1984和1992年美国西部因有毒植物中毒的家畜分别为54.5万头和74万头，造成的经济损失超过3.4亿美元。

2004年美国投资85万美元在犹他州立大学建立了新的有毒植物研究所，是当时世界上有毒植物研究的权威机构。

近期，美国有毒植物研究所网站显示，在美国西部地区每年因有毒植物中毒的牛、羊、马总量占群体的3%~5%，造成直接经济损失170万美元，间接经济损失500万美元，为此美国农业部针对有毒植物中毒成立了专门项目，以减少家畜有毒植物中毒造成的经济损失。

此外，美国还建立了有毒植物图谱网络数据库、食物与营养网络数据库、植物毒素数据库等有毒植物公共信息服务平台，进行有毒植物基本知识、毒性灾害事件处理、植物毒素利用等信息服务咨询。

1.3 中国毒草灾害研究历程

国家重视毒草灾害的防控

中国从20世纪80年代以来，开始重视毒草灾害的防控工作并取得新进展。农业部为了进一步贯彻《草原法》，要求全国各省、市、自治区草原主管部门结合草场普查，在基本摸清了草地主要有毒植物的分布、生态特性及其危害的基础上，将"中国草地重要有毒植物资料的收集整理与研究"列入"八五"国家畜牧业重点科研项目，组织专家进行调查研究。1997年中国农业出版社出版了《中国草地重要有毒植物》专著，从生物学、生态学、毒理学、防除与利用五个方面论述了中国最新研究成果，在国际上进行交流，为防控毒草灾害提供了科学依据。

1995—2000年，陕西省农业厅根据中央和省委的指示，承担了西藏自治区阿里毒草防控项目，并成功地组织西北农林科技大学、中国科学院青海高原生物研究所和陕西省畜牧兽医总站的专家对西藏阿里地区"羊醉马草"造成的危害进行了五年的调查研究，查明了引起大批羊只中毒的毒草是冰川棘豆（*Oxytropis Glacialis*），并提出生态控制的具体措施，得到西藏自治区政府的高度评价，同时获得陕西省人民政府2007年科技成果二等奖。

2001年，史志诚教授提出"严防紫茎泽兰等有害生物入侵"的建议，得到时任国家副总理的温家宝同志的批示。依照批示精神，农业部全国农业技术推广服务中心在西安召开会议，中国农学会组织专家研究对策，起到防患于未然的作用。

2002年12月28日，第九届全国人民代表大会常务委员会第三十一次会议修订的《中华人民共和国草原法》的第五十四条规定："县级以上地方人民政府应当做好草原鼠害、病虫害和毒害草防治的组织管理工作。县级以上地方人民政府草原行政主管部门应当采取措施，加强草原鼠害、病虫害和毒害草监测预警、调查以及防治工作，组织研究和推广综合防治的办法。"从而明确了各级政府防控毒草灾害的责任。《中华人民共和国草原法》的修订为防控毒草灾害提供了法律依据，使草原毒草防控工作走上依法治理之路。

2012年3月，中国农业部、财政部和科技部公益性行业（农业）科研专项"草原主要毒草发生规律与防控技术研究"项目在西北大学启动，标志着中国毒草灾害的防控工作进入了一个新阶段。

培养和组建防控毒草灾害的科技队伍

1981年，西北农林科技大学招收首批家畜中毒硕士研究生，之后，陆续培养了一批硕士、博士研究生。西北大学生态毒理研究所组织科技力量开展西部草地有毒植物危害和防控标准的研究。召开全国性的相关研讨会，逐步形成科研梯队，主攻毒草灾害发生规律、植物毒素与中毒防治的研究并取得一定进展。

毒草灾害防控取得初步成果

1994年，在全国第一届毒物史研讨会上史志诚教授首次提出"毒草灾害"的命题。指出：毒草灾害（Disaster of Poisonous Plants）指天然草原、林间草地和农区草地上大面积连片生长的有毒植物引起动物大批中毒和死亡，而且长期难以控制的，造成生态环境恶化、经济损失惨重、政治影响极大、酿成一场灾害的重大有毒植物中毒事件。并将牧区草地的棘豆和有毒黄芪中毒、农区草地的紫茎泽兰危害和农牧交错的林区草地发生的牛栎树叶中毒，确定为中国的"三大毒草灾害"，建议进行重点防控。

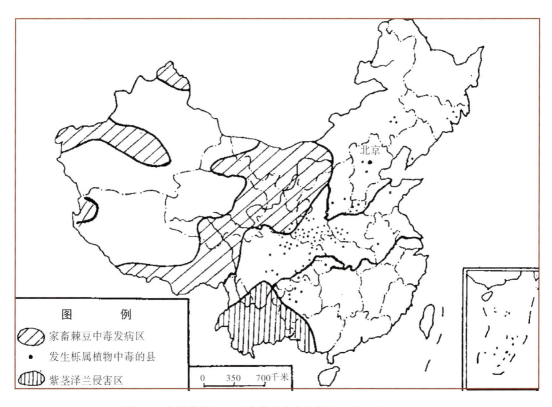

图119 中国草原"三大毒草灾害分布图"（史志诚，1999）

在毒草危害的风险分析研究方面，1999年农业部制订并实施"农作物种苗PRA工作计划"，有效地遏制了国外有毒有害杂草的入侵。对历史上由国外传入或不慎引进的毒草危害及时进行普查、追踪和防治，确保生态安全和农业安全，取得明显成效。2004年开始建立草原鼠虫病害监测预警系统（毒草灾害部分）"草原毒草基础知识数据库"。

在毒草的利用方面，南京林业大学采用高新技术，利用荒漠有毒灌草防治荒漠化。据报道，西部地区广泛分布着有毒灌草类植物，仅甘肃、内蒙古、宁夏、新疆等地有毒灌草就占野生植物总种数1000种的10%。如苦豆草（*Sophora Alopecuroides*）、骆驼蓬（*Peganum Harmala*）、披针叶黄华（*Thermopsis Lanceolata*）、牛心朴子（*Cynanchum Hancockianum*）等，这些有毒灌草能在荒漠化土地上生长、繁殖，大面积推广可起到防治荒漠化的作用。同时，这些有毒灌草又对林木和草地害虫有毒，因此，它们先后被开发成多种新产品，用于生物农药和医药。

在毒草灾害的生态控制方面，20世纪50年代内蒙古伊克昭盟（今鄂尔多斯市）乌审旗曾探索建立"草库伦"法，种植优质牧草，降低毒草比例，改变草场牧草结构，有效地控制了马的"醉马草中毒"，防止了过去单一的铲除毒草，造成草场沙化的严重后果。20世纪80年代新疆维吾尔自治区阿合奇县根据毒麦具有明显地带性生态分布特点，采用"改变耕作制度法"，有效地防除毒麦危害。陕西汉中地区采取以加喂夜草、白天补饲、放牧与舍饲相结合等的"日粮控制法"，有效地预防山区牛栎树叶中毒。20世纪90年代西北农林科技大学又提出"生态毒理系统"新概念，对重要植物毒素进行生态毒理学研究，提出应用"生态工程"防治家畜的有毒植物中毒。甘肃草原生态研究所和中国农科院草原研究所开始探索毒草的生化他感特性与自体毒性原理，并对狼毒异株克生现象进行了初步研究。

在防控技术标准规程的制定方面，拟定了《草原毒草灾害评估技术》《草原毒草调查技术规范》《草原毒草灾害防治标准》《毒草灾害报告制度》《家畜棘豆中毒诊断标准与防治原则》《家畜黄芪中毒诊断标准与防治原则》和《牛栎树叶中毒诊断标准与防治原则》，为贯彻实施《中华人民共和国草原法》，建立全国草原毒草监测制度，为开展草原毒草灾害风险评估和提高防治效果起到了重要的指导作用。

2

有毒菌类灾害

2.1 中世纪欧洲的麦角中毒灾害

中世纪法国暴发"灼热病"

公元944年,在法国南部有4万多人得了坏疽病(Gangrene),当时由于患者有燃烧的感觉,致病原因不明,没有治愈方法,人们称之为中世纪的"灼热病"、烧伤瘟疫(Brandseuche)、圣火(Heiliges Feuer)、圣安东尼厄斯火(Antoniusfeuer)或圣安东尼之火(St. Anthony's Fire)①。

由于医学落后,"灼热病"在究竟是传染病还是中毒不能得到证实的情况下一直流行了几百年。1039年,法国又一次暴发了"灼热病"。截至1300年,"灼热病"在法国和德国,每隔5~10年,就出现一次大流行。

直到1670年法国医生特威利尔(Thuillier)博士通过鸡的饲养实验,才证明了黑麦被麦角侵染是"灼热病"致病的原因。他认为坏疽病不是传染病,而是因为吃了感染麦角的小麦和黑麦引起的麦角中毒(Ergotism),其有毒成分是麦角生物碱。

欧洲流行的麦角中毒

实际上,具有麦角中毒症状的记录不只是944年的法国南部,还可以追溯到古希腊。857年,在莱茵河谷(Rhine Valley)曾暴发坏疽型麦角中毒,这是世界上第一次作为重大疫情记录在案有据可查的中毒事件。公元800—900年之间的100年中,神圣罗马帝国②曾经是受"圣火"影响的地区之一。

在中世纪早期(约5世纪),由麦角引起的像瘟疫一般多次突发的麦角中毒在现在的东欧和俄罗斯西部广为蔓延。欧洲人口稠密的法兰克王国③成千上万的农民吃了用受感染的粮食制成的面包,数千人因"圣火"而死亡。与此同时,来自斯堪的纳维亚半岛的北欧海盗④凭借其优越的规模和作战能力,曾多次轻易地击败了正

---

① 圣火,"圣"是因为人们相信这是上帝的惩罚;"火"是因为中毒患者有燃烧的感觉,四肢发生坏疽,脚趾、手指、手臂和腿部呈现焦黑状。
② 神圣罗马帝国(Holy Roman Empire)建立于962年。帝国的疆域包括今德国、奥地利、瑞士、法国东部、荷兰、比利时、卢森堡、意大利的北部和中部等。随着德意志诸侯改信新教与皇帝分裂,法兰西皇帝和奥地利皇帝的确立,神圣罗马帝国逐渐衰弱,最终于在1806年解体。
③ 法兰克王国(Frankish Kingdom),5—6世纪法兰克人建立的封建王国,9世纪帝国瓦解。843年订立的《凡尔登条约》将全国土地分为三部分,从而奠定了后来法国、德国、意大利三国的雏形。
④ 北欧海盗,指8—10世纪北欧的海盗,后来定居法国诺曼底。

在遭受麦角中毒的人口众多的法兰克王国。由于黑麦不是北欧海盗的主食，因此北欧海盗没有受到麦角中毒的影响。

1772年，俄罗斯征集军队要把土耳其人从黑海赶走以便得到通向地中海的道路，结果在途中便有2万名士兵因麦角中毒被夺去了生命。

1816年，法国东部的洛林和勃艮第地区发生麦角中毒。当时正值拿破仑战争结束后的混乱时刻，本来很容易被发现的麦角没有从有病的黑麦中被发现，造成了中毒事件的发生。许多人表现出手足麻木、全身发痒的症状，接着便是神经性痉挛。这些症状日趋严重，发作更加频繁，直到患者死去。束手无策的医生们发现，有的人全家都出现了这些症状，但并不传染。经过诊断，确定当地居民食用了被麦角病菌感染的黑麦做的面包，引起了食物中毒。

1951年，法国南部的里摩日（Limoges）有900人发生麦角中毒，其中5人死亡。法国卫生部门的调查和接着进行的法庭审讯得出的结果是：这是一个面包师用了从乡下黑市买来的含麦角的面粉烤制面包所致。

麦角菌与麦角毒素

麦角菌（*Claviceps Purpurea*）属于一种子囊菌，最喜欢在黑麦穗上生长。主要寄生在黑麦、大麦等禾本科植物的子房里，

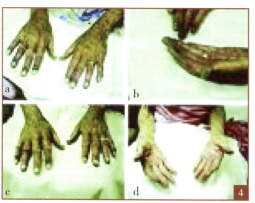
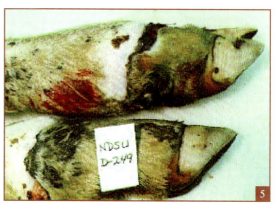

图120 麦角与麦角中毒（1—2.麦穗上的麦角，麦角取代了麦粒；3.麦角菌核；4.人坏疽型麦角中毒，a—c为手部发绀，d为正常；5.牛坏疽型麦角中毒的早期症状通常从后蹄开始）

发育形成坚硬、褐至黑色的角状菌核，人们把它叫作麦角（Frgot）。1582年，德国医生亚当·朗尼兹写的《草药书》中，首次明确地对麦角这种真菌做了描述。1853年，真菌学家和插图画家路易斯·塔拉森（Louis Tulasne）研究并详细描述了麦角菌的形态特征、生活史及其生命周期。

黑麦面包是北欧的主要食品，当人们吃了含有麦角的面粉，特别是黑麦面包后，便会中毒发病，开始时四肢和肌肉抽筋，接着手足、乳房、牙齿感到麻木，然后这些部位的肌肉逐渐溃烂剥落，直至死亡，其状惨不忍睹。人们把这种病称为麦角病。当人们食用了混杂有大量麦角的谷物或面粉所做的食品后就会发生麦角中毒。长期少量进食麦角病谷，也可发生慢性中毒。家畜吃了感染麦角菌的禾本科牧草，也会引起严重的中毒。放牧家畜特别是牛麦角中毒的常见症状是耳朵和蹄发生坏疽。

麦角中含有麦角碱（Ergotine）、麦角胺（Ergotamine）、麦碱（Ergine）、麦角新碱（Ergonovine）和麦角毒碱（Ergotoxin）等多种有毒的麦角生物碱。麦角的毒性程度视其所含生物碱的多少而定，通常含量为0.015%～0.017%，有的高达0.22%。麦角的毒性非常稳定，可保持数年之久，在焙烤时其毒性也不被破坏。

1918年，斯托尔①第一次分离出了麦角胺，并确定麦角胺是引起特征性坏疽症状的毒素。大剂量的麦角胺会引起严重的血管收缩并导致肢体的干性坏疽。

早在1771年，德国汉诺威的宫廷医师约翰·塔比（Johann Taube）就观察到麦角中毒症有两种不同的表现形式。一种表现形式是抽搐型麦角中毒症，主要发生在德国。由于神经系统受到伤害，开始是四肢发痒，民间称之为"发痒病"。基本症状是，痉挛状疼痛性肌肉萎缩，最后是癫痫状形式。在这种情况下，四肢会痉挛成不正常的状态。最贫穷的阶层由于用没有洗净的粮食制作主要食品——面包，因此麦角中毒比较多发。直到腓特烈二世

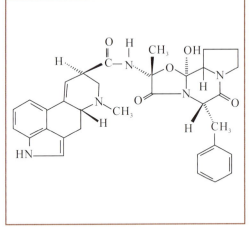

图121 阿瑟·斯托尔与麦角胺分子式

---

① 阿瑟·斯托尔（Arthur Stoll，1887—1971），瑞士化学家、艺术收藏家。苏黎世大学化学专业毕业，1929年因在蟹壳质的研究上获得重大成果而获得博士学位。他是巴塞尔山德士（Sandoz）实验室（现为诺华公司）的创始人。先后任该公司副总裁及董事局主席。发现麦角酸二乙基酰胺（LSD）的霍夫曼曾是其实验室的工作人员。他还是瑞士艺术研究学院的创始人之一。

(Friedrich Ⅱ)[1]于18世纪引进土豆，并对彻底清洗粮食做出法律规定后，麦角中毒症才开始减少。另一种表现形式是坏疽型麦角中毒症，主要发生在法国。那里的居民饱受坏疽性麦角中毒之苦。中毒患者的末梢血管受到严重损害，身体有的部分整个坏死，脚趾、胳膊和腿变成蓝黑色，在不流血的情况下从身体上脱落。

现代临床毒理学将人类麦角中毒的症状分为痉挛型、坏疽型和混合型三个类型。痉挛型的特点是神经失调，出现麻木、失明、瘫痪和痉挛等症状。坏疽型的特点是剧烈疼痛、肢端感染和肢体出现灼焦和发黑等坏疽症状，严重时出现断肢。当肢体感染时有强烈的烧灼痛。混合型的特点是表现胃肠症状、皮肤刺痒、头晕、视听觉迟钝、语言不清、呼吸困难、肌肉痉挛、昏迷、体温下降、血压上升、心力衰竭，孕妇可致流产或早产。

灾害处置

由于麦角病害常发生在多雨年份，暴发中毒常集中在个别村庄、食堂或家庭，且病麦肉眼可辨别，因此，各国政府加强海关和田间的植物检验工作，防止麦角菌传入或传播。一旦发现有所感染，用机械净化法或用25%盐水漂出麦角，取得明显效果。

麦角中毒的急救处理，除了立即停止食用被麦角污染的食品，洗胃、导泻及对症治疗，还可用血管扩张药。

社会影响与历史意义

在中世纪"灼热病"病因不明的几个世纪里，巫术盛行起来。人们以为那些患有抽搐型麦角中毒的受害者是在施行巫术，如果是女性则称其是巫婆。当有麦角中毒症状的患者大批出现的时候，人们又以为是巫术的受害者。更为严重的是当时巫术的多样性和神秘性与"灼热病"纠缠在一起，出现了无休止的法律诉讼和社会混乱。

随着科学技术的发展，证实"灼热病"是麦角中毒并分离到有毒成分麦角胺等生物碱后，历史上把中世纪发生的麦角

图122 反映麦角中毒的文艺作品（伊森海姆祭坛饰画《耶稣被钉在十字架上》）

---

[1] 腓特烈二世（1712—1786），普鲁士国王，致力于改善农民状况，兴修水利，并推行重商主义。他在位40多年时间，尽管饱受战火摧残，但普鲁士的经济仍取得迅猛发展，人口从220万增加到543万，年税收收入翻了近两番。他给他的后继者留下的是一个强盛而且蒸蒸日上的普鲁士，因此被后人尊为"腓特烈大帝"。

中毒称为人类最早认识的真菌毒素中毒症，其有毒成分是麦角生物碱。

1938年艾伯特·霍夫曼（Albert Hofmann）利用麦角胺和麦角新碱首次人工合成了麦角酸二乙基酰胺（LSD）。20世纪60年代，LSD这种强力精神类药物走出实验室和病房，成为数百万追求自我解放的欧美青年尤其是美国年轻人的"快乐仙丹"。之后，滥用LSD造成了严重的社会后果。1966年，美国宣布LSD为非法药物，从此LSD在全世界范围内遭到全面禁用。

许多文学艺术家围绕麦角中毒所引起的灾害，撰写寓言和绘画。德国画家格鲁奈瓦德曾完成了著名的伊森海姆祭坛饰画——《耶稣被钉在十字架上》，图画在宣扬教会所倡导的神圣真理的同时，反映了当时流行在人间的"灼热病"（即麦角中毒）。画中把麦角中毒的痛苦表现得淋漓尽致，画中刚刚气绝身亡的耶稣头低垂着，脸上伤痕累累，嘴半张着。他的身体受尽了折磨，由于受到笞刑的折磨，身上扎满了尖刺，双手的姿态表现出临死前的痉挛，借此暗指当时流行的"灼热病"。

2.2 英国火鸡黄曲霉中毒事件

1960年英国发生火鸡X病。1961年证明其发病原因是饲喂了被黄曲霉污染的花生饼，这种花生饼能诱发大鼠肝癌。1962年鉴定了毒性物质的结构，并定名为黄曲霉毒素。

火鸡X病

1960年，在英国英格兰南部及东部地区的几家火鸡饲养场，从春到夏仅几个月竟相继死了10万多只火鸡。起初，人们认为这是某种病毒所造成的，称其为"火鸡X症"（Turkey X Syndrome）。也有人怀疑是火鸡中毒，故称之为"火鸡X病"（Turkey X Disease）。

"火鸡X病"的主要症状是食欲减退，两翼下垂，发病后昏睡一周左右而死亡。死时火鸡头向后仰，脚向后伸，呈现一种奇特的姿势。经医生解剖后发现，死鸡的肝出血、坏死，肾脏肥大。病理检验也显示，鸡的肝脏呈现实质性退行性病变，胆管的上皮细胞异常增殖。

发病原因

1960年，英格兰伦敦暴发"火鸡X病"之后，就在所有人都一筹莫展的时候，又一起火鸡死亡事件在英国西部的柴郡暴发了，死亡的火鸡出现了与"火鸡X病"相同的症状。这一次，调查人员终于找到了伦敦和柴郡这两次"火鸡X病"暴发的唯一共同点：暴发疫病的农场都使用了来自巴西的花生作为饲料原料。进一步的研究发现，在实验室里，如果用这些巴西花生喂养一天鸭子，这些鸭子也会出现"火鸡X病"的症状。经过一系列的分析和实验，1961年英国科学工作者分离到了第一组黄曲霉菌，最终确认了"火鸡X病"的元凶是一种名为黄曲霉菌的真菌，而这种真菌分泌的某种代谢物质可以让禽类中毒。

最后追查到祸首是饲养场使用的一种由"油饼磨坊"饲料公司生产的饲料,其主要原料是从南美巴西进口的花生。兽医病理学家发现,死亡火鸡的肝显示出多种病变,包括癌症。

1962年,英国科学家很快从花生饼中找到了罪魁祸首,即黄曲霉菌产生的毒素,命名为黄曲霉毒素(Aflatoxin)。

后经多方会诊,最终确认是由于火鸡的饲料被黄曲霉产生的黄曲霉毒素污染所致。

历史意义

1960年英国发生的"火鸡X病"直接推动了黄曲霉毒素的发现,具有重大的历史意义。目前,人们已从污染的花生、玉米饲料中分离出黄曲霉素B_1、B_2、B_{2a}、G_1、G_2、G_{2a}、M_1、M_2等十几种毒素,其中以黄曲霉素B_1毒性为最强,属剧毒,其毒性较氰化钾还要强。对鸭雏的半数致死量为0.3毫克/千克体重,猪为0.6毫克/千克体重。

火鸡X病及其他黄曲霉素中毒事件提醒人们,在食物的贮藏中,特别是对花生、玉米、大米等易被黄曲霉菌污染的食物的保存中,要有针对性地采取保护措施。一旦发现霉变,决不食用。

图123 黄曲霉菌与火鸡X病

2.3 中国肉毒梭菌中毒事件

神秘的"察布查尔病"[1]

20世纪40—50年代,新疆维吾尔自治区察布查尔县曾流行一种类似神经毒性的怪病。该病每年4、5月间发生,患者表现为精神不振、头晕、上眼睑下垂、复

---

[1] 徐步云. 察布查尔病的前世今生. 余杭新闻网–城乡导报,2013-08-23.

视、眼球运动不良、头昏或轻度头痛、看人或物体模糊、抬头或睁眼皮困难、声音嘶哑及吞咽困难、失语,但不发热,而且神志也始终清楚。严重者可在发病后几天内死亡,病死率高达43.2%。由于病因不明,无有效的治疗方法,病死率很高,当地居民称之为"察布查尔病"。

病因调查

由于"察布查尔病"发病在春耕季节,严重影响当地农牧业生产,以致该病在当地民族干部和群众中引起恐慌。县政府在多年开展防治工作的基础上要求中央委派专家调查。1958年4月,以北京医学院吴朝仁[1]教授为首的一支由8位流行病学家组成的卫生部调查组来到察布查尔县开展调查。

流行病学调查的突破

鉴于该病只在锡伯族[2]人群中发生,因此专家组中的一名年轻的成员连志浩[3]运用流行病学分布论的原理,通过描述"察布查尔病"的时间、地区、人群的"三间分布",成功地寻找到锡伯族人群,特别是儿童、妇女喜爱的特殊食物——晒干的发酵馒头"米松糊糊"中存在的肉毒杆菌是"察布查尔病"的元凶,即该病为肉毒毒素中毒。这一发现打破了当时认为只有食用腌制的肉食才能肉毒中毒的理论,为肉毒梭菌毒素中毒研究开拓了新领域。

从病例调查发现病源

调查组对发病最重的六乡三分之二的家庭1949年以来九年中发病和因病死亡的88个病例逐一进行临床和流行病学调查,获知该病87.5%发生在4月和5月,发生在3月和6月的只是少数。在回顾性调查中发现患者发病前均吃过"米松糊糊"(家制面酱的半成品)。该食品在制作过程中有厌氧和适温环境,可供肉毒梭菌繁殖和产生毒素。

经过深入细致的调查,发现锡伯族保留了200年前自东北老家带来的习俗,即每年春季家庭自制面酱(锡伯人叫"米松")。原料是面粉所做的馒头,其在发酵

---

[1] 吴朝仁(1900—1973),教授,中国细菌学家、传染病学家。中国福建省福州人。1923年毕业于福州协和大学;1928年毕业于北平协和医学院,获医学博士学位并留校执教;1933年赴美国哈佛大学医学院进修细菌学。1934年回国,任轩和医学院副教授,上海雷士德医学研究院研究员,北平大学医学院教授、附属医院内科主任。1949年后,历任北京医学院传染病学教研组主任、医学系主任、第一附属医院院长,北京医学院副院长等职。吴朝仁曾任全国政协第四届委员会委员、北京市第五届人民代表大会代表,是北京市科协第一届委员会副主席,中华医学会内科学会常务委员。长期担任《中华医学》杂志副总编。

[2] 锡伯族人祖居兴安岭,以狩猎打鱼为生,曾南迁盛京(今天的沈阳)。1764年,清政府从盛京等17个城市征调锡伯官兵1020名,连同眷属3275人西迁伊犁地区戍守边防。他们出彰武台,走蒙古道,翻科斯拉奇山,过额尔齐斯河,几乎穿越整个亚洲腹地,历时一年余,行程万余千米,最后于1765年7月到达伊犁,最后定居察布查尔。这是一次前无古人的"屯垦戍边"壮举,过程之悲壮惨烈,泣鬼神惊天地。察布查尔属于伊犁哈萨克自治州,位于新疆西陲,与前苏联(今哈萨克斯坦)接壤。察布查尔是锡伯族自治县,居民中维吾尔族人数最多,哈萨克族人次之,锡伯族人居第三。察布查尔的锡伯族人,在生活上还像他们在东北时一样,养猪养牛睡热炕。

[3] 连志浩(1927—2005),1927年2月24日生于湖南长沙。1946年自湖南省美国耶鲁大学分校雅礼中学毕业后,考入湘雅医学院学习。在校期间,曾被选送到北京协和医院做实习医生。1952年毕业后到北京医学院工作。1952—1969年,在北京医学院公共卫生系(科)从事流行病学的教学和科研。主编《流行病学》,译有《流行病学导论》。

过程中会形成一种棕红色、形似肥皂的半成品，叫作"米松糊糊"，需要放在屋顶上晒干，因该物有甜味，常由妇女尝味，并当成零食给儿童食用，儿童也互相赠送食用。

在上述发现的基础上，专家组从"米松糊糊"中检出肉毒梭菌及其毒素。正当工作组欲离开现场时，正巧发生了新病例，并经动物实验从新病例所食剩余的"米松糊糊"中检出肉毒毒素。

排除了脑炎的可能性

根据发病急，但不发烧，病死率颇高的特点，血清学检查结果，排除了脑炎的可能性。吴朝仁教授等专业人员深入病区，进行历史病例资料的分析、寻找患者、搜索中毒食品等一系列调查研究工作，终于证实了所谓"察布查尔病"，就是由于肉毒梭状芽孢杆菌污染了发酵豆制品，产生外毒素被人误食而引起的中毒。吴朝仁的报告成为中国第一例肉毒中毒病例的报告。

综合上述调查研究证明，"察布查尔病"是肉毒中毒，是由当地锡伯族人嗜食的面酱的中间产物——"米松糊糊"中含有肉毒梭菌所致。肉毒梭菌系因制面酱所用原料——小麦在种植、收割或加工中受土壤中的肉毒梭菌芽孢污染所致。该成果成为中国原因不明疾病流行病学研究的经典案例。

吴朝仁教授《关于察布查尔县肉毒中毒调查报告》的发表，引起了卫生界的极大关注，中国从此开始了肉毒中毒的科学防治工作。连志浩的名字也和"察布查尔病"一起载入了流行病学史册。

灾害处置

"察布查尔病"的病因查明之后，察布查尔县政府立即组织力量，向群众宣传该病的病因和预防方法，改变了过去不良的饮食习惯，销毁了全县尚存的"米松糊糊"，从而在该县锡伯族群众中消灭了"察布查尔病"。

2.4 黑斑病甘薯中毒

牛肺气肿病

1890年，美国首次发现动物的霉烂甘薯中毒（Mouldy Sweet Potato Poisoning）。继而中毒事件又发生于新西兰、澳大利亚及南美洲等国家和地区。1905年日本熊本县发生此病，蔓延至日本各地。20世纪60年代以前的30年里它成为美国和日本牛肺气肿病的主要病原。

1937年，甘薯黑斑病从日本传入中国东北、华北，随后遍及盛产甘薯的地区。之后陆续发生牛、绵羊、山羊、猪的霉烂甘薯中毒。1951—1953年中国河南省大面积暴发黑斑病甘薯中毒，死亡耕牛万余头。农业部组织专家组研究发现家畜吃了黑斑病甘薯后，发生以急性肺水肿与间质性肺泡气肿为特征的中毒病，并将其定名为"黑斑病甘薯中毒"。据统计，1950—1989年，中国牛黑斑病甘薯中毒事件，仅河南、辽宁、陕西等12省114个县就有

64095头牛因饲喂了黑斑病甘薯发生中毒，死亡3560头。[1]

中毒原因

霉烂甘薯常见真菌有三种，即甘薯长喙壳菌（Ceratocystis Fimbriata）、茄病镰刀菌（Fusarium Solani）和爪哇镰刀菌（F. Javanicum），其中以甘薯长喙壳菌感染率最高。

日本学者从霉烂甘薯中分离出甘薯酮(Ipomeamarone)，经皮下注射或口服给大白鼠和家兔的毒性试验结果显示，中毒的多半死亡，自此确定了甘薯酮的毒性。据日本学者的分析：甘薯酮系芳香族碳氢化合物，羟基衍生物有甘薯醇（Ipomeanol）、甘薯宁（Ipomeanine）和巴他酸（Batatic Acid）等，目前发现甘薯毒素十余种。其中甘薯酮、甘薯宁毒性较强。

灾害处置

1951—1953年中国河南省发生牛黑斑病甘薯中毒之后，农业部组织专家组调查确定了病因。同时，在发病地区加强植物检疫，集中处理黑斑病甘薯，严防家畜采食黑斑病甘薯，并对病牛采取对症治疗措施，有效地控制了疫情。

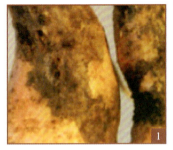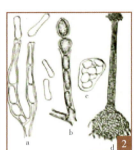

图124 甘薯黑斑病（1.甘薯黑斑病病薯；2.甘薯黑斑病病原菌：甘薯长喙壳菌〔图中a—b.分子孢子和厚垣孢子，c.子囊孢子，d.子囊壳〕）

2.5 镰刀菌毒素致脑白质软化症

马属动物霉玉米中毒

串珠镰刀菌毒素中毒也被称为马属动物霉玉米中毒（Mouldy Corn Poisoning in Horses）。该病在美国、希腊、埃及、阿根廷、日本、中国、南非等很多国家均有发生。18世纪末至19世纪30年代在美国和西方国家频发，大批动物发病和死亡。

在美国，1850年就有马镰刀菌中毒的报道，根据病理特征称为"马脑白质软化症"，是一种以中枢神经功能紊乱和脑白质软化坏死为特征的马属动物的真菌毒素中毒病。1932年，阿萨米（Asami）报道马饲喂发霉豆荚引起的中毒病，称为"由豆荚引起的中毒性脑脊髓炎"（Toxic Encephalieis）。

日本的森本和于1942年发现，饲喂发霉豆荚的孕马发生流产，新生马驹死亡，中毒症状近似"博纳病"[2]（Borna Disease）。

---

[1] 史志诚.动物毒物学.北京：中国农业出版社，2001：457-459.
[2] 博纳病，是由博纳病毒引起的传染病，表现抑郁性的症状，与脑炎相似。

中国于1952—1958年，在北京、天津郊区发生类似症状。1981年沈阳地区6个县（区），62个乡镇发生马属动物玉米中毒，造成严重的经济损失。方时杰（1957，1958）报道了马属动物饲喂发霉玉米引起的中毒，称为"马属动物霉玉米中毒"。

中毒原因

1966年，巴迪亚里（Badiali）报道埃及尼罗河流域马属动物霉玉米中毒之后，威尔森（Wilson）于1969年和1971年两次从埃及的发霉玉米分离出串珠镰刀菌（*Fusarium Moniliforme*），并用其培养物复制出马脑白质软化症，他认为串珠镰刀菌是霉玉米中毒的产毒菌。

后来有人从美国、南非的发霉玉米中分离出串珠镰刀菌并重复这一实验，也获得成功，从而证明串珠镰刀菌就是马脑白质软化症的致病真菌。1973年，科尔（Cole）从串珠镰刀菌培养物中提取出一种水溶性毒素，称之为串珠镰刀菌素（Moniliformin）。1979年，哈利伯顿（Haliburton）报道了串珠镰刀菌素是马脑白质软化症的主要致病毒素之一。

串珠镰刀菌素可由多种镰刀菌产生。这些镰刀菌在世界上分布广泛，常是玉米的病原菌，多数在玉米上生长时产生毒素。已知能产生串珠镰刀菌素的镰刀菌共

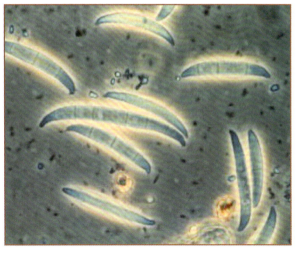

图125 镰刀菌

有18种，其中以串珠镰刀菌和串珠镰刀菌胶孢变种（*F. Monilifome var Subglutinans*）为主要产毒菌。1971年，石井在被茄病镰刀菌（*F. Solani*）侵染的豆荚和玉米中分离出一种有毒代谢产物，最初命名为茄病镰刀菌烯醇（Solaniol）。1972年，上野改称此毒素为新茄病镰刀菌烯醇（Neosolaniol），并认为这种毒素与马属动物霉玉米中毒有关。

马脑白质软化症多发生于马属动物，其中以驴的发病率最高，壮龄和老龄发病较多，约占45%以上；而幼龄发病相对较少。临床上分为狂暴型、沉郁型和混合型三种，但混合型毕竟少见，死亡率可达50%~80%。

3

有毒植物灾害

3.1 蕨属植物灾害

蕨属植物引发的灾害[①]

蕨属植物（Pteridium）十分古老，分布极广。近一个世纪以来，人们注意到蕨属类植物的某些种，如在世界上分布广泛的原亚种（Pteridium Aquilinum）（又称欧洲蕨或简称蕨）可引起反刍动物发生以骨髓损害为特征的全身出血性综合征——蕨中毒（Bracken Poisoning）及以膀胱肿瘤形成为特征的地方性血尿症（Enzootic Heamaturia），蕨尚可引起单胃动物的维生素 B_1 缺乏症（Hypothiaminosis），并对多种实验动物具有毒性与致癌性。20 世纪 80 年代，中国学者证实毛叶蕨（Pteridium Revolutum）也具有与欧洲蕨相似的毒性和致癌性。

蕨中毒与蕨属植物的地理分布密切相关，主要发生于富蕨牧地上放牧的牛群或采食了大量含蕨的刈割饲草的舍饲牛。蕨的根状茎的毒性要比蕨叶高五倍，中毒会造成较大的经济损失。

欧洲蕨（Pteridium Aquilinum）具有黑色的多年生根茎，在地下匍匐蔓延，互相缠绕，茎上长出直立叶，广泛分布于北半球的欧洲和非洲。欧洲蕨在英国的分布比较广泛，尤以威尔士、苏格兰及英格兰西南部的分布最多。最早的报告可追溯到 1893 年。当时英国遭受严重旱灾，从春季持续到夏季，牧地上几乎所有饲草均已干枯，蕨便成为放牧牛唯一可以采食到的青绿植物。同年，彭伯思（Penberthy）和斯托勒（Storra）分别在同一期《比较病理学杂志》上报道了由蕨引起的以出血性综合征为特征的植物中毒，其临床与剖检所见与炭疽病十分相似。1894 年，阿蒙德（Almond）饲喂蕨实验性诱发蕨中毒成功，进一步证明这种出血性综合征是蕨中毒。根据英国农业、渔业及食品部对 1977—1987 年 233 例牛蕨中毒病例地理分布的分析，约 86%（200/233）的病例发生于威尔士、苏格兰及英格兰西南部地区。

1950 年，前南斯拉夫斯洛文尼亚共和国曾报道牛采食了垫草（垫草中含蕨叶量为 25%~100%）中的蕨，使 162 头犊牛中的 80 头出现典型的蕨中毒，有 65 头死亡或急宰。

尾叶蕨和毛叶蕨广泛分布于南半球的亚洲。在日本，牛的蕨中毒在北海道、东北、北陆、中部及九州地区发生至少有 100 年的历史。1961 年三浦定夫报道蕨中

[①] 许乐仁, 王永达, 温伦季, 等. 饲喂毛叶蕨实验性诱发黄牛的膀胱肿瘤. 畜牧兽医学报, 1984, 15 (3)：211–216.

毒多发生于改良草地上放牧的牛群，原因是牧地改良后仅仅得到一时性的蕨清除，但两年以后蕨便有多发倾向，根茎发育更为繁茂，软地上蕨叶覆盖度增加，造成放牧牛大批中毒。据1962—1967年北海道、东北、北陆、中部、九州地区22个县的统计，牛发生蕨中毒541头，死废269头；1970年中毒242头，死废122头，总的死废率约为50%。20世纪70年代以后，随着对本病认识的逐渐加深，饲养管理的改善以及正确的防治，牛的蕨中毒在日本的发生已逐渐减少。

1950年，管野最早报道了北海道根钏地区乳牛的血尿病。1952年，藤本和大林报道了有关该病的病理学研究成果。从1960年以后的20年间日本每年因血尿病死亡和淘汰的牛达100~300头，造成较大损失（表37-3-1）。

表37-3-1　日本20年间牛的血尿病及牛的蕨中毒死废牛数

年份	血尿病	蕨中毒	合计	年份	血尿病	蕨中毒	合计
1960	70	—	70	1970	299	122	421
1961	106	—	106	1971	263	33	296
1962	95			1972	197	30	227
1963	165			1973	190	35	225
1964	171	269	1322	1974	221	45	266
1965	187			1975	171	35	206
1966	193			1976	305	30	335
1967	242			1977	182	71	253
1968	257	51	308	1978	153	58	211
1969	318	78	396	总计	3785	857	4642

摘自，许乐仁著《蕨和与蕨相关的动物病》，贵州科技出版社，1993：79

中国四川1962年5—10月发生奶牛蕨中毒事件。36头奶牛中有28头发病，死亡19头，占发病数的68%。之后，湖南邵阳南山牧场黑白花育成奶牛中两次暴发蕨中毒。当地牧场上蕨的分布很广，牛群从上海、北京引进后不久就陆续发病。1975年6—7月发病6头，死亡2头；1976年5月的一个星期之内竟有320头发病，经抢救后仍有70头死亡。1987年浙江龙泉县一奶牛场购进了含有蕨叶的青饲料，饲喂后数天就有13头奶牛出现血尿，12头妊娠母牛中11头发生流产，2头死亡或急宰。

灾害原因

欧洲蕨含有多种有毒有害因素：诸如生氰苷、维生素B_1酶、"再生障碍性贫血"因子、血尿因子以及致癌物。第一种有毒成分见于1963年托马斯（Thomas）关于家畜突然死亡的报道，认为很可能是由于家畜食入含有氢氰酸的幼嫩蕨类所致。第二种有毒成分能引起非反刍动物的中毒。第三、四、五种有毒成分使绵羊和牛产生各种不同的综合征。这五种有毒成

图 126 欧洲蕨（1. 欧洲蕨植株；2. 野外生长的欧洲蕨）

分间的相互关系尚未清楚。

欧洲蕨可引起牛的急性和慢性中毒。急性中毒最为常见，呈现以严重的全骨髓损害和全身出血性体质为特征的急性致死性中毒症。慢性中毒表现为地方性血尿症。猪和马的蕨中毒主要引起维生素B_1缺乏症。同时，对动物（如小鼠、大鼠和牛）有致癌性。

值得指出的是：欧洲蕨不但可引起牛的急性蕨中毒，长期少量采食也可导致慢性蕨中毒。呈现血尿症及腹痛、消瘦、贫血、精神沉郁、呆立凝视、行走缓慢、多卧少立、咀嚼无力等症状。

毛叶蕨在中国牛的地方性血尿症的发生与流行上有特殊重要的意义。由于慢性蕨中毒的发生与蕨的地理分布密切相关，具有地方流行性的特点，因此，称之为牛的地方性血尿症。

灾害处置

加强饲养管理

减少接触蕨的机会是预防动物蕨中毒的重要措施。如放牧前补饲、避免到蕨属植物繁密区放牧（特别是春季蕨叶萌发时期）、缩短放牧时间、剔除混入饲草中的蕨叶等。此外，配合土地改良及荒地开垦进行焚烧、割及深耕轮作等农业措施对蕨的控制也有一定效果，但不够理想。特别是盲目地毁地开荒和放火烧坡反而有助于蕨属植物的蔓延。

化学控制

对有限牧地上蕨属植物的控制和防除可采用化学除草剂。经实验证明，黄草灵（Asulam）、麦草畏（Dicamba）及草甘膦（Glyphosate）较为理想。其中后者选择性较差，在清除蕨地的同时，草地也会受到严重的破坏，故多用于草地安全更新或清除杂草。黄草灵则因其安全、稳定、经济、高效及高选择性而成为那些以蕨为主或某些有价值植物需要保留区域的首选除草剂。

3.2 醉马芨芨草灾害

醉马芨芨草是广泛分布在欧亚地区草地上的有毒杂草，对畜牧业生产造成了严重危害。科学家对草地的毒性成分及形成机制进行了研究，初步证实牲畜采食醉马芨芨草中毒，主要是由于其中寄生的内生真菌产生的生物碱所致。

灾害事件

醉马芨芨草（*Achnatherum Inebrians*）为禾本科芨芨草属（*Achnatherum*）多年生草本植物，又名禾本科醉马草[①]、马绊肠、断肠草、醉马豆、勺草。原产于欧亚两洲。在中国主要分布在甘肃、内蒙古、青海、西藏、新疆、宁夏、四川、陕西等省(区)，河北、山东、浙江也有少量分布。

醉马芨芨草多生于高海拔草原上，生命力和繁殖力极强，有超强的耐旱力，而且是一种排斥其他牧草生长的植物，在醉马芨芨草成片生长的地方，就不会有其他植物存活。羊、牛、马和骆驼等牲畜采食它之后就会产生依赖性，不再食用其他牧草，牧民称之为"上瘾"，这样牲畜中枢神经会受到麻痹，身体日渐消瘦，最后死亡。

1922年，希契科克（A. C. Hitchcock）最先记载了醉马芨芨草的毒性[②]，并将其正式列入有毒植物。中国关于醉马草毒性的文献记载最早见于1946年出版的《兰州植物志》，以后随着草地退化的发生日益严重，醉马芨芨草对家畜的危害逐渐引起人们的重视[③][④]。家畜采食醉马芨芨草后出现精神呆钝、进食量减少、步履不整、蹒跚如醉等症状，醉马芨芨草即因此而得名。

醉马芨芨草的危害

醉马芨芨草危害大、分布广，严重降低了草原生产力，已经成为草地畜牧业生产的主要限制因素之一。根据新疆八一农学院草原系在昌吉回族自治州九个牧业乡的调查发现，醉马芨芨草的面积约占草地总面积的12%，最严重的阿什里乡醉马芨芨草的面积占草地总面积的35%，阿什里村周围则高达90%以上，醉马芨芨草在天山北坡中段已传播到夏牧场和春秋场（海拔900~2600米）。醉马芨芨草的大量滋生造成天山北坡中段天然草地可利用面积日益减少，给这一带的草地畜牧带来极大的危害。[⑤] 在青海海南、甘

图127 醉马芨芨草

[①] 在中国，由于豆科棘豆属的有毒植物小花棘豆中毒的临床症状与禾本科醉马草中毒症状相似，因此，牧民将小花棘豆称为"醉马草"，一些发表的文献中也将小花棘豆称为"醉马草"，造成名称上的混乱。为了将二者加以区别，将禾本科醉马草确定为"醉马芨芨草"。
[②] HITCHCOCK A C. A Textbook of grasses. London：The Macmillan Company, 1922：200.
[③] 任继周. 西北草原上几种常见的毒草. 甘肃农业大学学报，1959（1）：9-16.
[④] 郭文场，刘颖. 几种危害牲畜的毒草. 生命世界，1977（2）：25-27.
[⑤] 付爱良，马来书. 醉马芨芨草清除示范与推广. 新疆畜牧业，1992（6）.

肃河西和宁夏海原的某些地区，醉马芨芨草成为草业发展及生态环境建设的主要限制因素之一。[①] 2004年上半年内蒙古自治区阿拉善左旗北部乌力吉、银根、图克木、巴音洪格日等苏木发生牲畜中毒事件，69735头（只）牲畜中毒，2180多头（只）死亡。

醉马芨芨草全草具毒，鲜草和枯草都能造成家畜中毒，芒刺入皮肤、口腔、口角、蹄叉、角膜等处也可引起中毒，芒刺伤角膜可致失明，刺伤皮肤可发生出血斑、水肿、硬结或形成小脓肿。一般采食鲜草达体重1%，在30~60分钟后即可出现症状。误食醉马芨芨草而中毒的牲畜很快就能识别并避免对其进一步采食，因而中毒多发生在幼畜和外地引进畜群。但在醉马芨芨草发生严重地区，当草场上其他牧草不足尤其是在冬春及干旱季节时，牲畜常常被迫多次采食醉马芨芨草而发生严重中毒。马属动物表现为：初期精神沉郁、闭眼、口吐白沫、可视黏膜潮红、呼吸加快，后期呼吸迫促、心跳加快、肌肉震颤、全身出汗、步态不稳，如醉酒状。绵羊表现为：口吐白沫、行走摇晃、形如酒醉，有时出现阵发性狂暴，起卧不安，有的倒地不起，呈昏睡状，严重时心跳加快、呼吸迫促、流涎、腹胀、反刍停止、食欲废绝。怀孕母畜出现流产。马、驴、骡对醉马芨芨草毒素更为敏感，中毒2~3小时即可死亡。

灾害原因

关于醉马芨芨草的有毒成分，早期有人认为可能是生物碱，也有人认为醉马芨芨草中毒与氰苷或强心苷有关。1982年张友杰等从新疆醉马芨芨草中分离到麦角新碱及其差向异构体，但未能确定其毒性。1992年党晓鹏等首次从宁夏醉马芨芨草中分离出烃铵盐类生物碱，经小白鼠毒性试验（1.5毫克/千克剂量体重）证明其有较强毒性，从而认为该生物碱是醉马芨芨草的主要有毒成分，并将之命名为醉马草毒素，化学名称为二氯化六甲基乙二胺。但汪恩强等利用人工合成二氯化六甲基乙二胺，给马按1000毫升/千克体重的剂量口服，结果未发生中毒。至此，醉马芨芨草的毒性成分未能确定。

1994年美国学者布鲁尔（Bruel）在采自中国新疆的醉马芨芨草种子中发现了内生真菌，1996年新西兰学者迈尔斯（Miles）也从采自新疆的醉马芨芨草种子和幼苗中检测到了内生真菌，并分离得到了纯培养物，在被内生真菌侵染的醉马芨芨草中首次发现了大量的麦角新碱和麦角酰胺，而在无内生真菌的同种植物体内未发现此类生物碱。此后中国学者展开对中国醉马芨芨草内生真菌的研究。1996年李保军对新疆醉马芨芨草内生真菌进行调查，发现新疆醉马芨芨草种子带菌率达96%。1998年李学森等研究表明，醉马芨芨草内有许多种生物碱，多为麦角类生物碱，含量最高的是麦角酰胺和麦角新碱。对其他禾草内生真菌的研究表明，麦角新碱和麦角酰胺是引致家畜中毒的主要原因，由此推断醉马芨芨草中的麦角新碱和麦角酰胺等系内生真菌侵染所致，并与家畜中毒有关。

2000年南志标和李春杰等对中国青海、新疆、内蒙古、甘肃等主要牧区醉马芨芨草内生真菌进行了系统的调查，发现

---

① 史志诚. 中国草地重要有毒植物. 北京：中国农业出版社，1997：166-176.

上述省（区）醉马芨芨草内生真菌带菌率高达90%以上，并且发现并命名了内生真菌一新种——甘肃内生真菌。李春杰通过动物饲喂试验，发现带有内生真菌的醉马芨芨草引致动物中毒，而采食不带菌醉马芨芨草的动物无中毒症状。至此，初步实验证实了内生真菌对醉马芨芨草的侵染是引致家畜中毒的原因。

2004年颜世利等首次从醉马芨芨草中分离到8个活性化合物，并对其结构进行了鉴定。2006年，桑明等对醉马芨芨草毒性成分进行分析，测得其总生物碱含量0.1396%，主要为有机胺类。通过质谱分析，得到11种化合物分子式及命名，其中有7种为生物碱，含有少量吡唑啉类、酚类及含硫、含磷的杂环化合物，此类化合物毒性都比较强，因此牲畜误食后会出现中毒。张伟等通过系统预实验检测到醉马芨芨草中含有生物碱、黄酮、酚类化合物、鞣质、多糖、多肽等，并通过小白鼠毒性实验确定生物碱为毒性成分，但该研究并未明确生物碱的种类及化学结构，研究还需深入。

灾害处置

醉马芨芨草中毒的传统防控方法主要是，给外来家畜闻焚烧的醉马草或将醉马草捣碎与人尿混合涂抹于家畜口腔或牙齿上，使其厌恶不采食；对已经中毒的家畜可给予各种醋酸、乳酸或稀盐酸加适量水灌服；也可灌服酸奶0.5~1千克或食醋0.25~0.5千克；严重中毒时还可配合全身疗法，静注葡萄糖和生理盐水，必要时用强心剂。也有应用酸奶配合肌注乌托品；用绿豆银花解毒散治疗绵羊醉马草中毒；肌注维生素B 100~500毫克，配合酸奶治疗，也能取得一定疗效。

目前采用的防治方法主要有物理防除、化学防除和加强放牧管理等。①

物理防除

物理防除包括焚烧、人工挖除、翻耕、补播等方法。火烧是在醉马草相对集中地段，利用小火焚烧，可以灭除地上部分及部分种子，但因醉马芨芨草是多年生植物，火烧难以根除。人工挖除可在醉马芨芨草未达到成片分布时在种子成熟前进行，具有成本低、见效快的特点，但因费时耗力、又会破坏草地植被，难以大面积实行。翻耕是利用醉马芨芨草种子主要分布在0~5厘米土层、5厘米以下土层种子不萌发这一特性，对醉马草分布密集地区进行翻耕，以消灭上层已萌发种子或将上层种子翻入土壤深处以达到消灭醉马草的目的。补播是在挖除醉马草植株后补播优良牧草种子或直接在醉马草草场播撒具竞争力的牧草种子，以达到消除或抑制醉马草生长的目的。

化学防除

在醉马芨芨草泛滥成灾的地区，在种子成熟前进行化学防除。最佳药物为草甘膦，具有内吸、广谱、高效、低毒的特点。喷洒2250~2625千克/平方千米剂量的10%草甘膦水剂，一周内就可使醉马草发生药害，一个月植株死亡，可以达到极好的灭除效果和化学防治的目的。

放牧管理

在病害高发期，避免在内生真菌侵染率高的草地上放牧家畜。

---

① 纪亚君. 醉马芨芨草的研究进展. 安徽农业科学，2009（5）：2154-2156，2159.

此外，人们正在探索采取青贮醉马芨芨草饲喂牛羊，风干醉马芨芨草饲喂绵羊等。用尿素氨化处理醉马草，不仅防止了动物中毒，而且开发了利用醉马芨芨草的新途径。

3.3 美国的疯草灾害

美国的疯草灾害[①]

在美国，1873 年首次报道家畜采食某些棘豆属（*Oxytropis*）和黄芪属（*Astragalus*）植物引起中毒。由于中毒动物出现体重下降、流产、致畸和神经症状的特点，故称之为"疯草病"（Locoism, Locoweed Disease）。因此，后来将引起中毒的棘豆属和黄芪属有毒植物称之为"疯草"（Locoweed）。

美国引起动物中毒的疯草主要是：兰伯氏棘豆（*O. Lambertii*）、绢毛棘豆（*O. Sericea*）、美丽棘豆（*O. Bella*）、斑荚黄芪（*A. Lentiginosus*）、密柔毛黄芪（*A. Mollissimu*）等近 30 种。

疯草的危害

据研究，美国有 24 种疯草含有吲哚里西啶类生物碱——苦马豆素（Swainsonine），动物采食后可引起以慢性神经功能障碍为特征的中毒，能使动物发疯。

1873—1940 年，美国西部先后暴发多次疯草中毒，怀俄明州、犹他州、新墨西哥州等地农户每家损失超过 3 万美元。

1893 年，堪萨斯州发生密柔毛黄芪中毒，死亡 25000 头牛。

犹他州于 1918 年、1956 年和 1964 年发生疯草中毒。1956 年，犹他州的东部因疯草中毒死亡的绵羊达 6000 只，1964 年

图 128 美国的主要疯草（1. 绢毛棘豆；2. 斑荚黄芪的果实；3. 斑荚黄芪；4. 密柔毛黄芪）

[①] 荣杰，路浩，吴晨晨，等. 美国有毒植物研究概况及其对畜牧业生产的影响. 中国农业科学，2010，43(17)：3633-3644.

某牧场疯草中毒经济损失超过24.5万美元[①]。

1983—1985年、1991—1993年和1998年美国曾暴发三次大范围的疯草中毒，给当地畜牧业造成重大经济损失。[②③]

疯草造成的灾害损失包括直接损失和间接损失。直接损失包括动物死亡、体重降低、繁殖能力下降（不孕、流产、先天畸形、发情周期紊乱、精液品质下降）、机体免疫系统损害，以及其他慢性病等。间接损失指围栏、放牧、放牧环境的改变，额外的饲料和药物支出，增加的兽医人员支出及降低牧场的使用价值。

灾害处置

1981—1985年，科罗拉多州政府曾以1吨疯草21美元的价格鼓励人们挖除疯草。1992—2004年曾多次使用除草剂杀除疯草。为了防止中毒的发生，美国科学家还进行中毒原因、免疫学、生态学以及生物防治技术的研究工作。1929年考奇（Couch）从兰伯氏棘豆中分离出疯草毒素，它可以引起猫的疯草病。1936年弗雷普斯（Fraps）从密柔毛黄芪中也分离出一种有毒成分，取名洛柯因（Locoin），但未能确定为生物碱。直至1982年莫利纽克斯（Molyneux）才从斑荚黄芪和绢毛棘豆中分离出苦马豆素（Swainsonine）和氧化氮苦马豆素。1989年詹姆斯（James）指出苦马豆素是引起动物疯草中毒特征性症状的唯一毒素。苦马豆素具有抑制细胞溶酶体内的α-甘露糖苷酶的作用，动物长期采食有毒棘豆，最终导致发生溶酶体贮积病——甘露糖过多症。

在中毒原因逐步明晰的基础上，美国从研发生物防除、避免动物中毒和生态防控技术三个方面控制疯草的危害。

有毒疯草防除技术

19世纪末，科罗拉多州就采取过人工挖除的方法治理疯草，但人工挖除费时费力。虽然采用2,4-二氯苯氧乙酸、二氯吡啶酸、毒莠定、草甘膦、使它隆等化学除草剂灭杀效果比较明显，但易造成环境污染。目前比较理想的措施是用生态的方法进行治理，即通过物种竞争达到生物控制的目的。波迈里克（M. A. Pomerinke）等发现墨西哥象鼻虫对绢毛棘豆和密柔毛黄芪具有专嗜性，可以有效控制疯草蔓延。

避免动物疯草中毒技术

预防动物疯草中毒的方法有药物防治、避食训练、生物脱毒利用和毒素疫苗免疫等。氯化锂是最常用的避食剂，拉尔夫斯（M. H. Ralphs）等[④]用添加有氯化锂的疯草饲喂牛，成功避食绢毛棘豆超过三年。通过生物发酵，使有毒成分降解，转变成可用饲草。柯克（Cook D.）[⑤]利用

[①] JAMES L F, DARWIN B. et al. Impact of poisonous plants on the rangeland livestock industry. Journal of Range Manage, 1992 (45): 3-8.

[②] WELSH S L, RALPHS M H, PANTER K E. et al. Locoweeds of North America: Taxonomy and toxicity. Poisonous Plants: Global Research and Solutions, 2007: 20-29.

[③] 王占新, 赵宝玉, 等. 美国动物疯草中毒的诊断与防治技术研究进展. 动物毒物学, 2008, 23 (1/2): 13-21.

[④] RALPHS M H. Conditioned food aversion: training livestock to avoid eating poisonous plants. Range Manage, 1992 (5): 46-51.

[⑤] COOK D, RALPHS M H, WELCH K D, et al. Locoweed poisoning in livestock. Rangelands, 2009 (2): 16-21.

免疫学原理将疯草毒素苦马豆素与大分子载体蛋白结合成为免疫原接种动物，诱导机体产生出抗苦马豆素的抗体，进而使动物获得对疯草的免疫力。

生态防控技术

疯草中毒多发生在过度放牧、生态环境遭到破坏的牧场，进而动物被迫采食疯草而引起中毒。因此，美国推行利用物种对不同有毒植物敏感性差异来放养、圈养、交替间歇轮养、调节放牧时期等综合措施来预防有毒植物中毒，效果较为理想。即合理放牧、控制放牧期、及时隔离饲养。一方面减少草场放牧压力和环境压力，使动物尽可能地少接触有毒植物。在危害较严重的地区采用围栏轮牧，建立疯草低密度区域，通过轮牧降低或消除动物接触疯草的概率。一旦发现动物中毒应及时隔离，以免引发大面积中毒，同时还有利于中毒动物个体的恢复。

3.4 中国有毒棘豆与黄芪引发的灾害

有毒棘豆中毒的历史记载

有毒棘豆中毒由来已久。

早在13世纪，意大利旅行家马可·波罗①就发现中国肃州（今河西走廊）牲畜的棘豆中毒。他在《马可·波罗游记》的第一卷第40章记载，中国肃州境内的山区中盛产最优质的大黄。由各地商人运到世界各处出售。当商人们经过这里时，只能雇用习惯当地水土的牲畜，不敢使用其他牲畜。因为此处山中长着一种有毒植物，牲畜一旦误食，马上会引起脱蹄的悲惨下场。但是，当地牲畜懂得这种植物的危险，能够避免误食。②

中国元代《元亨疗马集·造父八十一难经》③描述了马的毒草

图129 马可·波罗：中国肃州牲畜有毒植物中毒的发现者

---

① 马可·波罗（Marco Polo，1254—1324），意大利旅行家、商人。17岁时跟随父亲和叔叔，途经中东，历时四年多来到中国，在中国游历了17年。回国后出版了《马可·波罗游记》，引言和四卷共201章。其中近百章记述了他在东方最富有的国家——中国的见闻，对当时中国40多处地方的自然和社会情况做了详细描述，激起了欧洲人对东方的热烈向往，对以后新航路的开辟产生了巨大的影响。

② 20世纪初美国学者弗兰克研究证实美国南达科他州牲畜采食紫云英、苜蓿、棘豆、野豌豆等富硒植物引起的中毒是硒中毒后，学者们认为，《马可·波罗游记》中记载的中国肃州牲畜毒草中毒是硒中毒。为了澄清这一历史科学问题，中国科学院地球化学研究所郑宝山、邵树勋于2002—2004年对肃州（今河西走廊）草原牧区流行牲畜中毒进行地球化学方面的调查研究。结果发现：河西走廊地区天然草原上棘豆泛滥成灾，牲畜中毒情况极为严重。棘豆中毒的症状与硒中毒症状相似。但河西走廊地区草原土壤和植物均不富硒，不具备导致牲畜硒中毒的环境地球化学背景。该地区发生的草原牲畜毒草中毒并不是过去一些学者所说的"富硒植物中毒"，而是棘豆植物中的生物碱成分苦马豆素所致。

③ 《元亨疗马集》作者是喻本元和喻本亨，该书写于1547年前，刊行于1608年。

中毒。"第八心劳最难医。原因毒草损伤脾,毛落更加肌肉瘦……"据传,造父是周代人,善于牧马,牧马在朔方(今甘肃省宁朔县),当地有"马绊肠"(即指棘豆属有毒植物)的毒草,马匹采食毒草,毒气攻心而成其患,起初草毒伤脾胃,马匹开始掉毛,身体渐渐消瘦,其后毒气侵入筋骨,四肢疼痛难以行走。

有毒棘豆与有毒黄芪

20世纪60年代以来,能引起家畜中毒的有毒棘豆主要是:黄花棘豆(*O. Ochrocephala*)、甘肃棘豆(*O. Kansuensis*)、小花棘豆(*O. Glabra*)、冰川棘豆(*O. Glacialis*)、毛瓣棘豆(*O. Sericopetala*)、急弯棘豆(*O. Deflexa*)、宽苞棘豆(*O. Latibracteata*)、镰形棘豆(*O. Falcata*)、硬毛棘豆(*O. Hirta*)等。有毒黄芪主要是茎直黄芪(*A. Strictus*)和变异黄芪(*A. Variabilis*)。主要分布于西北、西南、华北西部的主要牧区。

有毒棘豆与有毒黄芪中含有毒成分——苦马豆素具有抑制α-甘露糖苷酶的作用,而糖苷酶抑制剂与糖蛋白修饰的糖基化过程有关,中毒是多重作用的结果。

危害与经济损失

棘豆属和黄芪属有毒植物全草有毒,在可食牧草缺乏时或冬春季节,牲畜采食而且表现有成瘾性,初期具有催肥作用,随后引起慢性中毒,最终造成死亡。中毒主要危害马、山羊、绵羊,引起中毒、死亡,母畜不孕、流产、弱胎、畸形及幼畜成活率低。

据调查,20世纪70年代以来,有毒棘豆和有毒黄芪使中国西部省份有100余万头牲畜中毒死亡,影响家畜繁殖,妨碍畜种改良,严重威胁草地畜牧业发展和农牧民的收入。

甘肃省天祝县的某些乡村牲畜棘豆中毒发病率高达89.1%,死亡率21.9%,流产率29%。肃南县每年有2万多只山羊、绵羊中毒,2000多只死亡。

宁夏回族自治区海原县的南华山马场曾因棘豆中毒死亡300余匹马而倒闭。内蒙古伊克昭盟(今鄂尔多斯市)马和羊的小花棘豆中毒

图130 有毒棘豆与有毒黄芪(1. 小花棘豆,中国内蒙古;2. 冰川棘豆,中国西藏阿里;3. 茎直黄芪,中国西藏;4. 放牧在海北黄花棘豆牧场上的羊群,中国青海)

被当地牧民称为该地区的三大自然灾害(风沙、干旱、毒草)之一。

1957—1985 年,青海省草原上的甘肃棘豆和黄花棘豆先后使 5.5 万头(只)家畜中毒死亡。都兰县的英得尔种羊场,1992—1995 年因棘豆中毒死亡马匹 270 匹,之后马群基本灭绝,约有 50% 的绵羊发生棘豆中毒。

1978—1995 年,西藏自治区阿里东部三个牧业县因冰川棘豆中毒死亡牲畜总数在 53 万头(只)以上,经济损失 6000 多万元。

1987 年,青海省共和县倒淌河因母羊采食黄花棘豆中毒流产羔羊 5000 多只;泽库县大小牲畜因棘豆中毒流产率高达 30% 以上。宁夏回族自治区海原县红阳乡牧场怀孕母马因棘豆中毒所造成的流产率每年都在 50% 以上。中毒公羊性欲降低,配种能力低下。

黄芪属有毒种中危害最大的是茎直黄芪和变异黄芪。据西藏自治区统计,1976—1979 年有 28 个县发生茎直黄芪中毒,四年共发生中毒牲畜 116752 头(只),死亡 46630 头(只),死亡率为 39.94%。甘肃省民乐县 1976—1978 年变异黄芪中毒羊 1117 只,死亡 1098 只,死亡率 98.2%。

灾害处置

有毒棘豆和有毒黄芪灾害的治理采取了合理轮牧、间歇饲喂、青贮饲喂、酸水处理、人工挖除等方法加以预防,应用解毒药物推迟了绵羊棘豆中毒出现的时间并缓解中毒症状,减少中毒发病率和死亡率。但是,有毒棘豆和有毒黄芪引起的生物灾害是个生态问题,尚须采取生态学的科学方法从根本上加以治理。

3.5 山毛榉科栎属植物灾害

灾害背景

栎属(*Quercus*)植物是显花植物双子叶门山毛榉科之一属,约 350 种,分布于北温带和热带的高山上。

栎属植物引起动物中毒的报道已有 300 多年。早在 1662 年马西尔(Maseal)著的《牛的管理》一书中就记载栎属植物对动物有毒。1893 年康尼温著的《有毒植物》一书详细记述了放牧乳牛的"壳斗病"。20 世纪以来,美国、英国、俄罗斯、日本、法国、保加利亚、罗马尼亚、德国、瑞典、前南斯拉夫、匈牙利、新西兰和中国等国都有动物因栎属植物发生中毒的报道。在中国,自 1958 年贵州省报道牛吃栎树叶中毒以来,陕西、河南、四川、湖北等 14 个省(区)相继有相关报道。

世界上栎属植物引起动物中毒主要发生于有栎树分布的山区。受害动物有黄牛、水牛、奶牛、绵羊、山羊、马、猪和鹿。已确定的栎属植物有毒种有:英国栎(夏栎 *Q. Robur* 同名:*Q. Pedunculata*)、甘比耳氏栎、马丽兰得栎、禾叶栎、加州白栎、加州黑栎、蒙古栎、星毛栎、蓝栎、槲树、美洲黑栎、北方红栎、沼生栎、圆叶栎、槲栎、栓皮栎、锐齿栎、白栎、麻栎、小橡子树、枹栎等 20 多个种和变种。

按照栎属植物的生长部位,其对动物的危害可分为两类:一类是果实引起的中毒,称橡子中毒(Acorn Poisoning,亦称橡实中毒、青杠果中毒),多发生于秋季。另一类是幼芽、嫩叶、新枝、花序引起的中毒,称牛栎树叶中毒(Oak Leaf Poisoning,橡树芽中毒 Oak Bud Poisoning),多发生于春秋和初夏。

灾害及其经济损失

据克拉克著《兽医毒物学》[①]记载,美国加利福尼亚州北部地区曾经因蓝栎引起 60 个牧场 2500 头牛中毒死亡。欧洲北部、英国和美国的大部分地区多发

图 131 有毒栎树(1.哈佛氏栎叶片,美国;2.栓皮栎嫩芽,中国;3.美国西部有毒栎树甘比耳氏栎〔蓝色〕和哈佛氏栎〔红色〕的分布区;4.英国栎,全株、叶片和橡子)

生橡子中毒,往往一场大风之后未成熟橡子的大量落地便会造成家畜大批中毒,甚至会使一些养牛业的牧场主破产。

美国的西南部以栎树叶中毒最为严重,即使在高大的栎树林分布区内,由于砍伐、采割以及生态环境发生变化的条件下也可能发生栎树叶中毒。据统计,美国西南部仅由哈佛氏栎一个品种所造成的经济损失每年都在 1000 万美元以上(包括病死牛及慢性中毒造成的生产性能降低和饲草的耗费等)。1977 年,美国宾夕法尼亚《农业科学杂志》报道了大批鹿由于采食橡子而引起中毒死亡的事件。

在俄罗斯生长的栎属植物有 20 种,面积约 4.6 万平方千米,主要分布于高加索、克里米亚等地区,春季牛采食栎树嫩叶发生中毒。一些地方用栎树嫩叶作为饲料,用量过大或纯粹用栎树嫩叶制成饲料则对牲畜有害。

中国农牧交错地区以牛栎树叶中毒为主。栎属植物造成的较大经济损失主要是由于以下几个方面:

第一,栎属植物分布广,许多家畜和经济动物受害。

[①] 克拉克. 兽医毒物学. 王建元,等译. 西安:陕西科学技术出版社,1984:437–439.

第二，栎属植物有毒种较多，某些有毒种作为优势种集中分布在某一地区，当其他条件适宜时，可能造成地方性暴发，大批家畜死亡。

第三，栎属植物不同生长阶段均可危害家畜，在中国春季栎树叶萌发后对放牧牛是一个很大的威胁。

第四，发病率和病死率较高。据统计，1958—1989年中国贵州、河南、四川、陕西等6个省的146657头牛因采食栎树叶发生中毒，死亡43124头。

牛栎树叶中毒每年给畜牧业和山区经济造成1亿元以上的经济损失。另据四川省1972年对18个县的不完全统计，因采食栎树叶，牛中毒6138头，死亡1902头；1973年中毒3362头，死亡787头，两年内仅死亡损失折合人民币40万元（按当年每头150元计算）。1968年湖北省随县耕牛中毒701头，死亡116头，病死率16.5%。1978年吉林省延边朝鲜族自治州耕牛中毒139头，占耕牛总数的13.7%，死亡97头，病死率69.7%。陕西省汉中市1977—1982年中毒耕牛15000多头，死亡4400多头，经济损失十分严重[1]。

灾害原因

灾害发生的主要原因与生态环境的变化有关。

关于栎叶中毒的机制研究争论了300多年。早在1871年，西蒙兹（Simonds）因将橡子喂给一头公牛而导致牛中毒。1919年，马什（Marsh）认为中毒可能是由于橡子中所含的单宁酸所致，但给牛喂以相当量的单宁酸后却没有发生中毒症状。1956年，克拉克（Clarke）从橡子中提取出可水解的栎单宁。1962年，皮金（Pigeon）又从哈佛氏栎叶中分离出多羟基酚，经水解实验证明没食子酸是其主要成分，故叶中所含的单宁属可水解单宁。之后，在单宁酸与栎单宁之间展开了持久的实验，引起一些争论。1981年，史志诚研究证明单宁酸与栎单宁不同，前者是有机酸，后者是多酚类化合物。栎叶单宁中毒的机制是：可水解的栎单宁进入机体的胃肠内，经生物降解产生多种低分子的毒性更大的酚类化合物，并通过胃肠黏膜吸收进入血液和全身器官组织，从而发生毒性作用。因此，起毒性作用的不是栎叶单宁本身，而是栎叶单宁的代谢产物，栎树叶中毒的实质是低分子酚类化合物中毒。至此，牛栎树叶中毒的防治走上科学之路。

灾害处置

为了防治牛栎树叶中毒，中国制定了《牛栎树叶中毒诊断标准与防治原则》（陕西地方标准，DB61/T—16—91）。经推广与防治，使一度严重发生的牛栎树叶中毒

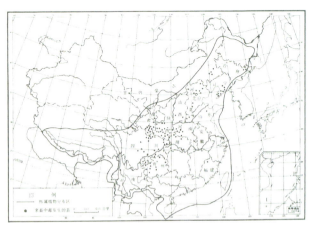

图132 中国栎属植物分布区内牛栎树叶中毒的发病县（史志诚，2002）

---

[1] 史志诚，等. 中国草地重要有毒植物. 北京：中国农业出版社，1997：89.

现象在全国范围内得到控制，有的地方已经不再发生，使经济效益得到保障。

在预防方面，采取日粮控制法①将栎树叶在日粮中的比例控制在中毒量以下，从而使家畜既能有条件地利用栎树叶，又不使体内功能受到损害。

在药物解毒方面，初期病牛注射硫代硫酸钠取得明显效果。

图 133 次生栎林区（1. 栎林砍伐后栎林地区出现萌生的次生栎林区；2. 4 月牛在新萌发的次生栎林区采食栎叶；3. 牛放牧在蓝栎林区，英国；4. 槲树嫩叶，中国）

3.6 阿富汗天芥菜灾害

灾害的发生

在阿富汗，人们把紫草科天芥菜属（Heliotropium）有毒植物天芥菜（Heliotropium Spp.）称为查马克草。

早在 20 世纪 70 年代中期，阿富汗西部赫拉特（Herat）省的一个中心区——古尔兰（Gulran）地区②，有的士兵吃了含有天芥菜的面粉食品，或者饮用了放牧在天芥菜地里的山羊的奶，发生不明原因的罕见的"查马克病"（Charmak Disease），当地群众称之为"骆驼肚子"病。

患者一般在食用天芥菜几个星期后开始出现症状。早期症状是厌食、体重减轻、疲劳、严重腹痛和呕吐，肝受损，黄疸；继之肝静脉闭塞，腹水过多，如果不进行治疗，三至九个月将导致死亡。

在过去的半个世纪中，"查马克病"曾经二次暴发，而且总是发生在赫拉特省的古尔兰地区，每当发病的时候，就会引起当地人们的恐慌。如果不能紧急提供安全饲料，牲畜死亡得不到遏制，有的人便会选择放弃一切，转移到其他地区。

2007 年 11 月和 2008 年 5 月，"查马

---

① 在牛栎树叶中毒地区的发病季节，耕牛采取半日舍饲（上午在牛舍饲喂饲草）、半日放牧（下午在栎林放牧）的方法，使栎树叶在日粮中的比例下降至 40% 以下，即可有效地防止牛栎树叶中毒。
② 古尔兰（Gulran）地区，靠近伊朗，海拔 766 米，是一个以农牧业为主的贫困地区。

图 134 阿富汗赫拉特省发现的"查马克病"
（在赫拉特省古尔兰地区一位父亲和他的儿子同时患上"查马克病"，Khalid Nahez 摄）

克病"呈间歇性暴发流行，由于没有有效的药物治疗，270 多人中毒，44 人死亡。数以千计的牲畜中毒死亡，经济损失严重。

灾害原因

天芥菜属的毒性作用已有历史经验可以借鉴。野生天芥菜（H. Europaeum）曾经使澳大利亚发生大批家畜中毒，尤其是绵羊。1956 年布尔（Bull）等指出天芥菜含有双稠吡咯啶生物碱（Pyrrolizidine Alkaloids，PA）和天芥菜碱（Heliotrine），对肝细胞有毒，能引起慢性蓄积性中毒。

据世界卫生组织调查，"查马克病"被确诊为肝静脉闭塞病（Hepatic Veno-Occlusive Disease，HVOD）。中毒原因是由于食用了含有天芥菜属有毒植物叶片或种子的小麦面粉，以及用污染了天芥菜的面粉制成的面包引起的。天芥菜属有毒植物生长在异常干旱的小麦和其他粮食作物的田地里，而且密度很大，因此在收获时小麦中混入了天芥菜的叶子

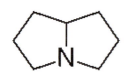

图 135 双稠吡咯啶生物碱的化学结构

和种子。天芥菜属有毒植物含有双稠吡咯啶生物碱，急性中毒会引起肝静脉阻塞、肝脏损伤，形成大量腹水，显示肚子鼓胀，伴有剧烈的腹痛、呕吐和黄疸。慢性中毒最终会导致肝纤维化和肝硬化[1]。

灾害处置

为了制止灾害暴发，阿富汗卫生部在古尔兰区发起了一个公共宣传运动，要求停止食用当地生产的面粉。但是，由于古尔兰地区是一个以农牧业为主的贫困地区，大多数贫困人口不得不继续吃古尔兰地区的面粉。于是联合国世界粮食计划署（WFP）为该地区发放了 700 吨混合食品，供给 5.5 万人食用，并持续性地提供粮食，采取"以工换粮"与教育奖励的办法，将粮食分发给当地群众。

控制天芥菜中毒除了继续做好卫生宣传工作，促使当地居民停止食用当地被毒草污染的面粉外，更重要的是改善当地小麦的种植、收割、脱粒和收储技术，扶持农民消除农田毒草，在各个生产环节避免天芥菜属有毒植物的叶片或种子混入，减少对粮食的污染。同时杀除牧场的天芥菜属毒草，可采取轮牧、间隙放牧的办法，预防牲畜天芥菜属有毒植物中毒。

图 136 紫草科天芥菜属有毒植物（1. 天芥菜植物标本图；2. 野生天芥菜）

---

[1] 西北大学生态毒理研究所. 关于阿富汗毒草中毒问题的咨询报告，2009-03-23.

4

外来有毒生物入侵灾害

4.1 紫茎泽兰入侵灾害

紫茎泽兰的入侵与传播

紫茎泽兰（*Eupatorium Adenophorum*）是菊科泽兰属多年生草本植物或亚灌木。原产于美洲的墨西哥至哥斯达黎加一带，因其茎和叶柄呈紫色，故名紫茎泽兰。

紫茎泽兰是一种多年生的有毒植物，会使牛羊等牲畜中毒，还会向土壤中分泌物质，对其他植物产生一定的毒害。紫茎泽兰草籽的千粒重量不到0.45克，肉眼几乎看不到。一丛紫茎泽兰含有70万粒成熟的种子，这些轻飘飘的种子可进行长距离传播。人们的鞋底、衣服、车轮以及河水中都可能带着紫茎泽兰的草籽。特别是它以种子繁殖为主，同时也有很强的无性繁殖力。因此，扩散蔓延极为迅速。

从1860年开始，紫茎泽兰从墨西哥先后引进或传入美国、英国、澳大利亚、印度尼西亚、牙买加、菲律宾、印度、中国等30多个国家。

1860年，美国夏威夷将紫茎泽兰作为一种观赏植物从墨西哥引进到夏威夷群岛毛伊岛上的乌鲁帕拉瓜（Ulupalakua）。到20世纪40年代紫茎泽兰已成为当地牧场的重要草害。它在毛伊岛和瓦胡岛上广泛分布，在拉那伊岛、莫洛凯岛和夏威夷岛上局部生长。有的在牧场上形成高达三米且密度很大的群落，当地人们把紫茎泽兰的危害叫帕马凯里或毛伊帕马凯里。

1875年，澳大利亚将紫茎泽兰当成观赏植物从墨西哥引进，1930年首次报道在昆士兰特威德山谷（Tweed Valley）上面的斯普林布鲁克（Springbrook）高原有紫茎泽兰生长。1940—1950年，紫茎泽兰突然大面积蔓延，侵占了特威德山谷，并迅速蔓延到昆士兰东南边缘地带和新南威尔士沿海岸一带，使奶牛场和蔬菜种植园受害，致使奶牛养殖者和香蕉生产者被迫放

图137 紫茎泽兰（1. 紫茎泽兰；2. 紫茎泽兰鲜丽的花朵；3. 能够吸收紫外光的叶片）

弃了他们的土地。

1933年,新西兰发现紫茎泽兰入侵,其主要分布在璜加雷(Whangarei)北部和科罗曼德尔半岛(Coromandel Perinsula)北部的部分地区。由于紫茎泽兰的生长蔓延,致使放牧牛的地区无草可食,当地畜牧业逐步衰落。

20世纪40年代,紫茎泽兰由缅甸、印度边境自然入侵中国,逐步蔓延,广泛分布在云南、广西、贵州和四川省的南部,并有扩大蔓延迹象。1935年,中国云南南部首次发现紫茎泽兰随河谷、公路、铁路自南向北逐步蔓延。据1984年调查,云南省在北纬25°30'以南的10地区(州)86个县,约有24万平方千米土地上生长着紫茎泽兰。

1958年,在尼泊尔东部发现紫茎泽兰入侵。尼泊尔人称紫茎泽兰为斑马纳或卡莱哈。

在印度,紫茎泽兰广泛分布于印度南北多丘陵地区的牧场,当地人将紫茎泽兰通称克罗夫顿草(Croftonweed)。被侵占的橡胶、茶树和其他商业种植园损失惨重。

紫茎泽兰的灾害

破坏生物多样性

紫茎泽兰与当地植物不断竞争,取代本地植物资源,破坏生物多样性。紫茎泽兰侵占农田、林地,并与农作物和林木争水、争肥、争阳光和空间,堵塞水渠,阻碍交通。特别是紫茎泽兰能分泌化感物质,排挤邻近多种植物生长。它一旦侵入草场、经济林地和撂荒地,便会很快形成单优势群落,影响茶、桑、果的生长,使管理强度成倍增加,且严重危及养蜂业的发展。在四川省凉山州,当地人称之为"臭草"。据测定,四川凉山天然草地被紫茎泽兰入侵三年后就失去了放牧利用价值。亩产鲜草240千克的草地受害后,亩产鲜草竟不足20千克,致使当地农业、林业、畜牧业和社会经济发展受到影响。

引起人畜中毒

紫茎泽兰全株有毒,除能引起人的接触性皮炎外,对马也有明显的毒害性,可引起"马哮喘病"。它的种子上面有很多细毛,牛吃了消化不了,会患上严重的胃病,变得越来越不健康。用它喂鱼能引起鱼的死亡。用它垫羊圈,可引起羊蹄腐烂。它带刺的冠毛飞入家畜眼内,刺激眼角膜而致瞎,马尤为敏感。据统计,1959—1989年中国云南马匹发生的紫茎泽兰中毒事件,60个县的67579匹马,中毒死亡51029匹。有的县竟成为"无马县",牛羊也因无可食饲料种群数量锐减。发病最为严重的1979年,云南省的52个县179个乡,马中毒5015匹,死亡3486匹。其中云南省双柏县1972—1979年因紫茎泽兰中毒死亡马匹546匹。

降低土壤的可耕性

紫茎泽兰大量消耗土壤中的氮、磷、

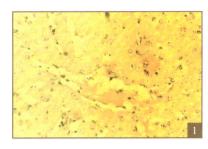
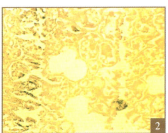

图138 紫茎泽兰致马中毒(1.肝细胞肿胀,细胞核消失,中央静脉扩张,瘀血;2.肺泡壁毛细管扩张,上皮细胞脱落,胞腔内有散在的红细胞,细支气管上皮附有黏液,支气管肺炎)

图139 紫茎泽兰入侵（1. 紫茎泽兰侵占农田；2. 紫茎泽兰在林下形成的群落）

钾，造成土壤肥力下降，致使土壤的可耕性受到严重破坏。据分析，紫茎泽兰植株干重的氮、磷、钾含量分别为0.308%、2.216%和1.204%。紫茎泽兰入侵严重的土壤每亩生物量达3254千克，消耗的氮、磷、钾分别达10.02千克、72.146千克和39.2千克。

灾害处置

严防入侵

一些国家将紫茎泽兰列入外来物种名单，强化海关检疫，严防入侵。2003年3月，中国环保总局公布的首批入侵国内的16种外来物种黑名单中，紫茎泽兰名列第一。

人工铲除

20世纪40年代，澳大利亚的一些地区曾人工挖除紫茎泽兰，但此法很费钱，时间又慢，且在沟谷、斜坡上清除特别困难，故不得不放弃，改用生物防除。2003年，中国农业部制订行动方案，确定在云南开远、腾冲及四川西昌、宁南和攀枝花等地，开展一场铲除外来入侵生物紫茎泽兰的行动，以消除其对农业生物多样性和生态环境的影响。这些地方都是受外来入侵生物紫茎泽兰的危害较大的区域，通过灭毒除害行动，力图使紫茎泽兰的铲除率达到60%以上[①]。

化学防除

澳大利亚曾应用2,4-二氯苯氧乙酸、草甘膦、敌草快、麦草畏等10多种除草剂进行化学防除，结果对紫茎泽兰地上部分有一定的控制作用，但对于根部效果较差。且在一些农牧区，农户不愿意使用农药，因为化学防除虽然杀死了毒草，却会伤及牛羊。

生物防治

为了控制紫茎泽兰的危害，受害地区曾经采用机械方法，但收效甚小。后来又开始采用生物防治措施。美国夏威夷于1945年从墨西哥引进泽兰实蝇（Procecidochares Utilis），防治夏威夷群岛的紫茎泽兰，对紫茎泽兰植株生长有明显的抑制作用，野外寄生率可达50%以上。此后，澳大利亚于1951年从夏威夷将泽兰实蝇引入昆士兰和新南威尔士，发现每株紫茎泽兰上都已形成虫瘿，明显干扰了紫茎泽兰的正常繁殖。新西兰于1958年从澳大利亚引进，印度于1963年从新西兰引进泽兰实蝇，防治收到了一定效果。尼泊尔的

---

① 董峻. 我国正在全力围剿紫茎泽兰等外来入侵生物. 新华网，2003-06-04.

加德满都地区，许多紫茎泽兰植株上都有泽兰实蝇的虫瘿，控制着紫茎泽兰蔓延。

但是，专家指出：利用泽兰实蝇控制紫茎泽兰的危害是一种无奈选择，因为引进泽兰实蝇存在生物风险问题。因此，关于它对紫茎泽兰控制的有效性尚需进一步研究。

生态工程法

中国云南于1984年以来先后采用化学方法（毒莠定）、泽兰实蝇生物方法和生态工程方法，在小范围内进行防治试验。此外，用臂形草、红三叶草、狗牙根等植物进行替代控制取得了一定成效。

图 140 泽兰实蝇寄生过程（1. 泽兰实蝇成虫；2—4. 泽兰实蝇寄生过程，最终紫茎泽兰茎秆断裂枯死）

4.2 大豕草入侵灾害

大豕草（Giant Hogweed，*Heracleum Mantegazzianum*）是伞形科（Apiaceae）独活属（*Heracleum*）一种既有毒又有害的入侵杂草，已从它的原生地高加索地区扩散到欧洲，它排挤和取代本地植物，减少野生动物，导致了严重的生物入侵问题。

传播与危害

生存在阿尔卑斯山脉的既有毒又有害的植物——大豕草，这种高达5米的植物，夏天会长出漂亮的雪白色的花絮，并能忍耐-40℃的寒冷，它在19世纪作为一种装饰性植物被格鲁吉亚大量引进之后，不断入侵，占领了更多的更适宜、更温暖的地方，然后捕获了所有穿过层层大雨伞般树枝洒下的阳光，以令人窒息的手段逐步侵占整片土地。不仅如此，它还分泌有毒物质，对土壤结构造成破坏，其光敏毒素更会危害人类的健康。

早在19世纪，大豕草作为观赏植物

被引入英国，现在在整个英伦三岛，特别是沿河岸广泛生长。由于植物学家和养蜂人的赞赏，大豕草于19世纪被被引入法国，之后，这种有害的外来入侵物种在德国、法国和比利时迅速蔓延并与当地植物形成竞争的局面。此外，大豕草在美国东北部、西北部和中部以及加拿大东部蔓延。

大豕草是一种光敏性有毒植物，其叶、根、茎、花和种子中含有呋喃香豆素（Furocoumarin），具有光敏毒性（Phototoxicity）。当皮肤接触其汁液之后，暴露于阳光或受紫外线照射即可引起严重的皮肤炎症（Phytophotodermatitis）。最初皮肤呈红色，并开始瘙痒。然后在48小时内形成水疱，最后形成黑色或紫色的伤痕，并持续数年。如果微量的汁液落入眼睛，可导致暂时甚至永久失明。2003年，仅德国就有大约16000名受害者受到大豕草的伤害。

但是，据美国农业部林务局指出，猪和牛吃了大豕草却没有明显的危害。

图141　大豕草（高约4.6米）

灾害的处置

实施积极防控战略

德国已经花费近亿欧元用于每年控制大豕草的生长繁殖。专家们认为：及早发现并立即解决，这是个原则问题。必须明白，现在支付的这些钱，远远少于如果不加控制任其发展之后，我们所要付出的巨额代价。

法国农业部筹划"国家战略"计划，在国家实验室成立了一个关于对被"入侵植物"侵蚀的植物的重点保护的项目，负责防控措施的实施。

完善相关法律法规

1981年，英国的《野生动植物和农村法》（Wildlife and Countryside Act）已经有明确而严格的检疫检验制度，严防大豕草的盲目引进和未来入侵。在美国，大豕草作为一种联邦有害杂草由美国政府监管，因此，进口到美国或引进必须有州农业部的许可证。

组织专业的防除技术队伍

纽约自2008年以来有一个控制大豕草的行动计划，包括报告、数据库维护和除草剂控制工作人员的培训。2009年8月27日，加拿大多个省份的环境部门、农业部门的专家以及地区的野草监察员报告，夏季发现有毒大豕草要像对待垃圾一样采取有效措施对其进行防控。一旦发现大豕草，一般是积极除去。由于其具有光敏毒性和入侵性，因此，在处理或挖掘时，要穿防护服，包括对眼睛的保护。

普及防治知识

广泛向儿童宣传，应远离大豕草。一旦发生皮肤接触，应立即用肥皂和水彻底清洗患处，裸露的皮肤应保护起来，在数天内不能见到太阳。

加强科学研究

2007年，捷克共和国科学院植物研究所派泽克（P. Pysek）和国际应用生物科学中心（CABI）[①]瑞士中心的科克（M. J. W. Cock）等著的《大豕草的生态学和管理》（Ecology and Management of Giant Hogweed）由 CABI 出版。全书共分 19 章。作者详细地描述了大豕草的生殖生态、识别、毒性和种群动态；大豕草种子萌发、散布、再生能力与防治的关系；从生态需要、习性和群体入侵阐明了该草的生物学特性，大豕草的防御系统，以及对人类、野生动物和当地植物的影响。该书还介绍了大豕草的生物防治、机械、放牧和化学防治方法，大豕草的防御、治理和生态控制战略的模型评估。它对从事外来入侵生物、杂草科学、生态学和防控方面研究的科技人员来说是一部重要的参考书。

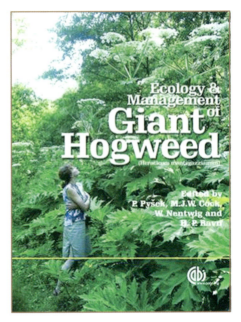

图 142 《大豕草的生态学和管理》（图书封面）

4.3 豚草入侵灾害

豚草的入侵与传播

菊科豚草属（Ambrosia）的豚草（Ambrosia Artemisiifolia，美洲豚草），原产北美洲，为一种国际公认的恶性杂草。

豚草是直立一年生草本植物，多生于荒地、路边、沟旁或农田中，适应性广，种子产量高，每株可产种子 300~62000 多粒。瘦果先端具喙和尖刺，主要靠水、鸟和人为携带传播；豚草种子具二次休眠特性，抗逆力极强。

豚草一直在美国、加拿大、前苏联传播蔓延。20 世纪 40 年代三裂叶豚草（Ambrosia Trifida）传入中国。1935 年在中国杭州发现，之后在中国东北、华北、华东地区和湖北省发现。1989 年的调查表明，豚草已经分布到 15 个省市并形成了沈阳、南京、南昌、武汉四个扩散中心。

豚草的危害

豚草的危害性在于它的花粉是人类花粉病的主要病原之一；豚草一旦侵入农

[①] 国际应用生物科学中心（CABI），是一个非营利性的国际组织。它通过信息产品、信息服务以及利用其在生物多样性方面的特长，产生、验证和传递应用生命科学的知识，从而达到促进农业、贸易和环境发展的目标。CABI 是一个具条约关系的政府间组织，初建时是一个位于伦敦的面向农业科学家的昆虫鉴定服务机构。随着其服务范围的扩大，1929 年正式成立为帝国农业局（IAB），在 1948 年改名为英联邦农业局（CAB），1985 年被授予国际组织的地位，更名为 CAB International（CABI），成员国向非英联邦国家开放，现有 47 个成员国。

田，会导致作物减产；豚草释放的多种化感物质，对禾木科、菊科等植物有抑制、排斥作用。

豚草的花粉是人类"枯草热"（Hay Fever，又称"花粉病"）的主要病源。"枯草热"是一种花粉过敏症，人吸入花粉后出现咳嗽、流鼻涕、全身发痒、头痛、胸闷、呼吸困难等症状，严重的可导致肺气肿、肺心病等，是世界公认的难以根除的"植物杀手"。

豚草的花期在6月至7月，开花时花粉呈黄色雾状。美国在豚草花粉传播的季节，过敏性鼻炎和支气管哮喘等过敏反应使大量人员因此丧失劳动能力。根据20世纪80年代中期的记录，美国一年有1460万人，加拿大一年有80万人因受到豚草的"攻击"而患病，前苏联曾因豚草丧失大量劳动力。在中国，三裂叶豚草的吸肥能力和再生能力极强，造成了土壤的干旱贫瘠，它还遮挡阳光，降低了农作物的产量。

灾害处置

几十年来，"枯草热"在欧美等发达国家和地区甚为流行。除豚草花粉外，能引起人"枯草热"的花粉还有草花粉、禾本科植物花粉、白桦树花粉、橄榄树花粉、油菜和葵花等的风媒花粉。目前尚缺乏有效治疗措施，以对症治疗为主。美国科学家正在研究采用免疫疗法防治枯草热病。

为了控制豚草的蔓延，有的国家在高速公路两侧种植紫穗槐、沙棘等经济植物以建立豚草替代控制区。加拿大、前苏联和中国引进豚草天敌条纹叶甲（*Zygogramma Suturalis*）进行生物防治。应用苯达松、虎威、百草枯、草甘膦等除草剂，也可有效控制豚草生长。

2003年，中国农业部制订行动方案，确定在辽宁等地，开展一场铲除外来入侵生物豚草的行动，以消除其对农业生物多样性和生态环境的影响。辽宁是受外来入侵生物豚草危害较大的区域，通过灭毒除害行动，力图使豚草的铲除率达到60%以上。

图143 三裂叶豚草（1. 豚草全株；2. 豚草花穗）

4.4 毒麦入侵灾害

毒麦的入侵与传播

毒麦（*Lolium Temulentum*）是禾本科黑麦草属的一年生或越年生草本植物，原产欧洲地中海地区，现广布世界各地。

毒麦于20世纪50年代传入中国，成

为小麦田中常见的杂草。1954年从保加利亚进口的小麦中首次被发现,1957年在黑龙江归化有分布;到1961年,毒麦分布扩大到45个县;除西藏和台湾外,在东北、西北及河南、江苏、安徽、湖北、云南等地皆有发现。毒麦系"拟态杂草"[①],难以清除,常与小麦一同被收获和加工。它是一种种子中含有毒麦碱的有毒杂草,人、畜食用后都能中毒,尤其以未成熟的毒麦和在多雨季节收获时混入收获物中的毒麦毒力最大。因此,毒麦不仅会直接造成麦类减产,而且威胁人、畜安全。

毒麦的危害

毒性危害

毒麦的颖果内种皮与淀粉层之间寄生有座盘菌属真菌（*Stromatinia Temulenata*）的菌丝,产生毒麦碱。人食用含4%以上毒麦的面粉即可引起急性中毒,轻者引起眩晕、恶心、呕吐、腹痛、腹泻、疲乏无力、发热、眼球肿胀;重者引发嗜睡、昏迷、发抖、痉挛等,终因中枢神经系统麻痹死亡。此外,毒麦中毒可导致视力障碍。

毒麦做饲料时也可导致家畜、家禽中毒。马误食毒麦中毒,其毒性反应因吞食数量的多少和作用的大小而异。一般表现为腹痛、趴卧、步态不稳、不食、口吐白沫、大量流涎、腹泻、脉搏缓慢、不安、气喘、痉挛性抽搐,严重者呼吸衰竭、瞳孔散大,呈昏睡状态。

麦类作物严重减产

毒麦随麦种传播可造成麦类作物严重减产。毒麦生于麦田中,影响麦子的产量和质量。毒麦的混生株率与小麦产量损失呈正相关。毒麦混生株率为0.1%时,小麦产量损失0.64%~2.94%;混生株率为5%时,产量损失达19.12%~26.12%,减产幅度相当明显。

灾害处置

强化植物检疫

毒麦是各国的植物限制检疫对象,严格执行国家检疫规定,是防止传播的最可靠办法。中国已将毒麦列入首批外来入侵

图144 毒麦与小麦的区别（1. 麦田里入侵的毒麦;2. 毒麦的穗子;3. 小麦的穗子）

---

① 拟态杂草,指杂草在形态、生长发育规律及对生态因子的需求等方面与作物（此处指小麦）有许多相似之处,这种特性称为对作物的拟态性。

物种名单，通过检疫防止它向新的地区传播。严格执行检疫制度：对进口粮食及种子（特别是进口小麦），要严格依法实施检验，把疫情拒之门外，一旦发现毒麦必须依有关规定对该批粮食做除害处理；带有疫情的小麦不能下乡，不能做种用，在指定地点进行除害处理加工，下脚料一定要销毁；加强种子的管理及检验，杜绝毒麦在调运过程中的扩散传播，建立无植检对象的良种繁殖基地，严格产地检疫；发生过毒麦的麦茬地，可与其他作物经过两年以上的轮作，以防除毒麦，统一改换小麦良种，严禁毒麦发生区农户自留小麦种子和相互串换小麦种子，杜绝疫区的小麦种子外流外调，做到全面彻底更换品种。

人工拔除

发现少量毒麦发生时，应及时拔除。

化学防除

早春时，一旦发现毒麦应及时防除。一是毒麦草、早熟禾、高羊茅等禾本科冷季型草坪出现毒麦草，杂草5叶以下，使用坪安2号-消禾，每660平方米用80~100毫升兑水25~30千克进行茎叶喷雾。二是马尼拉、狗牙根草坪出现毒麦草，杂草5叶以下，使用金百秀，每660平方米用12~16克兑水25~30千克进行茎叶喷雾。三是三叶草草坪出现毒麦草，杂草5叶以下，使用坪安14号-大杀禾，每660平方米使用80~100毫升兑水25~30千克进行茎叶喷雾。四是马蹄金草坪出现毒麦草，杂草5叶以下，使用坪安14号-大杀禾，每660平方米使用80~100毫升兑水25~30千克进行茎叶喷雾。

4.5 杀人蜂入侵灾祸

杀人蜂：杂种后代

杀人蜂（Killer Bees）是美洲的外来物种，是人类在无意间改变了生态环境的一个范例，也是一项重大的科学失误。

1956年前，地球上原本没有"杀人蜂"，它的出现是由于科技人员的一次疏忽造成的。1957年，巴西圣保罗大学遗传学家霍维克·科尔博士为了改变欧洲蜜蜂在美洲的不景气状况，从同纬度的非洲带回47只毒蜂的蜂后，他想研究是不是能够把这些毒蜂加以驯化，看看能否制造出更多的蜂蜜。当时，研究室知道非洲蜜蜂脾性暴烈，对人畜不利，因此特别在蜂箱出入口加上了铁丝网以确保安全。不料一年后实验室发生偶然事故，由于助手的疏忽和粗心大意，不知是谁从蜂巢中移除了防止蜂后逃脱的隔板，忘记把笼门关上，其中26只蜂后从实验室中逃出。当时谁都没有把这次意外当一回事。不料这26只蜂后逃到森林中，与当地土蜂交配，繁育出一种性格暴躁、进攻性强、毒性剧烈、凶恶异常的后代——杀人蜂。从此，这种非洲蜂与巴西野蜂杂交的产物——杀人蜂开始疯狂地向人和动物发起攻击，杀人蜂蜇杀人畜死亡的事件接连发生。蜂灾蔓延之地，人们谈"蜂"色变。

杀人蜂蜇杀事件

自1957年以来的40年间，杀人蜂造

图 145 杀人蜂（1. 巴西"杀人蜂"；2. 飞过北美洲的杀人蜂蜂群）

成的灾难频繁发生。杀人蜂先在巴西圣保罗城四周活动，以后逐渐扩散。仅据1978年统计，已有200多人因蜂群袭击而死于非命，至于被蜂围攻致死的牲畜更是不计其数。在里约热内卢，有一天正在进行一场足球比赛，突然飞来一群杀人蜂。这些蜜蜂非常凶猛，见人就蜇。顿时，球场上秩序大乱，一场热闹的足球赛就这样不欢而散。

1974年，杀人蜂的活动范围已越出巴西国境，其中一支越过亚马孙河，进入北方的委内瑞拉。杀人蜂繁衍极快，在30余年的时间里，大约繁殖了10亿只后代，并在南美洲建立了大本营，数以千万计的牛、羊、驴、猪被蜇死，还使中、南美洲的400余人丧命。后来，杀人蜂以每年300~500平方千米的速度向北迁移，向美国边境侵犯。由于没有天敌而横行无忌，一年的时间便在美国南部"开拓"出1.5万平方千米的土地，而且蜂群还有向北进发的趋势。不少美国人常常仰首望天，惶惶不可终日。

杀人蜂从巴西蔓延到美国，从南美蔓延到北美，愈演愈烈，肆虐整个美洲。在美国得克萨斯州、亚利桑那州、加利福尼亚州时有它们的踪迹，人们"谈蜂色变"。据来自美洲各国的不完全统计，杀人蜂袭击致死事件不下300起，有1500人被蜇死，而牛马等牲畜的损失更是难以计算。

有人观察到，杀人蜂只要遇到可攻击的对象，无论是动物还是人，它们都要袭击，而且进攻起来十分疯狂。一有情况蜂巢里半数毒蜂都会在极短时间里投入攻击，这就意味着受害者（或是入侵者）周围会被至少4万只毒蜂所笼罩。而且这种毒蜂报复性极强，它们可以对入侵者长途"追杀"两千米，或不知疲倦地连续"作战"数天。医生在查看受害者遗体后惊讶地发现：在一平方厘米大小的皮肤上竟会留下十多枚毒针（蜇人后毒针会留在受害者身体上），而在遗体上总共会发现大约8000枚毒针，毒针将毒液注入人体内致人死亡。生物学家在显微镜下对这种毒蜂进行观察后发现，毒蜂的螫针可以称得上天然的进攻利器，它的尖端分成两叉，均有毒液管导入，而毒液毒性之强超过响尾蛇。

杀人蜂适应性极强，对外界刺激异常敏感，它们可以随处安家：车库、广告牌背后，甚至汽车里也找得到它们的身影，使人对它们防不胜防。来自热带的毒蜂进入北方后居然对寒冷的气候表现得满不在乎，冬天时它们围在蜂后周围取暖，蜂窠中心温度竟可以保持在35℃。

灾祸治理

如何消灭"杀人蜂"是一个令人非常头痛的问题。美国科学家设计出一种叫多普勒激光器的装置，能十分精确地测定出远方物体的运动状况。但是其费用高得惊人，有没有更好的办法来对付这些让人毛骨悚然的"杀人蜂"？专家们正在加紧研究。

灾祸影响

杀人蜂迫使墨西哥部署捕蜂装置

为了防止杀人蜂的入侵，墨西哥曾在南部边界部署了6500个捕蜂装置。

杀人蜂让巴西人处在幸福和不安之中

杀人蜂的本名叫"非洲蜂"。由于非洲蜂采蜜迅速，人们将它们带来巴西的目的，原本是想利用它们来培养新的优良蜜蜂，结果却产生了可怕的后果。但是，后来人们发现杀人蜂在带来灾难的同时，也给巴西带来了巨大的经济效益。杀人蜂惊人的产蜜能力使巴西的养蜂人因此摆脱了贫困，巴西一跃成为世界四大产蜜国之一。另外，令人意想不到的是，由杀人蜂授粉的咖啡，格外香浓可口，巴西咖啡的品质也随之得以大大提升。因此，非洲杀人蜂的到来，让巴西人长久地处在幸福和不安之中。

遗传学家霍维克·科尔的自责

当年，遗传学家霍维克·科尔抱着提高蜂蜜产量的良好愿望，将这种极具攻击性的杀人蜂从非洲引入南美洲，却不料蜂群在潮湿的巴西热带迅速繁衍扩张，在南美洲造成了上百例的死亡事件。现在科尔正在培育"无刺"蜜蜂，他一直承受着良心的谴责，因为他从来也没想到自己居然会给无辜的人们带来如此巨大的伤害。

4.6 海蟾蜍入侵灾害

海蟾蜍的入侵与传播

海蟾蜍（蔗蟾蜍，*Bufo Marinus*）是世界上最大的蟾蜍。野生状态下，雌蟾蜍的重量可超过1千克。海蟾蜍体态丰满，模样丑陋，背部皮肤里的液腺（毒囊）能产生剧毒，可以毒死鳄鱼、蛇以及其他一些食肉动物。对于大多数动物来说，如果吞吃了它的卵、蝌蚪或者成体，就会立刻引起心力衰竭。在澳大利亚的博物馆展出了被海蟾蜍毒死的蛇，它们还在蛇的嘴里，蛇就已经中毒死亡了。

1932年8月18日，有102只海蟾蜍从夏威夷群岛被引进并释放到澳大利亚昆士兰州北部的甘蔗种植园内，用来"以毒攻毒"，捕食甘蔗地里的害虫，控制当地甘蔗甲虫的危害。不料，这种海蟾蜍漂洋过海来到澳大利亚后，反客为主，不仅胃口大增而且繁殖速度加快，用它们消灭害虫的目的非但没有达到，反而演变成一场生态灾难。20世纪40—60年代，海蟾蜍每年的活动范围仅仅扩展了10千米。而今它们正以每年50多千米的速度扩展地盘，遍布北部地区，并在向西前进。如今，海蟾蜍数量达到2亿多只，踪迹遍布澳大利亚热带和亚热带地区100多万平方千米的土地，相当于英国、法国和西班牙国土面积的总和，成为澳大利亚一大生物灾害。

悉尼大学研究人员经长期研究发现，

海蟾蜍正在不停地变异,最先到达的海蟾蜍的后腿比迟到达的海蟾蜍后腿更长。海蟾蜍在长腿的帮助下,行动得很快。在潮湿环境下一晚上能够跳跃 1.8 千米远,打破了青蛙蟾蜍的"夜行世界纪录"。在澳大利亚北部达尔文市曾捕获一只海蟾蜍,其体型类似小狗。而昆士兰州本地蟾蜍都是"短腿一族"。一些海蟾蜍已经在昆士兰进化成"同类中的强者",它们肆无忌惮地冲击着澳大利亚的本土物种。

海蟾蜍的危害

海蟾蜍造成的危害,一是在同一生态位的动物竞争中处于明显优势,挤压本地物种的生存空间;二是因其有剧毒,卵有剧毒,变成"蝌蚪"也有剧毒,对水生鱼类和陆生生物都有危害。海蟾蜍背部长满毒囊,剧毒毒液可以毒死鳄鱼、蛇等食肉动物,造成蛇和小鳄鱼大量死亡,使得澳大利亚的生态系统受到严重破坏。据报道,2005 年以来,澳大利亚大约有 77% 的淡水鳄相继死亡。

特别值得一提的是,一些生物对海蟾蜍的毒性产生了耐力,尤其是甘蔗甲虫的数量比 1935 年时还要多。

灾害处置

为了遏制海蟾蜍的泛滥,在澳大利亚西部沿海一带,人们曾经采用驾车巡游的办法将它们碾死。也有的地方组织缉捕队在夜间袭击海蟾蜍聚集的水塘,效率最高的一周可以消灭 40000 多只海蟾蜍。澳大利亚政府甚至动用了军队,开始动用搜寻犬来搜捕海蟾蜍。更有一个关注海蟾蜍动态的组织,建议用二氧化碳将这种蟾蜍杀死,将其冷冻起来,消除其毒性,随后将其制成很好的液体肥料。但以上种种努力最终都以失败告终。

历史意义

澳大利亚海蟾蜍入侵事件已经引起各国政府的警惕,并引以为戒,启示人们在入侵物种进化成更加危险的对手之前就应当尽快将其消灭。

图 146 海蟾蜍入侵事件 (1. 澳大利亚捕获的巨型海蟾蜍,腿长达 40 厘米;2. 澳大利亚捕获 840 克重海蟾蜍,大如小狗;3. 巨蜥鳄鱼吞食海蟾蜍;4. 海蟾蜍成为澳大利亚鳄鱼杀手,已杀死大批巨蜥鳄鱼)

4.7 火蚁入侵灾害

凶猛的火蚁

火蚁（Fire Ant）有红火蚁（*Solenopsis Invicta*）与黑火蚁（*Solenopsis Richteri*）之分，身材很小，身长2~6毫米，通体呈现棕红色，是一种凶猛异常的生物，有时候它们甚至会攻击青蛙、蜥蜴或是其他小型哺乳动物。火蚁与其他有毒的昆虫不一样的是，其毒液不含过敏原毒蛋白，只含类碱性毒素——哌啶（Piperidine[①]），能引起局部组织坏死及溶血。

火蚁的入侵

火蚁原产于南美洲，20世纪30年代因为偶然的机会被引入美国境内，并以每年190千米的速度扩展到美国各地。到目前为止美国有13个州已经被火蚁入侵。20世纪80年代以来，美国成为火蚁入侵中国、澳大利亚和新西兰这些遥远地点的"跳板"。西印度群岛目前也处于火蚁的威胁之中。科学家对遭到火蚁入侵国家的火蚁进行基因检测的结果表明，这些火蚁来自美国而非南美洲。这项研究将有助于更有针对性地采用生物控制技术，有利于在源区与传播路线上加强监控。

火蚁的危害

火蚁攻击人的方式是用其有力的下巴啃咬人的皮肤，然后弯曲身体用其腹部的毒针将毒液注射到人的皮肤里。火蚁的蜇咬会带来火烧般的疼痛，出现局部红肿，随后数小时会有非常痒的无菌性脓包出现，2~3周才会恢复。如果脓包被抓破，则易转变为蜂窝织炎及败血症。严重的可危及生命。在美国，每年都有数以百万计的人被火蚁蜇伤，对于儿童而言尤其危险，甚至还有不少火蚁咬死人的事件。特别是在一些疗养院，老年人因行动慢，成为火蚁攻击的最大受害者。

火蚁对电流有浓厚的兴趣。它们会有组织地啃食它们遇到的所有电器设施的绝缘层，使红绿灯出现故障，带来灾难性的后果。2001年，遭火蚁入侵的澳大利亚

图147 火蚁（1. 火蚁；2. 火蚁正在蜇咬人体）

---

① 有的文献为Piperadines。

昆士兰地区，一年仅修复遭火蚁咬坏的电线即耗资1亿元澳元。

在美国，从佛罗里达州到加利福尼亚州，火蚁经过的地方，一片荒芜。美国政府每年至少要专门支出20亿美元，用于治理火蚁之害，但始终收效甚微。

火蚁入侵的一个最大问题是会对本地的生态体系产生影响，一些土著的蚂蚁品种在火蚁侵入后很快就消失了，其他的一些爬虫和无脊椎动物也不例外，而进一步的连锁反应使得依靠这些小动物生存的植物和动物也受到牵连。

防控的探索

火蚁对杀虫剂有一定的抗性，因此有的科学家正在试图从南美引进新物种——微型苍蝇，"以毒攻毒"，消灭火蚁。这种苍蝇在交配之后，会攻击火蚁，每次攻击，苍蝇都会在火蚁的体内产下一颗卵。卵变成蛆，蛆在火蚁体内一路吃到头部，在掏空火蚁头部以后，蛆就会变身成为下一代火蚁的杀手。然而，这种对付火蚁的生物防治方法有一定的危险性。一旦火蚁被消灭殆尽，苍蝇就有可能会袭击其他物种。

5 赤潮引发的灾害

5.1 赤潮：特殊的生物灾害

赤潮（Red Tide, Red Water），是一种特殊的海洋生物灾害，也是唯一与污染有关的重要海洋灾害。在特定的环境条件下，海水中某些浮游生物、原生动物或细菌短时间突发性大量增殖或高度积聚，引起一定范围一段时间的海水变色并造成水中缺氧使鱼类死亡的生态现象[①]，称为赤潮。

赤潮发生时，海水变得黏黏的，还散发出一股腥臭味。由于赤潮发生的原因、种类和数量不同，水体会呈现不同的颜色，大多都变成红色或近红色，也有绿色、黄色、棕色。有的赤潮生物（如膝沟藻、裸甲藻、梨甲藻等）引起的赤潮，并不引起海水呈现任何特别的颜色，但也称之为赤潮。

渔业用语中的厄水（海水变绿褐色）、苦潮（海水变赤色）、青潮（海水变蓝色）都是同样性质的现象。在淡水区域和池沼中，由于蓝藻等藻类繁殖，在水面上形成薄片或团块漂浮的现象称为水华（Water Bloom）。

人类很早以前就知道赤潮。公元1500年以前，《旧约圣经》中就曾经描写过发生于江河的赤潮。

中国的一些古代文献和文艺作品里也

图148 世界海洋赤潮景观

[①] 一般的海水中每毫升有10~100个细胞，如果达到10万个细胞以上，水域明显变色，就是发生了赤潮。

有一些有关赤潮方面的记载。如清代蒲松龄在《聊斋志异》中就形象地记载了与赤潮有关的发光现象。日本在藤原时代和镰仓时代①就有赤潮方面的记载。1803年法国人马克·莱斯卡波特记载了美洲罗亚尔湾地区的印第安人根据月黑之夜观察海水发光现象来判别贻贝是否可以食用。1831—1836年，达尔文在《贝格尔航海记录》中记载了在巴西和智利近海海面发生的束毛藻引发的赤潮事件。

5.2 世界重大有毒赤潮事件

随着海洋污染日趋严重，赤潮的发生日渐频繁。美国佛罗里达州沿岸海域，1916—1948年的30年间，只发生过三次赤潮，每次相隔16年；从1952—1964年，几乎年年发生赤潮。在日本，1955年以前的几十年间，只发生过五次赤潮；1956—1965年间，发生了35次；而到1971年，一年中就发生了57次。

20世纪70年代以来，赤潮发生的频度、强度和地理分布都在增加。特别是引起麻痹性贝毒的赤潮1970—1990年间向全球扩展。20世纪70年代亚历山大藻仅在欧洲、北美洲及日本的温带海域出现，但在20世纪90年代就扩展到了南半球。1971年和1973年，双鞭藻在北美海湾沿岸附近大量生长，几百吨鱼被毒死。1972年美国东海岸赤潮事件，危害面积达3200平方千米。原本不知名的链状裸甲藻1985—1987年在西班牙东北海域年年引发赤潮。这种毒藻以前只在美国加利福尼亚州有记载，之后扩展到中国、日本及澳大利亚塔斯马尼亚等地。以前只在东南亚海域中发生的涡鞭甲藻（*Pyrodinium Bahamense*），于1987年在南美危地马拉钱佩里科引发赤潮，并造成因误食含有此种毒藻的贝类而致26人死亡的事件。在中国以前从未发生的异弯藻（*Heterosigma Akashiwo*）赤潮，1985—1987年连续在大连湾发生。

根据统计，20世纪东海发生122次赤潮，其中20世纪90年代70次。2001年23次，2002年16次，其中三次查出有毒生物。与此同时，赤潮生物有向东南亚地区扩散的趋势。

有毒的赤潮种类也逐渐增加。以亚历山大藻为例，1988年前仅知微小亚历山大藻（*A. Minutum*）在埃及存在，此后逐渐在澳大利亚、意大利、爱尔兰、法国、西班牙、葡萄牙、土耳其、泰国、新西兰、日本、中国以及北美洲部分地区引发有毒赤潮。

在淡水中，藻类有时也会大量生长。在这种情况下，过去也出现过因几种蓝藻而扩展蔓延的中毒灾难。1940年和1943年，在南非德兰士瓦省（Transvaal）的瓦尔河水坝的水库中出现铜绿微胞藻，导致数千头牛羊因饮用水库的水而死亡。

---

① 指日本历史上的几个时期，即史前期的日本、佛教的传入、奈良时代、平安时代、藤原时代、镰仓时代、足利将军时代、德川幕府。

5.3 赤潮的成因

20世纪90年代之后的研究认为,引起赤潮的主要原因是海水中有机物特别是氮、磷的含量过高。赤潮发生时,有的赤潮浮游生物会分泌出神经性毒素,严重时会使鱼类大量死亡,并通过食物链威胁人类。与此同时,由于赤潮生物大量死亡后,尸骸的分解过程中要大量消耗海水中的溶解氧,造成缺氧环境。这都直接威胁其他海洋生物的生存,破坏海洋养殖业。

由此可见,随着工农业现代化生产的迅猛发展,沿海地区人口的增多,大量工农业废水和生活污水排入海洋,特别是其中相当一部分未经处理就直接排入海洋,导致近海、港湾富营养化程度日趋严重。同时,由于沿海开发程度的增高和海水养殖业的扩大,也带来了海洋生态环境和养殖业自身污染问题;海运业的发展也导致外来有害赤潮种类的引入;全球气候的变化也导致了赤潮的频繁发生。世界赤潮多发易发区域见图149。

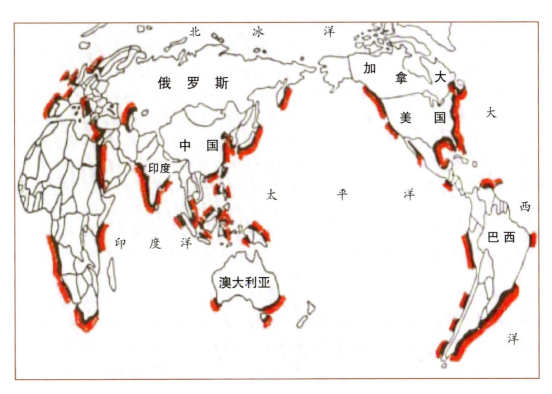

图149 世界赤潮发生区域分布图(据 Mannual on Harmful Marine Microalgae. 2003)

5.4 赤潮的危害

危及海洋渔业发展

赤潮的发生严重破坏海洋和淡水正常的生态结构。如果引起海洋异变，局部中断海洋食物链，则会影响其他水生生物的生存环境。

赤潮生物毒素危害

有的赤潮生物分泌毒素，通过食物链引起人体中毒，危害人的健康安全。赤潮生物产生的主要毒素是麻痹性贝毒（PSP）、神经性贝毒（NSP）、腹泻性贝毒（DSP）、西加鱼毒（Ciguatera）①，以及健忘症毒素（ASP），这些毒素在贝类等经济水产品的体内富集，人们一旦食用便会中毒。

从西加鱼毒中分离的西加毒素在南太平洋、加勒比海以及印度洋的温暖水域早已被熟知，后来传到了亚洲、欧洲以及美国，据专家估计，每年中毒人数约5万人。

据统计，全世界因赤潮毒素的贝类中毒事件有300多起，死亡300多人。赤潮和水华常使贝类毒化或引起鱼、贝类及家畜死亡。据报道，南非、加拿大、澳大利亚、新西兰和美国曾发生过藻类中毒，受害的有马、母牛、绵羊、猪、狗、火鸡等。鱼食入蓝绿藻后无害，但其他动物食入后会中毒。

人中毒后约5%的病例最终死亡。猫中毒表现为共济失调、厌食和多涎。鸭中毒表现为食欲不振、麻痹和泄殖腔出血。形成水华的蓝藻不仅能形成强烈的神经性毒素，导致家畜和野生动物死亡，而且会堵塞过滤设备，影响供水，不利于淡水渔业，破坏水上娱乐场所。

一些属于膝沟藻科的藻类，如涡鞭毛藻等，常常含有石房蛤毒素和膝沟藻毒素。在水域中，当此种藻类大量繁殖时，可形成赤潮，此时每毫升海水中藻的数量可达2万个。甚至赤潮期间在海滨散步的人吸入一滴水也可引起中毒。

经济损失惨重

赤潮危害造成重大经济损失。在日本由于甲藻及针孢藻赤潮造成的渔业损失每年都在10亿日元以上。1972年日本濑户内海因赤潮事件损失71亿日元。在墨西哥，1996年的环境问题45%是赤潮造成的，仅仅在贝类方面的损失就达几百万美元。在南非西海岸，赤潮肆虐，仅1997年一次叉角藻（*Ceratium Furca*）赤潮就造成2000吨龙虾死亡，价值达5000万美元。菲律宾1983年以来有毒藻类造成的中毒事件中，麻痹性贝毒中毒事件逾2000例，造成115人死亡。在中国，仅1989

---

① 西加鱼毒，又称雪卡鱼毒，已分离出西加毒素（Ciguatoxin, CTX）、刺尾鱼毒素（Maitotoxin, MTX）和鹦嘴鱼毒素（Scaritoxin）三种毒素。

年8月5日至10月14日渤海西部发生的赤潮，面积达1300平方千米，使黄骅、沧州、天津、潍坊、莱州对虾减产，损失达2亿元人民币。

5.5 赤潮的治理

目前，对大范围赤潮的防治技术尚不成熟。控制赤潮的发生需要对海洋环境的污染进行大规模的整治。

现今国际通用的治理措施主要是：

第一，物理方法，如泵吸法等。

第二，化学方法，通过喷洒硫酸铜等化学药品杀灭赤潮生物。

第三，生物方法，针对不同的赤潮生物，通过它们天敌的摄食，达到消灭目的。对于大面积的赤潮治理，国际上推行撒播黏土法。

预防赤潮的根本措施是控制污水入海量，防止海水富营养化。实行排放总量和浓度控制相结合的方法，控制陆源污染物向海洋超标排放。与此同时，建立海洋环境监视网络，加强赤潮监视。一旦发现赤潮和赤潮征兆，监视网络机构可及时通知有关部门，有组织有计划地进行跟踪监视监测，提出治理措施，千方百计减少赤潮的危害。

5.6 社会影响与历史意义

赤潮已成为一种世界性的公害，美国、日本、中国、加拿大、法国、瑞典、挪威、菲律宾、印度、印度尼西亚、马来西亚、韩国等30多个国家赤潮发生都很频繁。因此，各国政府分别采取了一些相应的防范措施。美国总统于1998年11月签署了有毒微藻水华和缺氧研究与控制的行动纲领。中国1985年在广州成立赤潮研究中心，加强治理技术的研究。2001年4月25日至27日在北京召开了以"中国有害赤潮发展趋势与对策"为主题的香山科学会议第163次学术讨论会。会议就加强赤潮的生态学与海洋学研究、制订出具有中国特色的有害赤潮研究计划、改善海洋环境、有效控制赤潮发生等进行了讨论，并提出了三个方面的新建议。

1990年联合国将赤潮列为世界近海污染问题之一。国际海洋考察理事会于1992年发表了《赤潮对海水养殖业和海洋渔业的影响》的报告。为加强全球范围的研究和监测，联合国教科文组织的政府间海洋学委员会、国际科联海洋学研究会、联合国粮农组织等都成立了赤潮研究专家组，制订研究与监测计划。1992年10月联合国成立了政府间海洋委员会（ICO）和国际科学联合会海洋研究委员会（SCOR）有害赤潮专家组中国委员会。

为了推进有毒赤潮与水华事件防控的研究，2005年9月6日至10日，在美国召开了"有害藻华国际研讨会"[①]。会议围绕赤潮与藻毒素的发生、产毒机制、人类健康效应、生态效应、成因防治及缓解、暴露评估方法、风险评估等七个主题展开了讨论，会议论文集正式出版发行，并送相关国际检索机构。会议还展示了科研成果、新产品、新技术，有力地推动了赤潮的国际学术交流。2014年10月27日至11月1日，在新西兰惠灵顿召开第16届国际有害藻华大会（ICHA-2014）。会议就淡水及海洋生物地理学、淡水以及海洋赤潮藻类、有毒藻类生物学与生态学、藻类毒素、毒理学、分类学、系统学和基因组学，以及有毒赤潮检测技术、有毒赤潮与社会经济、有毒赤潮监视与管理等议题进行了研讨与交流。

[①] 有害藻华国际研讨会（International Conference on Harmful Algae，ICHA），是针对全球有害和有毒藻类赤潮进行国际交流的会议，每两年召开一次。第一届会议在1974年11月于美国波士顿召开。已成为该领域前沿研究规模最大的学术会议。

第38卷

药害与药物灾难

本卷主编　史志诚　李引乾

卷首语

　　药物是人们用于治疗、预防和诊断疾病或调节机体生理功能的化学物质。但药物具有两重性，也可成为主要的致病因素之一。因此，合理用药能防病治病，反之，用药不当，则会引起不良反应，发生药源性疾病，甚至造成致残、致死的药物灾害。

　　20世纪以来，欧美国家较早走上化学合成药物的道路，使大批量的药物生产成为可能。特别是磺胺和青霉素研制成功后，制药工业迅速发展，新药大量上市，药物种类急剧增加。但是，由于防范药害与药物不良反应的经验不足，历史上连续发生了不少的药物不良反应、大量的药源性疾病，甚至发生药害事件，出现了药物灾难，不仅造成严重的社会影响和经济损失，而且使人类付出了生命的代价。

　　针对导致药害与药物灾害的原因，各国在制定和完善相关法律法规的同时，采取更新药学及药理学知识，严格药品质量的监督和管理，发展临床药学和临床药理学，建立和完善药品不良反应监测制度，加强药物流行病学调查研究和普及防范药物性灾难的科学知识等有效措施，使药害与药物灾害得以逐步减少。

　　本卷在介绍药害与药物不良反应的历史、药害的类型的基础上，重点记述了历史上最大的"反应停"灾难的事件经过、发生原因、事件处置、社会影响与历史意义；与此同时，分别介绍了历史上其他重大药害与药物不良反应事件，药理实验室的错误和事故，含毒药的日用品引发的药物灾难以及农药引发的灾难。

1 药害与药物灾害

1.1 药害与药物不良反应

药害与药物不良反应

药害（Drug Misadventures）是用药固有的医源性意外风险，用药者因接受或遗漏用药而受到非预期的、不能接受的伤害，其发生与原有疾病有关或无关，可能涉及人为或系统的差错、免疫学或特异质反应。

药物不良反应（ADR）指合格药品正常用法、用量的意外有害后果。

药害与药物不良反应两者虽然都包括过敏与特异质，但药害与药物不良反应有很大的不同，药害与不合格药品（成分、包装、调配、标示问题）和不正常用法（适应证、用法、用量有误）有关。药品不良反应是指合格药品在正常用法、用量下出现的与用药目的无关的或意外的有害反应。

药物不良反应包括副作用、毒性反应、后遗效应、变态反应、继发反应和特异质反应等。

副作用

副作用指药物在治疗剂量时出现的与治疗目的无关的作用。可能给患者带来不适甚至痛苦，一般较轻微，是可以恢复的功能性变化。产生副作用的原因是药物作用的选择性低，作用范围广，当其中某一作用被用来作为治疗目的时，其他作用就可能成为副作用。由于副作用是药物本身所固有的，所以可以预料到，也可以通过合并用药避免或减轻。例如麻黄碱在解除支气管哮喘时，也有兴奋中枢神经系统、引起失眠的作用，可同时给予巴比妥类药物，以对抗其兴奋中枢的作用。

毒性反应

大多数药物都有或多或少的毒性（Toxicity）。毒性反应（Toxic Reaction, Toxic Response）指用药剂量过大或用药时间过长，或机体对药物过于敏感而产生的对机体有损害的反应，一般较严重，大多是可以预知的。毒性反应还可引起皮炎、光敏性皮炎、固定性药疹等。控制用药剂量或给药间隔时间及剂量的个体化是防止毒性反应的主要措施，必要时可停药或改用他药。

后遗效应

指停药以后血浆药物浓度已降至最低有效浓度以下时残存的药理效应。后遗效应时间的长短因药物不同而异。少数药物可引起永久性器质性损害。

变态反应

指药物引起的病理性免疫反应，亦称过敏反应。少数患者对某种药物的特殊反应，包括免疫学上的所有四型速发和迟发变态反应，这种反应与药物剂量无关，致敏原可能是药物本身或其代谢物，也可能是药物制剂中的杂质，它们与体内蛋白质结合形成全抗原而引起变态反应，反应性质因人而异，常见的变态反应表现为皮疹、荨麻疹、皮炎、发热、血管性水肿、哮喘、过敏性休克等，以过敏性休克最为严重，可导致死亡。

继发反应

是继发于药物治疗作用之后出现的一种反应，也称为治疗矛盾。例如长期应用广谱抗菌药后，由于改变了肠道内正常存在的菌群，敏感细菌被消灭，不敏感的细菌或真菌则大量繁殖，外来细菌也乘虚而入，从而引起二重感染，导致肠炎或继发性感染，尤其常见于老年体弱久病卧床患者；并发肺炎而用大剂量广谱抗菌药后，可见假膜性肠炎。

特异质反应

主要与患者特异性遗传素质有关，属遗传性病理反应。

药物依赖性

指长期使用某些药物后，药物作用于机体产生的一种特殊的精神状态和身体状态。药物依赖一旦形成，将迫使患者继续使用该药，以满足药物带来的精神愉快和避免停药出现的机体不适反应。

药品不良事件

世界卫生组织（WHO）将药品不良事件（ADE）定义为不良感受，是指药物治疗过程中所发生的任何不幸的医疗卫生事件，而这种事件不一定与药物治疗有因果关系。

药品不良事件与药物不良反应最大的区别就是最后一句，"这种事件不一定与药物治疗有因果关系"，而不良反应肯定是吃了这个药之后才发生的，与药物有直接的因果关系。

药物不良反应是包含在药品不良事件里的，也就是说药物不良反应一定是药品不良事件，而药品不良事件不一定是药物不良反应，也可能是药品标准缺陷、药品质量问题、用药失误以及药品滥用所造成的事件！

药源性疾病

药源性疾病（Drug-Induced Diseases），又称药物诱发性疾病，指在药物使用过程中，如预防、诊断或治疗中，通过各种途径进入人体后诱发的生理生化过程紊乱、结构变化等异常反应或疾病，是药物不良反应的后果。这种不良反应发生的持续时间比较长，反应程度较严重，造成某种疾病状态或者器官局部组织发生功能性、器质性损害时，就称为药源性疾病。

药害事件

"药害事件"又叫"药物不良反应""药品不良事件"，是指合格药品在正常用法、用量情况下出现的与用药目的无关的或意外的有害反应。

药物灾害

人们将那些发生突然、伤亡人数惊人、经济损失惨重、政治影响深远的重大药害事件，称为"药物灾害"。此外，药物灾害还包括重大的疫苗反应事件和农药引起的重大中毒事件。

1.2 药害的类型及其成因

药害的类型与药物不良反应相同,有 A 型、B 型两个主要类型和 C、D、E、F 四个附加类型①。过量用药一般引起 A 型反应,属药害而非药物不良反应。

药物不良反应有多种分类

按照药物与药理作用有无关联分为两类:A 型和 B 型

A 型药物不良反应(Type A Adverse Drug Reactions),又称为剂量相关的不良反应(Dose-Related Adverse Reactions)。该反应为药理作用增强所致,常和剂量有关,可以预测,发生率高而死亡率低,如抗血凝药所致的出血。

在药物不良反应中,副作用、毒性反应、过度效应属 A 型不良反应。首剂效应、撤药反应、继发反应等,由于与药理作用有关,也属 A 型反应范畴。

B 型药物不良反应(Type B Adverse Drug Reactions),又称为剂量不相关的不良反应(Non-Dose-Related Adverse Reactions)。是一种与正常药理作用无关的异常反应,一般和剂量无关联,难以预测,发生率低(据有关数据,占药物不良反应的 20%~25%)而死亡率高,如氟烷引致的恶性高热,青霉素引起的过敏性休克。

在药物不良反应中,药物变态反应和异质反应属 B 型反应。

新药物不良反应分类法

新的药物不良反应分类法将药物不良反应分为九类,即 A、B、C、D、E、F、G、H、U 类。

A 类(扩大反应)。药物对人体呈剂量相关的反应,它可根据药物或赋形剂的药理学和作用模式来预知,停药或减量可以部分或完全改善。

B 类(Bugs 反应)。由促进某些微生物生长引起的 ADR,这类反应可以预测,它与 A 类反应的区别在于 B 类反应主要针对微生物,但药物致免疫抑制而产生的感染不属于 B 类反应,如抗生素引起的腹泻等。

C 类(化学反应)。该类反应取决于赋形物或药物的化学性质,化学刺激是其基本形式,这类反应的严重程度主要取决于药物浓度,如静脉炎、注射部位局部疼痛外渗反应等可根据已了解药物的化学特性进行预测。

D 类(给药反应)。反应由给药方式引起,它不依赖于药物成分的化学物理性质。给药方式不同会出现不同的 ADR,改变给药方式,ADR 消失。如注射剂中的微粒引起的血管栓塞。

---

① 药害 A 型,可预测、剂量相关、较易防治的药效过强。B 型,不一定可预测,剂量无关,药效无关的奇特反应,如过敏、特异质。C 型,长期用药的慢性毒性,如止痛药胃损害、中草药肾病、抗精神病药所致迟发性运动障碍。D 型,延迟至用药后若干月、年出现,如致畸、致癌。E 型,停药后出现反跳,如肾上腺皮质功能不全。F 型,药物相互作用所致不良反应。

E类（撤药反应）。它是生理依赖的表现，只发生在停药或剂量减少后，再次用药症状改善。常见的引起撤药反应的药物有阿片类、苯二氮䓬类、二环类抗抑郁药、β-受体阻滞剂、可乐定、尼古丁等。

F类（家族性反应）。仅发生在由遗传因子决定的代谢障碍敏感个体的ADR，此类反应必须与人体对某种药物代谢能力的正常差异而引起的ADR相鉴别。

G类（基因毒性反应）。能引起人类基因损伤的ADR，如致畸、致癌等。

H类（过敏反应）。它们不是药理学可预测的，且与剂量无关。必须停药。如光敏反应等。

U类（未分类反应）。指机制不明的反应，如药源性味觉障碍等。

WHO药品不良反应分类法

WHO将药品不良反应分为A、B、C三种类型。

A类不良反应。可以预防。与常规药理作用有关。反应的发生与剂量有关。发生率高，死亡率低。包括副作用、毒性作用、后遗症、继发反应等。

B类不良反应。难以预测，常规毒理学不能发现。与常规的药理作用无关。反应的发生与剂量无关。对不同的个体来说剂量与不良反应的敏感无关；但对同一敏感个体来说，药物的量与反应强度相关。发生率低，死亡率高。可分为药物异常性和患者异常性，特应性（Idiocrasy），即一个人所具有的特性，特有的易感性，奇特的反应。

C类不良反应。发生率高。非特异性（指药物）。用药与反应发生没有明确的时间关系。潜伏期较长。如妊娠期用己烯雌酚，子代女婴至青春期后患阴道腺癌。反应不可不重视，如某些基因突变。

药源性疾病的类型

药源性疾病按照发病的机制分为两大类型：A型和B型。

A型是原有药理作用、副作用和不良反应的进一步增强和发展，其严重程度与用药剂量有关。这种类型的发生率高，一般能预测，死亡率较低。它是以原来的药学及药动学为基础的。

B型是与原药理作用、副作用和不良反应无关的表现，主要是由于机体的异常或药物质量的改变所致。往往很小剂量就引起明显的症状，虽然其发生率较低，但常难以预测，死亡率较高。它主要表现为变态反应或遗传变异。

按用药时间长短或出现药源性疾病的时间，又可分为长期用药型和药后效应型两类。前者如药物耐受性、依赖性、反跳性现象等。后者如药物的致癌性和生殖毒性等。

1.3 历史上的重大药物灾害

药害与药物不良反应的严重性

药品的两重性、优质性、可获利性、个体差异性、专用性等诸多特性决定了它对广大用药人群，或多或少总会存在发生药害的可能，可能性的大小及严重程度与合理用药水平呈制约的关系。药品研制、生产、流通、使用诸环节上的系统误差，加大了药害风险。

欧美国家较早走上了合成药物的道路，从而用工业化的方法大规模地生产各种药物。但是，在这种情况下一旦发生药物不良反应，涉及面就会很广。

1900年，欧美国家发现一些奇异的"蓝色人"，他们在阳光照射下，皮肤显蓝色，未被照射处呈灰色。经研究证明，这是由于他们经常使用抗菌消毒药硝酸银、弱蛋白银，使银离子沉着于皮肤、黏膜上的缘故。

值得指出的是，减肥药使人类付出了惨重的代价。1935年，欧美国家出现大量白内障患者，且失明率极高，尤以肥胖妇女居多。经查实系服减肥药二硝基酚所致。1967年欧洲中部出现罕见的"肺高血压症"，患者气促、胸痛、突然晕厥，经过检查，系患者服了降低食欲的减肥药氨苯唑啉产生的毒副反应。

特别是伤害女性的药害令人记忆犹新。1957—1963年，西欧一些国家应用新药"反应停"做镇静剂用于孕妇呕吐反应，结果竟然出现了12000多个"海豹式胎儿"。1939—1950年，美国600余名女婴出现外生殖器男性化，经调查，其母亲在妊娠期间为治疗先兆性流产而服用了孕激素——黄体酮。1966—1969年，在美国发现300多名少女患阴道腺癌，经调查发现，她们的母亲在怀孕期间，均曾用过人工合成的保胎药己烯雌酚，这样便埋下了"定时炸弹"。

世界卫生组织于20世纪70年代指出，全球死亡患者中有三分之一并不是死于自然疾病本身，而是死于不合理用药。从此，药害的严重性与普遍性开始公之于世。仅从1922—1979年，国外报道的重大药害事件就有20起左右，累计死亡万余人，伤残数万人。

1994年，美国医学会、美国护理学会、美国医院药师学会联合召开了全美药害概况与预防研讨会。会议指出：药害成为美国8%~10%患者入院的原因，65岁以上的老人入院有25%归咎于药害，有些市区的急诊部10%~15%的门诊者是因为药害求医，住院死亡者有0.2%由药害造成。又据拉姆（Lawmuu）网站从美国1966—1996年30年的四个电子数据库选出的39份前瞻性研究汇总分析，住院者严重药物不良反应为6.9%，致死药物不良反应占0.32%。根据推算，给药差错和药害估计每年造成的经济损失约为1000亿美元。因此，药害引起美国政府及舆论界的高度关注。

中国药科大学钱之玉教授撰文指出：20世纪90年代统计，中国由于药物致聋、致哑儿童达180余万人，其中药物致聋儿童占60%，约100万人，并以每年2万~4万人次递增。主要原因是抗生素致聋，其中氨基苷类（包括庆大霉素、卡那霉素等）占80%。新霉素滴耳、冲洗伤口也可致耳聋，红霉素、万古霉素、多黏菌素B、阿司匹林等均可发生耳毒性副作用。[1]

20世纪发生的重大药物灾害

20世纪以来，化学药品问世，特别是磺胺和青霉素研制成功后，制药工业迅速

---

[1] 钱之玉. 药物不良反应的重大"药害"事件. 中华女性网，2004-07-05.

发展，新药大量上市，药物种类急剧增加。但由于防范和经验不足，这一时期连续发生了不少的药害事件，出现了大量的药源性疾病，甚至造成药物性灾难。[①]

回顾 20 世纪的历史可以看到，主要有 15 次药物性灾难（表 38-1-1）。

表 38-1-1　20 世纪发生的重大药物灾害

时间	地点	药物	导致损害	后果
1890—1950	英国	甘汞	汞中毒	死亡儿童 585 人
1900—1949	欧洲	蛋白银	银质沉着症	死亡 100 多人
20 世纪 30 年代	美国和欧洲	磺胺酊剂	肾衰竭	在美国，中毒 358 人，死亡 107 人
1930—1960	一些国家	醋酸铊	铊中毒	半数用药者（约 1000 人）死亡
1922—1970	美国和欧洲	氨基比林	粒细胞缺乏	2082 人死亡
1935—1937	美国、巴西和欧洲	二硝基酚	白内障	近 1 万人失明，死亡 9 人
1938	美国	含二甘醇的磺胺	肝、肾损伤	约 358 人中毒，107 人死亡
1953	欧洲	非那西丁	肾损伤	约 2000 人受害
1954	巴黎	二碘二乙基锡	中毒性脑炎	死亡约 110 人
1957—1963	欧洲、亚洲、美洲的 17 个国家	反应停	海豹样畸形	仅原西德有约 1 万人受害，死亡 5000 余人
20 世纪 50 年代	美国	三苯乙醇	白内障	发生白内障 1000 多人
1963—1972	日本	氯碘喹啉	脊髓变性、失明	中毒约 7856 人，死亡 5%
1933—1972	美国	己烯雌酚	阴道腺癌	约 300 人受害
1968—1979	美国	心得宁	眼、皮肤、黏膜损害	2257 人受害
20 世纪 70—80 年代	中国	四咪唑	脑炎	300 多例

---

① 王智宽. 20 世纪的药物灾难. 广东科技，1997（12）：12.

1.4 防范药害与药物灾害的对策

为了安全高效地合理用药，减少药害与药物灾害的发生，针对导致药害与药物灾害的原因，各国在制定和完善相关法律法规的同时，采取了相应的防范措施，努力做到用药安全、高效。

更新药学及药理学知识

由于科学的发展，技术的提高，新药新剂型不断涌出，品种更新，新药迅增，应随时进行知识更新，掌握信息，紧跟专业发展步伐。熟悉现代药学及药理学知识，是医学工作者管好药物的基础。

严格药品质量的监督和管理

20世纪以来，各国先后开始重视药品的管理和监督，建立了相应的组织、制度和法规，这些都是用大量惨痛的历史经验和教训换来的，它是新药研制，药品生产、销售、检验和使用等的依据和准则，必须严格遵守和执行。药品是治病救人的特殊商品，必须坚决杜绝假劣药和尚不成熟的药品上市或应用。对好药要宣传和保护，对不可靠或不安全的要及时淘汰处理。随着新的药品监督管理机制的不断完善，药品质量监督管理将会更加严格和更加有效。

发展临床药学和临床药理学新学科

临床药学和临床药理学都是20世纪新发展的新兴学科，是在众多药害事故和药源性疾病的教训下，为安全合理高效用药应运而生的学科。

建立和完善药品不良反应监测制度

因为国际药害事件的不断发生，早在1963年瑞典就建立了国际药品监测合作中心，现已有数十个国家和地区参加，并各自建立了不良反应监测报告制度。中国于20世纪80年代初在医院开展此项工作。1985年《药品管理法》实施后，又要求"医疗单位发现假劣药品及药品中毒事故，必须及时向卫生行政部门报告"，便于及时发现和有效防控药源性疾病。

加强药物流行病学调查研究

药物流行病学是临床药理学与流行病学的相互渗透，它以人群为对象，主要是对上市后的药品进行药效和不良反应的研究，它可以补充药品上市前研究未获得的消息，获得药品上市前不可能得到的信息。很多药源性疾病就是通过药物流行病学的研究发现的，这是杜绝药源性疾病十分重要的一项社会工作。

编辑出版药物性灾难的专著

为了总结历史经验，20世纪出版了关于药物不良反应、药源性疾病以及某些错误的治疗方法造成健康损害的一些专著。

1978年，美国纽约州布法罗儿童医院心脏病科主任爱德华·C.兰伯特著有《现代医学的错误：20世纪的重大错误的治疗》（印第安纳大学出版社，1978）[①]一书，曾对20世纪的重大错误治疗以及引发的药物灾难进行了详细的记述。

1982年邬锦文、刘水渠主编《药源性疾病》（上海科技出版社，1982）。

2008年周聊生、牟燕主编的《药源性疾病与防治》（人民卫生出版社，2008），介绍了药源性疾病的危害及防治的重要性，药源性疾病的诱发因素、患者因素、药物因素等内容。

2012年，中国药学会编《药品不良反应与药源性疾病》（人民卫生出版社，2012），针对基层医疗机构的医生、药师和护士而编写，旨在提高基本药物的合理使用。重点讲述了常见药物不良反应与药源性疾病，指导临床合理使用药物。

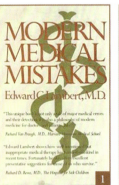

图150 药物性灾难的专著（1.《现代医学的错误》封面，英文版，1978；2.《现代医药中的错误》封面，中译本，1982；3.《药品不良反应与药源性疾病》封面，2012）

---

① 兰伯特. 现代医学的错误：20世纪的重大错误的治疗. 布卢明顿：印第安纳大学出版社，1978.（该书于1982年由刘经棠、朱正芳译为中文，取名为《现代医药中的错误》，由广东科技出版社出版）

2

历史上最大的药害事件"反应停"灾难

"反应停"灾难是发生在1957—1963年的一次全球性药害事件,"反应停"造成新生儿出生缺陷呈现海豹样畸形,据统计,从1959—1963年,世界范围内诞生了12000多名畸形的"海豹状婴儿"。仅原西德就有约1万名畸形胎儿,5000余人死亡。历史上将这一事件称为"反应停"灾难(Thalidomide Disaster,沙利度胺灾难)或"药理灾难"(Pharmacological Disasters)。

2.1 事件经过

1953年,瑞士的慈帕(Ciba)药厂首次合成了一种名为"反应停"的药物。后来慈帕药厂的初步实验表明,此种药物并无确定的临床疗效,便停止了对此药的研发。

然而,当时的原西德格仑南苏化学公司(Chemie Grünenthal)对"反应停"颇感兴趣。他们在研究过程中发现,"反应停"具有一定的镇静安眠的作用,而且对孕妇怀孕早期的妊娠呕吐疗效极佳。此后,在老鼠、兔子和狗身上的实验没有发现"反应停"有明显的副作用,便于1957年10月1日将"反应停"正式推向了市场。因它能治疗孕妇的妊娠呕吐,成为"孕妇的理想选择"。在欧洲、亚洲、非洲、大洋洲和南美洲等地区被医生大量在处方中使用以治疗孕妇妊娠呕吐。

"反应停"于1957年首先在原西德上市,到1959年,仅在原西德就有近100万人服用过"反应停",每月销量达到1吨的水平。在原西德的某些州,患者甚至不需要医生处方就能购买到"反应停"。动物实验口服给药时测不到致死量,当人类服用过量时也不昏迷,"反应停"被认为是"安全催眠药"和"保胎药",因此可以不经医生处方,直接在药店出售。同时,它与镇痛、镇咳、退热药等配制成复方,以超过40种华丽的名字出现在市场上。在瑞典被称为"临时保姆"。

1960年,欧洲的医生们开始发现,本地区畸形婴儿的出生率明显上升。这些新生婴儿有的四肢畸形,有的腭裂,有的内脏畸形,还有的是盲儿或聋儿。当时原

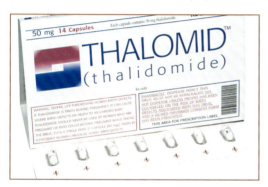

图151 药物"反应停"(Thalidomide)

西德出现了一种罕见的畸形婴儿：新生婴儿四肢非常短小，状如海豹的肢体，臂和腿的长骨细小，称为"海豹胎"婴儿。

1961年10月，三位医生在原西德的一次妇产学科会议上报告了一些海豹肢畸形儿的病例，引起了大家的重视，以后其他地方也有相关报告。

1961年，澳大利亚悉尼市皇冠大街妇产医院的威廉·麦克布雷德（W. G. McBride）医生发现，他经治的三名患儿的海豹样肢体畸形与他们的母亲在怀孕期间服用过"反应停"有关。麦克布雷德医生随后将自己的发现和疑虑以信件的形式发表在了英国著名的医学杂志《柳叶刀》上[1]。此时，"反应停"已经被销往全球46个国家。这一年，英国发现服用过"反应停"的孕妇生产的600名婴儿中仅有400名存活。

此后不久，原西德汉堡大学的遗传学家伦兹博士[2]根据自己的临床观察于1961年11月16日通过电话向格仑南苏化学公司提出警告，提醒他们"反应停"可能具有致畸胎性。

在接下来的10天时间里，药厂、政府卫生部门以及各方专家对这一问题进行了激烈的讨论。最后，因为发现越来越多类似的临床报告，格仑南苏化学公司不得不于1961年11月月底将"反应停"从原西德市场上召回。在此后一段时间里，制药公司一直不肯承认"反应停"的致畸胎性，在原西德和英国已经停止使用"反应停"的情况下，在爱尔兰、荷兰、瑞典、

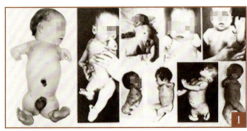

图152 "反应停"灾难（1. 服用"反应停"的母亲引起的畸胎（海豹胎），Schardein 1982；Moore 1993；2. 美国的一个"反应停"受害女孩，已经学会用她仅有的一只手绘画；3. 一群"反应停"畸形儿童在德国科隆一个特殊幼儿园的院子里玩耍；4. 被"反应停"夺去双臂的孩子；5. 被"反应停"夺去胳膊的孩子们；6. 马丁·施奈德斯是荷兰第一个"反应停"儿童，在年纪很小的时候，他就已学着以残疾之身生活下去，并逐渐掌握了一系列技能，包括弹奏电风琴）

---

[1] 当时市场销售的"反应停"的商品名是德苯多克斯（Debendox）。1981年麦克布雷德又发表了一篇关于药物德苯多克斯的文章，证明它明显地导致兔子产下怪胎。

[2] 维杜金德·伦兹（Widukind Lenz, 1919—1995），是一位杰出的德国儿科医生，医学遗传学家和畸形学家。

比利时、意大利、巴西、加拿大和日本，"反应停"仍被使用了一段时间，也导致了更多的畸形婴儿的出生。

在原西德，"反应停"从1957年开始在市场销售，1960年销售量迅速上升。1960年年底和1961年年初短肢畸形病例数亦随之上升。两条曲线相隔三个季度，故"反应停"销售量曲线正与这些病例的母亲怀孕初期相吻合。1961年12月对"反应停"进行干预，从原西德市场撤销，"反应停"停止出售后，1962年下半年以后出生的儿童便很少发生这种畸形。说明此不良反应是"反应停"所致（图153）。

尽管1962年"反应停"被彻底清除出市场，但为时已晚。"反应停"已经对出生婴儿造成严重影响，成为造就畸形儿的罪魁祸首。一度被广告称为"世纪安眠药"的"反应停"成为药物学历史上最黑暗章节中的恶棍。据流行病学调查，1959—1963年，世界上17个国家里共诞生了12000多名畸形的"海豹状婴儿"。据原西德卫生部门统计，"反应停"造成了10000名畸胎儿，其中几乎一半的畸形婴儿在出生不久后死去，有5000名仍存活着，1600人需要安装人工肢体。对孩子们的心灵产生了严重的创伤。一名"反应停"残疾儿童在上学的第一天说："在学校，孩子们用他们的手指数十个数字。我没有手指，但现在我用心里的手指数十个数字。"[①] 此外，日本在1981年前发现了309名病例。该药还引起有时能威胁生命的多发性神经炎1300多例。

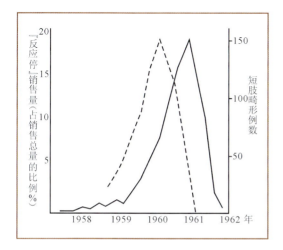

图153 原西德"反应停"销售总量（虚线）与短肢畸形病例数（实线）的时间分布（Davis and Dobbling, 1974）

2.2 事件原因

"反应停"（商品名Grippex）化学名沙利度胺（Thalidomide），所含的活性成分是一个小分子谷氨酸的一种衍生物酞胺哌啶酮，又称为酞咪哌啶酮，具有安眠和镇静作用，常为孕妇所使用。

"反应停"存在着R（+）和S（-）两种对映异构体，即两种物质化学组成相同，但三维结构为镜像对称，仿佛左手与右手一样。酶往往只选择性地与其中一种异构体反应。对"反应停"而言，R（+）有镇静止痛效果，但S（-）会导致胚胎发育产生畸形。用高效液相色谱（HPLC）和毛细管电泳（CE）等技术手段可以拆分含等量对映异构体的外消旋化合物。但

---

① 格伦农，等.科技与巫幻.北京：中国友谊出版社，2008：83.

是,"反应停"的这两种对映异构体在生理条件下会迅速相互转换,即使纯的其中任何一种异构体,在人体内,4~6小时后,也会迅速转化成等量的对映混合物。

1960年,有医生发现欧洲新生儿畸形比率异常升高,当这一数据引起大多数人注意之后,学者们展开了流行病学调查,发现新生儿畸形的发生率与沙利度胺的销售量呈现一定的相关性,于是对"反应停"的安全性产生怀疑。直到1965年的药理学与毒理学研究证明,"反应停"是一种含有手性分子的药物,是两个等量对映体的混合物。毒理学研究还进一步显示,"反应停"对灵长类动物有很强的致畸性。

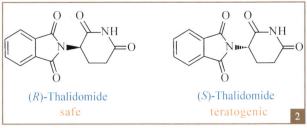

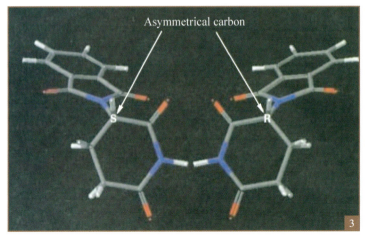

图154 "反应停"(1."反应停"的化学结构;2."反应停"〔R+〕异构体是安全的,〔S-〕异构体致畸胎形成;3."反应停"的两种手性结构分子,S〔-〕和〔+〕是非对称的碳〔Asymmetrical Carbon〕)

2.3 事件处置

1961年"反应停"被禁用。1961年11月,格仑南苏化学公司撤回原西德市场上所有"反应停",不久其他国家也停止了"反应停"的销售。

1961年年底,原西德亚琛市地方法院受理了全球第一例控告生产"反应停"的格仑南苏化学公司案件。格仑南苏化学公司的七名工作人员因为在将"反应停"推向市场前没有进行充分的临床实验,以及在事故发生后试图向公众隐瞒相关信息而受到指控。伦兹博士在作为控方证人提供证言时，将自己的观察结果和其他学者的病例报告汇总后如实提供给了法庭。

1969年10月10日，法庭经过近八年的审理，决定不采纳伦兹博士的证言。原因是辩方律师找到了各种理由来证明伦兹博士在做证时不能保持客观公正的态度。但此种说法始终未能得到公众的广泛认可。

1970年4月10日，案件的控辩双方于法庭外达成了和解，格仑南苏化学公司同意向控方支付总额1.1亿德国马克的赔偿金。

1970年12月18日，法庭做出终审判决，撤销了对格仑南苏化学公司的诉讼，但法庭同时承认，"反应停"确实具有致畸胎性，并提醒制药企业，在药品研发过程中，应引以为鉴。

1971年12月17日，原西德卫生部利用格仑南苏化学公司赔偿的款项专门为"反应停"受害者设立了一项基金，并邀请伦兹博士作为此项基金的监管人之一。此后数年间，在伦兹博士的努力下，原西德有2866名"反应停"受害者得到了应有的赔偿。

2012年8月，格仑南苏化学公司再次向受害者道歉，并答应部分赔偿。但受害者认为这种50年后的道歉是对受害者的一种侮辱。[1]

2.4 社会影响与历史意义

加深了对"反应停"致畸胎作用的再认识

调查显示，孕妇怀孕时末次月经后第34到50天是"反应停"致畸胎作用的敏感期，在此时间段以外服用"反应停"，一般不会导致胎儿的出生缺陷。即：

在末次月经后第35到37天内服用"反应停"，会导致胎儿耳朵畸形和听力缺失。

在末次月经后第39到41天内服用"反应停"，会导致胎儿上肢缺失。

在末次月经后第43到44天内服用"反应停"，会导致胎儿双手呈海豹样3指畸形。

在末次月经后第46到48天内服用"反应停"，会导致胎儿拇指畸形。

除了可以导致畸胎之外，长期服用"反应停"可能还会引起外周神经炎。

加快了对"手性"药物的深入研究

"反应停"药物给人类带来了空前的灾难，促使科学家对"手性"药物进行深入的研究。许多化合物在空间结构上具有不对称性，正如人的左右手一样，科学家称之为手性。互为手性的分子，如果用作药物，其中一个可能具有疗效，而另一个可能无效或者有害。"反应停"就是其中最典型的一个案例。

早在19世纪70年代，科学家们就认识到了手性的存在。但是，长期以来，制造单一的手性分子，而不生成另一种，或

---

[1] 德药企50年来首次就"反应停"致"海豹胎"道歉. 北京晨报，2012-09-03.

者叫不对称合成，是非常困难的。1968年，诺尔斯在世界上第一个发明了不对称的催化反应，获得了单一的手性分子。后来，野依良治开发出了性能更为优异的手性催化剂。夏普莱斯则发现了另一种催化方法。

"反应停"事件之后，美国食品药品监督管理局颁布新法案，规定以后上市的手性药物要尽可能只以单一手性分子的形式存在。

如今，手性药物的疗效是原来药物的几倍甚至几十倍。可以说，"反应停"事件促进了手性药和手性制药业的发展。

"反应停"灾难没有波及美国的反思

值得思考的是当欧洲出现几千名"反应停"畸形婴儿时，美国却只有大约12名婴儿受此影响。"反应停"灾难为什么没有波及美国？有两个原因。

一是美国食品药品监督管理局的评审专家极力反对将"反应停"引入美国市场，因为美国国内有报道称，猴子在怀孕的第23到31天内，服用"反应停"会导致出生胎儿缺陷。所以，食品药品监督管理局没有批准"反应停"在美国的临床使用，而是要求研究人员对其进行更深入的临床研究。后来的事实证明，这是一项十分明智的决定，而且得到了公众的强烈支持。

二是要特别感谢食品药品监督管理局的审查员弗朗西斯·奥尔德姆·凯尔西博士[①]。格仑南苏化学公司曾经与美国梅瑞制药公司合作，拟在美国推销"反应停"。于是梅瑞制药公司向美国食品药品监督管理局提出申请将"反应停"以商品名Kevodon在美国上市。当收到梅瑞制药公司请求让"反应停"在市场上流通的申请时，审查员凯尔西博士刚刚上任。凯尔西在食品药品监督管理局查阅医学文献时，发现了发表在《柳叶刀》上的医生来信，信中描述了服用"反应停"的患者所发生的周边神经病变，一种胳膊和腿脚的强烈刺痛，凯尔西立刻想到，药品可以通过胎盘在母体和胎儿间传播。于是，凯尔西立即联系梅瑞公司，要求对这种副作用提出恰当解释，她拒绝了这一申请，并顶住了14个月之久的压力。凯尔西阻止了一场悲剧，否则，成百上千身体残缺的婴儿将会降生在美国。新闻记者莫顿·梅兹（Morton Mintz）在1962年7月15日的《华盛顿邮报》上介绍了凯尔西的作为和自己的看法。这篇文章见报半个月后，凯尔西博士接受了当时的美国总统肯尼迪（John F. Kennedy）亲自为她颁发的"文职人员功勋金质奖章"。

推动了药品审批和药害检测制度的建立

"反应停"灾难对人们认识药害和建立完善的药品审批和药害检测制度起到了至关重要的推动作用。世界卫生组织成立

[①] 弗朗西斯·奥尔德姆·凯尔西（Frances Oldham Kelsey，1914—2015），医学博士，药理学家。美国食品药品监督管理局（FDA）的医师，她因防止"反应停"进入美国市场而闻名于世，成为美国最受尊敬的公务员之一。曾就读于加拿大麦吉尔大学药理系。1936年在芝加哥大学药理学系攻读博士学位，参与尤金·杰林对磺胺药和二甘醇的药理机制的研究，并因此于1938年获得博士学位。获得博士学位后，留在芝加哥大学任教，直到1957年。1960年受雇于美国FDA工作，2005年90岁时退休。2010年，美国FDA以她的名字命名的"凯尔西奖"将授予FDA的雇员。

了药物不良反应监测合作计划中心，最早参加的有 12 个国家，后来发展到 59 个。1999 年出台了法规。许多国家重新修订了药品法。英国医学顾问委员会建议成立专家委员会复审新药并对新药毒性问题进行深入研究。1963 年英国卫生部部长采纳了这个建议，成立药物安全委员会，并对所有有关药品管理的法规进行了一次检查。

1968 年英国议会通过了《药品法》。除麻醉药品管理另有法规外，这个现行的 1968 年《药品法》包括了药政管理各个方面的内容，共分八个部分，160 条。1992 年，美国食品药品监督管理局颁布新法案，规定以后上市的手性药物要尽可能只以单一手性分子的形式存在。

图 155　弗朗西斯·奥尔德姆·凯尔西（1. 20 世纪 60 年代在 FDA 工作的凯尔西；2. 美国总统肯尼迪为凯尔西颁发"文职人员功勋金质奖章"）

3

重大药害与药物不良反应事件

3.1 氨基比林与白细胞减少症

氨基比林（又名匹拉米洞，Pyramidon, Amidozon, Aminophenazon, Aminopyrine），是 1893 年合成的一种解热镇痛药，其解热镇痛作用较强，缓慢而持久，消炎抗风湿作用与阿司匹林相似，临床常用的是其复方制剂。氨基比林 1897 年开始在欧洲上市，1909 年进入美国市场。

药害发现

1922 年，美国和欧洲的德国、英国、丹麦、瑞士、比利时发现许多服用过氨基比林的患者出现口腔炎、发热、咽喉痛等症状，患者对各种感染失去防御能力，容易发热、发炎。11 年后，专家才从尸体解剖中发现骨髓中毒，并发现是服了氨基比林所致。临床检验结果为白细胞减少症，特别是粒细胞减少症，调查证明二者有因果关系。

在氨基比林使用了 40 年之久的 1922 年，最终证实，氨基比林可导致粒细胞缺乏，即"粒细胞缺乏症"。从 1931 年到 1934 年，美国死于氨基比林引起白细胞减少症的达 1981 人，欧洲死亡 200 余人。

药害原因

氨基比林能抑制下视丘前列腺素的合成和释放，恢复体温调节中枢感受神经元的反应性而起到退热作用。但氨基比林能引起骨髓抑制，在胃酸条件与食物作用下可形成亚硝胺致癌物质，因此单用制剂可引起粒细胞减少，长期服用可引起中毒，偶有皮疹和剥脱性皮炎。

药害处置

1938 年，美国决定把氨基比林从合法药品目录中撤除，1940 年以后，美国白细胞减少症患者迅速减少。

20 世纪 30 年代丹麦完全禁用该药。1951 年至 1957 年调查时，没有再发生由氨基比林引起的粒细胞减少症和白细胞减少症。

1982 年，中国卫生部以〔82〕卫药字 21 号文公布淘汰氨基比林针剂、氨基比林片剂、复方氨基比林（含乌拉坦）针剂和复方氨基比林片剂。

3.2 醋酸铊中毒引起脱发

醋酸铊（Thallium Acetate，Acetic Acid Thallium），别名：乙酸亚铊、乙酸亚铊盐。

20世纪20年代，儿童患头癣的人数特别多，但当时尚无抗真菌药物，皮肤科医生便会推荐使用醋酸铊来治疗头癣。

铊是一种有毒的金属，服用后可以引起脱发、呕吐、痉挛、瘫痪、昏迷甚至死亡。据统计，1930—1960年在各国使用醋酸铊治疗头癣的患者，近半数慢性中毒，死亡万余人。

使用醋酸铊作为头癣药招致中毒的真相揭开后，受害者纷纷向法庭提出控告。

3.3 减肥药二硝基酚引发白内障

20世纪30年代初期，美国社会中流行"药物减肥"，美国、巴西和欧洲部分国家的人会使用二硝基酚作为减肥药。但在1935年，欧美国家突然出现大批白内障患者，尤以肥胖妇女为多。到1937年，人们发现这些国家的白内障患者大量增加，调查发现很多患者使用过二硝基酚。二硝基酚致白内障失明占总用药人数的1%，导致骨髓抑制177人，死亡9人。

原来，二硝基酚是一种炸药，后被发现能加速新陈代谢、减轻体重，且经实验认为"无毒安全"，以致爱美的妇女纷纷服食，数逾100万人。但研究发现二硝基酚可致眼及骨髓损害，肥胖妇女因服二硝基酚减肥而变成了白内障患者，甚至有人在停药一年后才发生白内障，付出了惨痛的代价。

3.4 非那西丁致严重肾损害

非那西丁（Phenacetinum，Phenacetin）是一种解热镇痛药品。自从1887年被发明以来，作为止痛药用于治疗发热头痛、神经痛。通常每日300至500毫克的剂量便可以达到止痛效果。同时亦有退热作用。

非那西丁致严重肾损害事件是1953年以后发现的。一些欧洲国家，特别是瑞士、原西德和捷克等国家忽然发现肾脏患者大量增加，经过调查证实，主要是由于服用非那西丁所致。据统计这种病例欧洲报告了2000例，美国报告了100例，加拿大报告了45例，有500余人死于慢性肾衰竭。

针对这种情况，有关国家政府采取紧急措施，限制含非那西丁的药物出售。此后，这类肾脏损害患者的人数就明显下降。但是，也有证据表明，有的患者即使停用非那西丁长达八年以后，还会因肾衰竭而死亡。

长期服用非那西丁会损害肾脏，甚至会诱发癌症。其他可能的不良反应包括发绀反应及溶血性贫血。因此，在有其他更安全及同样有效的药物可以代替的情况下，许多国家已经禁售非那西丁。

3.5 二碘二乙基锡与中毒性脑炎综合征

事件经过

1954年，巴黎附近一个小镇的药房，一位药剂师自己研制生产了一种含二碘二乙基锡的抗感染药物，治疗化脓性感染。使用后发现有270多人中毒，表现出头痛、呕吐、痉挛、虚脱、视力丧失等中毒性脑炎的症状，死亡110多人[1]。

无毒变为剧毒

这是一起未经毒理试验评价所带来的严重教训，锡和锡的无机化合物毒性较小，但锡的有机化合物毒性很大，特别是锡与有机碘结合后，就会变成剧毒物质。

1954年，法国有一些疖疮患者头痛、呕吐、虚脱、失明，类似中毒性脑炎。经过病史了解，患者原来是服了二碘二乙基锡，金属锡本身并无毒性，但与有机碘结合就产生强烈毒性，而且证明对疖疮全无疗效。

3.6 普拉洛尔的毒性反应

普拉洛尔（Practolol，又名醋心安、醋氨心安）是一种抗心律失常的药物。用于窦性心动过速、室性心动过速及心房颤动等心律失常。亦可用于心绞痛。

1968年至1979年在美国至少有2257人因服用普拉洛尔而出现毒性反应，致眼-皮肤-黏膜综合征。1974年英国医学杂志上发表了关于普拉洛尔可引起眼-皮肤-黏膜综合病变的报道，随后不久，各地陆续报道类似的病例，在明确了因果关系后，终于在1975年停止了普拉洛尔的销售。这是在世界范围内每年100万患者广泛用药后才发现的，给人类带来了深刻的教训。

---

[1] 另有报道称：早在1951年法国就应用二碘二乙基锡治疗疥疮。这家药房用二碘二乙基锡的药物治疗各种感染，因药中含有杂质单乙基锡和三乙基锡，造成217人中毒，其中100人死亡。

3.7 氯碘羟喹与亚急性脊髓视神经病

氯碘羟喹（Clioquinol）是1933年上市的抗阿米巴药物，后来发现它能防治旅行者腹泻，于是迅速风行许多国家。

20世纪50年代后期，日本医生发现有许多人患上了亚急性脊髓视神经病（简称SMON病），患者主要表现为双足麻木、刺痛、无力、瘫痪、失明等症状。

由于各地报告的类似病例越来越多，日本厚生省于1967年拨出专款，成立专门委员会对该病的病因进行流行病学调查，委员会里包括微生物学、药理学、神经病学、神经病理学、流行病学、统计学及其他临床学科等方面的专家64人。四年以后，即1971年，终于查明亚急性脊髓视神经病与氯碘羟喹有因果关系。据统计，日本各地因服用氯碘羟喹而患亚急性脊髓视神经病的有11000多人，死亡数百人。

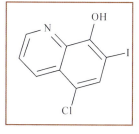

图156 氯碘羟喹

事件发生后，与事件有关的企业共赔偿了1195亿日元。

3.8 孕妇服用激素类药物引发的药害

孕激素致女婴外生殖器男性化

孕激素（如黄体酮）有时用于治疗先兆性流产。1939—1950年美国600余名女婴出现外生殖器男性化，经调查，其母亲在妊娠期间均曾服用过黄体酮。

1950年，美国霍普金斯大学附属医院的小儿科内分泌学家威金斯和妇科学家琼斯，发现一些女婴和小姑娘的外生殖器像男性，阴蒂长得像阴茎。医生们曾误认为她们是"阴阳人"。少数父母把她们当作男孩子来教养，直到青春期乳房发育起来，才证实她们是女性。[①] 威金斯等认为孕激素是使女婴和小姑娘变得像男性的原因。此后陆续发表了报告，共有近600名女婴的外阴生殖器像男性。在妊娠三个月内，孕妇阴道如有少量流血，同时有一阵阵的腹部下坠痛或腰痛，这时就是先兆流产。患者应卧床休息，服镇静约，阴道流血就可能停止。流血停止后3~4天才能起床，两星期后可以工作。但是，很多医生却常常给患者用化学合成的孕激素（如黄体酮），而不管这些孕妇是否真的缺乏它们，这样就造成出生的这些女婴有男性化

---

① 现代临床医学认为，只要检查口腔黏膜细胞的染色体，立刻就能证明被检查者都是女性；同时化验尿也可以发现其根本没有男性激素。但在当时尚无这种技术。

的外生殖器。①

己烯雌酚诱发少女阴道癌

1966—1969 年，美国波士顿妇科医生发现有 8 名十多岁的少女患阴道癌，认为十分少见。这 8 个阴道癌患者都出生于 1946—1953 年间，在这段期间己烯雌酚普遍被用来治疗先兆流产。虽然当时已经知道此药可能引起动物生癌，而且在某些少见的情况下也可以使人患上癌症，但在这期间只有少数医生认识到，给孕妇任何药物都有潜在的危险。

经过调查，了解到这些少女的母亲都曾因先兆流产而服过己烯雌酚。后来又发现有 91 名 8 岁至 25 岁的少女阴道生癌，原因也是其母亲曾在 10 至 20 年前服用过己烯雌酚。

这一事件说明，己烯雌酚的这种不良反应要在几年、十几多年甚至 20 年后在下一代身上才暴露出来。波士顿市的调查报告发表以后，美国食品药品监督管理局和澳大利亚药物评价委员会发出警告，反对孕妇使用己烯雌酚。

3.9 替马沙星的不良反应事件

替马沙星（Temafloxacin）是美国 Abbott 公司研制开发的第三代喹诺酮类抗菌药物，该药于 1991 年 10 月首先在瑞典上市，1992 年 2 月美国食品药品监督管理局批准在美国上市。

药害发现

替马沙星在美国临床应用仅四个月后，由于连续出现非预期的严重不良反应，其中八例肝损伤、低血糖休克，死亡三人，使得 Abbott 公司在 1992 年 6 月宣布：自愿在世界范围内停止销售该药。②

截至 1992 年 6 月，美国食品药品监督管理局共收到 318 例不良反应报告，包括溶血性贫血、弥散性血管内凝血、急性肾衰、肝损伤、低血糖等。这些严重不良反应的发生率相当于其他喹诺酮类药物的四倍。

事件影响

这一事件的发生引起了抗菌药物研究人员的普遍关注，对抗菌药物的研究、临床应用以及药政管理等都产生了一定的影响，特别是对世界范围内喹诺酮类药物的研究、开发产生了很大的震动，至今余波未平。

---

① 兰伯特. 现代医药中的错误. 刘经棠，朱正芳，译. 广州：广东科技出版社，1982：51.
② 许嘉齐. 替马沙星停止销售带给我们的思考. 国外医药（抗生素分册），1995（4）.

3.10 苯丙醇胺与脑中风

苯丙醇胺（Phenylpropanolamine，PPA）又称去甲基麻黄素或去甲麻黄碱，是一种麻黄碱的衍生物，苯乙胺类的药物。苯丙醇胺通过收缩黏膜血管减轻或消除感冒引起的鼻黏膜充血、肿胀所致的鼻塞，与对乙酰氨基酚及镇咳药右美沙芬等配伍而成复方制剂，为常用的抗感冒药。是一种很常用的收鼻水药物，可以使阻塞的上呼吸道及气管变得畅通。在美国，年轻妇女必须要有处方签字才能购买这种药物，其他地区则没有限制。

20世纪70年代，通过药物不良反应报告发现，有些中青年妇女的颅内出血可能与苯丙醇胺有关。20世纪80年代又有30余例相似报告。

1992年，美国食品药品监督管理局建议美国耶鲁大学医学院组织药物流行病学专家、内科及神经病学专家，共同组成研究小组，对苯丙醇胺与出血性脑中风的相关性进行流行病学研究。结果发现：出血性脑中风的发病与发病前三天服用苯丙醇胺有密切关系，其中与服用含苯丙醇胺减肥药的相关程度极高。

事件发生后，美国美国食品药品监督管理局于2000年11月6日决定撤销一切含苯丙醇胺的制剂。2000年11月14日至15日中国国家药品监督管理局连续发布两份关于暂停使用和销售含苯丙醇胺药品制剂的通知，以保障公众用药安全。

3.11 中国四咪唑药害事件

20世纪70—80年代，中国浙江省温州市发生因使用四咪唑（Tetramizole）而引发迟发性脑病事件，该病在温州市蔓延20多年，原因不名的"脑炎"达数百例。全国其他11个省（市）也报告了四咪唑和左旋咪唑引起"脑炎"300多例，经调查引起迟发性脑炎发病率虽不算高（4.85/100万），但可致残致死。1982年中国卫生部宣布淘汰四咪唑后，"脑炎"发病率急剧下降。

3.12 拜斯亭引起横纹肌溶解事件

从2001年8月开始，由于降脂药物拜斯亭引起严重的横纹肌溶解综合征，使得拜耳公司在全球隶属医药公司回收拜斯亭。这就是著名的"全球回收'拜斯亭'事件"。

拜斯亭及其不良反应

拜斯亭（Lipobay，Cerivastatin）是德国拜耳公司生产的一种降血脂、特别是降胆固醇的药品，药品名是西立伐他汀钠片，适用于原发性高胆固醇血症、混合高脂血症、高胆固醇血症以及高甘油三酯血症。

西立伐他汀钠片与用于降甘油三酯的吉非贝齐类药品[①]合用，有发生横纹肌溶解不良反应的危险，威胁生命安全。

横纹肌溶解是一种罕见的潜在威胁生命的不良反应，临床发生概率在三万分之一以下，可伴发于所有常用的降脂药物。首发症状为肌肉无力、疼痛，最严重的可能引起肾脏损害。

事件的发现

拜耳公司于 1997 年在德国、美国等国家推出降胆固醇的新药——拜斯亭。1999 年拜斯亭进入中国市场。全世界 80 多个国家有超过 600 万患者使用拜斯亭，其中绝大多数是 50 岁至 70 岁的人。

虽然拜耳公司已经提醒消费者禁止西立伐他汀钠片与吉非贝齐类药品合用，但仍然连续不断地收到了因合用两种药物而引起横纹肌溶解的有关报告。据报道，早在 1998 年晚些时候，德国就有一名患者因服用拜斯亭，出现肌肉疼痛萎缩、神经麻木等症状，并最终死亡。

自拜斯亭进入市场后，美国食品药品监督管理局收到 31 例因拜斯亭引起横纹肌溶解导致死亡的报告，其中在 12 例报告中患者联合使用了吉非贝齐。之后，德国、西班牙等国又有 52 人因服用拜斯亭死亡，其中美国 31 例、德国 6 例、西班牙 3 例。

在这种紧急情况下，美国食品药品监督管理局、欧洲药品评价局、德国联邦药品和医疗产品局、法国药品监控局等机构立刻组织专门力量，对此事件进行彻底调查。[②]

事件处置

拜耳公司对拜斯亭的副作用并未隐瞒，当美国患者同时服用两种药物造成肌肉损害的病例公布之后，拜耳公司会同欧美各国的药品管理当局立即更改药品使用说明，而且向医生们书面通告两种药品合用的危险。

鉴于拜斯亭不良反应出现的严重后果，拜耳公司决定主动撤市。2001 年 8 月 8 日，拜耳公司宣布：即日起从全球市场（除日本外）主动撤出其降低胆固醇的药物拜斯亭。拜耳公司做出这一决定的主要原因是因为有越来越多的报告证实，拜斯

图 157 中国已经停止销售和使用"拜斯亭"（2001 年 8 月 9 日）

[①] 吉非贝齐药物，主要用于降血脂中的甘油三酯，如果患者胆固醇和甘油三酯指标均高，就有可能与拜斯亭合用，如果这两类药物合用，就有发生横纹肌溶解不良反应的危险。

[②] 拜斯亭事件调查. 科学时报，2001-08-25.

亭单用及与吉非贝齐联合使用时，导致肌肉无力和致死性横纹肌溶解的副反应。

2001年8月9日，中国国家食品药品监督管理局提醒患者停止服用拜斯亭。

3.13 巴基斯坦"免费药"不良反应事件

事件经过

2011年12月开始，巴基斯坦东部城市拉合尔的旁遮普心脏病学研究所陆续向大约4万名心脏病患者免费发放了一批药物。服用这批药物后，数百名患者出现不良症状，被送到拉合尔的多家医院接受救治。截至2012年1月28日，东部旁遮普省已经有109名心脏病患者死于免费药物引发的不良反应。

医院发现患者大多数来自低收入群体，他们服药后白细胞和血小板数量急剧减少。

事件影响

事件发生后，愤怒的人们走上街头，他们认为自己受到了不公正的待遇，抗议政府忽视穷人用药的药物质量。有些人甚至把亲人的尸体摆放在大街上，向政府讨说法。

巴基斯坦联邦调查局调查人员于2012年1月25日在拉合尔一家法庭上说，这批药物的包装上既没有标注生产厂商，也没有提示药品过期时间。由于旁遮普心脏病学研究所向当地制药厂商购买了药物，巴基斯坦联邦调查局的调查人员已经查封了三家涉嫌这起事件的制药公司，并且逮捕了相关责任人。

图158 愤怒的人们上街抗议政府对穷人不公正，忽视了药物的质量，导致上百人死亡

4 药理实验室的错误和事故

4.1 误用毒菌酿成"卡介苗"灾难

"卡介苗"中毒事件是1930年德国误用有毒结核杆菌作为卡介苗引发的中毒事件。事件发生在德国的吕贝克市,因此,也称为"吕贝克的接种感染事件""吕贝克药物灾难"。

事件起因

1891—1930年,人类为了预防白喉、霍乱、伤寒、结核病,开始接种疫苗,以期预防这些传染病的流行。当时结核病最为严重,是威胁世界的"白色瘟疫",是当时人类死亡的罪魁祸首。

研究结核菌苗最成功的是杰出的法国巴斯德研究所的阿尔伯特·卡尔梅特[①]和他的同事卡米耶·介岚[②]。他们在1907—1921年间,研制了一种认为是安全而有效的菌苗。开始在牛身上进行试验,并得出一个结论:只有活细菌的感染才能产生免疫力。因此他们用毒性减弱了的活的牛结核菌制造菌苗。在三年多的时间里,用含有马铃薯、甘油的培养基,使牛结核杆菌连续培养70代,直到小牛能耐受这些活细菌大剂量在体外生长时为止。他们追踪小牛很多年,肯定小牛未发生结核病。因为细菌学家们非常关心这种活菌苗的安全性,他们害怕细菌再获得原有的毒性,所以他们用很多种动物(包括猴子)进行广泛的试验。由于卡尔梅特相信预防应该在出生后开始,所以在1921—1924年间,他在新生婴儿身上进行了许多谨慎的试验。随后巴斯德研究所大量生产了这种菌苗,人们把它称为"卡介苗"[③]。与此同时,各国也制造了卡介苗的菌种。40万婴儿接种了卡介苗,没有发生有害的反应。在他

[①] 阿尔伯特·卡尔梅特(Albert Calmette,1863—1933),法国医生、细菌学家、免疫学家和巴斯德研究所的重要成员。1863年7月12日生于港口城市尼斯,1881年在布列斯特加入海军,成为一名医生,1883年在法国海军卫生处工作,1886年获博士学位,当时在非洲的加蓬和刚果研究疟疾和昏睡病以及糙皮病。1890年回到法国,曾到巴黎巴斯德研究所进修,1891年去西贡巴斯德研究所一个分所,致力蛇毒等毒液的毒理学研究,证明其可使动物产生免疫力,并第一个制备了抗蛇毒血清。1894年再回法国,参加了开发第一个针对鼠疫血清免疫研究,发展了第一个抗蛇毒素对蛇咬伤的免疫治疗。1895年在里尔任工发组织委托的分公司研究所主任,1901年创办了第一个抗结核药房,1904年创办了北都抗结核联盟,1918年担任巴黎巴斯德研究所副所长。1933年10月29日在巴黎去世。

[②] 卡米耶·介岚(Camille Guérin,1872—1961),1872年12月22日出生在法国普瓦捷,1897年在里尔加入巴斯德研究所,献身于疫苗研究。1961年6月9日卒于巴黎。

[③] "卡介苗"(Bacillus Calmette-Guérin,BCG,B. C. G. Vaccine)的名称,取自法国细菌学家卡尔梅特和他的同事介岚两人名字的第一个字母。

们多次自身试验取得成功后，也得到了世界的承认。

令人遗憾的是卡尔梅特和他的同事介岚在菌苗安全性的研究方面出了问题。他们比较大量接种和未接种菌苗儿童的统计，受到了严肃的批评。他们比较了所有病因的死亡率，而不是单独比较两组儿童的结核病死亡率；他们在计算上也犯了逻辑上的明显错误，没有真正的有对照的临床试验，就连当时已有认识的对照临床试验也没有做。由于怀疑他们的数据，所以官方推迟了承认"卡介苗"是有效而安全的预防剂的时间。特别是，其他细菌学家坚信"卡介苗"可能再次获得毒性，并变成危险的东西。接着，灾难发生了！

事件经过

1929年晚秋，位于德国北部石荷州的吕贝克市卫生局作为德国第一个机构实行自愿给新生儿"食物接种"。半年前最高医学委员会主席阿尔特施泰特博士请巴黎的巴斯德研究所送来卡介苗培养物，由吕贝克总医院院长代伊克（Deycke）教授继续培养。接着，医院里受过细菌学教育的女实验员安娜·许茨（Anna Schutz）制作了卡介苗悬液，然后分送到由国家儿科医生克劳茨（Klotz）教授监督的各个产院。

1930年2月，在父母们书面签署了同意书之后，医院严格执行卡尔梅特制定的操作规定，给婴儿进行接种。在吕贝克有240名新生婴儿口服了"卡介苗"，结果在10天内死亡72人。父母们愤怒地举行抗议集会和示威，要求对灾难负有责任的医生进行调查和惩罚。另外，吕贝克群众绝望和愤怒的情绪也掺杂着煽动反对两个法国肺结核接种发明人卡尔梅特和介岚的情绪。当时全世界的报纸都发表了有关这次灾难的消息。

事件处置

不幸发生之后，官方立即进行了调查。最高医学委员会主席阿尔特施泰特，涉案的吕贝克总医院院长代伊克、儿科医生克劳茨等几位医学家和实验员安娜·许茨均被解职，站到了被告席上。经过四个月的诉讼，事情终于水落石出：悲剧的根本原因不是因为"卡介苗"免疫接种的问题，而是疫苗培养过程中被细菌污染，混入了传染性物质。后来，代伊克教授和阿尔特施泰特博士由于误杀和误伤罪分别被判处两年和一年半监禁，克劳茨教授和女实验员安娜·许茨因为"缺少证据"被释放。

询问和临床试验一直进行到1932年。官方调查的结论是"卡介苗"并没有回到原有的毒性状态。事实的真相是由于相关方粗枝大叶，把高度毒性的结核菌当成"卡介苗"让患者误服而造成了灾难。

事件影响

德国吕贝克市发生误用有毒结核杆菌作为"卡介苗"中毒事件后，在许多人的脑海里，已认为卡介苗是危险的。因此推迟了普遍接种卡介苗的时间。法国和斯堪的纳维亚各国仍继续使用，直到第二次世界大战之后，英国和美国才普遍使用卡介苗。25年后，关键性的大规模的有对照的研究和精细的统计分析，确定卡介苗接种后再接触结核菌而发生的结核病比对照组减少了四分之三，因而它挽救了世界上千百万人的生命。

目前，国际上已有专家提出不再使用卡介苗的主张。其原因，一是随着群众营养水平的提高、居住条件的改善，对结核病的抵抗力增强，结核病的发病率已明显降低。二是已有早期发现结核病的方法，有多种抗结核病的特效药，可以迅速治愈结核病。三是有了控制传染源的可靠办法，这就完全有把握避免大量新病例的发生。四是接种卡介苗后，儿童结核菌素试验从阴性转为阳性的百分率不高，而7岁以后儿童大部分可自然转为阳性。五是广泛接种卡介苗经常发生各种不良的反应，而且不换针筒只换针头来进行预防注射，可能传播乙型肝炎。因此，在结核病流行的社会因素得到改善的情况下，有必要重新考虑广泛接种卡介苗的利弊，才能避免在新情况下犯新的错误。

历史教训

历史上把1930年由于给婴儿们口服有毒的结核杆菌（而不是卡介苗）所造成事件称为"德国吕贝克市灾难"，引起世界瞩目。全社会开始在关注科学研究成果的同时，也注重它的安全性。

别外，1882年德国细菌学家罗伯特·科赫①发现，有一种细菌是引起结核病的原因，它就是结核杆菌。经过努力，他终于制造出预防结核病的疫苗。罗伯特·科赫本人曾推荐用结核菌苗来治疗结核病，但结果却是灾难性的。

图159 吕贝克诉讼案件（1.第一排为被告人和辩护人。2.报纸关于吕贝克肺结核病诉讼的报道。第一排标题是"结核病丑闻"；第二、三排标题"分别是卡尔梅特要赔偿吗？""卡尔梅特被起诉"。选自伯恩特卡尔梅·德克尔《与结核对弈》，1966，柏林）

---

① 罗伯特·科赫（Robert Koch，1843—1910），德国医生和细菌学家，世界病原细菌学的奠基人和开拓者。1882年发现了结核杆菌，又发现了结核菌素，这对结核病的诊断具有重大意义。

4.2 美国磺胺酏剂事件

磺胺类药于 20 世纪 30 年代问世。1937 年秋天，美国 Massengill 公司用工业溶剂二甘醇（Diethylene Glycol）代替乙醇做溶媒配制磺胺酏剂（Elixir Sulfanilamide），在未做动物实验的情况下，投产后全部进入市场，供应南方的几个州，用于治疗感染性疾病，结果导致了患者肾衰竭并死于尿毒症的药物灾难。

事件经过

1937 年，美国 Massengill 公司的主任药师瓦特金斯（Harold Wotkins）为使儿童服用方便，用二甘醇代替乙醇做溶媒，配制色、香、味俱全的口服液体制剂，称为磺胺酏剂，在未做动物实验的情况下，就在美国田纳西州的马森吉尔药厂投产，并全部进入市场，用于治疗感染性疾病。当时的美国法律是许可新药未经临床试验便进入市场的。

1937 年 9—10 月，美国南方一些地方开始发现患肾衰竭的患者大量增加，共发现 358 名患者，死亡 107 人（其中大多数为儿童）。据报道，患者在口服磺胺酏剂后约 24 小时发生胃肠道症状，如恶心、呕吐、腹痛、腹泻，致死者随之出现头痛、肾区叩痛、一时性多尿，然后少尿、嗜睡、面部轻度水肿。部分患者有轻度黄疸。尿中有蛋白、管型，偶见白细胞。血非蛋白氮升至 142.6 毫摩尔/升（200 毫克%）。有的病例肌酐升至 8.6 毫摩尔/升（12 毫克%）。

事件原因

经调查，肾衰竭是由于服用用二甘醇代替乙醇做溶媒配制的磺胺酏剂而引起的。该制剂含氨基苯磺酰胺 10%，二甘醇 72%。尸检表明死者肾脏严重损害，死于尿毒症。究其原因，主要是二甘醇在体内经氧化代谢成乙二酸（草酸）和乙二醇酸，这些酸类与活性药物在肾小管内形成结晶，致肾脏损害。因此，有毒的二甘醇是作为溶剂使用的，磺胺酏剂事件实际上是一起含二甘醇的磺胺中毒事件，与磺胺药本身无关。

磺胺类药物（Sulfonamide）是一类具有对氨基苯磺酰胺结构药物的总称，有广谱抗菌性。对革兰阳性菌和革兰阴性菌均有良好的抗菌活性。早在 1906 年，制得的磺胺类物质对氨基苯磺酰胺只是用于染料工业，并未发现它的抗菌作用。1932 年，德国拜耳公司的化学家偶然发现了一种名为百浪多息（Prontosil）的红色偶氮染料。德国化学家格哈德·多马克经过试验，证明这种物质对于治疗溶血性链球菌感染有很强的功效。1933 年报道了用百浪多息治疗由葡萄球菌引起的败血症，引起世界瞩目。进一步研究发现这种染料实际

图 160 磺胺酏剂

上是一种前药[1]，在体外没有任何活性，在体内由它转化得到的有生理活性的化合物便是早期被忽略的对氨基苯磺酰胺。这一发现在医学界引发了一场磺胺浪潮[2]。但是，由于磺胺的水溶性很低，故最初是制备在乙醇溶剂中的。此后不久，发现该药在二甘醇中的溶解度更好，虽然当时销售标签为乙醇，但实际上是使用二甘醇作为溶媒制备的磺胺药。

二甘醇（二乙二醇，二乙二醇醚，Diethylene Glycol，DEG）是无色透明具有吸湿性的黏稠液体，用作防冻剂、气体脱水剂、增塑剂、溶剂等。与水、乙醇、丙酮、乙醚、乙二醇混溶，不溶于苯、甲苯、四氯化碳。二甘醇低毒。人类一次口服致死量为 1 毫升/千克体重。大鼠经口半数致死量为 1480 毫克/千克体重。对哺乳类动物，可引起肾脏及中枢神经损害。口服可引起恶心、呕吐、腹痛、腹泻及肝、肾损害，可致死。尸检发现它主要损害肾脏、肝脏。

事件处置

事件发生后，该公司立即召回所有未出售的约 863 升磺胺酏剂。联邦法院以该公司"掺假及贴假标签"为由，对其处以 26100 美元的罚款。[3]

药师瓦特金斯亦在内疚与绝望中自杀。

历史意义

磺胺酏剂事件是 20 世纪影响最大的药害事件之一，历史上称之为"磺胺酏剂灾害"（Elixir Sulfanilamide Disaster）。事件酿成的悲剧促使美国政府加快了对药品和食品安全的立法。1938 年西奥多·罗斯福总统签署了美国国会通过的《联邦食品、药品和化妆品法》（Food,

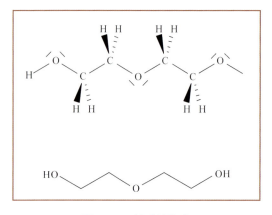

图 161 二甘醇结构式

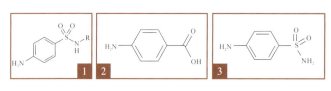

图 162 磺胺类药物结构（1. 磺胺类药物的一般结构；2. 对氨基苯甲酸；3. 对氨基苯磺酰胺）

---

[1] 前药，指前体药物（Prodrug），也称药物前体、前驱药物等，是指药物经过化学结构修饰后得到的在体外无活性或活性较小、在体内经酶或非酶的转化释放出活性药物而发挥药效的化合物。前体药物本身没有生物活性或活性较低，经过体内代谢后即变为有活性的物质，这一过程的目的在于增加药物的生物利用度，加强靶向性，降低药物的毒性和副作用。前体药物分为两大类：载体前体药物（Carrier-Prodrug）和生物前体（Bioprecursor）。

[2] 磺胺浪潮，指 1937 年制得的磺胺吡啶，1939 年制得的磺胺噻唑，1941 年制得的磺胺嘧啶等。据统计，1945 年已合成的磺胺类药物就有超过 5400 种，其中用于临床的常用的有磺胺醋酰、磺胺吡啶、磺胺噻唑和磺胺脒等 20 余种。1939 年多马克因为百浪多息的开发而获得诺贝尔生理学或医学奖。

[3] 蔡皓东. 1937 年磺胺酏剂（含二甘醇）事件及其重演. 药物不良反应，2006，8（3）：217-220.

Drugs, and Cosmetic Act, FDCA, 1938), 规定所有上市前的新药必须通过安全性审查。

与此同时,这一灾难性事件对毒理学的发展也起到重要的推动作用。芝加哥大学药理系的尤金·杰林[①]与博士研究生凯尔西就磺胺药和二甘醇的毒理机制进行了研究。美国食品药品监督管理局,以莱赫曼为首的研究小组对二甘醇也开展了一系列研究工作。他们的研究对药理学与毒理学的发展产生了重大影响。

然而,尽管事件的教训深刻,但仍有类似事件发生。

图163 尤金·杰林(左)和他的博士研究生凯尔西(右)

4.3 隐瞒三苯乙醇的毒性引发白内障

三苯乙醇是20世纪50年代美国默利尔药厂推出的降低血清胆固醇的新药。20世纪50年代后期上市,临床上很快就发现该药会引起脱发、皮肤干燥、男性乳房增大、阳痿、视力下降、白内障。美国有几十万人服用过此药,其中1000多人因服用此药患了白内障。

最早发现问题的是1961年著名的Mayo医院的报告。该院发现在服用此药的16例患者中,有6人出现皮肤干燥、头发脱落、白内障等症状,之后其他医院也有类似报告。由于该药品的不良反应潜伏期长,有些患者在停药一年后还会发病。

事件发生后,在强大的舆论压力下,该公司于1962年被迫宣布停止该药的生产并从市场上撤回产品。

经过调查研究,三苯乙醇对动脉硬化并无效果。药厂在动物试验时已发现有副作用,因此,此次事件是药厂隐瞒了三苯乙醇的毒性所造成的。

华盛顿法庭判美国默利尔药厂隐瞒、伪造试验资料罪成立,罚款8万美元。

[①] 尤金·杰林(Eugene Maximillian Geiling,1891—1971),出生在南非奥兰治自由邦,1911—1915年在南非大学获得学士学位、硕士学位和博士学位,1917年进入美国伊利诺伊大学。1923年取得美国约翰霍普金斯大学医学院的医学博士学位。1921—1935年,在约翰霍普金斯大学药理学系任教,1935年在芝加哥大学药理学系任教。

5 含毒药的日用品引发的药物灾难

5.1 含硝酸银的抗菌消毒药导致"蓝色人"

奇异的"蓝色人"

1900—1940 年，欧美各国发现有些患者变成了"蓝色人"，被阳光照射到的皮肤呈蓝色，未照到的部分则呈灰色。

"银质沉着症"

经过研究证实，起因是这些患者使用了常用的抗菌硝酸银类消毒药物。患者将硝酸银、弱蛋白银等药物用作局部消毒，致使银在皮肤上沉着。因此，发生了"银质沉着症"——"蓝色人"。

数十年来药厂出品的含银药物，被认为在皮肤及黏膜上有抗菌作用，因此将硝酸银、弱蛋白银等药物用作局部消毒。

图 164 Paul Karason 和他变蓝之前的样子

5.2 含汞牙粉引发的"肢端疼痛症"灾难

肢端疼痛病

早在 1890 年，首先在英国，然后在其他国家不断发现一些儿童发生肢端疼痛病（Acrodynia）。1903—1920 年间，德国、英国、澳大利亚和美国一些小儿科医师发表文章，对其进行了详细的描述。

肢端疼痛病是一种很有特征的疾病，婴儿和幼童出汗，烦躁不安，痛苦。手足呈粉红色，发痒发烧，四肢剧痛，对光线很敏感。常常有口腔发炎、唾液增多、牙龈肿胀，偶有脱发、掉牙、脱指甲，甚至手指、脚趾脱落的情况。大多数患者患病若干月后可以复原，大约 20 个患者中有一个死亡。据统计 1939—1948 年间，仅在英国的威尔士就有 585 名儿童因此病而死去，其中多数是在 3 岁以下。专家估计世界各地在 20 世纪前半叶因此病死去数以千计的儿童。

肢端疼痛病在英国的大部分地区、美国西北部、澳大利亚的一些省和欧洲大陆的很多地方特别常见。由于病因长期不明，因此，将这种以手和脚呈现粉红色并疼痛和变色的肢端疼痛病称之为粉红色的疾病

（Pink Disease）、肢端疼痛病（Limb Pain Patients）、菲尔病（Feer's Disease）[1]、多发神经性红肿病（Erythredemic）。

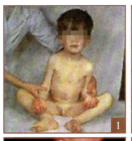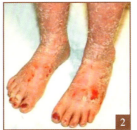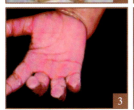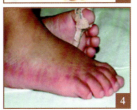

图165 汞引发的肢端疼痛病（1. 患病儿童；2. 两足呈粉红色，发痒、发热、剧痛，对光线敏感，甚至脚趾脱落；3—4. 手和脚呈现粉红色）

发生原因

早期，医学家曾怀疑肢端疼痛病的病因可能与维生素缺乏、病毒性脑炎和砷中毒有关。

瑞士儿科医师吉多·范康尼[2]是最初怀疑砷是肢端疼痛病病因的专家之一。因为砷可以引起相似的症状，而且砷广泛应用于各种工业，它可以污染酒或啤酒。范康尼有个实验室，可以检查血或尿标本中的各种金属。1936年，范康尼记述了几例儿童镉、汞和铅中毒。

1940年化学家赫巴尔设计了测定尿中汞的试验。检查发现几个病例的尿中没有过多的砷，随后，范康尼要求做其他金属的定量测定，希望能找出砷以外的其他一种金属。他检验了尿中的铅、铝、铜、银、铊、钴、锑、镁和汞。在后来的四年内，共检验了肢端疼痛病患儿的189份尿，其中120份含有大量汞。而对照者的87份尿样中，只有2份含有大量汞。少数患者曾经接触汞，他们的尿中却没有大量汞。当时不能解释这种现象。但这样就发现问题了。肢端疼痛患者的尿标本是从美国各地送来的，而对照者的尿标本则是从美国俄亥俄州辛辛那提市送来的，那里罕见这种病，也极少用含汞的药物。

图166 吉多·范康尼

于是，1947年范康尼医师提出汞可能是肢端疼痛病的病因。第二年他检查了患者的尿，发现含有很多汞，他发表文章认为患者的尿中汞含量很高，少数儿童得病是由于对汞药物耐受性低的缘故。

1950年，当肢端疼痛病被证实与汞中毒有关之后，人们普遍停止了含汞的药物和用品的使用，儿童的患病率明显降低。

---

[1] 菲尔病（Feer's Disease），是为了纪念瑞士儿科医生埃米尔·菲尔（Emil Feer，1864—1955）而命名的。菲尔著有《儿童疾病教科书》，分别于1912年、1920年出版。

[2] 吉多·范康尼（Guido Fanconi，1892—1979），瑞士儿科医生，现代儿科的创始人之一。1929年，他作为儿科教授，接替埃米尔·菲尔成为瑞士苏黎世大学儿童医院（Kinderspital）的院长。1945年，他创立了《儿科杂志》，在他的领导下，瑞士苏黎世大学儿童医院成为世界上最知名的儿童医院之一。

然而，1951 年，在伦敦新发现的 11 名儿童患者和 16 名对照者的 15 份尿标本中，都有大量的汞。汞肯定是病因，那么它是怎样引起儿童得病的呢？

原来，在英国，婴儿用的刷牙粉中含有甘汞（Calomel，氯化亚汞）[①]，因此，汞多引起 9 个月龄的婴儿患肢端疼痛病。患儿很少是大于 2 岁的。而在欧洲，甘汞是幼儿的轻泻药和驱虫药，于是患肢端疼痛病者多数是 8 岁的儿童。此外，软膏、尿布漂洗粉中也含有汞。

汞是肢端疼痛病的原因的另一个证据就是，当澳大利亚在 1953 年通过禁用甘汞的法令后，患者数目突然减少了。澳大利亚的阿德莱德市，原来经常发生此病，但到 1959 年只发生了 1 例。同样在美国和瑞士，在减少使用甘汞以后，发病率就显著下降了。英国没有组织力量去禁止甘汞用于儿童药剂中，肢端疼痛病仍旧发生。只有当各药厂不再使用甘汞，其产品在药房和杂货店的货架上消失时，肢端疼痛病才逐渐减少。但直到 1966 年，仍偶见少数病例。

经过长期的流行病学调查，证明肢端疼痛病是由于使用含汞药物所致，从而确定儿童肢端疼痛病是孩童汞中毒。此时，人们将肢端疼痛病称为"甘汞病"（Calomel Disease）和婴幼儿的汞中毒（Infantile Mercury Poisoning）。

事件影响与历史意义

洁齿品的使用可追溯到 2500~2000 年前，希腊人、罗马人、希伯来人及佛教徒的早期著作中都有使用洁牙剂的记载，早期的洁齿品主要是白垩土、动物骨粉、浮石甚至铜绿，直到 19 世纪还在使用牛骨粉和乌贼骨粉制成的牙粉。用食盐刷牙和盐水漱口至今也还存在。中国唐代有中草药健齿、洁齿的验方。早期的牙粉主要用碳酸钙作为摩擦剂，以肥皂为表面活性剂。18 世纪英国开始工业化生产牙粉，牙粉这时才作为一种商品出售。在此期间含有甘汞的牙粉造成了悲剧。1840 年法国人发明了金属软管，为一些日常用品提供了合适的包装，这导致了一些商品形态的改革。1893 年维也纳人塞格发明了牙膏并将牙膏装入软管中，从此牙膏开始大量发展并逐渐取代牙粉。20 世纪 40 年代牙膏从普通的洁齿功能发展为添加药物，成为防治牙病的口腔卫生用品。1945 年，美国在以焦磷酸钙为摩擦剂、焦磷酸锡为稳定剂的牙膏中添加氟化亚锡，研制出了世界上第一支加氟牙膏。加氟牙膏使龋齿病的发病率大大减少，但也带来新的争议。

为了认识肢端疼痛病的本质，科学家花了半个多世纪的时间。由此可见，要真正认识一种疾病的本质，需要经过很长的时间并进行辛勤的研究。

[①] 甘汞（Hg_2Cl_2），亦称氯化亚汞，是一种不多见的卤化物矿物。它与天然汞、辰砂、方解石、褐铁矿等混生在一起。甘汞可作为杀虫剂或杀菌剂，过去古人曾用它作为泻药。它的颜色为白色、无色、浅灰、浅黄或棕色，具有金刚石般的光泽，较软，可用刀切，无毒，还具有甜味，为片状晶体、晶簇壳、土状。

5.3 含六氯酚爽身粉引发的药物灾难

事件前后

1972年3月18日,法国一名儿童出现以急性阴部或颈部溃疡性皮疹、低烧、易激惹、呕吐、嗜睡为特征的疾病。随后,类似疾病的患儿急剧增加,部分病例在一天之内出现震颤、昏睡、视神经乳头水肿及肾出血等病症。在大约半年时间里,共有204例0—3岁儿童发病,其中126人为新生儿,其余年龄在1—3岁之间。死亡36例,20名患儿出现反复。

病因调查

事件发生后,很快进行了流行病学调查。调查发现患者主要集中在法国的东北部、中部及地中海沿岸,呈现以数个城镇为中心分布。患者脑脊液检查未见异常。多次取患儿各组织样本进行微生物学分析,未发现可疑的病原体。

但由于患者主要分散在当地医院进行对症治疗,无人对整体发病情况进行统计分析。直至7月底,有关专家发现此病具有流行性,并进行了一些调查。到8月中旬,"疫情"的蔓延引起了法国政府的关注,特责成法国国家健康和医学研究所协调组织相关专业人员对此事件进行调查。

调查发现此次"疫情"具有两个显著特点:一是患儿间从未相互接触;二是患儿均使用同一品牌的爽身粉。复发的患儿在第一次发病痊愈后有继续使用此品牌爽身粉的病史。经对患儿所用爽身粉的检测发现,其六氯酚的含量高达6.3%。后在尸检组织样本(脑、肝、肺、肾、皮肤和骨骼)中均测出了六氯酚。

法国国家健康和医学研究所的科学家又进行了动物实验。用6.3%的六氯酚和滑石粉的混合物给小鼠经口染毒,小鼠出现激惹、嗜睡等表现,三小时后小鼠后腿出现抽搐,逐渐蔓延到四肢,最后小鼠昏迷死亡。用污染的爽身粉按婴儿类似的使用方法对四只新生的狒狒进行实验,结果狒狒出现和患儿类似的表现。

随后,对被六氯酚污染的爽身粉的生产工厂进行了调查,结果表明,这个厂家用了六氯酚的包装桶来盛装用于生产婴儿爽身粉的滑石粉。受污染的滑石粉共600千克,2898罐。

根据临床资料、流行病学调查结果、实验室检测及毒理学实验证实,此次"疫情"不是传染病,而是由于受六氯酚污染的婴儿爽身粉而导致的患儿中毒。

历史教训

这次中毒事件从首发病例患者出现到国家健康和医学研究所进行调查历时三个月之久,这期间共售出污染产品2699罐,结果使中毒范围不断蔓延,二次中毒患者增加。如果再不进行调查,当污染的产品售尽、用完,将很难找出发病的原因。所以,当一种新的无法解释的疾病在人群中发生,并在时间和地理上呈一定特征分布时,应考虑中毒的可能性,并及时上报卫生行政部门,以便采取有效应急措施予以控制。

6 农药引发的灾难

6.1 伊拉克西力生农药中毒事件

1971年秋,在伊拉克农民中出现了一种怪病,死亡接二连三地发生,怀疑是某种"脑热"疫情。后经当地医生和世界卫生组织专家小组在现场调查确认:这种怪病是由于伊拉克从美国购进墨西哥小麦和加利福尼亚大麦作为粮食种子,却被农民误食引起的甲基汞中毒。事件致使8万余人受害,死亡8000余人。

事件经过

伊拉克地处亚洲西部,气候干燥、炎热,农业人口约40万。自1967年起连年干旱,导致四年连续歉收。1971年伊拉克政府从美国购进了墨西哥小麦和加利福尼亚大麦共95463吨。其中墨西哥小麦73201吨。由于这些粮食是作为种子播种用的,因此,全部用西力生(Ceresan)浸泡以防霉变,并全部染成粉红色。同时,在墨西哥小麦袋子上印有"不供食用(No Usarla Para Alimento)"的文字,加利福尼亚大麦袋子上有两种标记:一个是"受过毒物处理";另一个是一幅交叉长骨的颅骨图。

不幸的是,所有的小麦和大麦袋子上都没有用阿拉伯文字写上"不供食用""受过毒物处理"的标记。调查发现许多粮食袋上的标签散失。当农民分到这批种子后,由于饥饿没有别的东西吃,因此全都用于食用。于是,1971年秋季伊拉克农民中出现这种怪病,死亡不断发生。

更为可悲的是,当农民食用用西力生处理过的小麦面粉制作的食品,造成大批农民死亡时,并没有引起人们的警觉,农民们仍在继续食用,中毒造成的危害仍在继续。直到事件发生两个月后,农民中这种特殊疾病增加的现象才引起了巴格达大学医院萨腾·梯格里第(Saadoun Tikriti)和萨莱姆·达姆路基(Salem Damluji)博士的关注,他们调查发现,患者血汞及头发汞含量明显超标,于是他们认识到这是一起严重的甲基汞中毒事件。

当事件真相逐步明朗之后,伊拉克政府下令禁止食用这批粮食,但此时粮食已被食用了近两个月。仅1972年2—8月统计,已经有6530人中毒住院治疗,459人死亡,8万人由于患永久性脑损伤而受到伤害。

当时伊拉克的农业人口共40万,中毒人数就达8万人,死亡8000余人。

发生原因

事件发生后,墨西哥方面说杀菌剂为氮-乙基汞的对甲苯磺酸胺,是用来处理小麦种子的。而伊拉克方面经过气相色谱分析发现,小麦中甲基汞含量为3.7~14.9毫克/千克,平均含量为7.9毫克/千克。面粉中含甲基汞含量平均为9毫克/千克。最严重的中毒人群,其每天最高摄入量达到130微克/千克体重，其食用天数在43~68天之间。从中毒人员的血液和头发中也检出甲基汞，而非乙基汞，亦无苯基汞。中毒是由于杀菌剂甲基汞所致。

西力生是一种含甲基汞的农药。甲基汞（Methyl Mercury）属有机汞，是一种亲脂性高毒物质，小鼠经口半数致死量为38毫克/千克体重。甲基汞主要在肝、肾蓄积，通过粪便排出，并侵害神经系统。中毒表现的症状主要有：口腔炎，急性胃肠炎；神经精神症状有神经衰弱综合征、精神障碍、谵妄、昏迷、瘫痪、震颤、共济失调、向心性视野缩小等；可发生肾脏损害，重者可致急性肾衰竭。此外，可致心脏、肝脏损害，以及皮肤损害。如果多次误食经甲基汞处理的粮食就会引起亚急性中毒，潜伏期10~60天，且病情无明显缓解期，多呈进行性加重。

事件处置

事件发生后，世界卫生组织专家小组在现场调查确认：中毒是由于进口粮食种子被农民食用引起的甲基汞中毒。当中毒

图167 伊拉克西力生农药中毒事件（1. 中毒的儿童；2. 农民食用经西力生处理的小麦面粉制作的食品）

原因查明后，伊拉克政府果断采取行动，要求农民在两周内交出所有剩余的粮食种子，否则将判处死刑。

专家小组在现场调查了解到伊拉克农村十分贫困，当地没有电台，大多数农民既无电视，也不订阅报纸，得不到可靠

的信息。特别是许多粮食袋上的标签已经散失。

调查还发现，用西力生浸泡过的粉红色小麦种子被海运到伊拉克，转送到伊拉克南部的巴士拉（Basra），再由卡车送到农村重新分配给农户，时间拉得很长，加之货物迟到，当时播种季节已经结束。由于连年歉收，农民缺少粮食，牲畜缺乏饲料，加之伊拉克农民对政府的不信任，农民开始用经西力生浸泡过的粉红色小麦种子喂鸡喂羊，看看是否有不良副作用。在未发现大的问题的情况下，大部分农民便开始吃粉红色小麦"粮食"，孩子们也喜欢粉红色面包。然而，几个月之后，越来越多的显示损害中枢神经系统症状的患者来到医院就诊。起初，医生并不知道是什么原因，曾怀疑是某种"脑热"疫情。但有的医生认为是甲基汞中毒。

事件影响

调查发现，伊拉克1973年出生人数较前一年减少了2000人，而此前两年的出生人数分别较前一年增加10000人和8000人，当时伊拉克并未进行大规模的计

图168 西力生浸泡过的粉红色小麦种子（1. 从美国购进的墨西哥小麦袋子，最下方文字为：NO USARLA PARA ALIMENTO，"不供食用"；2. 西力生：Ceresan广告及显示包衣的粉红色小麦种子）

划生育和节育，因此，进一步研究了甲基汞对生育是否有抑制作用。

历史教训

伊拉克西力生农药中毒事件发生的主要原因是：有毒物质标识不全。这个历史教训至今仍有实际意义。因此，在进口有毒物质的包装上一定要同时有原文标识和本国文字标识，对无标识的现象要严格处理。此外，要经常检查包装上的毒物标识是否有标识不全或标识脱落、模糊等情况，一旦发现应及时处置，防止中毒事件的发生。

经历了伊拉克西力生农药中毒事件的悲剧后，人们认识到用杀真菌剂处理过的种子会带来严重的后果。中毒事件说明：毒物标识问题不是小事。相当多的人不重视毒物标识的重要性和标识不全的严重性，以致对进口有毒物质包装上无本国文字标识的现象处理不严。因此，世界卫生组织在一份技术报告中，针对这次事故提出三条预防措施：

第一，危险标签必须以进口国和出口国两种文字书写。

第二，危险标签上表示警告的符号，必须与当地习惯相一致（某些国家和地区使用蛇做标识，而西方则习惯用骷髅加交叉长骨做标识）。

第三，危险标签必须随同包装一起妥为保护，防止标签散失。

6.2 美国阿拉牌农药事件

阿拉牌农药

阿拉牌（Alar）农药1962年由美国尤尼鲁格公司（Uniroyal Inc.）首次研发成功，它作为一种生长抑制剂在果树上广泛应用[①]。

阿拉牌农药的化学名称为氮-二甲氨基琥珀酸（N-Dimethylamino Succinamic Acid），简称B-995（又称Alar85、B-9）。其商品名为丁酰肼（Daminozide），又称为二甲基琥珀酰肼、比久、调节剂九九五。为白色或淡黄色粉末，有时为棕色粉末，溶于水、丙酮、甲醇，在二甲苯中稍溶，在水中溶解度为5%。

丁酰肼作为生长抑制剂，可以抑制内源激素赤霉素的生物合成，从而抑制新枝徒长，缩短节间，增加叶片厚度及叶绿素含量，防止落花，促进坐果，诱导不定根形成，刺激根系生长，提高抗寒力。因此，主要用于果树、马铃薯、番茄等作为矮化剂、坐果剂、生根剂及保鲜剂等。

丁酰肼对人畜低毒。大鼠急性口服半

图 169 农药 Alar 85
（商品名：丁酰肼）

[①] 周学武. 阿拉简介. 四川果树，1974（2）.

数致死量为 8400 毫克/千克体重，兔急性经皮半数致死量大于 1600 毫克/千克体重。对鸟类、鱼类低毒，对蜜蜂无毒。该药无特效解毒药，一旦误服，需要对症治疗。

药害的发现

1985 年，美国环境保护专家在检测苹果汁和苹果酱的化学残留时，发现施用丁酰肼的苹果可能含有致癌物质，会使食用者患癌、致死和生育有缺陷的后代，因此美国公众十分关注在苹果上使用的丁酰肼及其他农药。这种恐惧情绪导致一些制造商及连锁超市宣布，他们不再接受丁酰肼处理过的苹果。在这种情况下，美国环境保护局（EPA）着手对丁酰肼农药进行特别检验。①

此时，美国尤尼鲁格公司生产农药已有 23 年的历史。该公司的阿拉牌农药是美国市场上的名牌产品，年销售额达 2000 万美元，其中 35% 的销售额来自海外，特别是发展中国家。

对丁酰肼具有致癌作用的怀疑于 1989 年被证实。1989 年美国自然资源保护委员会（Natural Resources Defense Council）的一份报告提示：水果采摘后用丁酰肼浸果是有害的，从食品安全角度，不应推荐这种做法。尤其是学龄前儿童的接触会引起高致癌风险。于是，1989 年，美国哥伦比亚广播公司公布了美国环境保护局禁止丁酰肼的决定，理由是"长期暴露"对公众健康造成"不可接受的风险"。华盛顿的苹果种植者就此对哥伦比亚广播公司提起诽谤罪诉讼，但于 1994 年被驳回。

事件影响

自 1989 年阿拉牌农药事件公布于众以来，尤尼鲁格公司蒙受了巨大的经济损失。销售额大幅度下降，马萨诸塞州甚至下令禁用阿拉牌农药；外销也受到了影响，芬兰和马来西亚已宣布禁用阿拉牌农药，并拒绝进口施用过阿拉牌农药的苹果。美国国内果品加工商也不接受使用过阿拉牌农药的苹果做原料。

据《西部果树种植者》（Western Fruit Grower）杂志报道，1991 年美国规定在苹果上禁止使用阿拉牌农药②。

---

① 李松. 轰动美国的阿拉牌农药事件. 中国环境报，1987–06–23.
② 王宇霖. 美国果园内禁止使用的农药. 果树科学，1991（1）.

第39卷

POPs与有毒废物污染灾害

本卷主编
史志诚
陈进军

卷首语

20世纪60年代以来，持久性有机污染物（POPs）成为地球生物生命的潜在威胁。POPs的种类繁多，致病机制复杂多样，不同种类之间可能存在的协同作用更加大了研究的难度。特别是POPs具有的一系列很强的生态毒性，能够对野生动物和人体健康造成严重的不可逆转的危害。因此，POPs关系着人类未来的生存与发展，成为当今全球环境保护的一个热点问题。

第二次世界大战后，随着现代工业的发展，大量有毒有害的工业固体废物和垃圾未能有效地处置，致使有毒有害的废物引发了人们意想不到的、危及民众健康和污染环境的各种灾害。

历史上重大的POPs污染事件和有毒有害废物引起的毒性灾害，不仅引起了社会的广泛关注，而且对20世纪70年代以来各国的环境立法产生了历史性影响。

本卷介绍了POPs污染引发的环境灾害，包括环境中存在的POPs及其生态毒性与危害效应、历史上POPs污染引发的灾害以及世界防控POPs污染的简要历史。希望唤起人们对POPs和有毒有害废物及其危害、有毒废物的污染转嫁的关注，更为重要的是促使人们思考如何鼓励和支持那些悄然兴起的处置有毒废物的新行业，让这一新兴产业与现代工业、现代农业和现代生活同步前行。

1

POPs 污染引发的环境灾害

1.1 环境中存在的POPs

POPs 即持久性有机污染物（Persistent Organic Pollutants，简称POPs），是人类合成的能持久存在于环境中、通过生物食物链（网）累积、对人类健康造成有害影响的化学物质。POPs 具有高毒、持久、生物积累性和亲脂憎水性特性，而人类位于生物链的顶端，无疑会受到更大的伤害。

世界上无处不在的 POPs

世界上几乎所有物质都被发现含有一定的二噁英，但绝大多数物质所含二噁英的剂量小到可以忽略不计，尤其是在植物、水、空气等媒介上。土壤、食品，尤其是乳制品、肉类、鱼类和贝壳类食品是二噁英最乐于聚积的场所，而且它们之间往往有着密切的关联。

人类接触的二噁英，90%以上是通过食品，尤其是通过食用肉制品、乳制品、鱼类和贝类等进入人体的。曾经有人对加拿大人进行过调查，结果显示：大气中通过呼吸系统摄入的二噁英量不到总摄入量的3%；通过食品摄入量为总摄入量的95%，其中26.9%来自牛奶和奶制品，54.4%来自肉制品，只有极少部分来自蔬菜。因此，剔除肉食中的脂肪和食用低脂肪类乳制品，可以有效降低人体对二噁英化合物的摄入量。此外，均衡的膳食结构（包括适量的水果、蔬菜和谷物）有助于避免单一食物来源导致的二噁英过量摄入。纤维素有助于人体内二噁英的排出，因此，多吃些菠菜叶、萝卜叶等绿叶蔬菜对保持身体健康有很好的效果。

除此之外，染发用的香波中含有 21.17~21.69 微微克/升的二噁英，其中的一部分会在染发过程中渗入人的头皮。而在为喜爱染发的客人洗发时，发廊的工作人员也可能受到影响。洗发时产生的废水中含有 2.6~17 微微克/升的二噁英，其中的一部分会顺着手指侵入人的体内。

在大城市最为常见的软塑料盒、发泡餐盒大多由聚氯乙烯制成，都可能在一定条件下产生二噁英。发泡餐盒含有大量的二氯二氟甲烷或氟氯烷，当温度超过65°C时，餐盒就会产生对人体极为有害的苯乙烯单体毒物；而一旦温度超过200°C时，塑料餐盒就会产生二噁英。因此，不要用塑料容器加热食品，尤其是高油脂的食品。

此外，日本科研人员发现，香烟烟雾中除了尼古丁等有毒物质外，也含有易致癌的二噁英类物质。

人为活动制造的 POPs

除了火山爆发、森林火灾之类的自然环境事件会产生一定数量的二噁英外，目前地球上产生的二噁英绝大部分正是由人类产生。据美国环保局的报告，90%以上的二噁英是由人为活动引起的。例如，焚烧垃圾、钢铁冶炼、纸浆氯漂白，以及某些除草剂和杀虫剂的制造过程中都会产生一定的二噁英排放。

此外，含氯物质（尤其是被人们大量扔弃的塑料制品）以及在燃烧过程中有着催化剂作用的重金属，也会在焚烧过程中产生大量的二噁英。这些二噁英会随着焚烧垃圾时产生的烟尘进入空气，并逐渐沉降到地面上。

地形狭小的岛国日本曾经为二噁英付出了惨痛的代价。为了不占用紧张的土地资源，日本在很长时间内一直大量使用简易焚烧方式处理垃圾。在最多的时候，日本国内一度耸立着6000多座大大小小的垃圾焚烧厂。20世纪80年代末90年代初时，日本政府发现国内的空气和土壤中的二噁英含量超出了其他工业化国家的10倍以上，而焚烧厂排放的二噁英已经对附近居民的健康产生了严重危害。正是因为这场危机，使得日本政府意识到投入重金建设更安全焚烧厂的必要性，同时，政府对二噁英、重金属等有毒排放物制定了极其严格的排放标准。为了在源头上阻止焚烧垃圾过程中产生二噁英，日本已经形成了一整套垃圾分类管理措施。在日本长野县，当地居民平日里只能在特定的日子扔特定种类的垃圾，可燃垃圾、不可燃垃圾、塑料垃圾、玻璃类垃圾、废电池都分别有着固定的扔弃时间。这样的状况在日本已经成为人们共同遵守的准则，即便是香蕉皮，不到特定的时间，也不会扔出家门。

绿色和平组织在提供的一份资料中称，要在焚烧垃圾的过程中减少二噁英的排放，必须阻止三类物质被送进焚烧炉，即厨余等含水且会降低燃烧温度的垃圾，塑料制品，金属类、含汞温度计和电池等。

图170 持久性有机污染物

1.2 POPs的生态毒性与危害效应

POPs之所以成为当前全球环境保护的热点问题，在于它具有一系列很强的生态毒性，能够对野生动物和人体健康造成严重的不可逆转的危害。

对免疫系统的毒性效应

POPs对动物免疫系统的影响包括抑制免疫系统正常反应的发生，影响巨噬细胞的活性，降低生物体对病毒的抵抗能力。

POPs对人的免疫系统也有重要影响。研究发现，人免疫系统的失常与婴儿出生前和出生后暴露于多氯联苯和二噁英的程度有关。由于POPs易于迁移到高纬度地区，POPs对于生活在极地地区的人和生物影响较大。生活在极地地区的因纽特人日常食用鱼、鲸、海豹等海洋生物的肉，而这些肉中的POPs通过生物放大和生物积累已达到很高的浓度，所以因纽特人的脂肪组织中含有大量的有机氯农药、多氯联苯和二噁英。通过对加拿大因纽特人婴儿的研究发现，母乳喂养和奶粉喂养婴儿的健康T细胞和受感染T细胞的比率和母乳的喂养时间及母乳中有机氯的含量相关。

对内分泌系统的影响

人和其他生物的许多健康问题都与各种人为或自然产生的内分泌干扰物质有关。通过体外实验已证实POPs中有几类物质是潜在的内分泌干扰物质。如果一种物质能与雌激素受体有较强的结合能力，并影响受体的活动，进而改变基因组成，那么这种物质就被认为是内分泌干扰物质。此外，男性精子数量的减少、生殖系统的机能紊乱和畸形、睾丸癌及女性乳腺癌的发病率都与长期暴露于低水平的类激素有关。

对生殖和发育的影响

生物体暴露于POPs会产生生殖障碍、畸形、器官增大、机体死亡等现象。鸟类暴露于POPs，会引起产卵率降低，进而使鸟的种群数目不断减少。POPs对鸡的毒性实验表明，多氯联苯可诱发鸡胚的死亡和不同程度的水肿，使种蛋的死亡率明显升高。

POPs同样会影响人的生长发育，尤其会影响到孩子的智力发育。曾有人对200名孩子进行研究，其中有3/4孩子的母亲在怀孕期间食用了受到有机氯污染的鱼，结果发现这些孩子出生时体重轻、脑袋小，在7个月时认知能力较一般孩子差，4岁时读写和记忆能力较差，在11岁时测得他们智商（IQ）值较低，读、写、算和理解能力都较差。

致癌作用

实验表明某些POPs会促进肿瘤的生长。对在沉积物中多氯联苯含量高的地区的大头鱼进行研究发现：大头鱼皮肤损害、肿瘤和多发性乳头状瘤等病的发病率明显升高。2,3,7,8-四氯二苯并对二噁英对小鼠、大鼠、仓鼠、田鼠进行19次染毒试验，致癌性均为阳性。

其他毒性

POPs还会引起一些其他器官组织的病变。如四氯二苯并对二噁英暴露可引起慢性阻塞性肺病的发病率升高；也可以引起肝脏纤维化以及肝功能的改变，出现黄疸、精氨酶升高、高血脂；还可引起消化功能障碍。此外，POPs对皮肤还表现一定的毒性，如表皮角化、色素沉着、多汗症和弹性组织病变等。

综上所述，POPs危害效应主要表现为以下几种类型：

第一类是对儿童的出生体重的影响，POPs会使人类婴儿的出生体重降低，发育不良，出现骨骼发育的障碍和代谢的紊乱，对人的一生产生影响。

第二类是对神经系统的影响。如注意力的紊乱、免疫系统的抑制。

第三类是对生殖系统的危害。POPs对人体的内分泌系统的潜在威胁在于导致男性的睾丸癌、精子数降低、生殖功能异常，女性的乳腺癌、青春期提前，以及新生儿性别比例失调，对其后代造成永久性的影响。

第四类是对癌症的影响。

1.3 历史上POPs污染引发的灾害

最早的二噁英类化合物临床中毒事件

1937年,美国木材防腐剂生产工人出现氯痤事件,这是最早发现的二噁英类化合物引起的临床中毒事件。

最早的二噁英类化合物"环境战"

1962年开始,美国在越南战争中发动"环境战",在森林地区喷洒脱叶剂(含高浓度副产品二噁英类),后来在污染地区的人群出现了大量非正常流产、畸形和怪胎等生殖异常以及其他怪症。

重大的POPs污染事件

日本米糠油多氯联苯污染事件

1968年日本九州爱知县,因食用含多氯联苯的米糠油,上千人中毒。食用者不仅表现出急性中毒症状,而且其中的年轻女性在七年后所产下的婴儿色素沉着过度、指甲和牙齿变形、长至7岁时智力仍发育不全且行为异常。

意大利塞韦索二噁英喷发事件

1976年7月10日,意大利塞韦索农药厂发生反应器喷发事故,大约600千克三氯酚钠和2.5千克的二噁英类随3吨反应物喷入大气,污染了周围14.3平方千米的土地。泄漏导致700多居民搬迁,许多孩子面颊上出现水疱,多人中毒。几年后,畸形婴儿增多。意大利政府在随后10年里花费了大量人力物力迁移污染区的居民,并对事故进行长期和全面的影响评价。

比利时鸡饲料二噁英污染事件

1999年5月,比利时发生含高浓度二噁英的油脂被加工成畜禽饲料,导致鸡、猪、牛等肉类二噁英含量严重超标事件,引起世界各国消费者恐慌,比利时畜牧业损失高达25亿欧元。

重要的二噁英类化合物意外中毒事件

美国纽约变压器失火事件

1981年美国纽约州的一座18层办公大楼发生变压器失火事故,造成多氯联苯泄漏和二噁英类污染,导致大楼被封闭数年,清理费用高达2000万美元。

澳大利亚悉尼奥运会主会场污染事件

1999年8月11日,国际环保人士和悉尼奥运会有关机构的专家在2000年悉尼奥运会主会场附近察看了在此清理出的约400吨被二噁英污染的泥土,这些被污染的泥土于8月12日进行了最后的处理。悉尼奥运会组委会采用热脱附法来抽取泥土中的二噁英等污染物,然后再送到悉尼家宝湾(Homebush Bay)用碱性催化分解技术做进一步处理,而处理所产生的废物最终还需运往澳大利亚另一省份的热处理厂做进一步处理。

爱尔兰猪肉二噁英污染事件

2008年12月6日,爱尔兰总理办公室宣布,召回上年9月1日后生产的所有猪肉制品。后经初步认定,一家利用回收原料加工饲料的厂家,使猪肉受到了二噁英的污染。据报道,生猪和猪饲料取样中的二噁英成分,达到欧盟二噁英含量安全上限的 80~200 倍。

葡萄牙发现爱尔兰猪肉二噁英污染

2008 年 12 月 9 日,葡萄牙检疫部门在从爱尔兰进口的 30 吨猪肉中检测出致癌物质二噁英。葡萄牙食品安全部门回收了这批猪肉,并进一步对这批猪肉受污染情况进行了调查。

德国饲料二噁英污染事件

2011 年 1 月,德国多家农场发生动物饲料遭二噁英污染的事件,导致德国当局关闭了将近 5000 家农场,销毁了约 10 万颗鸡蛋,这次污染事件发生在德国的下萨克森邦,发现被当作饲料添加物的脂肪部分遭到二噁英污染,对饲料厂样品进行的检测结果显示,其二噁英含量超过标准 77 倍。卫生人员对这些农场生产的鸡蛋进行实验室检验发现,38 次检验当中,有 5 次不合格。德国农业和消费者保护部门发言人霍尔格·艾尔切拉介绍说,德国北部的一家公司出售了约 3000 吨受到包含二噁英等工业残渣污染的脂肪酸,这些脂肪酸是制造鸡饲料的主要原料。

1.4 POPs污染的防控

制定国际公约提高防控 POPs 的公信力

1997 年 2 月,联合国环境规划署理事会(UNEPGC)通过了 19/13C 决议。之后,政府间谈判委员会先后举行多次会议进行谈判。2001 年 5 月 22 日—23 日,在经过多次谈判达成一致的情形下,在瑞典的斯德哥尔摩举行全权代表大会,通过了《关于持久性有机污染物的斯德哥尔摩公约》,92 个国家签署了公约。

开展国际学术交流促进 POPs 深入研究

从 1980 年至 2009 年,国际二噁英大会连续举办了 29 届,会议所交流的论文反映了当代 POPs 相关领域的最新进展,也体现了未来国际社会在控制 POPs 方面的技术与政策走向。国际二噁英大会曾对促进全球缔结关于持久性有机污染物的《斯德哥尔摩公约》起到了重要的推动作用。1999 年以来,会议上研讨的重点除公约首批控制的 12 种 POPs 之外,还关注一些新型 POPs,很多会议上重点讨论的污染物很快列入各国管制的重点。如 1999 年在意大利召开的第 19 届大会上重点讨论了多溴联苯醚(PBDEs)污染问题,2005 年在加拿大召开的会议上重点讨论了全氟化合物(PFOS)的污染问题,这两类化合物均在 2009 年 5 月被列入《斯德哥尔摩公约》新增 POPs 名录。

进入 21 世纪,国际社会开展了更为广泛持久的科学

图 171 《斯德哥尔摩公约》(文本)

研究和国际交流活动，不断推进对POPs的防控工作。

2000年，余刚①、牛军锋、黄俊等著《持久性有机污染物——新的全球性环境

图172 《持久性有机污染物：新的全球性环境问题》（封面）

图173 《控制和减少持久性有机污染物：〈斯德哥尔摩公约〉谈判履约十二年（1998—2010)》（封面）

问题》（科学出版社，2005），该书为"环境科学前沿及新技术"丛书之一，主要论述持久性有机污染物这一新的全球性环境问题。介绍了持久性有机污染物和国际公约、持久性有机污染物的基本性质和分析方法、持久性有机污染物的环境存在和环境行为、持久性有机污染物的危害效应、持久性有机污染物的控制技术、中国的持久性有机污染物问题及对策。

环境保护部国际合作司编辑出版的《控制和减少持久性有机污染物：〈斯德哥尔摩公约〉谈判履约十二年（1998—2010)》（中国环境科学出版社，2010)一书，介绍了《斯德哥尔摩公约》的主要内容和缔约方的履约义务，记录了公约谈判历次重要会议的基本情况，阐述了公约谈判中各焦点议题及主要谈判方立场，记述了中国在公约的谈判、履约过程中的艰苦努力以及取得的积极成果。《控制和减少持久性有机污染物：〈斯德哥尔摩公约〉谈判履约十二年（1998—2010)》从一个侧面真实地反映了中国积极参与全球环境保护事务、加强化学品环境管理所取得的可喜成果，既是对过去工作的及时梳理，也为今后的谈判和履约提供了基础资料和宝贵经验。

在消除二噁英类化合物及POPs的研究过程中，科学家正在探索能够吞噬二噁英类化合物的超级细菌。日本京都大学的微生物学教授村田幸作研究利用基因技术，把两种不同品种的鞘脂单胞菌属的基因混合而培育出来的超级细菌，能够吞噬二噁英类化合物，并在其体内分解。2013

---

① 余刚，1986年毕业于南京大学化学系有机化学专业，1989年于南京大学环境科学系获环境化学专业硕士学位，1992年于中国科学院生态环境研究中心环境化学专业获博士学位。现任清华大学环境学院院长、教授。

年10月以来，美国康奈尔大学和中国广东海洋大学合作，以湛江近海岸红树林淤泥中的微生物为目标，利用宏基因组学原理，通过高通量测序技术对微生物群落分布进行研究，筛选出有助于促进二噁英、多氯联苯生物降解的微生物，这将有利于利用红树林生态环境本身消除二噁英类化合物及POPs，而不对环境造成二次生物污染。

防控POPs的常规措施

第一，减少二噁英的排放，严格控制化学合成物中二噁英的含量。

第二，实施相关标准。1998年世界卫生组织规定的人体暂定每日耐受量已经从极低的10微微克/千克体重降低到1~4微微克/千克体重的范围。一些国家的乳制品行业提出了食品中二噁英的最大允许限量为4~6微微克/千克的建议。德国规定垃圾焚烧设备二噁英排放限值为0.1毫微克。目前尚没有一个国际公认的最大允许限量标准。世界卫生组织与联合国粮食及农业组织的食品法典委员会正在着手建立食品中二噁英的最大允许限量标准。

第三，完善食品的检测和突发事件的预报制度。

第四，推行少用塑料袋。部分国家及生产商（例如美国东岸缅因州）已减少或停止制造聚氯乙烯产品，并推行减少使用塑料袋。尤其是盛放食物的器具、婴孩用品玩具及医疗用品禁用聚氯乙烯及相关的含氯塑料。

第五，对二噁英污染进行流行病学调查，对于发现有可疑病例的地区要认真检测当地环境中二噁英的浓度，尽快排除污染源，疏散当地居民，并且采取相应措施改善当地的自然环境。

2

日本米糠油多氯联苯[①]污染事件

1968年，日本先是北九州、四国等地几十万只鸡吃了有毒饲料死亡，人们没有深究毒物的来源。继而在北九州一带有13000多人受害。这些鸡和人都是由于吃了含有多氯联苯（PCBs）的米糠油而遭难。事件曾使整个日本西部陷入恐慌之中。历史上称之为米糠油事件（Yusho Disease Incident），亦称"多氯联苯污染事件"。

2.1 事件经过

1968年3月，在日本的北九州、四国等地有几十万只鸡突然死亡。主要症状是张嘴喘，头和腹部肿胀，而后死亡。经检验，发现鸡饲料中含有毒物，确定是饲料

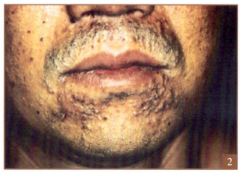
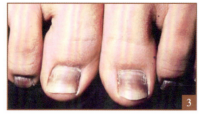
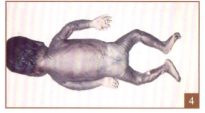

图174 日本米糠油事件（1. 装有多氯联苯的铁桶；2. 脸部起痤状疙瘩；3. 脚指甲发黑；4. 中毒孕妇生下的婴儿又黑又瘦，发育不全）

---

① 多氯联苯（PCBs），是联苯分子上的氢原子被一个或一个以上氯原子所取代而生成的脂溶性化合物。在常温下，随所含氯原子的多少，呈液状、水饴液或树脂状，难溶于水，易溶于脂质，通过食物链而在动物体内富集。多氯联苯性能稳定，不易燃烧，绝缘性能良好，多用作电器设备的绝缘油和热载体。人畜食用后，可引起皮肤和肝脏损害。全身中毒时可发生急性重型肝炎而致肝性脑病和肝肾综合征，甚至死亡。

中毒。因当时没有弄清毒物的来源，也就没有对此事件进行追究。当地称之为"火鸡事件"。

然而，事件并没有就此完结，1968年6—10月，福冈县先后有四个家庭的13人患有原因不明的皮肤病。患者开始眼皮发肿，全身起红疙瘩，接着肝功能下降、黄疸、四肢麻木，伴有指甲发黑、皮肤色素沉着、眼结膜充血、眼脂过多和胃肠功能紊乱，全身肌肉疼痛，咳嗽不止。患者到九州大学附属医院求诊，疑是氯痤疮。由于原因不明，有的患者因医治无效而死亡。

据1968年统计，日本北九州市、爱知县一带所产米糠油中含有多氯联苯（PCBs），销售后造成人畜多氯联苯中毒。几十万只鸡死亡，患病者超过5000人，其中16人死亡，实际受害者约13000人。到1977年已死亡30余人。至1978年12月，全日本28个县（包括东京都、京都府、大阪府）正式确认1684名患者。

2.2 事件原因

事件发生后，日本卫生部门成立了专门机构——"特别研究班"。九州大学医学部、药学部和县卫生部组成研究组，有农学部、工学部、生产技术研究部及久留米大学公共卫生学专家参加，分为临床、流行病学和分析组开展调研。临床组在三个多月内确诊了112个家庭的325名患者，平均每户2.9个患者。研究人员通过尸体解剖，在死者内脏和皮下脂肪中发现了多氯联苯，这是一种化学性质极为稳定的脂溶性化合物，可以通过食物链而富集于动物体内。多氯联苯被人畜食用后，多积蓄在肝脏等多脂肪的组织中，损害皮肤和肝脏，引起中毒。初期症状为眼皮肿胀，手掌出汗，全身起红疹，其后症状转为肝机能下降，全身肌肉疼痛，咳嗽不止，重者发生急性重型肝炎、肝性脑病等，以致死亡。

流行病学组调查患者的发病时间、年龄、性别及地理分布特征，对患者共同食用的食油进行了追踪调查，发现所有患者使用的食用米糠油均系Kamei仓库公司制油部2月5日至6日出厂的产品，而在食用该产品的266人中有170人患病，于是分析组不到一个月就阐明了米糠油中的病因物质是多氯联苯[①]。在患者的分泌物、指甲、毛发及皮下脂肪等样品中都发现了多氯联苯。

专家从病症的家族多发性了解到食用油的使用情况，怀疑与米糠油有关。经过对患者共同食用的米糠油进行追踪调查，发现九州大牟田市一家粮食加工公司食用油工厂，在生产米糠油时，为了降低成本追求利润，在脱臭过程中使用了多氯联苯液体作为载热体。因生产管理不善，操作失误，使多氯联苯混进米糠油中，造成食物油污染。于是，随着这种有毒的米糠油销售到各地，造成人的中毒或死亡。生产米糠油的副产品——黑油，作为家禽饲料被售出，造成几十万只家禽的死亡。

2.3 社会影响与历史意义

米糠油事件的发生震惊了世界。早在 1966 年，美国就受到过多氯联苯的污染，在一些报刊上展开议论，并有人警告说，这种污染已扩及人们日常生活的各个方面，但没有引起日本当局和食品工业企业的重视。两年后，多氯联苯中毒就使日本遭遇了一场巨大的灾难。

2010 年，日本九州大学出版会出版了古江增隆、赤峰昭文、佐藤伸一、山田英之和吉村健清编著的《油症研究 II》，主要论述了米糠油事件的治疗与研究工作的最新进展，是继 2000 年《油症研究》（记述米糠油事件 30 年）出版之后的又一部专著。

第二次世界大战后的最初 10 年是日本的经济复苏时期。在这个时期，日本为追赶欧美，大力发展重工业、化学工业，跨入世界经济大国行列成为全体日本国民的兴奋点。然而，日本人在陶醉于日渐成为东方经济大国的同时，却没有多少人想到肆虐环境将带来的种种灾害。为了警示世人，避免重蹈覆辙，人们将日本米糠油事件列为 20 世纪初期发生的"世界八大环境公害事件"之一，同时，世界八大环境公害事件中日本就占了四件，足见日本当时环境问题的严重性。

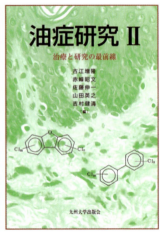

图 175 《油症研究》与《油症研究 II》（封面）

3 意大利塞韦索二噁英污染事件

1976年，意大利米兰市塞韦索镇[1]的一个化工厂发生爆炸，释放出二噁英，造成严重的环境污染，致使塞韦索多人中毒，许多小孩脸上出水疱，许多动物因此丧命，工厂周围地区树叶出现褪色、边黄和穿孔等受毒性损害的现象。塞韦索二噁英事件一时间轰动了世界，历史上称之为塞韦索灾难（Seveso Disaster）。

3.1 事件经过

1976年7月10日，意大利米兰市的塞韦索镇的伊克梅萨化工厂[2]发生爆炸，2,4,5-三氯苯酚反应器内部反应物从工厂顶端的排气管逸出。瞬间，工厂被笼罩在浓厚的白色烟雾中。在接下来的几个小时内，污染云团随着东南风向下风向传送了约6千米，散出的二噁英飘到东南方向的小镇塞韦索以及另外七个属于米兰省的城市上空降落，沉降面积约7平方千米。7月12日，反应釜所在的建筑物被关闭。7月13日，当地的小动物出现死亡。7月14日，当地的儿童出现皮肤红肿，脸上出

图176 伊克梅萨化工厂

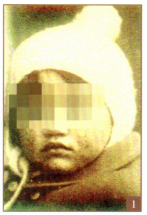

图177 吸入二噁英的后果（1. 塞韦索的儿童被烧伤，脸上出水疱；2. 事件发生两个月后，羊只大量死亡）

---

[1] 1976年，塞韦索（Seveso）是一个有1.7万人口的小城镇，在米兰市以北15千米处。
[2] 伊克梅萨化工厂（ICMESA）位于意大利米兰以北15千米的塞韦索附近的一个小镇上。

现水疱。

灾难的首批受害者是兔子一类的小动物，之后羊只大批死亡。随后，在污染区的样本中发现含有大量剧毒的四氯二苯二噁英（TCDD）。工厂周围地区出现树叶褪色、边黄和穿孔等受毒性损害的现象。

3.2 事件原因

伊克梅萨化工厂隶属瑞士日内瓦的吉沃丹（S. A. Givaudan）公司，有170名工人，主要生产化妆品和制药工业所需要的化工中间体。1969年该厂开始生产一种名为2,4,5-三氯苯酚的产品，它是一种用于合成除草剂的有毒的、不可燃烧的化学物质。由于该厂生产三氯苯酚需要在150℃~160℃下持续加热一段时间，因而为四氯二苯二噁英（TCDD）的生成创造了条件。

事件中四氯二苯二噁英的化学形成过程是：四氯苯与氢氧化钠进行芳香取代反应，产生三氯苯酚；然后，三氯苯酚在高温下（150℃~160℃，持续加热，实际上达到180℃，开始缓慢分解，经过7个小时快速反应，由于失控，当温度达到230℃）形成四氯二苯二噁英(TCDD)。通常只在痕量大约1毫克/升，但在更高的温度与反应失控的条件下，TCDD的浓度可达到100毫克/升或更多。

图 178 二噁英的化学形成过程（1. 四氯苯；2. 三氯苯酚；3. 四氯二苯二噁英）

据调查，这起事故是因压力阀失灵而引起的，造成约2吨化学品扩散到周围地区，其中包括大约130千克的二噁英。

二噁英是目前人类已知的最毒的物质，它对豚鼠的半致死量是0.6微克/千克体重，是氰化物的130倍、砒霜的900倍，有"世纪之毒"之称。国际癌症研究中心已将其列为人类一级致癌物。

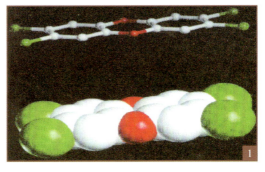
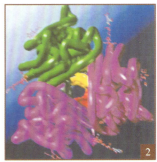

图 179 二噁英（1. 二噁英的立体结构；2. 二噁英的三维结构）

3.3 事件处置

事故发生后，伊克梅萨化工厂立刻警告当地居民不要吃当地的农畜产品，同时声明爆炸泄漏的污染物中可能含有三氯苯酚、碳酸钠、溶剂以及其他不明有害物质。

7月17日，当地卫生部门邀请米兰省立卫生和预防实验室的专家对现场进行分析，怀疑污染云团中含有的二噁英是造成动物死亡和儿童皮肤红肿的原因。不久，瑞士日内瓦的吉沃丹公司总部证实，公司实验室在事故发生后第一时间于现场采集的样品中发现二噁英。

事故发生后两周内，意大利政府立即采取疏散污染区人口的措施，并对所有受害者进行医学监护。对住院患者进行长达数月的医学监护，直到症状消失。对接触污染物的人也进行医学监护，直到无中毒症状出现为止。同时，标出的污染区，不能带出受污染的衣物和个人生活用品。警告当地居民不要接触或食用菜园里的农产品。

事故发生后的第三周，政府开始组织多项研究工作。首先，调查污染区环境对人群健康危害的研究。结果表明，当地居民的二噁英血浓度高，白血病、畸胎的发病率明显上升。在污染较严重的区域土壤中二噁英含量较高，其污染土壤表层20~40厘米，但地下水源没有受到污染。监测受污染地区的动物，发现动物组织中含有较高浓度的二噁英。动物成了人接触二噁英的来源之一。

塞韦索事件发生后，由于二噁英已渗透到工业和生活中而难以防范，因此，引起了公众恐慌。政府和企业及时对二噁英的污染范围及严重程度做出评价，并根据调查结果，提出应急措施和建议。

第一，立即疏散污染区内的人口。厂周围8.5万平方米范围内所有居民被迁走。

图180 塞韦索二噁英灾难（1. 当地居民进行抗议；2. 1976年塞韦索事件之后，官方在污染区设置避免接触蔬菜、土壤和草的标识，警告当地居民不要接触或食用菜园里的农产品）

第二，方圆 1.5 千米内的植物均被填埋。

第三，在数公顷土地上铲除掉几厘米厚的表土层。

第四，在标出的污染区内，不能带出受污染的衣物和个人生活用品。

第五，对住院患者进行长达数月的医学监护，直到症状消失。

对接触污染物的人也进行医学监察，直到无中毒症状出现为止。从而，制止了事态的恶化。

3.4 社会影响与历史意义

塞韦索居民直至泄漏事件发生两个多星期后才被安排撤离这一地区。人们抗议官方很迟才对这场灾难做出对策。

由于二噁英是一种强致癌物和环境雌激素，长期低剂量接触二噁英，虽然不会致死，但会导致癌症、雌性化和胎儿畸形。事隔多年后，当地居民中畸形儿大为增加。接触二噁英的男子多生育女孩。来自意大利米兰德西奥医院的报告显示，一些 25 年前接触了二噁英的意大利男子，其子女中女孩比男孩多。

日本导演山崎哲将塞韦索灾难改编为影视作品《夏日追踪》，又名《塞贝索侦探队》，片中将塞韦索改为塞贝索。这部由日本出品的动画片以独特的立意、新颖的卡通形象给人耳目一新的感觉。影片栩栩如生地反映了人们向往幸福、绿色环境，希冀和平的美好愿望。影片告诉人们高科技产品给人类带来了好处，但也有坏处，揭示了保护好人类赖以生存的环境的重要性。本片 2001 年 8 月 18 日上映后，日本教育部将其选定为优良作品，还获得了阿根廷动画展"银鹰奖"。

塞韦索事件的历史意义在于，事件发生后，只有迅速及时地采取积极有效的措施，才可以将事故的危害降到最低限度。塞韦索事件发生后，由于及时对四氯二苯二噁英的污染范围及严重程度做出评价，并根据调查结果，提出应急措施及建议，政府采取了有效措施，及时疏散了受污染的居民并对其进行医学监察，故未发生中毒死亡事故，只是造成家畜、野生动物和植物的损害，制止了事态的恶化。

4
中国台湾米糠油多氯联苯污染事件

1979年中国台湾的台中、彰化等县的居民突然罹患未曾见过的皮肤怪病，近2000人中毒，53人死亡。经追踪调查，中毒患者竟是食用米糠油造成的。这次事件是1968年日本米糠油事件时隔11年后的悲剧重演，历史上称之为"台湾油症事件"。

4.1 事件经过

1979年3月的一天早上，台中县由基督教所办的惠明盲哑学校的一位教师在起床时，觉得脖子很痒，搔了一下，疑为长了一颗"青春痘"。到了3月底，全校师生已有一半以上，100余人的脸部、身上都长了黑色的痘子。经台湾大学医学院附设医院（通称台大医院）诊治，没有找到病因。

接着，彰化县鹿港、福兴、秀水、埔盐等乡镇附近的居民突然罹患前所未见的皮肤病，病症有眼皮肿、手脚指甲发黑、身上有黑色皮疹。由于患者的人数高达数千人，引起社会各界的广泛关注。

据1979年统计，这次事件共造成近2000人中毒，53人死亡。中毒患者最初分布在台中县、彰化县、苗栗县和新竹县，后来因结婚或迁徙扩散到云嘉南、高屏和花莲等县、市。中毒患者的症状是：面部、颈部或是身体出现疙瘩，或类似"青春痘"的皮肤病。有的疙瘩像密密麻麻的花生，挤破以后，会流出白色油脂般的颗粒和脓汁，然后留下一块黑色的瘢痕。患者伴有头晕目眩、手脚疼痛、四肢无力和水肿症状，指甲、眼白、齿龈、嘴唇、皮肤等处有黑色素沉淀。

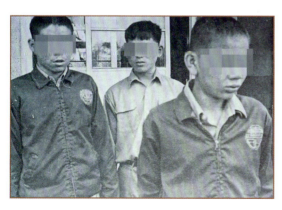

图181 台中县惠明盲哑学校师生受到多氯联苯的毒害

4.2 事件原因

1979年6月22日，台大医院专家组到台中县惠明盲哑学校了解情况，抽样检查食品，仍未查明病因。7月间，一位少妇在台中市一家妇产科生下了一名全身漆黑的男婴，婴儿手脚发硬、肚子鼓胀。经查找资料，发现11年前，日本福冈县曾有一千多人，因食用含有多氯联苯的米糠油而中毒，症状和惠明盲哑学校师生的皮肤怪病很相似，所生婴儿也与妇产科这名少妇生下的男婴相似。9月10日，台中县第二次把检材送到"卫生署"，检验报告中加了一个小注——"可能是'氯中毒'"。

经过追踪调查，患者中毒的途径来自日常食用的米糠油。彰化县溪湖镇一家名为"彰化油脂企业公司"的食用油厂在生产米糠油时，使用了日本的多氯联苯（PCBs）对米糠油进行脱色和脱味。由于管理不善、管道渗漏，使多氯联苯渗入米糠油中，并且在受热后生成了多氯代二苯并呋喃（PCDFs）和其他氯化物，从而导致食用者中毒甚至死亡。检测表明，受污染的米糠油中多氯联苯含量为53~99毫克/升，该厂脱臭器下水道土壤中多氯联苯含量高达1147.2毫克/千克。[1]

4.3 事件处置

涉及本案的彰化油脂公司等三名商人，被检察官下令收押，并依法提起公诉。

1989年多氯联苯污染米糠油事件全案判决确定，台湾彰化地方法院检查处以1989年9月19日彰检方执甲字第11818号函示，污染之米糠油可参照相关法律按行政程序解决。

4.4 社会影响

从来没有听说过的多氯联苯，震撼了台湾地区居民的心。多氯联苯是可溶于油脂中的化学药品，食用超过0.3克，经过三个月的潜伏期，能使人的神经、内分泌、呼吸、造血机能、肝脏、新陈代谢、骨骼、关节、牙齿、眼睛及皮肤等受损。

根据美国新生儿缺陷基金会研究，多氯联苯若由孕妇吸收，可透过胎盘或

---

[1] 苏畅. 台湾油症事件. 中国环境报，2006-09-01.

乳汁导致早期流产、畸胎、婴儿中毒。一些受到影响的胎儿出生时，皮肤深棕色素沉着，全身黏膜黑色素沉着，发育较慢，很像一瓶可口可乐，被民间俗称为"可乐儿"。

值得指出的是，多氯联苯中毒没有特效药，只能针对患者的症状加以治疗。多氯联苯的残毒不但危害当代，还会影响后代。当年深受多氯联苯所害的部分油症患者虽已亡故，但有关卫生单位已经陆续发现了第二代、第三代患者。据台湾媒体2004年9月的报道，彰化县卫生局做血液筛检时，发现一名两岁幼儿的血液里含有多氯联苯，其浓度比母亲、外祖母低，中毒症状也较轻微，判断属遗传致病，是第三代油症患者。同样，苗栗县有55名油症患者，多住在南庄乡和苗栗市，其中4名患者仅20多岁，卫生人员认为他们应该是在母亲怀孕时通过母体传播而获得多氯联苯，也可能是出生后吃母乳而摄入多氯联苯，从而呈现出皮肤略黑、发育迟缓的"可乐儿"症状。其后遗症可造成婴儿体重过轻、眼球突出、肝脾大、脚跟突出、皮肤脱落、免疫功能低下等畸形表现。

5

比利时鸡饲料二噁英污染事件

1999年比利时的二噁英污染事件在全世界引起了轩然大波,先是在比利时的肉鸡、鸡蛋中发现剧毒物质二噁英,接着又在猪肉、牛肉中发现了此类污染物。比利时政府下令在全国禁止销售1999年1月至6月期间生产的畜禽食品。事件引发了比利时卫生部长和农业部长引咎辞职,联合政府垮台,首相德阿纳下台。比利时媒体将这次事件称之为"鸡门事件"。

5.1 事件背景

比利时的工农业生产非常发达,农业以畜牧业为主,畜牧业生产高度集约化。畜牧生产者购买商品饲料来饲养家畜,饲料生产完全工业化和专业化。欧美发达国家历来习惯把家畜的脂肪、内脏和植物油加工等作为动物能量和蛋白质补充饲料。引发二噁英事件的脂肪及植物油下脚料由比利时几家专门公司收购加工,转售给饲料添加剂厂和浓缩饲料厂,浓缩饲料厂再将自己的产品销售给配合饲料厂,用于生产商品饲料直接供应饲养场。比利时的整个畜牧生产、饲料工业和食品工业在完善的市场经济体系和社会保障体系下运行,并受到本国政府和欧盟委员会双重的防疫、质量和卫生监督。因此,比利时的畜牧业、饲料工业及其相关的食品工业生产水平高、效益好,其产品在欧盟和国际上享有良好的信誉。

比利时1998年鸡存栏3850万羽,猪250万头,肉牛和奶牛290万头。以畜牧业为依托的食品加工业,每年出口额达400亿美元,肉鸡和鸡蛋60%出口。畜牧业产品加工的食品不仅供应欧盟各国,也出口到其他国家和地区,包括美国和中国。

5.2 事件经过

1999年2月,比利时养鸡业者发现饲养的母鸡产蛋率下降,蛋壳坚硬,肉鸡出现病态反应,因而怀疑饲料有问题。调查发现荷兰三家饲料原料供应厂商提供了含二噁英成分的脂肪给比利时的韦尔克斯特(Verkest)饲料厂,该饲料厂1999年1月15日以来,误把原料供应厂商提供的含二噁英的脂肪混掺在饲料中出售。已知其含二噁英成分超过允许限量200倍左右。被查出的该饲料厂生产的含高浓度二噁英成分的饲料已售给超过 1500 家养殖场，其中包括比利时的 400 多家养鸡场和 500 余家养猪场，并已送往德国、法国、荷兰等国。之后，先是在比利时的肉鸡、鸡蛋中发现剧毒物质二噁英，接着又在猪肉、牛肉中发现了此类污染物。

5 月 27 日，比利时电视台率先披露事件真相，引起轩然风波。一夜之间，比利时畜产品及其相关食品在国际上的良好信誉丧失殆尽，畜牧业及与其相关的食品工业顷刻陷入完全瘫痪状况。

5 月 28 日至 6 月 6 日，比利时卫生部陆续下令，禁止屠宰、生产、销售和回收可能被二噁英饲料污染的一切动物性食品。包括 1 月 15 日到 6 月 1 日期间生产的鸡肉、鸡蛋、猪肉、牛肉和乳品及以其为原料加工生产的食品。

6 月 3 日，比利时政府宣布，由于不少养猪和养牛场也使用了受到污染的饲料，全国的屠宰场一律停止屠宰，等待对可疑饲养场进行甄别，并决定销毁 1999 年 1 月 15 日至 1999 年 6 月 1 日生产的蛋禽及其加工制成品。

6 月 9 日，比利时成千上万只遭到二噁英污染的肉鸡被屠宰后焚毁。

图 182　比利时屠宰焚毁遭二噁英污染的肉鸡（6 月 9 日）

5.3　事件处置

比利时对事件责任人的处置

二噁英事件不仅极大地冲击了畜产品和食品的生产与供给，引起消费者的恐慌，而且引发了政局的动荡。6 月 1 日，迫于强大的国际和国内压力，比利时卫生部部长和农业部部长引咎辞职，并最终导致内阁的集体辞职。6 月 13 日比利时国会选举揭晓，执政的左翼联盟惨败，联合政府垮台。

6 月 2 日，比利时司法机构逮捕了韦克斯特公司的两名经理，指控这两名经理出售的不是 100% 的油脂，并且未标明其中的成分，他们的经营活动存在着欺诈行为，与动物饲料污染案直接有关。

6 月 22 日，事件的调查又有了突破性的进展，比利时警方宣布：此前受怀疑的韦克斯特公司提供的饲料并非真正的污染源，造成这场二噁英污染的真正元凶是另一家油脂回收公司——福格拉公司。该公司在未对装载废油的油罐进行检查的情况下，让工人在原本装过废机油（富含二噁英的多氯联苯）的油罐里装入了废植物油，又将受二噁英污染的油脂作为畜禽饲料的加工原料出售，致使比利时有 1400 多家养殖场使用了被二噁英污染的饲料，由此酿成了这场灾难。于是，福格拉公司的两名负责人（一对兄妹）被法庭传唤，其中一人（哥哥）被拘留。与此同时，已被关押 20 天的韦克斯特公司的两名经理被释放。

欧盟及相关国家的处置措施

比利时"二噁英污染事件"公开后，牵连了世界许多国家，美国、加拿大、新加坡、韩国、英国、日本、俄罗斯、南非、中国、新加坡、泰国等 40 多个国家和地区先后紧急采取了措施，加强了对食品卫生的监控，宣布禁止进口比利时等一些欧洲国家的肉、禽、乳类等食品。

欧盟委员会 6 月 3 日决定在欧盟 15 国停止出售并回收和销毁比利时生产的肉鸡、鸡蛋、蛋禽制品、猪肉、牛肉以及鸡蛋成分超过 2% 的食品。并保留向欧洲法院上告比利时、追究其法律责任的权利。6 月 7 日欧盟常设兽医委员会宣布支持欧盟执委会的决定，进一步扩大对比利时食品的出口限制范围，所有的猪、牛及其相关产品（包括奶类和牛油）均禁止出口。

美国农业部 6 月 3 日宣布扣留所有从欧盟国家进口的畜禽类及其制品。同时，宣布禁止从欧洲进口鸡肉和猪肉，直到欧洲的肉食品完全摆脱污染，才会松解禁令。销毁来自比利时的约 1000 个农场使用污染饲料的畜产品。美国还采用了预警措施，于 6 月 11 日宣布扣留从比利时、法国、荷兰进口的蛋、蛋制品和肉类及所有欧洲国家的动物饲料和宠物饲料。6 月 22 日又将此范围扩大到比利时的乳及乳制品。要求进口商提供实验室数据证明多氯联苯未测出和/或二噁英含量小于 1 毫克/千克后，才允许进口其商品。

加拿大食品检验署于 6 月 4 日宣布禁止从比利时进口家禽肉及蛋、猪肉及制品、牛肉及制品、乳制品及牲畜饲料。建议消费者不吃比利时的猪肉、牛肉及牛肉制品、乳制品、家禽肉、蛋及其制品。

瑞士和俄罗斯在停止进口比利时鸡肉类和鸡蛋产品后，又禁止销售比利时的牛奶及奶制品、奶酪、猪肉和牛肉制品。

希腊农业部宣布禁止进口及买卖比利时鸡肉及鸡蛋等产品后，禁止进口比利时的牛、猪肉及牛奶等相关产品。希腊已销毁进口的比利时冷冻鸡肉 328 吨、蛋黄酱等产品 60 吨[①]。

法国决定全面禁止比利时肉类、乳制品和相关加工产品进口，其中包括使用动植物油制成的糕饼。法国还专门成立了危机处理小组，封闭了 70 家有嫌疑饲料的养牛场。

菲律宾 6 月 9 日宣布禁止进口欧盟国家的猪肉、牛肉及其制品、鸡和饲料。动物企业局和国家肉品检测委员会受命严密监测进口产品的状况并与海关的官员合作禁止这些产品的进入，各海关及动物检疫官员向农业秘书汇报产品进口情况。

中国卫生部 6 月 9 日向各省、自治区、直辖市卫生厅（局）发出紧急通知，要求各地暂停进口比利时、荷兰、法国和德国四国自 1999 年 1 月 15 日起生产的乳制品、畜禽类制品（包括原料和半成品）。

---

① Dioxin in animal feed：Belgian crisis has worldwide impact. World Food Regulation Review，1999，9（2）：23.

5.4 社会影响

事件给比利时造成巨大的经济损失。据统计，这次事件给比利时造成的直接经济损失达 3.55 亿欧元，间接损失超过 10 亿欧元，对比利时出口的长远影响可能高达 200 亿欧元。

6 月 7 日，荷兰农业部部长也因工作失误而引咎辞职。

二噁英对人类健康的危害引起了世界各国的广泛关注，各国普遍加强了对这类剧毒化学品的研究与控制。美国、英国等国家加强了对二噁英的检测与防治的研究。中国科学院武汉水生生物研究所二噁英类化合物专用实验室和中国科学院环境生态研究所、中国预防医学科学院营养与食品卫生研究所也展开了相关研究。全球防治研究的中心集中在采用中和法清除或分解二噁英，但中和或分解后的产物如何清除、中和物和被中和物未充分发生反应后残留物如何解决也成为研究探讨的焦点。

6

有毒废物污染的历史

6.1 有毒废物及其危害

有毒有害废物

有毒有害废物（Poisonous and Harmful Waste），是指存有对人体健康有害的重金属、有毒的物质或者对环境造成现实危害或者潜在危害的废弃物。例如：废电池、废荧光灯管、废灯泡、废水银温度计、废油漆桶、废家电类、过期药品、过期化妆品、焚烧物等。

固体废物按来源大致可分为生活垃圾、一般工业固体废物和危险废物三种。危险废物是固体废物的一种，具有毒性、腐蚀性、反应性、易燃性、浸出毒性等特性。

据《2000年中国环境状况公报》报告，中国工业固体废物年产总量为8.2亿吨，其中县及县以上工业固体废物产生量为6.7亿吨，乡镇工业的产生量为1.5亿吨。危险废物产生量为830万吨。随着中国化学工业的发展，有毒有害废物也有所增长。有毒有害固体废物大都未经严格无害化和科学的安全处置，成为中国亟待解决并具有严重潜在性危害的环境问题。

美国环保局确认：2010年，有178.3万磅的有毒废弃物最终被排放（20904家企业的上报数据总和），其中企业就地排放到空气中的有39万吨，排放到水体中的有10.4万吨，排放到地面上的有99.8万吨，排放进入地下的有10.4万吨。还有18.6万吨的有毒废物被企业通过各种方式运送至厂区外进行排放。①

有毒有害废物的危害

污染水体

如果将有毒废物直接排入江、河、湖、海，或是露天堆放的废物被地表径流携带进入水体，或是飘入空中的细小颗粒，通过降雨的冲洗沉积和凝雨沉积以及重力沉降和干沉积而落入地表水系，水体都可溶解出有毒有害成分，毒害生物，造成水体严重缺氧，富营养化，导致鱼类死亡。工业废物释放出的有毒物对海洋中的生物有致毒作用，这些有毒物再经生物积累可以转移到人体中，并最终影响人类健康。

污染大气

有毒废物中的细粒、粉末随风扬散；在废物运输及处理过程中缺少相应的防护和净化设施，释放有毒有害气体和粉尘；堆放和填埋的废物以及渗入土壤的废物，经挥发和反应放出有害气体，都会污染大

---

① 陈广玉. 美国有毒废物管理及排放现状（一）：《有毒物质释放清单》（TRI）介绍2010年排放情况. 上海科学技术情报研究所，2012-03-16.

气并使大气质量下降。特别是焚烧炉运行时会排出颗粒物、酸性气体、未燃尽的废物、重金属与微量有机化合物等。石油化工厂油渣露天堆置，则会有一定数量的多环芳烃生成且挥发进入大气中。填埋在地下的有机废物分解会产生二氧化碳、甲烷（填埋场气体）等气体进入大气中，如果任其积聚会引发火灾，甚至发生爆炸。

污染土壤

工业废渣及污泥中的有毒化学物质，医院、屠宰厂矿废弃物中的病原菌因废物堆放而带入土壤，使土壤遭受污染。被污染的土壤不但肥力下降，而且使作物富集有毒物质，然后通过食物影响人的健康。固体有毒废物长期露天堆放，其有害成分在地表径流和雨水的淋溶、渗透作用下通过土壤孔隙向四周和纵深的土壤迁移。在迁移过程中，随着渗滤水的迁移，使有毒有害成分在土壤固相中呈现不同程度的积累，导致土壤成分和结构的改变，不仅对植物产生了污染，而且致使有些土地无法耕种。例如，德国某冶金厂附近的土壤被有色冶炼废渣污染，土壤上生长的植物体内含锌量为一般植物的26~80倍，铅为80~260倍，铜为30~50倍，如果人吃了这样的植物，则会引起许多疾病。

影响健康

生活在环境中的人，以大气、水、土壤为媒介，环境中的有毒有害废物可直接由呼吸道、消化道或皮肤摄入人体，使人染病。

此外，常见的废旧电池，含有汞、铅、镉、镍等重金属及酸、碱等电解溶液，对人体及生态环境均有不同程度的危害。据有关资料显示，一节一号电池烂在地里，能使1平方米的土壤永久失去利用价值；一粒纽扣电池可使600吨水受到污染，相当于一个人一生的饮水量。汞是一种毒性很强的重金属，对人体中枢神经的破坏力很大。镉在人体内极易引起慢性中毒，主要病症是肺气肿、骨质软化、贫血，很可能使人瘫痪，它还会干扰肾功能、生殖功能。

6.2 有毒废物的污染转嫁

随着发达国家和地区的环境标准越来越严格，一些国家和地区的企业承受的环境治理责任越来越多，企业为了逃避污染治理的负担，便把在发达国家或地区明令禁止使用的技术和设备转移至发展中国家或地区。有的则在技术和设备更新以后，将淘汰的设备廉价卖给其他没有治理能力的企业。

目前，发达国家将其大量的垃圾和重污染设备转嫁或转移到发展中国家，已是一个十分严重的外交、政治和法律问题。

为防止污染转嫁和转移[1]，各国制定

---

[1] 污染转嫁和转移，是指一定区域内的人类行为（作为或不作为）直接或者间接地对该区域外的环境造成污染损害，或将自己造成的环境污染的治理责任推给他人，从而使自己不承担或少承担污染损害治理责任的社会行为。

了防止污染转嫁或转移的制度和规定。污染转嫁指国家之间转嫁污染或将本国污染转嫁到公海海域或南极、北极地区。国内污染转嫁是指一国内不同行政区域间转嫁污染或企业向社会转嫁污染治理责任。按照转嫁对象不同，污染转嫁可分为大气污染转嫁、水污染转嫁、固体废物污染转嫁等。此外还有显性污染转嫁和隐性污染转嫁、污染本身转嫁和污染治理责任转嫁、扩散性污染转嫁和非扩散性污染转嫁、积极污染转嫁和消极污染转嫁等。

1986 年全世界只有三个国家禁止进口有害废弃物，1991 年就有 83 个国家，到 1994 年超过 100 个国家宣布拒绝洋垃圾进口。同样表示禁止出口有害废物的国家也有 100 个以上。缔结国际公约和协约已成为各国合作消除"洋垃圾"交易的有力武器。

1989 年 3 月，联合国在瑞士巴塞尔缔结《控制危险废弃物越境转移及其处置公约》（简称《巴塞尔公约》），明确规定出口有害废弃物必须向进口国家通报并得到政府批准，如果进口国没有能力对进口的有害废物进行环境无害方式处置，出口国的主管部门有责任拒绝有害废物的出口；缔约国不得允许向非缔约国出口或从非缔约国进口有害废物，除非有双边、多边或区域协定。此公约在 1992 年 5 月 5 日生效。

1989 年非洲国家与欧洲共同体（今欧洲联盟）12 个国家及亚洲国家签署了《洛美协定》，严禁各国进行有毒废弃物交易。

1991 年非洲统一组织还通过了《非洲核废料和工业废弃物排放的决议》，宣布终止进口欧美有害废弃物。

1995 年 9 月 22 日，近 100 个国家代表在个别国家的反对下，在瑞士日内瓦签署了《巴塞尔公约》的修正案——《反对出口有毒垃圾的协定》，规定从 1998 年 1 月 1 日开始，发达国家不得向发展中国家出口有毒垃圾和废弃物。这就等于禁止了一切名义的"洋垃圾"交易。

6.3 有毒废物引发的污染事件

历史上有毒废物引发的重大灾害

历史上有毒废物引发的重大灾害主要有：1977 年美国拉夫运河填埋废物污染事件，1998 年西班牙有毒废料泄漏事件，2006 年科特迪瓦有毒垃圾污染事件以及 2010 年匈牙利有毒氧化铝废料污染事件。

有毒废物引发的污染事件

日本神奈川废电池污染事件

1939 年 11 月 9 日，日本神奈川县一家脑科医院收治了一名神志不清的男子。这名男子发病初期只是原因不明地面部水肿，三天后水肿蔓延至脚部，第八天开始视力减退，自言自语，不断哭泣，后发展为神志不清，人们都认为他"疯了"。这名男子被送进医院后，最终在极度痛苦中，因心力衰竭死亡。无独有偶，此后，与死者同村居住的人中又接二连三地出现了 15 名同样症状的"疯子"。经过神奈川县卫生研究所的调查和尸体解剖，断定这些"疯子"都死于重金属中毒。

事发后，日本有关部门对事件进行调查，发现死者生前都饮用了某商店周围三口水井的水。其中饮用1号水井的8个人全部发病。在对水井进行调查时，令人震惊的是竟然在距1号井5米内的地方挖出了380节已腐烂的废电池！追根溯源，最后弄清这380节废电池是该商店在卖出新电池后，把顾客丢下的废电池集中埋在了后院，致使周围井水污染，从而导致了这场悲剧。

电池中含有大量的重金属——锰、铅、汞等，这些重金属可以水解。如果废电池被弃置在土壤中，就会慢慢被腐蚀，其中的重金属会慢慢溢出，污染土壤和水源，再通过食物链，危害人体健康。

日本四日市废气事件

1961年，日本四日市由于石油冶炼和工业燃油产生的废气严重污染大气，引起居民呼吸道疾病剧增，尤其是哮喘病的发病率大大提高，形成了一种突出的环境问题。

韩国含酚废料处置不当事件

1991年3月初，韩国斗山电子公司向洛东江倾倒325吨含致癌物酚的废料。当时使用氯来净化水源，结果酚与氯混合后毒性更大，致使洛东江水质有害成分含量超标10多倍，1000多万居民受害，成为韩国历史上最为严重的水源污染事件。①

韩国有害废物非法进入中国境内事件

1993年9月25日，一艘由韩国某产业株式会社雇用的"石堡"货轮，装载6440个黑色铁桶共计1283吨的所谓"其他燃料油"货物，停泊在某港区上元门码头。9月29日卸货时，中国海关在审查双方供货合同中发现疑点，立刻请进出口商品检验检疫局进行检验。相关部门于10月4日和7日两次对该货物打开140桶取样检验，发现实际进口的并不是燃料油，而是形态各异、成分复杂、具有危害性的化工废弃物。其中部分是整桶污水，大部分是固体不明物质，而且出现强酸性、强碱性和强烈的腐蚀性及刺激性气味。10月8日，海关宣布查封此批货物，并将有关情况通知了省环境保护局。

省和市环境保护局接到事件发生的报告后，立即赶赴现场进行了调查，责令事主用泥沙堵塞铁桶破损处，妥善清除已泄漏的废液废渣。国家环境保护部门也于1993年10月16日做出《关于韩国有害废物非法进入我国境内事件的处理决定》，要求限期将这批有害废物全部退运出境；对合同中的其余部分，立即停止运输，禁止再次进入中国境内；有害废物在退运出境之前，要在原地封存，并采取一切防范措施，防止发生污染事故。

美国煤炭毒泥污染事件

美国有600多座火力发电站，几乎所有的发电站都有大量煤灰。2008年12月，由于一座大坝坍塌，大量煤灰淤泥从田纳西州金斯顿石化厂溢出，致使超过37.85亿升有毒淤泥流入一个社区。尽管只有几个家庭被毁，但煤泥中含有的汞、砷等有毒物质，已经渗入水源和土壤中，造成长期的毒性影响。

加拿大有毒废弃物污染事件

2009年3月底，加拿大阿尔伯塔州发生有毒废弃物污染事件，造成上千只鸭子死亡。加拿大环境保护部门对涉及该事件

---

① 柯金良. 1991年世界重大环境事件（上）. 中国环境报，1992-03-14.

的相关化学品制造公司进行了调查。3月31日，Syncrude公司承认确实存在处理有毒废弃物不当的现象。一旦犯罪行为被证实，该公司可能面临63万加元的罚款。①

中国佛山市三水区白坭镇炼油厂废料污染事件

2010年9月17日，中国广东省佛山市三水区白坭镇炼油厂将废料交由没有处理资质的公司非法倾倒在南海区丹灶镇，致使丹灶镇仙岗村20多万平方米农田和养殖场受到污染。经分析，倾倒的废水主要为工业废油渣，污染成分主要为酚和喹啉。酚挥发出的刺激性气味波及该村上千村民，造成直接经济损失100万元。事件中受污染水源汇入北江，并最终流入下游的珠江水系（图183）。因处理及时，污染未对广州产生直接影响。很快该废料和运载废料的责任人已被刑事拘留。②

图183 被污染的排洪渠发出浓烈的刺鼻气味
（河道可见用剩的活性炭和被污染的河泥。吴学军，谌步文 摄）

尼日利亚铅中毒事件

2010年6月4日，尼日利亚北部赞法拉州（Zamfara）发生铅中毒恶性事件，据不完全统计，死于铅中毒的当地人达163人，其中儿童111人。

事件的起因，是在属于安卡郡（Anka）和本古都郡（Bungudu）的五个村庄里，一些村民非法将矿山的矿石运回村庄提炼黄金，由于这些金矿和铅锌矿伴生，炼金遗弃的废矿渣和泥土都含有大量铅，接触这些矿渣、泥土者都可能铅中毒，尤其是赤足在泥土上玩耍的儿童，因为皮肤、手或口腔接触污染源的机会更多，身体抵抗力更差，更容易成为铅污染的密集受害人群。

英国出口到印度尼西亚的90个集装箱被退回事件

据《华商报》2012年5月29日报道，从英国出口到印度尼西亚的90个集装箱被退回，雅加达方面发现，这些贴有"可回收"标签的集装箱里装的全部是有毒的废金属。

这90个集装箱，每个重约30吨，被运回英国费利克斯托港繁忙的萨克幅造船所，摆放在一片空地上。英国环境部的国

图184 英国环境部刑事调查组负责人安迪·海厄姆检查被运回的集装箱

---

① 加拿大发生有毒废弃物污染事件 上千鸭子死亡. 中国新闻网，2009-04-01.
② 郑诚. 炼油厂废料毒晕上千村民. 金羊网-羊城晚报，2010-10-14.

内刑事调查小组奉命对这批集装箱展开调查，他们的行动被命名为"铁砧"。调查人员戴着防毒面罩，小心翼翼地打开集装箱，开始检测有害气体（第356图184）。经调查，2011年11月，这批集装箱被贴上"可回收材料"的标签，标价50万美元，从英格兰南部的废品堆放场出发，运往印度尼西亚。

这次事件已经不是英国第一次被曝出走私垃圾丑闻。《独立报》调查发现，英国犯罪集团从垃圾走私中牟利高达3亿英镑。这些洋垃圾污染着进口国的环境，对当地民众的健康构成潜在威胁。

6.4 处置有毒废物的新行业

有毒废物处置催生新行业

20世纪60—70年代，美国每年产生1.8亿吨的有毒废物，储存在1.6万个垃圾场里。为了消除这一隐患，一个崭新的行业以担负清洁环境的任务出现，从此，美国处理化学有毒废物的新行业悄然兴起[1]。

20世纪70年代，美国从事化学废物处理和处置的公司由20世纪60年代的5家发展到100家独立的承包商。

无害化和资源化处置

世界上对有毒有害废物的处置主要采取深埋、焚烧、包装堆放的方法，但会产生二次污染，且成本较高。因此，需要研发新的处置技术。

有毒固体废物具有两重性，正是利用这一特点，力求使有毒固体废物减量化、资源化、无害化。一是研发无害化处置技术。如废旧电池或含汞污泥组合物净化处理法技术，工艺简单、成本低、处理彻底、无二次污染，每吨只需投入约8000元。二是资源化利用。例如，废旧电池的成分包含有可利用的金属部分，对其回收利用能产生一定的经济价值，实现资源化。据不完全统计，中国每年生产的电池达到15亿节，这些电池含锌皮3.82万吨、铜帽600吨、铁皮2.96万吨、汞2.48吨。三是需要制定特殊的产业政策。例如日本国家产业政策规定，每生产1吨水泥，需要处理400千克工业垃圾，这是所有厂家必须完成的目标[2]。通过制定和实施新的产业政策，针对性地支持从事有毒废物处理和处置的企业，鼓励采用无毒原料和生产工艺，以保护环境安全。

---

[1] 美国出现处理化学有毒废物的新行业. 参考消息，1974-01-27//美国出现处理化学有毒废物的新行业. 科学文摘，1974（1）.

[2] 陈言. 日本水泥厂的另一项任务. 环球，2013（8）.

7 美国拉夫运河填埋废物污染事件

7.1 事件经过

拉夫运河（Love Canal）是位于美国纽约州尼亚加拉大瀑布附近的一条废弃运河。一个世纪前拉夫运河为筹建水电站而掘成，后因故被放弃。① 1942 年，这条大约 1000 米长已经干涸的废弃运河的使用权被美国胡克电化学公司购买，当作垃圾库用来倾倒工业废物，成为化学工业垃圾的填埋地。这家公司在 11 年的时间里，向河道内倾倒的各种废物达 800 万吨，其中致癌废物就达 4.3 万吨，埋下了装有 200 多种化学废物的垃圾圆桶，包括当时美国明令禁止使用的杀虫剂、复合溶剂、电路板和重金属等有毒物质。1953 年，这条已被各种有毒废物填满的运河被胡克电化学公司填埋铺上表土覆盖好后，以今后即使出现因废物引起的危害可以免掉责任追究为条件，以一美元的象征性价格，转让给了尼亚加拉大瀑布教育董事会，并附上了关于有毒物质的警告说明。当时，教育董事会没有意识到胡克电化学公司倾倒的化学物质潜在的危险，于 1954 年在运河附近建了一所小学。20 世纪 50 年代，房地产在运河周围进行开发。到 20 世纪 70 年代，这里大约有 800 套单亲家庭住房和 240 套低工薪族公寓，连同在填埋场附近的第 99 街学校上学的 400 多个孩子，形成了拉夫运河小区。

拉夫运河小区靠近尼亚加拉大瀑布，环境宜人，工薪一族在这里拥有自己的住房，生儿育女，生活美满，是典型的美国城市郊区，蓝领集中的社区。然而，1976 年一场罕见的大雨冲走了地表土，使化学废弃物暴露出来。从 1977 年开始，由于泄漏废弃物对大气和水、土壤产生影响，这里的居民不断发生各种怪病，孕妇流产、儿童夭折、婴儿畸形、癫痫、直肠出

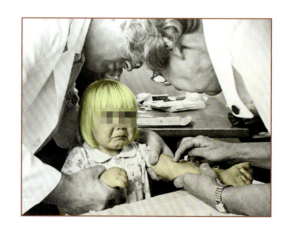

图 185 拉夫运河小区正在接受治疗的小女孩
（历史照片）

---

① 拉夫运河长 914 米，宽 18 米，是 1892 年一位叫威廉·拉夫（William T. Love）的人试图连接尼亚加拉河上游和下游而修建的。后来，拉夫先生因为资金问题而终止了运河的修建。于是，这条废弃的运河被当地政府公开拍卖。

血等病例频频发生。

1978年的一天，大暴雨之后，人们在100户住家和学校里发现许多腐烂不堪、正在渗漏化学毒物的圆桶从地下冒出来，到处是粘满化学毒物的泥水潭，空中散发着令人窒息的气味，树木和花卉发黑枯萎。在户外玩耍的小孩，手和脸部都有化学烧伤的痕迹。这次大暴雨后，土壤中渗透出来的黑色液体经有关部门检验，发现是含有氯仿、三氯酚、二溴甲烷等82种化学物质的化学物，其中11种是可疑的致癌物。

7.2 事件处置

1978年4月，当时的纽约卫生局局长罗伯特·万雷亲自前往事发地视察，他亲眼见到以前埋在地下的金属容器已经露出了地面，流出黏糊糊的液体，像是重油一样，又黑又稠。经有关部门检验，证明这种黑色污液中含有多种有毒物质，对人体健康会产生极大的危害。这件事激起了当地居民的强烈愤慨。

1978年8月1日，美国《纽约时报》以头条新闻报道了拉夫运河事件。与此同时，纽约的联网电视、广播、纸质媒体也都报道了拉夫运河事件。事件震惊了美国，整个国家都在注视着那些眼中闪着泪花抱着孩子大声哭着求助的母亲。

1978年8月2日，纽约州卫生部发表声明，根据卡特总统①颁布的紧急令，宣布拉夫运河处于紧急状态，批准对该地区进行紧急救济，封闭当地住宅，命令关闭第99街学校。建议孕妇和两岁以下的小孩撤离，并委任机构马上执行清理计划。纽约州政府表示，将帮助全部住户撤出污染区并对化

图186 美国卡特总统

图187 1978年8月5日，拉夫运河居民上街举牌抗议（牌上文字：我们不会呆坐在这里等着被污染物侵蚀）

---

① 詹姆斯·厄尔·卡特（James Earl Carter，1924— ），习惯称吉米·卡特。1955—1962年任佐治亚州萨姆特县学校董事会董事长，1962—1966年任佐治亚州参议员。在此期间还先后担任过平原发展公司、萨姆特县发展公司总经理，佐治亚州中西部计划和发展委员会以及佐治亚州改进作物协会主席等职。1974年任民主党全国委员会议员竞选委员会主席。1977年任美国第39任总统（1977年1月20日—1981年1月20日）。1980年争取连任落选。1982年起在亚特兰大的埃默里大学任名誉教授。2002年获诺贝尔和平奖。

学毒物进行一次清理。同时，允许联邦政府和纽约州政府为尼亚加拉大瀑布区的拉夫运河小区近700户人家实行暂时性的搬迁。这是美国历史上首次因化学废物污染而宣布紧急状态的重大事件。

1978年8月5日，拉夫运河居民上街游行，受害居民高呼："我想知道我的孩子是否能够正常地长大成人？""我们家的小珍妮是死胎。我请求你们查明原因，千万不要让悲剧再次发生。""我们要搬出去！离开这里！"

七个月后，卡特总统颁布了划时代的法令，创立了"超级基金"。这是有史以来联邦资金第一次被用于清理泄漏的化学物质和有毒垃圾场。

事件给当地居民带来了巨大的灾难，造成1300余人受害，由此引发了一场要求胡克电化学公司赔偿140亿美元的法律诉讼。但因当时尚无相应的法律规定，加上该公司在1953年就采取了狡猾的手段，将运河转让，诉讼失败。直到20世纪80年代，《环境对策补偿责任法》在美国通过后，这一事件才被盖棺定论，以前的电化学公司和纽约政府被认定为加害方，共赔偿受害居民经济损失和健康损失费达30亿美元。

7.3 社会影响与历史意义

拉夫运河事件唤醒了世界对化学废弃物的认识，同时也曝出了一桩能让媒体大肆炒作的政府丑闻。拉夫运河事件是由于固体废弃物无控填埋所造成的一起严重污染环境的公害事件。固体废弃物主要来源于人类的生产和消费活动并对环境造成多方面的污染。如果把固体废弃物直接倾倒入江河湖海，会造成对水体的污染；如果露天堆放固体废弃物遇到刮风，其尘粒就会随风飞扬，污染大气；固体废弃物在焚化时也会散发含有二噁英等有毒致癌物的毒气和臭气污染大气环境；堆放或填埋的固体废弃物及其渗出液会污染土壤，并通过土壤和水体在植物体内积存，进而进入食物链，影响人类健康。如何消除不断出现并且越来越多的垃圾成为人类自己需要解决的难题之一。

拉夫运河事件的重要历史意义在于它直接催生了美国著名的《超级基金法案》。这一法案最重要的条款之一，就是针对责任方建立"严格、连带和有追溯力"的法律责任。这意味着，不论潜在责任方是否实际参与或造成了场地污染，也不论污染行为发生时是否合法，潜在责任方都必须为污染负责。

《超级基金法案》出台以来，利用法律和财政手段，美国列在国家优先目录上的364块"毒地"已得到治理。而有关环境赔偿法规和对已搬迁污染企业"秋后算账"的措施，也大大促进了企业对环保的重视。

拉夫运河事件的历史意义还在于它对20世纪70年代美国的立法产生了重要影响。这一事件引起了人们对有害废物、化学品废弃场所，以及有关这些场所信息的公开的关注。拉夫运河事件后不久，环境保护局公布了美国的几个污染同样严重的场所。环境保护局被授权制定危险度评定的方法学，以确定接触排放物和治理这些场所对健康的危害。这些工作大大推动了对单个化学物和复杂混合物作用机制的研究。拉夫运河事件及类似问题，形成了立法的环境氛围，促成了《有毒物质控制法》等法规的出台，这些法案，实际上管理控制着化合物从合成到排放整个过程中的毒性影响和危害。

拉夫运河留给未来的启示是，拉夫运河事件能够得到一定程度上的解决，与这个蓝领阶层社区居民的努力有关。居民们逐渐意识到团结的力量及其影响是支配拉夫运河行动的关键，而不是公民的健康和社会福利权利。居民在揭露这件事情上的每一步都深深震惊了公众。

在居民为自己的健康安全努力争取的同时，各种媒体也表现出了惊人的一致，纷纷发表文章支持居民的行动，呼吁政府就这一事件尽快做出解释，并妥善解决。

8 西班牙有毒废料泄漏事件

8.1 事件经过

1998年4月，西班牙南部洛斯佛赖莱斯矿的一座巨大的蓄矿池，由于池底的土石层松动而破裂，造成600万立方米的有毒废料泄漏。

泄漏的有毒废料中含有镉、锌、铅以及其他金属残余物。有毒废料流入附近的瓜迪亚玛（Guadiamar）河，造成鱼类及鸟类大量死亡。

事件发生后，矿业主虽然设置了紧急截流沟，但仍然有废液流入欧洲最珍贵的自然保护区——多尼亚纳国家公园。废液流经一些农田，损坏了庄稼、田地，并影响了鱼类生存。一家名为ASASA的农场主协会报告说，60平方千米的农田被毁，损失至少有1400万美元。另外一个农业组织COAG指出，农田污染将导致农业生产损失接近1.13亿美元。

为了保护多尼亚纳国家公园，工程队仓促建造了三条排水沟，将废料转移到瓜达尔基维尔河。有毒物质顺水而下，流向60千米外的加的斯湾，排入大西洋。而泄漏的有毒废料进而威胁到西班牙南部600万只候鸟和大山猫、水獭、鹰及其他濒危动物的生命。因为有毒物质造成的影响将是永久性的，要清除土壤和河床里约20厘米深处的重金属的残余物将十分困难。

8.2 事件处置

事件发生后，西班牙和欧盟出资1亿元投入清理作业。西班牙政府还决定对业主处以4500万元的罚款，创下该国环境罚款的最高纪录。但因洛斯佛赖莱斯矿的业主于2000年10月宣告破产，政府未能收到罚款。

9 科特迪瓦有毒垃圾污染事件

2006年9月12日,一艘外国货轮通过代理公司在科特迪瓦最大港口阿比让倾倒了数百吨有毒工业垃圾,引发严重环境污染,垃圾排出的有毒气体造成7人死亡,近9000人中毒,约3万人感到不适前往医院就诊。

9.1 事件经过

2006年8月底,世界上最大的期货公司之一荷兰托克有限公司租借一艘巴拿马船只,在科特迪瓦南部港口阿比让十多个地方倾倒了数百吨有毒的工业垃圾,对多处环境造成严重污染。垃圾中排出的有毒气体造成科特迪瓦6人死亡,其中包括3名儿童。官方公布的中毒人数也接连上升,从1500人到5000人,到9月11日达到8887人。在医院治疗的大部分中毒者出现的主要症状是:呼吸困难、头痛、呕吐及腹泻等。

据科特迪瓦卫生与公共健康部后来的统计数据显示,垃圾排出的有毒气体共造成包括4名儿童在内的7人死亡,另有23人因严重中毒被送往医院急救,约3万人因呼吸障碍或其他不良反应前往医院就诊。

9.2 事件原因

事件发生后,科特迪瓦政府对事故原因展开调查。据调查,倾倒有毒垃圾的货船名为"Probo Koala"号,来历复杂。该船只所有者是希腊一家国际管理公司,船只原本是一艘俄罗斯军舰,后由荷兰的一家跨国公司租用。该船只开始曾准备在阿姆斯特丹港口倾倒废物,但由于涉及有毒物质而最终被荷兰政府制止。在接下来不到两个月时间内,这艘轮船在不少国家吃了闭门羹,最后出现在科特迪瓦。到科特迪瓦后,由一家公司负责在阿比让港口排掉大部分的有毒废物。经绿色和平组织证实,倾倒的400吨垃圾是含有大量有机物和毒性元素的炼油废物。但该公司称,自己的行为是得到科特迪瓦政府允许的;另外,在其他十余个地点排放废物也是得到阿比让港口行政部门和市政府同意的。法国《世界报》揭露:这艘船到达阿比让行政管辖的港口后,"神秘地换掉了'毒水'标签""顺利通过一家地方垃圾处理公司，不用经过任何检查而轻松地处理掉了"。而荷兰托克有限公司当时要求承包商采取妥善方式处理这些危险垃圾，然而，承包商显然没有按照规定操作，而是将其堆放在露天垃圾场，没有采取任何保护措施。

据世界卫生组织专家证实：垃圾中含有硫化氢和碳氢化合物（如苯和甲烷）等有毒成分，人吸入这种气体，严重的能致死，幸好大部分有害气体已随空气蒸发，否则后果还会更严重。

9.3 事件处置

事故发生后，科特迪瓦政府采取了一系列紧急措施防止事态恶化，包括对住院人员实施免费治疗、保证饮用水及食品安全。同时，就转移有毒垃圾的可行性措施展开研究。阿比让湖区已经禁止捕鱼，污染区周围的牲畜也都在卫生和防疫部门的严密监控之下。

为防止事态恶化，科特迪瓦政府成立了一个由多部门组成的委员会处理这一严重污染事件，开放36处医疗中心及两处流动医院免费为住院者实施治疗，征召1031名未执业的年轻医疗人员，协助污染

图188 科特迪瓦有毒垃圾污染事件（1.首都阿比让，一名男子在观看倾倒了有毒物质的下水道；2.首都阿比让，一名头戴防毒面具的工人站在有毒垃圾排放处；3.受有毒垃圾污染的村庄，村民们都戴着防护口罩；4.阿比让街头的抗议活动）

事件中受害的民众。同时采取措施隔离污染区，尽力保护饮用水源。

在阿比让到处都弥漫着类似臭鸡蛋和大蒜的刺鼻气味，当地居民外出时不得不戴上口罩，并自发地在被污染地区附近的数十个路段设立路障，劝阻车辆和行人。

法国和联合国派出专家小组抵达阿比让，协助科特迪瓦进行垃圾处理工作。9月17日，一家法国公司开始清理这些有毒垃圾，将垃圾运往国外处理。

科特迪瓦民众根据调查结果，要求总统严惩引发这场"全国性灾难"的相关负责人。接着，阿比让地区行政长官、阿比让港务局局长和海关部门负责人被停职。司法部门拘捕了在事件中负有重大责任的八名嫌疑人，其中包括三名海关官员和一名运输国务部高级官员。

9月15日，联合国相关机构公布调查报告，指出至少14个露天场所遭到毒垃圾的污染。世界卫生组织三名专家前往阿比让，探望医院中的患者，评估污染对当地居民健康造成的影响和可能引起的后遗症。

9.4 社会影响

9月15日，科特迪瓦阿比让的里维耶拉区陷入一片混乱，有毒垃圾事件引起当地居民的愤怒和恐慌。众多怒不可遏的抗议者走上街头示威，指责政府没有采取必要措施阻止外国公司在阿比让居民区倾倒工业垃圾，事发后也没有及时采取补救措施或组织当地居民疏散，导致出现人员伤亡。大批示威者在阿比让街头将运输国务部长伊诺桑·科贝南·阿纳基的汽车团团围住，随后将阿纳基拖出汽车打成重伤。并且焚烧了阿比让港务局局长马塞尔·格西奥的住宅。格西奥因为涉嫌卷入毒垃圾事件已被停职。

毒垃圾事件曝光后，科特迪瓦过渡政府向总统巴博递交辞呈，宣布集体辞职，以对发生在经济首都阿比让的有毒垃圾污染环境事件负责。9月16日，科特迪瓦总统巴博签署总统令，宣布成立新的过渡政府，以接替前过渡政府。

西非国家科特迪瓦遭受的这场"灾难"让大家对外国货轮倾倒有毒垃圾的行为"恨之入骨"。

10 匈牙利有毒氧化铝废料污染事件

10.1 事件经过

2010年10月4日，在匈牙利西部维斯普雷姆州，匈牙利铝生产贸易公司（MAL Hungarian Aluminium Production and Trade Company）位于奥伊考的一个废料池发生决堤事故，大约100万立方米含有铅等重金属的红色有毒废水泄漏，涌向附近村镇和河流，波及范围大约有40平方千米。10月7日晨，污染物已抵达多瑙河支流。截至10月10日，事件造成7人死亡，150人受伤，数百人无家可归。[1]

匈牙利国家灾难管理局指出：已有7000人直接受灾，这是有史以来匈牙利发生的最严重化学工业意外事件。

含有毒氧化铝废料的"红色污泥"淹没了六个村庄，不少房屋被淹，农田损毁。卫星照片显示，有毒废料污染的红色河流绵延近15千米，有50米宽。卫星照片清晰显示出有毒废料已扩散到河道两岸以及居民区。

图189 卫星照片清晰显示有毒废料已扩散到河道两岸以及居民区

[1] 杨晓天. 多瑙河十年来第二次面临有毒废水泄漏灾难. 新浪环保，2010-10-08.

10.2 事件原因

据调查，毒水泄漏的废水池长约450米，宽300米，截至10月6日，泄漏已停止。这些有毒废水属于炼铝废物，有轻微放射性，腐蚀性物质可穿透衣物，引起皮肤灼伤。鱼类和野生动物也可能受污染死亡。同时指出：污染已渗透到河床底部的土壤，其后果比河水污染更为严重。

10月6日匈牙利总理欧尔班·维克托指出：废水池两周前才接受过检查，没有异常，泄漏令人意外，可能存在人为因素。由于事故严重，警察总监豪陶洛·约瑟夫决定由国家最高调查机构接手，针对是否存在玩忽职守展开刑事调查。接着，警方开始对这起事故进行搜证调查，当局表示，已经掌握到了该家铝厂总部关于废水池蓄水的文件。

匈牙利环境部长伊勒斯（Zoltan Illes）指出：如果该家铝厂废料池中所装载的有毒废水超量，从而造成了毒水外流，那么这种做法将构成犯罪。这次泄漏事件对河流造成的污染和损失费用高达102亿匈牙利福林，对周边环境则造成80亿福林至120亿福林的损失。肇事的匈牙利铝生产贸易公司将因本次泄漏事件承担200亿福林（约合7300万欧元）的经济费用。[1]

10.3 事件处置

事件发生后，匈牙利政府立即宣布受灾的三个县进入紧急状态。肇事铝厂经受严厉批评，已经按命令暂时停产。

为了阻止有毒废水"入侵"多瑙河，匈牙利紧急情况部门工作人员戴上防毒面罩，穿上胶靴和其他保护装备，向当地连接多瑙河的支流——拉包河里倾倒了数千吨石灰和乙酸，让有毒废水凝固，并降低泥浆的pH值[2]。

受污染地区表层两厘米的土壤需要"铲土去毒"，清理需要至少一年。由于受灾地区面积大，污染严重，需要动用大量人力和机械，清理和重建费用预计以千万欧元计。因此，匈牙利向欧盟请求技术和资金援助。

---

[1] 匈牙利毒水横流 肇事铝厂或遭罚款7300万欧元. 中国新闻网，2010-10-11.
[2] 事件发生时，河水的pH值为13，10月7日降低到10。在观测水域中，也没有死鱼虾出现。一般来说，多瑙河水表面的正常pH值在6.5到8.5之间。

图 190 匈牙利有毒氧化铝废料污染事件 （1. 10月7日，在匈牙利维斯普雷姆州铝厂泄漏事故现场附近的科隆塔尔镇，当地居民经过一座浮桥；2. 救援人员正在加紧清理和封堵）

10.4 社会影响与历史意义

匈牙利铝厂毒水泄漏事件影响扩大，多瑙河沿岸至少10个国家面临威胁。同时，此次事件也引起了有关方面对附近其他废水储存地的关注。由于有毒废水呈红色，是强碱性的毒泥水，一些下游国家开始频繁测水。[①] 克罗地亚、塞尔维亚和罗马尼亚每隔几个小时测试一次河水，希望多瑙河强大的水流能够稀释有毒废水。

10月6日，总部设在日内瓦的世界自然基金会认为，有毒物质将长期污染周边生态环境。该基金会匈牙利办事处负责人菲盖茨基表示，此次事件对野生动植物的生长环境影响极大，已难以具体估算。由于受到污染的地表水最终将注入多瑙河，流域内自然保护区也将面临威胁。此外，救援行动中大量使用了石灰和乙酸等化学材料，用于中和废水中的有毒物质，而这些材料本身即有一定毒性，可能进一步加剧对周边的动植物群落生存环境的污染。菲盖茨基还提醒有关方面关注有毒废水中所含重金属在动植物体内长期积聚可能带来的危害。

世界自然基金会还指出：这次事件是多瑙河近10年来第二次面临类似灾难。自1998年西班牙南部洛斯佛赖莱斯矿有毒废料泄漏事件和2000年罗马尼亚巴亚马雷发生含氰化物有毒废水泄漏事件之后，欧盟制定了《欧盟工矿废弃指令》，该指令就是为了预防此类灾难的发生。但世界自然基金会参与的《欧盟工矿废弃指令》所发挥的效力有限。如果《欧盟工矿废弃指令》得不到实施，多瑙河流域还有可能会发生一连串灾难，进一步会给对动植物具有重大意义的多瑙河三角洲构成破坏性影响。

---

① 颜颖颛. 匈牙利铝厂泄漏毒水逼近多瑙河 将影响十余国家. 新京报，2010-10-08.

第40卷

其他突发毒性灾祸

本卷主编 史志诚
孟紫强

WORLD HISTORY OF POISON
世界毒物全史

卷首语

  战争毒剂灾难有的发生在战争进行之中，有的属于战后被遗弃的化学武器伤害事件，战争毒剂给战争受害者和使用战争毒剂的士兵带来健康受损的后遗症，贻害无穷。

  毒性灾害的特征之一是毒性的次生性。毒物存生于生态系统，必然对生态系统产生不同程度的影响。如核泄漏带来的核辐射毒害，将是一个难以消除的隐患。活着的受害人在晚年丧失生存能力，一次性赔偿远不足以安置他们的一生；而有的毒性作用将影响到后代的健康。因此，一些毒性灾害引起的法律问题将无休无止。毒性与次生性构成毒性灾害的特殊性在于防制毒性灾害需要跨学科、跨行业、跨部门的协调和合作。

  进入 21 世纪，沙尘暴引发的灾害与健康问题凸显出来，科学家正在进一步查明沙尘暴的成因与发源地，深化沙尘暴对健康危害的认识，并将其纳入毒理学的研究范围，在总结历史经验的基础上面对新情况新问题，开展新一轮的研究工作。

  1967 年 3 月 18 日，利比里亚籍超级油轮"托利·卡尼翁"号触礁事故标志着现代极其严重的原油泄漏事故的开始。之后，仅从 1970—1990 年，发生的油轮事故就多达 1000 起，每年因各种漏油事故而排入海洋的石油有 1000 万～1500 万吨。科学家发现漏油事故的毒性效应及其对生态环境的长期影响，引起了政界和学术界的广泛关注。历史的经验告诉人们，"滴血的黄金"和"滴血的石油"的悲惨故事可能重演。

1

战争毒剂灾难

1.1 意大利巴里港毒气爆炸灾难

1943年12月2日,德国飞机轰炸意大利巴里港,击中一艘装有芥子气的美国巨轮,致使1000多名士兵丧生。历史上称之为巴里港灾难(Disaster at Bari)。

事件经过

1943年12月2日晚,意大利南部紧靠亚得里亚海的巴里港灯火通明,港口内停满了为盟国军队运送作战物资的大小船只,其中有一艘来自美国的"约翰·哈维"号巨轮,其灰黑色的身影掩映在众多的船只之中。此刻,"约翰·哈维"号已经熄火停泊,船上的船员们大部分都已就寝,甲板上只有一些值班水手,还在那里忙着检修、擦拭、保养船上的设备,摆弄那些各种各样的缆绳。

突然,警报长鸣,划破了沉寂的海港之夜。19时30分,100多架满载炸弹的德国"Ju-88"式轰炸机吼叫着冲了过来,对这个港口城市发起了空中袭击。轰炸机先是在港口市区内投下炸弹。随后,德军飞机又飞临了港口上空,对那些密密麻麻地停泊在港内的船只一阵狂轰滥炸。这次袭击持续了20分钟,共炸沉16艘船,炸伤4艘。空袭把船舶密集的港口炸得七零八落。20时刚过,一艘油船起火爆炸。紧接着,被直接命中三四枚重磅炸弹的"约翰·哈维"号也发生了爆炸,并燃起熊熊大火,船体开始摇晃下沉,不幸的灾难就这样发生了。因为在"约翰·哈维"号船上,除了受美国军方派遣的霍华德·D.贝克斯特罗姆上尉及其率领的五名化学兵助手外,包括船长都不知道船上究竟装了些什么货物。而这六个知情人已经和该船的埃尔文·诺尔斯船长在空袭中当场遇难了。

早在几周前,驻巴尔的摩基地美国第701化学器材保养连的上尉霍华德·D.贝克斯特罗姆接到命令准备出国作战。贝克斯特罗姆是杰出的化学战专家之一,曾受训于亚拉巴马州的西比特营特别中心。他的任务之一是监督化学弹药的运输。

他拿到通知才知道,这回他的目的地是意大利境内盟军的一个主要补给站:亚得里亚的巴里港。他的货物是美国大量储存的化学武器的一部分:100吨芥子气。

贝克斯特罗姆的任务没有什么不寻常之处。战争期间,英国和美国向全世界输送化学武器,在各个战场都保持有大量的储存。轴心国列强也同样。双方都把储存的化学武器作为重要的秘密严加封锁,担心一旦被对方发现就会把它当成发动化学战的借口。只有高级指挥官和他的少数几个参谋才知道自己所管地区的毒剂储存情况。正是这种严格的保密措施,导致了巴里港的这场化学毒剂悲剧。

在巴尔的摩,贝克斯特罗姆负责监督把芥子气装到"约翰·哈维"号船上去。

装船是在极其秘密的掩护下进行的。这次"约翰·哈维"号一共装载了2000枚M47A1型45千克化学炸弹。每枚炸弹内装有30千克左右的芥子气。美国的芥子气都是处于极不稳定状态的。因为它是用廉价、快速的方法生产出来的,每枚炸弹中含有30%的杂质气体。这种气体能聚积并引起爆炸。因此,跟贝克斯特罗姆同行的五名化学兵助手有很多的事情要做,他们要给炸弹定期排气,仔细检查舱室装箱,以防发生腐蚀事件。

诺尔斯船长负责指挥航行。他是摩尔曼斯克护航队的一名老资格成员,"约翰·哈维"号11月28日从西西里到达巴里港。船长发现港内盟国船只已拥挤不堪。作为公务人员,他不知道他所装运的货物的实情。因此他无法请求港口当局给予优先卸船。相反,当局命令他把船停到偏远的29号码头等待卸船。

四天后,即1943年12月2日下午,英国空军元帅阿瑟科宁哈姆举行了一次记者招待会。他透露他认为盟军在意大利南部占有空中优势。他对记者说:"如果德国空军试图在该地区采取任何重大行动,我将认为,这是对我个人的侮辱。"可是,天刚黑,德国人好像有意要让阿瑟科宁哈姆元帅蒙羞一样,这种不幸的"侮辱"很快就带来了灾难。

在"约翰·哈维"号沉没的地方,有些毒气开始燃烧,有些则直接沉入海底,其余的则从破裂的船底货舱向外渗漏,在布满残骸的港口扩散开来,与漂浮在水面上的数百吨的油料混合在一起,形成可置人于死地的混合物。整个港口上空充满了刺鼻的大蒜味。大蒜味如此强烈,以致有一条船上的人足足戴了半个小时的防毒面具。浓黑的烟雾夹着毒气在海港上空翻滚,渐渐遮盖了巴里城。

然而,受害最重的并不是那些吸进了烟雾的人,而是那些漂浮在港口海水里的人,那些在救生艇中脚浸在油水里的人,以及那些用手扒着救生艇的人,他们的整个身体几乎都浸泡在芥子气的"死亡之液"中。无论是港口和医院的抢险队还是被救的人都不知道自己已暴露于芥子气中了。

医院全力以赴医治800名伤员(1000多名伤员已经丧生)。据推测,大多数受害者因暴露于芥子气中而受到最严重的毒害,承受着痛苦的折磨。送到医院时他们仍然浑身湿漉漉的,原油沾满全身。他们全身裹在毯子里,有人给他们端来热茶。大部分人都这样安静地坐在那里,消度残夜,却全然不知芥子气正悄悄地发生毒效。两周后,一份为盟军最高统帅部准备的报告中说:"灼热和吸收的机会恐怕是太多了。每个人实际上都浸泡在芥子气和原油混合的溶液之中。随后,他们又用毯子裹着身体,还喝了热茶。这就提供了一个长时间的毒剂吸收期。"

事件后果与代价

灾难发生后的第二天早晨,最初有大约630名芥子气中毒者开始诉说他们的眼睛看不到东西了。恐怖气氛遍布整个医

图191 巴里港毒气爆炸灾难(1943年12月)

院。医生强使他们睁开眼睛以证明他们还有视觉。可怕的灼烧效应还在发展，对此有各种各样的描述，有的青铜色、红棕色或黄褐色的受伤的表皮从身体上剥落下来。一些人烧伤面积达90%，大片的表皮变得松弛，有的皮肤带着汗毛一起剥落。有的生殖器部位的灼烧最严重，也是最令人感到痛苦的。有些患者的生殖器胀大至原来的三至四倍。这种灼烧给患者造成了莫大的精神痛苦。

在海面较远一些的地方，美国驱逐舰"比斯特拉"号在逃离巴里港之前打捞了30名伤员。由于不知底细，当船离港行驶了5小时后，30名中毒者的潜伏期已过，芥子气的延发效应出现了，不但被救上船的人迅速倒下，而且原先船上的人也因从他们湿漉漉的衣服中挥发出来的芥子气而受到伤害。很快，船员都丧失了视力，不久便全部失明，有许多人严重烧伤。这批"盲人"水手驾驶着这艘军舰，克服了难以想象的困难之后，才到达了意大利的塔兰托港。

就在"比斯特拉"号驱逐舰摇摇晃晃驶向港口时，这次事件中最早的受害者已在巴里的医院里死亡。两周内死亡70人。初步尸检证实了芥子气中毒死亡的典型症状：严重烧伤、皮肤起疱、肺和呼吸器官的内壁剥离，实心的管状黏膜堵住了气管。

仅有的区别只是症状的严重程度不等。40具来自12个民族的典型受害者的尸体，被运到波顿和埃奇伍德兵工厂做进一步的检查和研究。

在巴里城内也发生了相似的惨景。有1000多市民死亡，很多是因为大片芥子气烟云笼罩了城区引起的，其他人是由于受席卷海岸的充满了油和芥子气的浪潮的扑打而中毒身亡。此后，在数周的时间里，这些原来健康的市民躺在床上呻吟。一场大规模的化学战会给人们带来什么样的灾难，对平民和士兵来说，这实在是一次可怕的预演。

当这场灾难的混乱不清的情况传到盟军最高统帅部时，立即引起一连串的惊慌。开始，他们以为是德国人发动了一场毒气战。后来当初步查清是美国人的毒气酿成这场骚乱时，又估计德国人可能会以此作为借口而竭尽全力发动一场化学战。当时在意大利的盟军处于进攻态势，他们希望能尽快在法国海岸登陆，这样，使用毒气对打击希特勒有帮助。起初，美国驻欧盟军最高司令艾森豪威尔将军想把整个事件加以保密。那些被运到英国和美国进行解剖的死者的亲属接到通知说：他们的孩子或丈夫"由于敌人的袭击发生休克、出血等症状"而死去。为了便于记录，艾森豪威尔建议用这样的字眼："皮肤疼痛、灼烧感"和"眼睛受伤"，纯粹是由于"敌人的袭击"，"肺和其他并发症引起了支气管炎"。他电告盟国参谋长联席会议，并说："考虑到这些用语足以使那些受伤的人在将来能够申请领取养老金。"为了进一步完善保安措施，各军事基地都强行设立了严格的邮政审查。美国总统罗斯福和英国战时内阁批准了艾森豪威尔的保密策略。

然而，艾森豪威尔试图对巴里港发生的事件加以保密的计划最终归于失败。当时数以千计的人逃离了巴里港。置人于死地的新武器造成的事故已经广为流传。

1944年1月，盟军想把事件的细节情况只秘密告诉指挥官和医生的意图也破灭了。在盟军内部，否认，一再否认事实真相的简报难以自圆其说。2月，参谋长们根据艾森豪威尔最早提出的想法，拟订了一项声明，重申："盟军政策是不使用毒气的，除非敌人首先使用。但我们已严阵以待，准备还击。我们并不否认这是一次有意冒险的事件。"

巴里港惨案在一些正式的参谋工作史和盟军将领个人回忆录中都很难见到，有人想抹杀或淡忘这段历史，然而，它所造成的骇人听闻的悲剧，决不会轻易被人们所忘记。

1.2 越南战争中的"橙剂"①灾难

"橙剂"引发的橙色灾难

20 世纪 60 年代在越南战争中，美军为了破坏掩护越南军民抗战的天然屏障——茂密的热带丛林，喷洒了橙色战剂，使越南百姓患上各种莫名其妙的怪病，许多成人患上癌症，同时危及下一代，生下许多畸形、弱智、残疾儿童。历史上人们便将此事件称为"橙剂灾难"。

"橙剂"引起的后遗症成为一场灾难，至今难以消除。据调查统计，在越南战争期间，美军在战场上使用了总共 15 种除草剂，其中"橙剂"占 55%，其他除草剂分别是"粉红剂""蓝剂"和"紫剂"，其中"粉红剂"的毒性最大。目前，越南南方许多地区的土壤和水源中依然存在"橙剂"毒素，虽然许多当年遭到喷洒的地区现在树木茂密，但是毒素已经进入环境和食物链，从而给越南民众的生活和健康带来了长期的危害。

据统计，在越南战争期间，美国空军用飞机向越南丛林中喷洒了 7600 万升落叶型除草剂，即装在橘黄色桶里的"橙剂"，以此清除当地遮天蔽日的树木。美军还利用这种除草剂毁掉了越南的水稻和其他农作物。他们所布洒的面积占越南南方总面积的 10%，其中 34% 的地区曾遭多次喷洒。2003 年 4 月，美国《自然》杂志刊登的由美国专家完成的一项最新调查表明，1961—1971 年，美军在越南喷洒的"橙剂"数量达到 7948.5 万升。

据越南公布的调查统计，1961—1970 年，美军布洒落叶剂 7200 万升，植物杀伤剂 12 万吨，用毒 700 多次，使越南南方的

图 192 1966 年美国军队在越南南方稠密植被地区喷洒橙色化学落叶剂

---

① "橙剂"，亦称为落叶剂。为了在运输和储存中易于辨认，美军在盛放不同药剂的桶的外侧刷上 20 厘米油漆带，分别标记为橙色剂、蓝色剂和白色剂。在试验阶段，美军使用了几千种不同的化学品。但在大规模化学战期间，使用的主要是橙色剂，其在脱叶方面的效果超过其他化学品。

44个省3000多个村庄遭到直接布洒,严重污染了200万~400万人居住地区的环境,染毒面积占越南南方总面积的30%以上,导致150多万无辜百姓中毒受害,3180人死亡。

"橙剂"后遗症在越南战争10年后逐渐显现,越南人和参战的美国老兵深受其害。据统计,不仅当年的越南受害者出现

表40-1-1 美军使用除草剂的布洒面积及中毒伤亡人数

年度	污染面积(平方千米)	中毒人数	死亡人数
1961	6	180	
1962	110	1120	40
1963	3200	9000	80
1964	5002	11000	120
1965	7000	146240	350
1966	8760	258000	460
1967	9033	279700	620
1968	9893	302890	710
1969	10870	342886	500
1970	4150	185000	300
合计	58024	1536016	3180

注:引自纪学仁. 化学战史. 北京:军事译文出版社,1991:339.

癌症和基因异常,他们的子孙也被殃及,总共涉及480万人[1]。其中300万人是直接受害者,儿童15万人,有60万人患上绝症。在越南南方山区,人们经常会发现一些缺胳膊少腿儿或浑身溃烂的畸形儿,还有很多智力低下的儿童,他们就是"橙剂"的直接受害者。

调查报告也指出,许多美军士兵由于被飞机直接布洒沾染"橙剂",或者进入刚刚被布洒过的树林,而成为受害者。在美国的越南战争老兵所患的病中,除糖尿病外,已有九种疾病被证实与"橙剂"有直接关系,包括心脏病、前列腺癌、氯痤疮及各种神经系统疾病等。特别是参加过"牧场行动计划"的老兵糖尿病的发病率要比正常人高出47%;心脏病的发病率高出26%;患何杰金淋巴肉瘤病的概率较普通美国人高50%;他们妻子的自发性流产率和新生儿缺陷率均比正常人高30%。

除此之外,在越南战争中美军大量使用毒剂和植物杀伤剂,使越南南方广大地区的家畜中毒,森林资源被毁坏,1400平

---

[1] 2003年4月,美国《自然》杂志刊登的由美国专家完成的一项调查表明,美军当年在越南战场上使用的"橙剂"大大超出了美国政府原先承认的数量。调查报告指出,遭到"橙剂"喷洒的越南村庄多达3181个,而受到污染的越南百姓可能多达480万人。

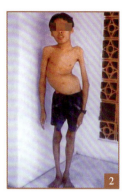

图193 越南橙剂儿童后遗症（1—2."橙色灾难"中的畸形、残疾儿童。3.图中儿童是越南岘港市因"橙剂"而致残的9岁的Nguyen Thi Ly，摄影师：美国Ed Kashi，此作品获得当年世界新闻摄影比赛当代热点单幅二等奖。4.越南阿宣省的女孩阮诗华坐在一辆轮椅上，她出生时畸形，20岁时体重只有4千克）

方千米的红树林遭到极度摧残，西贡北部和西郊的硬木林死掉一半，毁坏了2000平方千米的土地上生长的谷物，农业生产遭到了破坏。随着森林和庄稼的衰败，鸟类也遭浩劫。

搁置29年之后的诉讼

2003年8月，美国出版的《职业和环境医学杂志》突然刊登了一个令人震惊的研究报告，这份报告证实，美军在越南战争期间使用的"橙剂"，现在仍在污染越南食物和毒害越南民众。报告说，2002年美国科学家在越南南部城市边和附近提取了16种食物样品，发现其中6种食物中，致癌化学物二噁英含量接近越南战争时期水平。它们广泛存在于鸭肉、鸡肉和深水鱼体内。边和位于胡志明市东北32千米，曾经是美军的空军基地。而这里恰恰就是越南战争期间美国储存"橙剂"最主要的仓库。当美军战争失败离开越南的时候，并没有把这些毒剂再带回去，而是就放在机场，时间一长，这些毒剂便泄漏到周围的一些地区。这项研究说明"橙剂"并没有成为历史，这一地区越南人体内二噁英污染程度仍然很高，有的则是正常人的200倍。

这一研究在国际上，尤其是在越南引起轩然大波。长期以来，美国一直否认"橙剂"中的毒素能够影响到战后，但是现在，这个研究结论成为越南人愤怒爆发的导火索。

在美国政府没有答应越南政府的要求、越南政府等了很久没有得到答复的情况下，到2004年1月底，越南"橙剂"受害者和越南"橙剂"受害者联合会起诉了美国生化公司。

美国的赔偿与救助

2000年以来，美国福特基金会累计提供了900多万美元用于救助越南"橙剂"受害者。但仅彻底清理遗留在越南岘港、边和、芙吉三地的"橙剂"就需要5000万~6000万美元。2007年美国国会批准向越南"橙剂"受害者赔偿的金额仅为300万美元，2008年的赔偿金额也只有600万美元。国际民主律师协会设立的国际良心法庭在法国巴黎召开会议，支持越南"橙剂"受害者。法庭还建议越南政府成立由医学、科学、环境、法律等领域专家组成的"橙剂"委员会。在委员会确定相应的赔付金额后，美国政府及美国化工公司必须向设立的"橙剂"委托基金赔款,为"橙剂"受害者提供必要的救助。此外,三名越南"橙剂"受害者向美国纽约市布鲁克林区法院提起公诉,状告当年生产这些有毒化学制剂的37家美国公司。此举引起许多国际人士和组织的强烈共鸣,红十字国际委员会、红新月会,以及挪威、德国、美国、丹麦、瑞典和西班牙的红十字会,都已对越南受害者表示强烈支持。

2012年8月9日,美国和越南正式着手清除"橙剂",试图以此减弱战争"残毒"对越南民众健康和美越关系的影响。启动仪式在越南中部城市岘港的机场举行。美方计划用四年的时间拨款4300万美元,在岘港机场范围内挖取约7.3万立方米的泥土,经过处理分解其中所含的二噁英,并达到"越南和美国的安全标准"。同时,花费900万美元,帮助越南残疾民众。美国驻越南大使戴维·希尔称其为"历史的里程碑"①。《华盛顿邮报》分析称,这是自1961年美国在越南撒布"橙剂"之后的50年采取的一项"历史性举措"。②

"橙剂"纪念日

越南政府为了帮助在越南战争中患上"橙剂后遗症"的人们能早日恢复健康,从2004年起,把每年的8月10日选定为越南"橙剂后遗症"患者的纪念日③。在第一个越南战争"橙剂"纪念日活动中,河内友好团体联合会举行纪念集会,呼吁国内外人士和组织进一步伸出援手,帮助480万名因美军越南战争期间喷洒化学"橙剂"而受到危害的越南人。联合会在河内探望了受害儿童,并向他们赠送物资。之后,每逢"橙剂"纪念日,越战"橙剂"受害者协会便发起筹款活动,为"橙剂"受害者募集捐款。并积极建设"橙剂"受害儿童半寄宿幼儿园、爱心屋,向"橙剂"受害者提供奖学金和工作岗位。

1.3 日本冲绳美军毒气试验士兵健康受损事故

根据从宾夕法尼亚州卡莱尔的美国陆军军史遗产教育中心获得的文件,1962年12月1日在冲绳启动了第267化学军务小队执行美国国防部的"112项目"的行动任务。在去冲绳前,这支36人的小分队在丹佛的落基山武器库(美国最重要的生化武器设施之一)接受了训练。在1962年12月至1965年8月间,第267小队收到了代码为YBA、YBB和YBF的三种秘密物质,其中包括沙林和芥子气。④

新发现的文件披露,50年前,美军在冲绳启动生化武器项目,试验各种生化武器,包括摧毁亚洲人主要食物稻米的稻瘟病试验。而参与此项目的美军士兵由于

---

① 美助越南清除橙剂污染.华商报,2012-08-11.
② 美越合作清除越战遗留橙剂.参考消息,2012-08-11.
③ 选择8月10日作为越战橙剂纪念日(Agent Orange Day),是因为1961年的这一天,美国空军使用这种落叶剂在越南进行了首轮喷洒。
④ 米切尔.美军冲绳生化武器试验揭秘.环球视野,2012(520).

接触毒气，许多人后来出现了严重的健康问题。[1]

2000年，美国国防部终于承认让自己的军人接受了生化武器试验，并声称设计这个项目是为了让美国制订更好的计划以应对美军可能遭到的进攻。但一些接受过此类试验的美国老兵后来出现了严重的健康问题。

1962年驻扎在冲绳汉森营的一等兵唐·希思科特清楚地记得他接触毒气时的情景。希思科特说："我被派到冲绳北部森林的一个小组待了30天左右。我向树叶喷洒从不同颜色的容器里抽取的化学药品。"喷洒的药物使大片森林死亡，也对他自己的健康产生了致命影响。他说："在我回到家乡后不久，做了一次手术，从鼻腔中取出息肉。医生取出的息肉装满了一个小杯子……他们诊断我得了与接触化学药品有关的支气管炎和鼻窦炎。"

第一个揭露第267化学军务小队情况的老兵服务官员米歇尔·加茨说："'112项目'下面有数千个试验各种毒药、麻醉药和细菌的分项目。它被形容为将触角伸向四面八方的章鱼，其中一个地方就是冲绳。"

一位名叫杰拉尔德·莫勒的前美国海军陆战队员在不知情的情况下参与了这种试验。1961年7月，21岁的莫勒受命在考特尼营（位于今天的宇流麻市）附近的森林执行一项非同寻常的任务。莫勒在接受记者采访时说："我们被告知在一处方圆约2万平方米、植物被完全摧毁的地方支帐篷，并在那里睡了几天。那时我们没有接受任何训练，我们只是无所事事地坐在那里。在附近，我们发现一个地方藏着大约40桶（每桶约189升）落叶剂。那种气味是很明显的。"后来莫勒患有肺纤维化和帕金森病。

另有公开记录显示，美军还曾在冲绳当地进行了稻瘟病试验，使用过一种传染性极强的真菌来摧毁整片稻田。该试验旨在剥夺潜在敌人的食物来源，尤其是亚洲人的主食：大米。曾在冲绳服役的美军军官回忆称，当时他们在不知情的情况下参与了上述试验，驻守在被真菌摧毁的试验区，"海军陆战队员在冲绳像猪一样被当作试验品"。

根据谢尔登·哈里斯描述生化武器历史的《死亡工厂》一书，美国在冲绳进行的试验取得了巨大成功，给美军带来了1000份灭草剂研究合同。

当时美国打算将在冲绳的一些设施用作民用。然而，就像美国以前在其他地方的生化武器储存地——如落基山武器库和

图194 1969年，冲绳发生美军毒气泄漏事故，冲绳妇女举行抗议活动，要求美军撤走毒气（摘自2012年12月4日《日本时报》）

[1] 日媒揭秘美军冲绳生化武器试验. 新华网，2012-12-06.

约翰斯顿岛——仍受到严重污染一样,冲绳土地在被交还给日本时很可能同样是有毒的。因此,1969 年曾引发了日本冲绳民众的强烈抗议。

为解决参与试验的美国老兵后来出现的健康问题,美国国会在 2003 年迫使五角大楼列出在"112 项目"期间暴露于毒气下的美军人员名单,但国防部回应说正在调查之中。

2012 年是化学武器首次运抵冲绳 60 周年,也是在冲绳启动"112 项目"50 周年,然而包括希思科特和莫勒在内的美国老兵继续受病痛折磨的事实表明,这个问题绝不仅仅是历史问题。

1.4 美国化学武器库发生芥子气泄漏事件

美国陆军普韦布洛弹药库是美国境内的五个化学武器库之一,占地 93 平方千米。2011 年 2 月,曾在这个仓库发现有五枚炮弹出现泄漏,并对它们进行了密封。

2011 年 8 月 2 日,美国陆军普韦布洛化学武器库的工人在当天下午的例行检查中发现该仓库冒出危险的蒸气——芥子气。事件发生后,训练有素的仓库职工在这个覆盖了泥土的圆顶弹药库上又安装了一个空气过滤装置,以防芥子气的泄漏。没有人因为该气体泄漏而受伤。①

---

① 美化学武器库发生芥子气泄漏. 新华国际,2011-08-04∥陆军武库发生芥子气泄漏. 丹佛邮报网,2011-08-02.

2 战争遗弃化学武器伤害事件

2.1 日本遗弃芥子气桶引发中毒事件

毒气桶的发现

2003年8月4日，早晨4时许，黑龙江省齐齐哈尔市兴计开发公司在齐齐哈尔市龙沙区北疆花园小区工地施工时，工人李贵珍从地下约2米深处挖出五个金属桶，桶高为75厘米，桶的直径为45厘米，除两个已破损外，剩余三个中的一个被当场挖破，桶内油状物喷溅到挖掘机和司机身上，并渗入周围土壤中，另外两个除表面生锈外依旧完好。上午9时，五只金属桶被废品小贩收购，小贩随即到齐齐哈尔市齐富路附近的工农委废品收购站对油桶进行了贩卖。两个民工在废品收购站门前切割油桶的两端铅块和铜帽，致使两个完好的油桶破损，造成内容物外泄。五名工人又去该工地事故发生地附近为建华区建筑工地施工拉土。当日13时一卡车司机在收购站处收购了一车废铁和四个油桶（其中一个因腐烂、破旧没有装车），运往大庆市转卖，后被告知追回。当晚18时左右李贵珍等上述人员全部发病，出现头痛、眼痛、呕吐症状，被送到医院，确诊为芥子气中毒。另挖出金属桶的工地被污染的残土被清运到九个地点，造成污染扩散，致使另有31人陆续中毒住院。[①]

经过军方专家现场勘察和测定，认定五只金属桶为旧日军遗弃化学武器毒剂桶，毒气桶内的物质为芥子气。

图195 引起芥子气中毒的金属桶

事件处置

事件发生后，齐齐哈尔公安部门在8月4日当晚开始介入此事。公安局接到报警后立刻赶到现场，并开始警戒。对所有发现的有毒现场和拉桶的车辆实施戒严，所有涉及有毒物质的人员都受到逐一排查，这些措施使事态得到及时有效的控制。晚上22时多，四个毒剂桶在运往大庆的过程中被迅速追回。立即启动《危险化学品工作预案》并实施应急救援预案。中毒人员都由指定的专门人员救治，市里先后召开三个专业会议，与此同时向当地驻军请求救援。相关医院成立了指挥领导

[①] 王汉斌，黄韶清. 一起日本遗弃化武——芥子气中毒事件. 医学应急救援概况，2014-03-05.

小组，同时抽调了6名医疗专家和18名有经验的护理人员组成救治小组。在有毒物质涉及区被封锁的同时，对五个金属桶进行了包装封存，对事发现场全面消毒，污染土壤进行了侦检、包装、洗消。地方政府也随即成立救援领导小组开展工作。

8月8日齐齐哈尔市政府将这次事件命名为"8·4"芥子气中毒事件。8月9日正式在新闻媒体上向社会公布。

"8·4"芥子气中毒事件使日本遗弃在中国的化学武器问题浮出水面，并很快上升到外交层面。日本政府随后派出外务省四人代表团赴齐齐哈尔，并于8月14日和8月16日先后派六人毒剂封存专家团和七人医疗专家团赶赴齐齐哈尔。日方四名代表勘察了毒气泄漏现场和储存毒气罐的仓库，并到医院看望了中毒者。①

救治经过

2003年8月4日，晚21时50分左右，齐齐哈尔市解放军医院突然来诊三名特殊患者，均因眼部红肿、充血、流泪，皮肤红斑及水疱等症状前来急诊。次日晨6时许，又有两名患者因同样症状入院。8月5日，解放军医院向沈阳军区卫生部报告，收治了五名不明原因怀疑芥子气中毒的患者。因缺乏诊治此类患者的经验，随即向有关单位通报了情况。

8月5日下午15时，北京的医学专家接到医院关于做好此次事件医学应急救援的指示，及时做好了随时出发的准备。

8月6日上午，多位专家先后乘班机飞赴齐齐哈尔，对中毒人员进行了进一步确诊。据介绍，芥子气中毒临床症状为三期——休克期、感染期和骨髓抑制期，当时，31名中毒患者已度过休克期，医院正全力以赴使处于感染期的患者得到救治。

首先明确诊断。这批患者有以下特点：

第一，有眼部红肿、流泪、皮肤红斑、水疱、糜烂、会阴部红肿、水疱、糜烂等临床表现和症状。

第二，所有患者均与毒剂桶或受其污染的泥土有过接触病史。

第三，毒剂桶内容物的毒检结果为芥子气阳性，重症患者尿砷毒检阴性等。

据此，立即诊断为芥子气中毒。

接着，采取具体治疗措施。防治感染、保护性隔离、脏器机能的保护与支持、免疫调理治疗、营养代谢支持与调理、积极加强创面处理、防治各种并发症并精心护理。

截至8月23日，共收治芥子气中毒患者45人，其中男性40人，女性5人，最大年龄为55岁，最小年龄为8岁。患者表现为芥子气中毒的多系统损伤症状②。

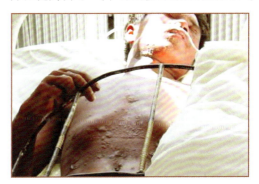

图196 一名受害人正在接受紧急抢救

---

① 吴晓东，梁冬．侵华日军遗弃毒剂伤人事件全记录（附图、伤者名单）．黑龙江日报，2003-08-10．

② 芥子气中毒的多系统损伤症状，主要是：皮肤损伤：如红斑、水疱，疱液为琥珀色；会阴部损伤：如阴茎、阴囊皮肤黏膜水肿、水疱和溃烂；眼损伤：眼睑水肿，结膜充血水肿，部分患者有角膜损伤，少数患者有眼底黄斑病变；呼吸道损伤：如咽干、咽痛、咳嗽、咳痰、胸闷、气短、呼吸频率加快等。

据统计，45 名患者中，皮肤损伤 44 人，阴囊损伤 26 人（其中 9 人中度损伤），眼损伤 35 人（其中 8 人重度损伤），会阴及臀部损伤 15 人。

经过治疗，除李贵珍（男性，33 岁）为重度芥子气中毒，于中毒后第 18 天因多脏器机能衰竭死亡外，中毒事件发生后第 20 天，已有两批共 10 名患者临床康复出院。

历史意义

芥子气是一种糜烂性毒剂，曾有"毒剂王"之称。1937 年，日军在齐齐哈尔设化学武器部，后称"五一六"部队，进行毒气研究。日军投降前夕，"五一六"部队将大量化学武器就近掩埋或遗弃。目前，中国已有十多个省发现过日本遗弃的化学武器，约有 2000 名中国公民在和平年代受到伤害。中国的土地上仍然有 200 万枚侵华日军遗弃的化学炮弹。因日军"五一六"部队曾驻扎在齐齐哈尔，因此，这里成为重灾区。

关于日本遗弃化学武器伤害的索赔问题，中日两国经多年谈判，1999 年签署了备忘录，日方承认并承诺销毁遗弃在中国的化学武器。中国外交部就此事与日方进行了交涉。

2.2 陕西榆林发现日军遗留毒气弹

2004 年 6 月 6 日下午 14 时左右，中国陕西省榆林市榆阳区西一路一建筑工地发现了一枚废旧炸弹，该枚炸弹锈迹斑斑，长约 1.5 米，重约 100 千克，直径约 50 厘米。这枚炸弹是在施工时从地下挖掘出来的，由于民工不认识，将其当作废铁运往收购站，在搬运的过程中炸弹突然冒出了烟雾，民工们感到情况不妙，及时逃离，并向警方报警[①]。

6 月 11 日，兰州军区派拆弹专家同榆

图 197 陕西榆林一工地发现日军遗留毒气弹（1. 专家现场化验；2. 水管喷水，冷却毒气弹。任学武摄）

---

① 任学武. 陕西榆林一工地发现日军遗留毒气弹. 华商报，2004-06-12.

林市公安局治安支队及消防支队的战士对该弹进行拆解。拆解行动在沙漠腹地进行，为防止意外四周设立了警戒线。

指战员身穿防化服，佩戴空气呼吸器，在取样时该炸弹突然冒出烟雾，官兵们及时用水和泡沫干粉进行稀释，对炸弹进行降温，此后又多次出现险情，甚至伴有零星明火燃烧。由于该炸弹弹体内已有近一半化学物品逸出并与空气接触产生烟雾，因此采取原地封埋，待样品化验结果出来后再做处理。

据有关专家介绍，鉴于榆林在历史上的战略地位，1937—1940年日军飞机曾多次轰炸榆林，这次发现的这种类型的毒气弹在西北地区还是首次发现。

3 次生毒性事件

3.1 火灾次生毒性事件

历史上火灾次生中毒事件

1972年,日本大阪一百货大楼发生火灾,致118人丧生,其中93人因中毒、缺氧窒息而死,占死亡总数的78.8%。

1982年,中国民航客机"202"航班发生火灾,产生的毒气致使25名乘客丧生,死者衣冠整齐,皮肤完好。

1990年1月14日,西班牙一舞厅发生火灾,死亡43人,其中大部分人是坐在凳子上死亡的,可以推测烟气是造成死亡的主要原因。

2000年,中国河南省洛阳东都商厦"12·25"特大火灾中的309名死者绝大多数是因一氧化碳中毒死亡。

2010年1月15日,中国上海市中心静安区发生一场燃烧超过6个小时的大火灾。出事的是静安区胶州路728号余姚路口的一幢28层、1998年竣工的教师公寓,当时公寓正在进行翻新,大楼外全被"脚手架"(施工铁架)包围。专家在火灾大楼找到了一块事发大楼的外墙保温板,用打火机测试,结果表明其缺乏阻燃性。国务院上海"1·15"调查组指出,事故现场违规使用大量聚氨酯①泡沫等易燃材料,是导致大火迅速蔓延的重要原因。大楼外立面上采用聚氨酯泡沫保温材料,发生火灾时聚氨酯泡沫燃烧速度快并产生剧毒的氰化氢气体,是导致58人(其中男性22人,女性36人)死亡的主要原因②。

火灾烟气毒性的危害③

火灾烟气毒性(Smoke Toxicity)的研究来自对众多火灾烟气致死原因的观察与调查。火灾统计资料表明,火灾中的死亡者当中,有60%~80%死亡原因与火灾中的烟气有关④。据日本1989年全年火灾死亡2116人的统计表明,70%的死亡原因是烟雾中毒、缺氧窒息。英国建筑住宅火灾死亡人数每年有700至800人,占火灾总死亡人数的80%,其主要原因是建筑物内木质结构材料或其他未做防火处理的可燃

---

① 20世纪90年代末,有机保温材料聚苯乙烯泡沫塑料(EPS)和挤塑板(XPS)开始在国内应用。这些材料造价较低,保温性能好且易施工。2007年以来,聚氨酯(PU)材料逐步发展起来,其特点是保温性更好、价位较低、品质高档。然而,聚氨酯材料可燃性更强,这个问题没有解决。导致中国的多起高层大楼引发火灾。如中央电视台新址大楼火灾,济南奥体中心体育馆两次失火,哈尔滨"经纬360度"双子星大厦火灾。2010年9月9日,长春住宅楼电焊引燃外墙材料;2010年9月15日,乌鲁木齐市一在建机关住宅楼保温材料引燃大火;2010年9月22日,乌鲁木齐市一个在建高层住宅楼外墙保温层着火。

② 上海火灾大楼毒气成致死主因. 三九健康, 2010-11-18.

③ 杨立中, 方伟峰, 邓志华, 等. 火灾中的烟气毒性研究. 火灾科学, 2001 (1).

④ 杨晓勇. 关于对火灾烟气致人死亡的原因分析. 每日甘肃-专稿.

装饰材料燃烧后产生的毒气，导致了众多居民中毒死亡[1]。

火灾烟气毒性引起的窒息死亡有多种情况：

化学毒物引起的窒息死亡

吸入一氧化碳、硫化氢及氰化物后会出现化学窒息死亡。一氧化碳与血红蛋白的亲和力要比氧大210倍，正常情况下空气中的氧含量为21%，当空气中一氧化碳含量达0.1%时，人体血液中将形成50%的碳氧血红蛋白和50%的氧合血红蛋白，此时已是一氧化碳重度中毒，会使人呼吸中止。而在实际火灾现场中几分钟内烟气中的氧含量会远低于21%，一氧化碳含量会远高于0.1%，能造成人短时间内死亡。氰化物具有极强的细胞毒作用，少量进入体内后会迅速与细胞色素氧化酶结合生成氰化高铁细胞色素氧化酶，使细胞色素丧失传递电子的能力，使呼吸链中断，细胞死亡，致人死亡。

单纯窒息死亡

正常情况下，空气中的氧气含量为21%，火灾发生时，可燃物燃烧过程要消耗大量的氧气，致使烟气中的氧气含量降低，而且往往低于人们生理正常所需要的数值。脑缺氧仅3~4分钟便会发生不可逆的缺氧性损伤，因此在缺氧的环境中，大脑首先受影响，产生机能障碍，使人窒息死亡。

烟尘堵塞窒息死亡

当含有大量烟尘的烟气被火灾现场中的人员吸入后，会黏附在鼻腔、口腔和气管内，进入支气管、细支气管和小支气管，甚至会因扩散作用进入肺部黏附在肺泡上，所以火灾中死者的鼻腔、口腔、舌体上表面和气管处会发现大量烟尘，有时会是厚厚的一层，严重时会堵塞鼻腔和气管，致使肺通气不足，最终窒息死亡。

热力损伤窒息死亡

发生火灾后，火焰的温度可达1000℃以上，醚类和一些可燃气体火灾的火焰温度可达2000℃以上，从火场中扩散出来的烟气温度可高达几百摄氏度。人吸入高温烟气后，高温烟气在流经鼻腔、咽喉、气管进入肺部的过程中，会灼伤鼻腔、咽喉、气管甚至肺部，致使其黏膜组织出现水疱、水肿或充血。

黏膜刺激窒息死亡

有些燃烧产物会对人的喉、气管、支气管和肺产生强烈的刺激作用，致使人不能正常呼吸而窒息死亡。

此外，有些气体（如一氧化二氮、醚类）吸入不会使人窒息死亡，但对人体有麻醉作用，人因被麻醉，神志不清、活动能力下降而不能及时逃离现场被火烧死或因其他因素致死。高温也会导致死亡。火灾烟气对可见光有较强的遮蔽作用，会使能见度大大降低，同时火灾烟气中的氯化氢、氨气和氯等气体对眼睛有强烈的刺激作用，使人睁不开眼睛，严重影响逃离现场的速度。

火灾现场产生的大量浓烟会使人们产生恐怖感，从而惊慌失措，失去理智，在火场逃生现场造成混乱局面，因此，具有很强的危害性。

火灾烟气中的毒物来源

科学家对火灾烟气中的毒源进行分析，

---

[1] 张全忠，仝益群. 火灾次生毒性灾害的原因及对策 // 史志诚. 毒性灾害. 西安：陕西科学技术出版社，1996：20-29.

发现火灾烟气中有毒物质和有毒气体主要来自可燃物中的有机物以及少量金属。

有机物的化学组成中主要含有碳、氢、氧、氮，以及硫、磷和卤素等，其燃烧产物主要有一氧化碳、二氧化碳、水蒸气、二氧化硫和五氧化二磷等。在不完全燃烧状态下还会生成大量的中间产物，尤其是一些高分子合成材料，在火场温度达到不同的程度时会生成不同的中间产物。其中间产物的种类非常多，常见的有硫化氢、氨气、氰化氢、苯、甲醛、氯化氢、氯气和光气等，还有些产物还不为我们所知。燃烧产物有气态、液态和固态三种形式，其中液态和固态产物悬浮在空气中，形成烟尘。通常认为火灾现场中的烟气是燃烧产物与空气的混合物。

火灾情况下产生毒害性气体的毒源主要是：

第一，可燃碳氢化合物不完全燃烧生成的一氧化碳。

第二，在火场范围内的含毒物质虽然没有燃烧，但由于受到热辐射作用而放出有毒气体或蒸气。

第三，各种工业用气体如硫化氢、乙炔、丙烯、丁烷、石油气、天然气、煤气、氨气等的泄漏。

第四，沥青、油漆、赛璐珞和各种化学物质的燃烧。

第五，醇、醛、醚、苯、汽油、二硫化碳，以及其他类似液体的蒸气。

第六，氯、溴及其他卤化物的蒸气。

第七，氧化物与火焰接触产生的光气。

第八，火炸药的爆燃。

第九，酸类蒸气，以及油脂、干性油、植物油的分解产物。

火灾救助中的历史教训

火灾致人死亡的原因，一是吸入热气和烧伤致死；二是缺氧、窒息；三是有毒气体中毒。

然而，长期以来，人们在火灾救助过程中，比较重视消防安全，制订紧急事故应急预案，进行演练和培训，如员工消防培训，火灾事故应急演练，灭火器材和消防设备的使用，组织人员安全疏散、逃生，防火安全检查，火源控制等，而忽视预防有毒气体中毒措施。表现为火灾救助的物资储备不够齐全、消防人员的装备缺乏防毒物件、火灾救助现场的中毒医疗救助配合不够协调等。

3.2 酒厂起火熏醉消防员事件

中国沈阳消防员被白酒挥发气体熏醉

2007年6月29日，6时40分，沈阳市东陵区桃仙镇溢香坊酒厂仓库燃起大火。起火的储酒仓库位于桃仙镇沃尔克隐形纱窗厂院内。该厂东侧是二层门市，南侧和西侧是仓库，北侧是办公楼。起火仓库位于南侧，约有300平方米。仓库里共存放了25个铝罐，共有40多吨白酒。其中1个铝罐破裂，里面约2吨60度白酒起火，由于酒罐被烧毁，一瞬间酒流成河。

火灾发生后，当地消防中队出动三辆水罐车，五名消防队员端着水枪喷向起火的一个2米多高的酒罐，空气中弥漫着酒味。附近村民在西南方很远处就能闻到酒味，闻着有点迷糊。消防队员在酒库里奋战了将近五个小时，于11时50分将大火扑灭。火灾没有造成人员伤亡，但一些消防队员感到了头晕，好像喝醉了一样①②。

当地的消防队员在"酒罐"里救火还是第一次。沈阳市第一人民医院呼吸内科医生表示，由于火场情况复杂，消防队员出现头晕可能有多种原因，一是可能因为氧气稀薄、空气中有有毒气体；二是长时间吸入高度白酒的挥发气体，一旦达到一定浓度也可能醉酒，使人产生轻度眩晕，但不会中毒。

中国安徽省"金徽酒业"失火熏醉消防员

2008年9月8日，上午9时30分许，安徽省安庆市长江大桥综合经济开发区白泽湖经济园内的"金徽酒业"仓库突发大火。由于仓库里堆放着大量成品酒及酒精，一瞬间酒淌成河。

大火发生后，安庆市消防支队立即调集8辆消防车和60名消防官兵赶往事发地施救。经过近三个小时的奋战，大火被扑灭。但是，在酒厂仓库里长时间灭火的一些消防官兵却被起火的白酒"熏醉"，感到头晕。③

图198 沈阳市东陵区桃仙镇溢香坊酒厂仓库火灾现场

图199 "金徽酒业"失火现场

---

① 沈阳一白酒厂仓库起火，空气中弥漫着酒味，消防员被白酒挥发气体熏醉了. 华商晨报，2007-06-30.
② 陈军. 两吨白酒起火 熏醉消防员. 中国食品招商网，2007-06-30.
③ 臧鹏，正宏，蒋六乔. 酒厂失火 消防员被"熏醉". 安徽新闻-新安晚报，2008-09-09.

3.3 危险废物处置不当导致中毒事件[①]

事件经过

2009年4月20日,16时30分,中国浙江寿尔福化学有限公司将残留有苯酚、四羟基苯硫酚、三溴苯胺等危险废物的100只废铁桶出售给安徽省宿州市朱仙庄镇郭庙村村民陈永齐。陈永齐将100只废铁桶运到东渡镇雅村附近的空地(离最近的村民住宅约10米)进行拆解。在拆解处置过程中,因残留物的挥发引发疑似中毒事件,有38名疑似中毒村民在县人民医院接受检查和治疗。初步估计,拆解废桶向环境排放了约1500克苯酚、四羟基苯硫酚、三溴苯胺等危险废物。

事件处置

事件发生后,县政府迅速成立应急处置小组,启动应急预案,明确责任、采取措施。动员组织可能受到影响的村民到医院检查,卫生部门立即开通绿色通道,组织骨干医护人员对患者进行诊断、治疗。由东渡镇人民政府和环保、公安等相关部门进村入户做好村民的思想稳定工作,并密切注意动向,确保村民情绪稳定。与此同时,快速进行现场处置,残留危险废物的废铁桶及在拆解现场受污染的土壤立即运到浙江寿尔福化学有限公司,按规定进行处置,到21日凌晨1时现场污染物已处置完毕。之后,加强监测,截至4月21日9时40分,现场没有再检测到挥发性有机物。

特别启示

一是要切实加强危险固体废物的处置力度,严肃查处企业的环境违法行为,并督促企业对所有隐患彻底进行整改,杜绝发生污染事故。

二是一旦发生由于危废处置不当导致的中毒事件,要积极做好群众的检查、治疗和情绪稳定工作,避免事态进一步扩大。

三是专家建议,对装有有毒有害物质的废铁桶及被危险废物污染的土壤,可用专业的防化防腐的有毒物质密封桶,即泄漏应急桶(Salvage Drums)来进行泄漏控制二次包装和转运(图200)。

图200 有毒物质密封桶(1. 泄漏应急桶;2. 除污筒)

[①] 一危险废弃物处置不当的事故介绍与经验总结——对浙江寿尔福公司危废处置不当导致村民疑似中毒事件的介绍与经验总结. 国家环境保护部环境应急与事故调查中心网,2011-05-10.

3.4 水灾和地震引发的次生毒性灾害

2005 年美国新奥尔良市洪水引发次生工业污染

2005 年 9 月 8 日,美国新奥尔良市遭受"卡特里娜"飓风袭击。9 日,市内积水已经下降了约 20 厘米,但仍有 60%的面积被洪水淹没。随着洪水逐渐退去,许多原来被淹没的地方显现出来。新奥尔良市出现了一个被当地居民命名为"癌巷"的工业污染区。"癌巷"工业区有 66 个化学工厂、精炼厂和油库,这里每年排放大量有毒废料。同时,许多具有严重危害性的物质存放在储油罐中或保存在新奥尔良港口。目前,没有人知道在飓风中受损的化学工厂究竟泄漏了多少有毒化学物质进入了新奥尔良的"有毒浑水"中。因此,极有可能给该地区带来更大范围的健康威胁。

参与救灾的美国环保局(EPA)有毒废料和环境灾难专家休·考夫曼说:"新奥尔良飓风灾后的清理工作是美国最大的一项公共建设工程,为了确保工程的秩序性和安全性,将需要花费 10 年的时间。"这就意味着灾区洪水中的有毒化学物质使这座城市在未来 10 年不适宜人类居住。

当时,有 5000 至 10000 名灾民滞留在市区。参与灾区救助的美军达 6.3 万人,美国总统布什向灾区追加 518 亿美元拨款。军队准备挨家挨户搜寻灾民,强制疏散工作由州警和国民卫队执行。

2008 年中国"5·12"汶川地震引发的次生毒性灾害

中国四川省汶川地震后,2008 年 5 月 20 日曾发生次生化学泄漏事故,四川省政府对化学与危险库进行了紧急处置与紧急转移。

四川省什邡市宏达化工厂倒塌,数百人被埋,硫酸罐发生泄漏。什邡市蓥峰实业有限公司一个 1000 立方米的液氨球形罐和一个 400 立方米的盐酸罐出现倾斜泄漏。其中液氨罐中 400 多吨液氨泄漏五六个小时,对大气和水环境造成污染[①]。都江堰蒲阳化工厂,15 吨浓硫酸,40 吨硫酸铜原料,清洗池中 100 吨硫酸铝和硫酸铜液体紧急处置;聚源中学化学品库紧急转移;崇州市川西监狱水泥厂,砒霜危险库紧急转移。

2011 年日本"3·11"海域地震引发福岛核电站次生核事故

2011 年 3 月 11 日,日本东北部海域发生 9.0 级地震并引发海啸。海啸在地震发生 45 分钟后袭击福岛第一核电站,导致核电站外部供电系统和内部备用发电机全部瘫痪而断电,六座核反应堆有三座冷却系统失效,继而堆芯熔融,引发一系列火灾和爆炸,使大量放射性物质释放到环境中。日本政府宣布进入"核紧急状态",疏散核电站方圆 3 千米内的居民。日本首相菅直人饱受应对灾害不力的指责,

---

① 环境保护部环境应急指挥领导小组办公室. 突发环境事件典型案例选编:第 1 辑. 北京:中国环境科学出版社,2011:193.

于 8 月辞职。这就是震惊世界的"3·11"日本福岛核电站事故，一次海啸引发的次生性核灾难。

3.5 工业废气危害蚕桑生产事件

工厂废气中毒

工厂废气危害蚕桑生产是由于工厂排放废气、污染桑叶，经蚕食下后引起了中毒。工业废气与工厂的性质、所用燃料相关。经过一系列的生产研究，发现其中的毒物是氟化物、硫化物和氯化物等。

历史及现状

20 世纪 50—60 年代，日本学者对铝制品厂、磷肥厂、砖瓦厂、金属厂、玻璃厂、陶器厂等工厂排出的废气危害蚕桑生产情况进行了一系列的研究，证实为氟素中毒。并用 X 线衍射法对瓷砖厂排出的煤烟成分进行分析，证明煤烟及其受害桑叶中含有氟化钠、氟硅化钾和氟硅化钠等无机氟化物，它们对桑树和蚕的毒性不同，当桑叶含氟量达 56 毫克/千克时会使9%的三龄蚕中毒死亡。

20 世纪 50 年代，中国出现氟污染危害，但 20 世纪 70 年代前，多数是局部零星的。20 世纪 70 年代末之后，随着乡镇企业的迅速发展，广东、浙江、江苏一些主要蚕区的氟污染日益严重，给蚕桑生产带来严重威胁。特别是 1979 年秋、1982 年及 1986 年春，浙江杭嘉湖与珠江三角洲地区分别发生大面积氟中毒事件，损失严重。据资料统计，1979 年广东顺德蚕桑生产因氟污染损失达 760 万元；1982 年浙江杭嘉湖地区因氟污染直接损失达到 1000 多万元；1984 年江苏海定县因氟污染减产蚕茧约 130 吨。

据《广西蚕业通讯》1992 年第 2 期报道，1992 年，广西陆川县一个村因桑田邻近铁路，受过往火车热电机排出的废气污染，桑树长势不好，平均每张种只收茧 8.3 千克。1997 年 6—7 月，广东河源仁化等地区亦有不同程度的污染情况。1998 年年初，广州石牌蚕种场的桑叶氟的测定，发现超过允许含量（干物含氟量超过 30 毫克/千克以上）。鉴于这种情况，中国蚕桑、环境保护部门针对氟污染对蚕桑生产的危害原因、污染规律及防治措施等进行了一系列研究，并取得一定的成绩。

3.6 尼日利亚金矿粉尘引发的铅污染事件[1]

当黄金工业给全世界的金融市场带来繁荣之时，黄金也在悄悄地改变着产金地区人们的生活。

---

[1] 马欢. 非洲频现金矿开采致铅中毒事件 无辜儿童被夺命. 时代周报，2011-01-06.

非洲淘金热与铅污染之痛

尼日利亚是非洲人口最多的国家，历史上以对外出口锡、煤、金等矿产资源而闻名于世。在尼日利亚北部扎姆法拉州的小村庄萨科（Sunke），当地的村民们竞相参与采金活动。他们用研磨机将开采后的金矿磨成粉末，然后在村里的水井中洗去身上的灰尘。但他们并不知道开采金矿产生的铅末却要了孩子们的命，他们的不经意的磨粉取金的行为正在给这个国家带来世界上最严重的铅中毒危机。

一名叫穆萨的村民家里的五个孩子先后因铅中毒而死亡。穆萨悲痛地说："采金让我们付出的代价很大，再多的钱也换不回我可怜孩子的性命。"在整个非洲大陆，像穆萨一家的这样悲惨遭遇只是冰山一角。

穆萨说，他是在其他村子中看到研磨矿石提取黄金可以带来巨额财富的。通过淘金，当地居民获得了足够的收入，可以用金属屋顶代替传统的茅草屋顶。他购买了250千克的矿石。通过研磨和处理这些矿石，全家每天最多能赚100美元。穆萨骑三个小时的摩托车前往扎姆法拉州首府古绍，将碎石粉卖给经销商。然而，几个月后，他发现家里养的小鸡和小鸭都不约而同地消失了。紧接着，自己9岁大的儿子得了重病，行为也变得异常并具有暴力倾向。不久以后，儿子就死了，穆萨的另外四个孩子也在短短一周之内相继去世。

根据尼日利亚政府统计，在扎姆法拉州的八个村庄中，至少有284名5岁以下的儿童死于小规模开采金矿造成的铅中毒。另有742人因血液中含铅量超高在医院接受治疗。

据国际人道主义救援机构"无国界医生"组织检测，一些铅中毒者体内的铅含量水平已经达到危险临界点的15倍。

美国疾病预防控制中心对尼日利亚29个村庄进行的检测显示，那里的铅含量已经达到危及儿童生命的水平，铅中毒带来的最明显的两个恶果就是大脑损伤和流产。

艰难的治理之旅

2007年，包括尼日利亚在内的很多非洲国家都通过了新的采矿法，开始鼓励外国公司投资。扎姆法拉州就邀请来自美国、澳大利亚等国家和地区的地质队，评估本国黄金和铜的蕴藏量。

2010年6月，尼日利亚政府禁止了扎姆法拉州的所有采矿活动。尽管如此，为了生存，在北部地区，仍有家庭式的小作坊进行私自的开采行动。

在尼日利亚，铅污染的清理工作异常艰难。为了根除铅污染，清理小组必须刮去当地5厘米厚的表层土，将它们包好后掩埋起来。掩埋的地方都画上标识，警告村民不要挖掘或种植庄稼。更为艰难的是村庄里数百栋土砖房都是用被铅污染的泥土建造的，这些房子中的污染物还将毒害居民很多年。在当地三个已经清除污染的家庭中，2010年10月份采集的土壤样本发现，铅含量再次升高，暗示这些家庭可能重新开始了研磨矿石的活动。随着金价的上升，淘金仍然是村民们不愿意放弃的谋生手段，采矿活动的重新恢难以避免。因此，健康问题依然会在未来多年内困扰着这里。

4

沙尘暴引发的灾害与健康问题

4.1 沙尘暴的成因与发源地

沙尘暴及其成因

沙尘暴（Sand Duststorm）是沙暴和尘暴[①]两者兼有的总称，是指强风把地面大量沙尘物质吹起并卷入空中，使空气特别混浊，水平能见度小于 1000 米的严重风沙天气现象。沙尘暴发作时，狂风席卷大片沙漠，携沙带土横扫农村、城镇。在沙尘暴的中心区域，飞沙走石，天昏地暗，能见度几乎为零，所以沙尘暴也被称为"黑风暴"。

沙尘暴的形成需要三个条件。一是地面上的沙尘物质，它是形成沙尘暴的物质基础。二是大风，这是沙尘暴形成的动力基础，也是沙尘能够长距离输送的动力保证。三是不稳定的空气状态，这是重要的局地热力条件。沙尘暴多发生于午后傍晚，说明了局地热力条件的重要性。

沙尘天气分为浮尘、扬沙、沙尘暴和强沙尘暴四类[②]。按沙尘天气过程可分为浮尘天气过程、扬沙天气过程、沙尘暴天气过程和强沙尘暴天气过程等四类。按其外观有风沙墙耸立、漫天昏黑、翻滚冲腾、流光溢彩等。沙尘暴的强度又可划分为四个等级[③]。其成分分为颗粒部分（包括粉尘、雾、降尘、飘尘、痰及排泄物干燥后的可飘浮微粒、细菌、病毒、真菌、化石燃料颗粒、螨虫肢体残骸等）和气体部分（包括二氧化硫、三氧化硫、三氧化二硫、一氧化硫、一氧化碳、一氧化二氮、一氧化氮、二氧化氮、三氧化二氮、甲烷、乙烷、含氟气体及含氯气体以及各种有机污染物等）。

沙尘暴的发源地

世界上沙尘暴多发区主要集中在北美洲、大洋洲、中亚和中东四个地区。沙尘暴天气多发生在内陆沙漠地区，源地主要有撒哈拉沙漠、北美洲中西部和澳大利亚沙漠。

---

① 沙暴（Sandstorm），指大风把大量沙粒吹入近地层所形成的挟沙风暴。尘暴（Duststorm），则是大风把大量尘埃及其他细粒物质卷入高空所形成的风暴。

② 浮尘：尘土、细沙均匀地浮游在空中，使水平能见度小于 10 千米的天气现象；扬沙：风将地面尘沙吹起，使空气相当混浊，水平能见度在 1 千米至 10 千米以内的天气现象；沙尘暴：强风将地面大量尘沙吹起，使空气混浊，水平能见度小于 1 千米的天气现象；强沙尘暴：大风将地面尘沙吹起，使空气模糊不清，混浊不堪，水平能见度小于 500 米的天气现象。

③ 沙尘暴强度的四个等级为：4 级≤风速≤6 级，500 米≤能见度≤1000 米，称为弱沙尘暴；6 级≤风速≤8 级，200 米≤能见度≤500 米，称为中等强度沙尘暴；风速≥9 级，50 米≤能见度≤200 米，称为强沙尘暴；当其达到最大强度（瞬时最大风速≥25 米/秒，能见度≤50 米，甚至降低到 0 米）时，称为特强沙尘暴（或黑风暴，俗称"黑风"）。

北美洲的沙漠主要分布于美国西部和墨西哥的北部。在与沙漠接壤的荒漠干旱区，沙尘暴时有发生，甚至在大平原上暴发了历史上著名的黑风暴。其发生的原因主要是土地利用不当、持续干旱等。1933—1937年由于严重干旱，在北美洲中西部还发生过著名的碗状沙尘暴。

澳大利亚是个干旱国家，陆地面积的74.8%属于干旱和半干旱地区。由于许多地方气候干燥，加上耕作和放牧，土壤表层缺乏植被的覆盖，导致了土地的逐渐沙化，一旦刮起大风，沙尘暴就会发生。

亚洲沙尘暴活动中心主要在约旦沙漠、巴格达与海湾北部沿岸之间的美索不达米亚、阿巴斯附近的伊朗南部海滨以及俾路支到阿富汗北部的平原地带。前苏联的中亚地区哈萨克斯坦、乌兹别克斯坦及土库曼斯坦都是沙尘暴频繁影响区，但其中心在里海与咸海之间沙质平原及阿姆河一带。

中亚五国是荒漠化比较严重的地区，总面积有近400万平方千米。由于人口的快速增加，人为过量灌溉，乱砍滥伐森林，超载放牧，草场退化，沙漠化十分严重。中亚地区盐土面积非常辽阔，达到15万平方千米，所以造成了沙尘暴和盐尘暴的混合发生。

中东地区的沙尘暴主要在非洲撒哈拉沙漠南缘地区。20世纪50年代以来，撒哈拉沙尘暴的强度大大增强，造成尼日尔、乍得、尼日利亚和布基纳法索等国表土大规模流失，粮食减产。从20世纪70年代初到80年代中期，由于连年旱灾以及过量放牧和开垦，造成草场退化，田地荒芜，沙漠化土地蔓延，沙尘暴加剧，人们的生活环境急剧恶化。频繁的沙尘暴还殃及其他地区，有的沙尘被风带过大西洋到达了南美洲亚马孙地区，还有的沙尘被吹到了欧洲。

4.2 历史上的沙尘暴事件

中国沙尘暴发生状况

中国古籍里有上百处关于"雨土"①"雨黄土""雨黄沙""雨霾"的记录，表明中国古代就有沙尘暴。

中国有两大沙尘暴多发地区。第一个多发区在西北地区，主要集中在三片，即塔里木盆地周边地区，吐鲁番-哈密盆地经河西走廊、宁夏平原至陕北一线和内蒙古阿拉善高原、河套平原及鄂尔多斯高原；第二个多发区在华北，赤峰、张家口一带，直接影响首都北京的安全。

据统计，1966—1999年间，发生在中国的持续两天以上的沙尘暴达60次，其中特大沙尘暴发生过八次。20世纪90年代中国出现过多次大风和沙尘暴天气。

1993年5月5日至6日，一场特大沙尘暴袭击了新疆东部、甘肃河西走廊、宁夏大部、内蒙古西部地区，造成严重损失。

---

① 雨土发生的地点主要在黄土高原及其附近。中国古代人认为雨土是奇异的灾变现象，相信是"天人感应"的一种征兆。晋代张华编的《博物志》中就有："夏桀之时，为长夜宫于深谷之中，男女杂处，十旬不出听政，天乃大风扬沙，一夕填此空谷。"

1994年4月6日开始，从蒙古国和中国内蒙古西部刮起大风，北部沙漠戈壁的沙尘随风而起，飘浮到河西走廊上空，漫天黄土持续数日。

1995年11月7日，山东40多个县（市）遭受暴风袭击，35人死亡，121人失踪，320人受伤，直接经济损失达10亿多元。

1996年5月29日至30日，强沙尘暴袭掠河西走廊西部，黑风骤起，天地闭合，沙尘弥漫，树木轰然倒下，人们呼吸困难，遭受破坏最严重的酒泉地区直接经济损失达两亿多元。

1998年4月5日，内蒙古的中西部、宁夏的西南部、甘肃的河西走廊一带遭受了强沙尘暴的袭击，影响范围很广，波及北京、济南、南京、杭州等地。

1998年4月19日，新疆北部和东部吐鄯托盆地遭瞬间风力达12级的大风袭击，部分地区同时伴有沙尘。这次特大风灾造成大量财产损失，有6人死亡，44人失踪，256人受伤。

1999年4月3日至4日，呼和浩特地区接连两天发生持续大风及沙尘暴天气。这次沙尘暴的范围从内蒙古自治区的西部地区一直到东部的通辽市南部，瞬时风速为每秒16米。鄂尔多斯市达拉特旗风力最高达到10级。

2000年3月22日至23日，内蒙古自治区出现大面积沙尘暴天气，部分沙尘被大风携至北京上空，加重了扬沙的程度。3月27日，沙尘暴又一次袭击北京城，局部地区瞬时风力达到8至9级。正在安翔里小区一座两层楼楼顶施工的七名工人被大风刮下，两人当场死亡。一些广告牌被大风刮倒，砸伤行人，砸坏车辆。

2002年3月18日至21日，20世纪90年代以来范围最大、强度最强、影响最严重、持续时间最长的沙尘天气过程袭击了中国北方140多万平方千米的大地，受影响人口达1.3亿。

2010年3月12日，新疆和田地区发生强沙尘暴，部分县市出现黑风，一些当地群众称，最严重时能见度几乎为零。

2010年3月19日18时，新疆南疆盆地北部和东部、青海中北部局地、甘肃中部、宁夏北部、陕西北部、内蒙古中西部、河北西北部出现扬沙或沙尘暴天气，其中内蒙古额济纳旗、海力素、临河、乌拉特中旗及青海冷湖出现能见度不足500米的沙尘暴。

2010年4月24日，甘肃省敦煌、酒泉、张掖、民勤等13个地区遭遇沙尘暴、强沙尘暴和特强沙尘暴袭击，强风引起13处明火，幸好被及时扑灭。

2010年4月26日，河北保定、石家庄、衡水、邢台、邯郸和张家口地区有76个县（市）遭遇大风袭击，风力为11级。冀东南13个县市出现沙尘暴，12个县（市）出现雷暴。27日上午，甘肃省武威等六市遭受强沙尘暴灾害，造成直接经济损失9.37亿元。

2010年5月14日19时51分，青海省格尔木市郊外，一股超强沙尘突然袭来。格尔木地区接近亚洲戈壁沙漠的边界，干旱少雨，每年的春季都会遭受沙尘的侵袭。

美国历史上的沙尘暴

20世纪30年代，美国西部大平原发生了一场特大的沙尘暴，被称为黑风暴。大规模沙尘暴横扫三分之二的美国国土，并肆虐达10年之久，成为美国历史上著名的"尘土飞扬的十年"。其中1934年出现22次沙尘暴，1935年40次，1936年68次，1937年72次，1938年61次，1939年30次，1940年和1941年各17次。在持续10年的沙尘暴中，西部大平原损失了3亿吨的肥沃土壤。浩劫之后，几万平方千米的农田废弃，农场纷纷破产，牲畜大批渴死或呛死，风疹、咽炎、肺炎等疾病蔓延。几十万人流离失所，众多城镇成了荒无人烟的空城。许多人被迫向加利福尼亚州迁移，引发了美国历史上最大的一次"生态移民"潮。

1955年，一场罕见沙尘暴在美国得克萨斯一座荒无人烟的农场肆虐。

2011年7月5日，美国亚利桑那州凤凰城被一场巨大的沙尘暴袭击。这场沙尘暴不仅带来了强风，还使能见度降至极低。

澳大利亚的沙尘暴

澳大利亚的中部和西部海岸地区沙尘暴最为频繁，每年平均有五次之多。2009年9月23日，一场罕见的沙尘暴席卷悉尼，将澳大利亚东部部分地区笼罩在一片红色风暴之中。

图201 沙尘暴（1. 美国20世纪30年代发生的一次恐怖的沙尘暴；2. 伊拉克发生的一场沙尘暴，2005年4月27日傍晚；3. 中国青海省格尔木强沙尘暴，2010年5月14日19时51分；4. 美国亚利桑那州凤凰城发生的沙尘暴，2011年7月5日）

4.3 沙尘暴对健康的危害

沙尘暴的危害

沙尘暴的危害是多方面的。它会破坏建筑物，吹倒或拔起树木、电杆及公用设施，毁坏农田设施，刮蚀地皮，以风沙流的方式造成农田、渠道、村舍、铁路、草场等被大量流沙掩埋，给交通运输造成严重威胁。尤其是造成生命财产损失，大批人畜伤亡，生产、生活受到影响，影响交通安全，大气污染加剧，生态环境恶化。以中国1993年5月5日的强沙尘暴为例，黑风使西北地区8.5万株果木花蕊被打落，10.94万株防护林和用材林折断或连根拔起，刮倒电杆造成停水停电，影响工农业生产。每666.67平方米耕地平均有60~70立方米的肥沃表土被风刮走。黑风中共死亡85人，伤264人，失踪31人。死亡和丢失大牲畜12万头，农作物受灾约3733.33平方千米，沙埋干旱地区的生命线水渠总长2000多千米，兰新铁路停运31小时。总经济损失超过5.4亿元。

沙尘暴对人类健康的危害

当人暴露于沙尘天气中时，含有各种有毒化学物质、病菌等的尘土可透过层层防护进入口、鼻、眼、耳中。这些含有大量有害物质的尘土若得不到及时清理，将会对器官造成损害，且以上述器官为侵入点，引发各种疾病。

毒理学研究表明，沙尘暴细颗粒物（包括水溶性离子、有机物及不溶性物质）对人和动物多种组织器官具有毒性作用，通过产生各种自由基引起组织器官发生氧化损伤和遗传损伤可能是沙尘暴细颗粒物毒性作用的主要机制，不仅可以引起呼吸系统疾病，而且对心血管、神经、免疫系统都会产生影响[1]。此外，吸附在颗粒物上的多环芳烃、重金属等有机物具有很强的致突变性和致癌性。

4.4 历史经验与教训

美国20世纪30年代发生沙尘暴的原因要从1870年说起。当时美国政府先后制定多项法律，鼓励开发大平原。尤其是第一次世界大战爆发后，受世界小麦价格飙升的影响，南部大平原进入了"大垦荒"时期，农场主纷纷毁掉草原，种上小麦。经过几十年发展，大平原从草原世界变为"美国粮仓"。但与此同时，这里的自然植被遭到严重破坏，表土裸露在狂风之下。进入20世纪30年代，美国经历了

---

[1] 王海花. 沙尘暴细颗粒物的化学成分及其毒理学研究. 环境卫生学杂志, 2011 (5).

一次百年不遇的严重干旱，一场场大灾难随之而来。尤其是1934年5月12日，一股巨大的"黑风暴"席卷了美国东部的广阔地区。沙尘暴从南部平原刮起，形成一个东西长2400千米、南北宽1500千米、高3.2千米的巨大的移动尘土带。狂风卷着尘土，遮天蔽日，横扫中东部。尘土甚至落到了距离美国东海岸800千米、航行在大西洋中的船只上。风暴持续了整整三天，掠过美国三分之二的土地，刮走3亿多吨沙土，半个美国被铺上了一层沙尘。仅芝加哥一地的积尘就达1200万吨。风暴过后，清洁工为堪萨斯州道奇城的227户人家清扫了阁楼，从每户阁楼上扫出的尘土平均有2吨多。风沙遮天蔽日、吹入房舍、囤积沙土，甚至伤及人畜。到1940年，西部大平原很多城镇几乎成了荒无人烟的空城，总计有250万人口外迁。

然而，美国一些有识之士很早就认识到过度开发土地带来的严重危害。20世纪30年代初，美国"土壤保持之父"贝纳特就曾领导了一场颇具规模的"积极保持土壤"运动。1935年4月，贝纳特参加国会听证会时，领教了"黑风暴"厉害的议员们终于清醒了过来。在贝纳特的推动下，国会很快通过了《水土保持法》，以立法的形式将大量土地退耕还草，划为国家公园保护起来。

时任美国总统的富兰克林·罗斯福招募了大批志愿者到国家林区开沟挖渠、修建水库、植树造林，每人每月报酬30美元。1933—1939年，约有300万人参加了这一计划。这项措施既帮助失业者解决了就业问题，又种了无数棵树，营造了防风林带，为缚住沙尘暴立下汗马功劳。到1938年，南部65%的土壤已被固定住。1939年，农民们终于迎来了久盼的大雨，西部大平原地区的沙尘暴天气开始逐渐好转，美国人与沙尘暴的斗争获得了初步胜利。

世界上发生沙尘暴的国家也在总结历史经验，采取积极的预防和治理沙尘暴的措施。为了减少沙尘暴的发生，有关国家在沙漠地区种植适宜沙漠干旱地区生长的植物，形成地被植物层，从而改善地被环境，固定土壤，降低风速，增加空气湿度，改善小气候环境；在沙漠边缘种植乡土品种的低矮灌木和小乔木，改善植被分布。与此同时，各国还加强环境保护，建立生物防护体系，依法保护和恢复林草植被，防止土地沙化进一步扩大，尽可能减少沙尘源地。因地制宜地制订防灾、抗灾、救灾规划，积极推广各种减灾技术，不断完善区域综合防御体系。加强沙尘暴的发生、危害与人类活动的关系的科普宣传，让人们自觉地保护自己的生存环境。

2012年，孟紫强[①]编著《沙尘暴医学与毒理学》（中国环境科学出版社，2012）一书，对沙尘暴的发生、传输及理化特性做了简要介绍；对浮尘天气、扬沙天气，特别是沙尘暴天气对健康影响的流行病学调查及其致病原因进行了重点描述；对沙尘细颗粒物的毒理学作用及其与疾病的剂量效应关系的研究做了详尽论述。

[①] 孟紫强（1939— ），中国山西临汾市人。1966年毕业于山西大学生物系。1980年天津医科大学生物化学研究生毕业，获硕士学位。曾任山西大学环境科学、生命科学两系的环境生物学教研室主任。现任山西大学环境医学与毒理学研究所所长。

5

世界重大石油污染事故

5.1 海域油船原油泄漏事故

1967年"托利·卡尼翁"号事故

1967年3月18日,利比里亚籍超级油轮"托利·卡尼翁"号(Torrey Canyon)[①]触礁失事。这次事故标志着现代极其严重的原油泄漏事故的开始。

"托利·卡尼翁"号油轮在英国康沃尔郡锡利群岛附近海域触礁搁浅以后,泄漏了约12.4万吨的原油,最后断为两截,沉入海底。事后调查发现,船长为了尽快到达目的地,擅自改变了航道,结果酿成惨剧。

1978年"阿莫戈·卡迪兹"号事故

1978年3月16日,"阿莫戈·卡迪兹"号油轮因方向舵被一个巨浪损坏导致船体失控,撞上约27.4米深的岩礁,使得油轮断为两截,迅速沉入海底。当时,船上的原油全部泄漏到海里。在盛行风和潮水的联合作用下,泄漏的原油漂到约322千米以外的法国海岸线,野生动物因此遭遇重创,共计有2万只海鸟、9000吨重的牡蛎以及数百万像海星和海胆这样栖息于海底的动物死亡。

1989年阿拉斯加港湾漏油事故

1989年3月24日午夜,欲前往加利福尼亚州长滩的"埃克森·瓦尔迪兹"号(Exxon Valdez)在阿拉斯加州威廉王子湾触礁,导致了约3.6万吨原油泄漏。

该事故导致威廉王子港的鱼和野生动物大量死亡,当地渔民赖以生存的捕鱼业亦不复存在。泄漏的原油最后覆盖了4000多平方千米的海面,埃克森公司大约花费了20亿美元清理水面,并且支付了数以百万计的赔偿金。

1991年"ABT夏日"号事故

1991年5月初,伊朗籍油轮"ABT夏日"号(ABT Summer)在伊朗哈尔克岛装上了26万吨的重油,绕行到非洲南端,开始向非洲的大西洋海岸进发时,货舱发生泄漏,并迅速引发火灾。5月28日,火灾引发了大爆炸,船上的32名船员有5人死亡。到6月1日,海面漂浮的原油大部分已经燃烧掉。

2010年墨西哥湾英国石油公司漏油事件

2010年4月20日英国石油公司所属一个名为"深水地平线"(Deepwater Horizon)的外海钻油平台发生故障并爆炸,导致漏油事故。爆炸同时导致了11名工作人员死亡及17人受伤。美国当局很快

[①] 也有译为:托雷·坎尼荣号。

便认定,每天有5000桶(约1万吨)原油泄漏到墨西哥湾,此次漏油导致了一场环境灾难,影响多种生物,影响当地的渔业和旅游业。

泄漏事故发生后,不少当地人报告感觉身体不适,甚至突然患上"怪病",包括眼鼻喉疼痛、呼吸道疾病、尿血、呕吐和直肠出血、痉挛、持续数小时的恶心和强烈呕吐、肝肾损伤、中枢神经系统和神经系统损伤、高血压和流产。

清理油污的工人在高度污染的环境中作业,却不戴防护面罩。他们被雇主告知,因为这在"媒体报道中看起来不好",如果执意要求还会受到解雇的威胁。在清除油污期间,工人及其家属由于接触清理油污的溶剂(Corexit),结果出现不同程度的皮肤损伤和视力模糊。

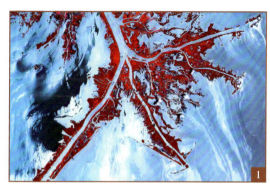 

图202 墨西哥湾英国石油公司漏油事件 (1. 2010年5月24日,美国宇航局〔NASA〕卫星拍摄的墨西哥湾附近浮油图片;2. 墨西哥湾因漏油而死亡的海鸟)

5.2 漏油事故的毒性效应及其防范

石油的毒性效应

石油的毒性效应主要是油敷与摄入。①

油敷

油敷即石油对生物的涂敷或窒息效应。由于石油是分子量较高的非水溶性焦油类物质,并含有大量高分子碳氢化合物,具有较高的黏度。这种在动植物表面的涂敷作用能涂敷海鸟的羽毛,覆盖在螃蟹、牡蛎、藤壶等潮间带生物的表面。由于海雀、企鹅、潜海鸭等水鸟绝大部分时间生活在海面,它们的飞行能力很差,当它们受到干扰时会潜水,而不是飞走。因此,原油的涂敷作用导致的毒性效应对水鸟的危害最大,其影响是灾难性的。当发生漏油事故时,其中一部分海鸟会因丧失浮力而淹死,另一部分海鸟由于其羽毛不够保暖而无法保持体温,最终被冻死。被油涂敷过的海鸟会用嘴整理羽毛,在这个过程中它们可能会吞下50%的附着在羽毛上的石油,从而摄入油类的毒性最终也将导致鸟类死亡。

---

① LAWS E A. 水污染导论. 余刚,张祖麟,等译. 北京:科学出版社,2004:449-451.

摄入

摄入石油即可产生毒性作用。当生物体内脂肪或液体中油与其他碳氢化合物的摄入量达到一定浓度时,生物体内的代谢机制就会被破坏。

石油毒性效应的大小依次为芳烃>环烷烃>烯烃>烷烃。这些芳香族毒性化合物与细胞膜内壁的脂肪层相结合,从而改变细胞活性,致使细胞内外的物质交换停止。当细胞膜被破坏,细胞内部的成分流失即可导致细胞死亡。

漏油事故造成生态灾难

海洋石油污染常常造成海鸟的大量死亡。研究表明,每年北海和北大西洋中由于石油污染致死的海鸟有15万~45万只。1967年英国海岸线上发生的"托利·卡尼翁"号原油泄漏事故共导致4万~10万只海鸟死亡。1978年在法国海岸发生的"阿莫戈·卡迪兹"号漏油事故,仅约4500只受污染将死的海鸟恢复过来。而1989年阿拉斯加州威廉王子湾发生的"埃克森·瓦尔迪兹"号触礁事故,估计共杀死了25万只海鸟和150只秃头鹰。

2010年墨西哥湾英国石油漏油事件是一场足以危及国家安全的环境灾难,而且,清理漏油的一些化学措施对环境造成的危害还可能大于漏油本身。事故最初的爆炸导致11名工人死亡,在其余人员疏散后,支援船只灭火失败,"深水地平线"在燃烧36小时后沉没,沉没地点是在出事油井以北400米处的海床上。而在出事地点,原油正从破裂的油井口不停地流出。事故发生后的4月24日,英国石油公司和美国政府都开始在油污海面和漏油点附近洒分散剂,以消除油污,但分散剂的毒性问题一直被质疑。美国政府甚至想过点燃水面的石油,因为对鸟类而言,原油对栖息地的污染比燃烧产生的烟尘更致命。好几位英国海洋生物学家和环境专家也表示,他们担忧清理漏油的一些化学措施对环境造成的危害可能大于漏油本身,长期看来,让石油自行消解对环境更好。但很显然,这在政治和社会舆论上让人无法接受。专家们估计,这次污染发生后的几年乃至数十年里,当地的海豚、鲸鲨和海龟的数目毫无疑问会有大幅下降,鱼类和龙虾也会因栖息地受到污染而流离失所。泄漏的原油还会影响到在海底成长起来的珊瑚礁。①

石油的地位与未来漏油事故的防范

世界上的能源由液体燃料、煤、天然气、可再生能源和核能五类构成。所有能源的消耗量每年都在增加,尽管科技进步和国家的发展战略会改变这些能源供给结构,但根据美国能源信息部门的分析,煤、天然气和核能的比重在25年内不会发生变化:煤和天然气加起来占一半,核能占5%~6%,现阶段液体燃料(石油提取物、生物燃料等)占35%,可再生能源占10%。普遍认为,如果没有政策性限制,25年后,液体燃料将占30%,可再生能源(包括风电、太阳能等)占15%。由此可见,石油在未来能源结构中仍然居首位。世界需要石油,这一客观事实很多年都难以改变,因此,如果不加以防范,漏油事故还将会有所增加。如何调整新能源的发展战略,加强石油企业的安全管理,研发新的应急处置技术,正是摆在各国政府、石油企业和科学家面前的一个特殊任务。

---
① 李珊珊. 墨西哥湾漏油造成生态灾难. 南方人物周刊, 2010-12-20.